PESQUISA SOCIAL

O GEN | Grupo Editorial Nacional – maior plataforma editorial brasileira no segmento científico, técnico e profissional – publica conteúdos nas áreas de ciências sociais aplicadas, exatas, humanas, jurídicas e da saúde, além de prover serviços direcionados à educação continuada e à preparação para concursos.

As editoras que integram o GEN, das mais respeitadas no mercado editorial, construíram catálogos inigualáveis, com obras decisivas para a formação acadêmica e o aperfeiçoamento de várias gerações de profissionais e estudantes, tendo se tornado sinônimo de qualidade e seriedade.

A missão do GEN e dos núcleos de conteúdo que o compõem é prover a melhor informação científica e distribuí-la de maneira flexível e conveniente, a preços justos, gerando benefícios e servindo a autores, docentes, livreiros, funcionários, colaboradores e acionistas.

Nosso comportamento ético incondicional e nossa responsabilidade social e ambiental são reforçados pela natureza educacional de nossa atividade e dão sustentabilidade ao crescimento contínuo e à rentabilidade do grupo.

ROBERTO JARRY RICHARDSON

DIETMAR KLAUS PFEIFFER (COLABORADOR)

PESQUISA SOCIAL
MÉTODOS E TÉCNICAS

4ª edição | revista, atualizada e ampliada

gen | atlas

O autor e a editora empenharam-se para citar adequadamente e dar o devido crédito a todos os detentores dos direitos autorais de qualquer material utilizado neste livro, dispondo-se a possíveis acertos caso, inadvertidamente, a identificação de algum deles tenha sido omitida.

Não é responsabilidade da editora nem do autor a ocorrência de eventuais perdas ou danos a pessoas ou bens que tenham origem no uso desta publicação.

Apesar dos melhores esforços do autor, do editor e dos revisores, é inevitável que surjam erros no texto. Assim, são bem-vindas as comunicações de usuários sobre correções ou sugestões referentes ao conteúdo ou ao nível pedagógico que auxiliem o aprimoramento de edições futuras. Os comentários dos leitores podem ser encaminhados à **Editora Atlas Ltda.** pelo e-mail editorialcsa@grupogen.com.br.

Direitos exclusivos para a língua portuguesa
Copyright © 2017 by
Editora Atlas Ltda.
Uma editora integrante do GEN | Grupo Editorial Nacional

Reservados todos os direitos. É proibida a duplicação ou reprodução deste volume, no todo ou em parte, sob quaisquer formas ou por quaisquer meios (eletrônico, mecânico, gravação, fotocópia, distribuição na internet ou outros), sem permissão expressa da editora.

Rua Conselheiro Nébias, 1384
Campos Elísios, São Paulo, SP – CEP 01203-904
Tels.: 21-3543-0770/11-5080-0770
editorialcsa@grupogen.com.br
www.grupogen.com.br

Designer de capa: Ricardo Lima

Imagens da capa: agsandrew | iStockphoto

Editoração eletrônica: Set-up Time Artes Gráficas

CIP-BRASIL. CATALOGAÇÃO NA PUBLICAÇÃO
SINDICATO DOS EDITORES DE LIVROS, RJ

Rp
4. ed.

Richardson, Roberto Jarry
    Pesquisa social : métodos e técnicas / Roberto Jarry Richardson ; colaboração Dietmar Klaus Pfeiffer. – 4. ed. rev., atual. e ampl. – São Paulo : Atlas, 2017.

    424 p. : il.
    Inclui bibliografia
    ISBN 978-85-97-01383-2

    1. Pesquisa social. 2. Ciências sociais - Metodologia. 3. Pesquisa - Metodologia. I. Pfeiffer, Dietmar Klaus. II. Título.

17-44494   CDD: 300.72

CDU: 303.1

SUMÁRIO

Prefácio, xv

Parte I – CONSIDERAÇÕES SOBRE CIÊNCIA E PESQUISA CIENTÍFICA, 1

1 PROCESSO DE PESQUISA, 3
    1.1   O processo de pesquisa: características e exigências, 4
    1.2   Para que pesquisar?, 5
        1.2.1   Pesquisas para resolver problemas, 5
        1.2.2   Pesquisas para formular teorias, 6
        1.2.3   Pesquisas para testar teorias, 6
    1.3   Pensar como pesquisador, 8
    1.4   Considerações epistemológicas, 9

2 CONHECIMENTO E MÉTODO CIENTÍFICO, 11
    2.1   Tipos de conhecimento, 13
        2.1.1   Conhecimento empírico, 13
        2.1.2   Conhecimento teológico, 14
        2.1.3   Conhecimento filosófico, 14
        2.1.4   Conhecimento científico, 14
    2.2   Método científico, 15
        2.2.1   Origens do método científico, 16
        2.2.2   Elementos do método científico, 17
    2.3   Etapas do processo de pesquisa científica, 19
        2.3.1   Identificação do problema de pesquisa, 20
        2.3.2   Revisão de literatura, 20
        2.3.3   Especificação do objetivo da pesquisa, 20

SUMÁRIO

2.3.4 Coleta de dados ou informações, 20
2.3.5 Análise e interpretação dos dados ou informações, 20
2.3.6 Relatório e avaliação do trabalho, 21
2.4 Situação atual da ciência, 21

3 EPISTEMOLOGIA DO TRABALHO CIENTÍFICO, 25
3.1 O empirismo analítico, 25
3.1.1 Método indutivo, 27
3.1.2 Método dedutivo, 28
3.1.3 Método hipotético-dedutivo, 29
3.1.3.1 Importância e críticas ao empirismo-analítico, 30
3.2 Abordagem quantitativa, 30
3.2.1 Momentos marcantes da abordagem quantitativa, 31
3.3 Materialismo dialético, 34
3.3.1 Materialismo, 35
3.3.2 Dialética, 35
3.3.3 Características do método dialético, 37
3.3.4 Os princípios do materialismo dialético, 37
3.3.5 Leis do materialismo dialético, 38
3.3.6 Categorias do materialismo dialético, 40
3.3.6.1 1ª Categoria: individual – particular – geral, 40
3.3.6.2 2ª Categoria: causa – efeito, 41
3.3.6.3 3ª Categoria: necessidade – casualidade, 41
3.3.6.4 4ª Categoria: essência – aparência, 42
3.3.6.5 5ª Categoria: conteúdo – forma, 42
3.3.6.6 6ª Categoria: possibilidade – realidade, 43
3.3.7 Exigências e cuidados da dialética como método, 43
3.3.8 Cuidados, 44
3.3.9 Importância e críticas à dialética, 44
3.4 Hermenêutica, 44
3.4.1 O conceito de hermenêutica, 44
3.4.2 Os princípios da hermenêutica, 48
3.4.3 O círculo hermenêutico, 48
3.4.3.1 Pré-compreensão, 49
3.5 Fenomenologia, 50
3.5.1 Princípios da fenomenologia, 51
3.5.2 Principais características, 52
3.6 Para concluir, 53

4 PARADIGMAS DE PESQUISA: MÉTODO QUANTITATIVO, MÉTODO QUALITATIVO E MÉTODO MISTO, 55
4.1 Três métodos ou abordagens: quantitativo, qualitativo e misto, 57
4.2 Características da abordagem quantitativa, 58
4.2.1 A pesquisa de levantamento, 58
4.2.2 A pesquisa experimental, 61
4.3 Características da abordagem qualitativa, 65
4.3.1 Momentos marcantes da abordagem qualitativa, 66
4.3.2 Estratégias qualitativas, 68

SUMÁRIO VII

4.4 Características dos métodos mistos, 70
    4.4.1 Momentos marcantes dos métodos mistos, 70

Parte II – ENQUADRAMENTO TEÓRICO, 79

5 TEORIAS, CONCEITOS E VARIÁVEIS, 81
    5.1 Teoria – para quê?, 81
    5.2 Tipos de conceitos, 82
    5.3 Definições, 83
    5.4 Estruturação conceitual, 84
    5.5 Variáveis e pontuação, 85
        5.5.1 Variações em relação ao mesmo fenômeno, 86
        5.5.2 Variações em relação a outros fenômenos, 88
        5.5.3 Princípios para a definição de variáveis, 89
        5.5.4 Níveis escalares de variáveis, 91
        5.5.5 Níveis de agregação de variáveis, 93
        5.5.6 A construção de tipologias, 95
        5.5.7 Relações entre variáveis, 96
        5.5.8 Formas de relações entre variáveis, 100
        5.5.9 Variáveis na pesquisa qualitativa, 102
    5.6 Proposições e teoria, 102

6 FORMULAÇÃO DE HIPÓTESES, 105
    6.1 Considerações preliminares, 105
    6.2 Que são hipóteses?, 107
    6.3 Requisitos de hipóteses, 108
    6.4 De onde vêm as hipóteses?, 109
    6.5 Tipos de hipóteses, 110
        6.5.1 Segundo o número de variáveis e a relação entre elas, 110
            6.5.1.1 Hipótese singular, 110
            6.5.1.2 Hipótese de associação, 111
            6.5.1.3 Hipótese de causalidade, 111
            6.5.1.4 Hipóteses de tendência (*trend*), 111
        6.5.2 Segundo a natureza das hipóteses, 111
            6.5.2.1 Hipóteses de pesquisa, 111
            6.5.2.2 Hipóteses de nulidade, 112
            6.5.2.3 Hipóteses estatísticas, 113
    6.6 Hipóteses empíricas e estatísticas, 116
    6.7 Qualidade das hipóteses, 118

Parte III – O PROJETO DE PESQUISA, 121

7 PLANOS DE PESQUISA, 123
    7.1 Conceito e objetivos, 123
        7.1.1 Objetivos do plano de pesquisa, 124
        7.1.2 Plano de pesquisa como resposta a perguntas, 124
            7.1.2.1 Como é possível obter inferências adequadas?, 124
        7.1.3 Plano de pesquisa como controle da variância, 127

VIII **SUMÁRIO**

        7.1.3.1   Eliminação de variáveis, 128
        7.1.3.2   Aleatorização, 129
        7.1.3.3   Inclusão de variáveis no plano de pesquisa, 129
7.2   Planos de pesquisa de levantamento (*survey*), 130
    7.2.1   Estudos de corte transversal, 131
    7.2.2   Estudos de corte longitudinal, 131
        7.2.2.1   Estudos de tendências (*trend analysis*), 131
        7.2.2.2   Estudos de painel, 131
        7.2.2.3   Estudos de coorte, 132
7.3   Planos experimentais e pré-experimentais, 133
    7.3.1   Planos pré-experimentais, 134
    7.3.2   Planos experimentais e quase experimentais, 135
    7.3.3   Planos quase experimentais, 138
    7.3.4   Planos experimentais e quase-experimentais complexos, 139
7.4   Planos causais-comparativos (*ex post facto*), 141
7.5   Planos na pesquisa qualitativa, 142

8   TEORIA E PRÁTICA DE AMOSTRAGEM, 143
8.1   Definições, 143
    8.1.1   Universo ou população, 143
8.2   Tipos de amostras, 144
    8.2.1   Amostragem probabilística, 145
        8.2.1.1   Amostragem probabilística simples, 145
        8.2.1.2   Amostragem probabilística estratificada, 146
        8.2.1.3   Amostragem multiestágio, 146
    8.2.2   Amostragem não probabilística, 147
        8.2.2.1   Amostragem por conveniência, 148
        8.2.2.2   Amostragem de quotas, 148
    8.2.3   Amostra intencional, 148
8.3   O que é uma amostra representativa?, 149
8.4   Tamanho da amostra, 150
8.5   Aproximação qualitativa da amostragem, 151
    8.5.1   Generalização e amostragem, 151
    8.5.2   Princípios de amostragem, 152
    8.5.3   Tipos de amostragem, 153

9   ROTEIRO DE UM PROJETO DE PESQUISA, 155
9.1   Justificativa ou introdução, 156
    9.1.1   Partes de uma justificativa, 157
        9.1.1.1   Experiência vivida em relação ao fenômeno, 157
        9.1.1.2   Pergunta de pesquisa/formulação do problema que se pretende estudar, 157
        9.1.1.3   Contribuições do trabalho, 157
9.2   Pergunta de pesquisa, 158
    9.2.1   Como formular uma pergunta de pesquisa, 158
    9.2.2   Algumas orientações para uma correta formulação da pergunta de pesquisa, 159

9.2.2.1   Em termos de redação, 159
9.2.2.2   Em termos de conteúdo, 159
9.3 Situação-problema, 160
    9.3.1   Exemplo de projeto que inclui a "situação-problema", 161
9.4 Condições para a determinação de um problema, 162
9.5 Marco teórico ou quadro referencial, 162
    9.5.1   Fenômeno *versus* tema, 162
    9.5.2   Produção de conhecimento em pesquisa, 163
    9.5.3   Característica do marco teórico ou quadro referencial, 165
    9.5.4   Etapas da definição do problema e marco teórico, 165
9.6 Objetivos da pesquisa, 167
    9.6.1   Objetivos gerais, 167
    9.6.2   Objetivos específicos, 167
    9.6.3   Formulação de objetivos, 168
9.7 Hipóteses, 168
    9.7.1   O que fazer?, 168
    9.7.2   Exigências para a formulação de hipóteses, 168
9.8 Definição operacional das variáveis, 169
9.9 Especificação do plano de pesquisa, 170
9.10 Especificação do universo e amostra, 170
9.11 Instrumentos de coleta de dados, 171
    9.11.1   1ª Fase, 171
    9.11.2   2ª Fase, 171
9.12 Coleta de dados, 172
9.13 Análise dos resultados, 172
9.14 Referências bibliográficas, 172
9.15 Cronograma e orçamento, 172

Parte IV – BASES DA MEDIÇÃO E ESCALAS, 173

10 BASES DA MEDIÇÃO DE ESCALAS, 175
10.1 O que é 'medir'?, 175
10.2 Procedimentos de medição, 179
    10.2.1   Índices, 179
    10.2.2   Escala Likert, 181
    10.2.3   Escala Guttman, 183
    10.2.4   Diferencial semântico, 185
    10.2.5   Características de uma escala de atitude, 186

11 PARÂMETROS de QUALIDADE DA MEDIÇÃO E VALIDADE, 189
11.1 Objetividade, 189
11.2 Confiabilidade, 190
11.3 Validade, 193
    11.3.1   Parâmetros de qualidade na pesquisa qualitativa, 194
    11.3.2   Concepções de validade na pesquisa qualitativa, 195
        11.3.2.1   Validade pelos pares, 197
        11.3.2.2   Validade comunicativa, 197
    11.3.3   Aferição de validade, 198

SUMÁRIO

      11.3.4   Triangulação, 198
      11.3.5   Validade de métodos mistos, 199
      11.3.6   Conceitos utilizados para avaliar as pesquisas de métodos mistos, 200
      11.3.7   Conceituação da legitimação nas pesquisas de métodos mistos, 200
  11.4   O futuro?, 203

Parte V – COLETA E ANÁLISE DE DADOS, 207

12 QUESTIONÁRIO, 209
  12.1   Funções e características do questionário, 209
  12.2   Objetivos de um questionário, 210
  12.3   Tipos de questionários, 210
      12.3.1   Tipo de pergunta, 211
            12.3.1.1   Questionários de perguntas fechadas, 211
            12.3.1.2   Questionários de perguntas abertas, 213
            12.3.1.3   Questionários que combinam perguntas abertas e fechadas, 214
            12.3.1.4   Comparação entre perguntas fechadas e perguntas abertas, 215
            12.3.1.5 Vantagens das perguntas fechadas, 215
            12.3.1.6   Desvantagens das perguntas fechadas, 215
            12.3.1.7   Vantagens das perguntas abertas, 216
            12.3.1.8   Desvantagens das perguntas abertas, 216
      12.3.2   Aplicação dos questionários, 216
            12.3.2.1   Contato direto, 217
            12.3.2.2   Questionário por correio, 217
  12.4   Construção dos questionários, 217
      12.4.1   Preparação do questionário, 218
      12.4.2   Recomendações para a redação das perguntas, 219
      12.4.3   Disposição das perguntas, 224
      12.4.4   Pré-teste, 226
  12.5   Vantagens e limitações do questionário, 228
      12.5.1   Vantagens, 228
      12.5.2   Limitações, 229
      12.5.3   Imposição da problemática, 229
      12.5.4   Imposição de informação, 229
  12.6 Conclusão, 229

13 ENTREVISTA, 231
  13.1   Considerações gerais, 231
      13.2   Entrevista estruturada, 233
      13.3   Entrevista semiestruturada, 233
      13.3.1   Guia da entrevista semiestruturada, 233
            13.3.1.1   Lembretes, 235
      13.3.2   Formulação das perguntas em entrevistas semiestruturadas, 236
      13.4   Entrevista em profundidade (não estruturada), 237
      13.4.1   Objetivos da entrevista em profundidade não estruturada, 238

SUMÁRIO XI

13.4.2 Princípios da entrevista em profundidade não diretiva, 238
13.5 Entrevista em grupos focais, 240
13.6 Realização de uma entrevista, 242
    13.6.1 Utilizar perguntas abertas, 243
    13.6.2 Evitar perguntas dirigidas (HERMAN; BENTLEY, 1993), 244
    13.6.3 Entrevistado lidera a entrevista, 244
    13.6.4 Sondagem, 245
        13.6.4.1 Técnicas de sondagem, 245
    13.6.5 Início da entrevista, 246
13.7 Transcrição da entrevista, 246
13.8 Advertência ao leitor, 246

14 ANÁLISE DE CONTEÚDO, 249
14.1 Considerações preliminares, 249
14.2 Histórico, 250
14.3 Conceito de análise de conteúdo e sua aplicação, 252
14.4 Natureza da análise de conteúdo, 253
    14.4.1 Objetividade, 253
    14.4.2 Sistematização, 253
    14.4.3 Inferência, 254
14.5 Campo de aplicação da análise de conteúdo, 254
14.6 Análise documental e análise de conteúdo, 258
14.7 Processo de análise de conteúdo: duas abordagens, 260
14.8 Metodologia da análise de conteúdo, 260
    14.8.1 Fases da análise de conteúdo, 261
        14.8.1.1 Pré-análise, 261
        14.8.1.2 Análise do material, 263
        14.8.1.3 Tratamento dos resultados, 263
    14.8.2 Unidade de registro e de conteúdo, 264
        14.8.2.1 Unidades de registro, 264
        14.8.2.2 Unidades de contexto, 267
    14.8.3 Regras de quantificação, 267
    14.8.4 Categorização, 269
14.9 Técnicas de análise de conteúdo, 273
14.10 Precauções, 274
14.11 Confiabilidade na análise de conteúdo, 274
14.12 Conclusão, 276

15 ANÁLISE DE DISCURSO, 277
15.1 Definição, 277
15.2 História da análise de discurso, 279
15.3 A análise de discurso no Brasil, 281
15.4 Significados do conceito de discurso (Tanius Karam), 282
15.5 Princípios da análise de discurso, 283
15.6 Princípios metodológicos da análise de discurso interativo, 284
15.7 Percursos metodológicos (Tanius Karam), 286
    15.7.1 Das primeiras perguntas ao nível nuclear, 286

SUMÁRIO

15.7.2 O nível autônomo: decompor e associar; nomeação e percurso, 288
15.7.3 A noção de modelo operativo: uma proposta para a análise da ideologia e do poder nas práticas discursivas, 288
15.8 Novas aberturas e totalidades, 293

16 PESQUISA HISTÓRICA, 295
16.1 Objetivos da pesquisa histórica, 295
16.2 Aspectos específicos da pesquisa histórica, 296
16.3 Processo da pesquisa histórica, 297
   16.3.1 Escolha do tema e formulação do problema, 297
   16.3.2 Especificação e adequação dos dados, 298
   16.3.3 Avaliação dos dados, 299
      16.3.3.1 Evidência externa, 300
      16.3.3.2 Evidência interna, 300
   16.3.4 Coleta dos dados, 302
   16.3.5 Fontes de dados, 302
16.4 Amostragem, 304
16.5 Interpretação dos dados, 306
16.6 Limitações e vantagens da pesquisa histórica, 307
16.7 Sugestões finais, 308

17 TEORIA FUNDAMENTADA, 309
17.1 Considerações gerais, 309
17.2 Como fazer teoria fundamentada, 311
17.3 Visão geral, 314
17.4 Teste de hipóteses *vs* surgimento de dados, 317
17.5 Coleta de dados, 317
17.6 Anotações, 318
17.7 Codificação, 318
17.8 Amostragem, 320
17.9 Elaboração de memos (*memoing*), 320
17.10 Classificação, 321
17.11 Elaboração do relatório, 324
17.13 Contribuição da teoria fundamentada ao conhecimento, 327

18 PESQUISA-AÇÃO, 329
18.1 Conceito de pesquisa-ação, 330
18.2 Existe uma alternativa: usar a pesquisa-ação, 332
18.3 Objetivos da pesquisa-ação, 332
18.4 Etapas ou passos da pesquisa-ação, 333
18.5 Coleta de informações, 338
18.6 O diário de pesquisa, 339
18.7 Pesquisa-ação e participação, 340
18.8 Participação dos *stakeholders* (pessoas ou grupos estratégicos), 341
18.9 O relatório da pesquisa-ação, 342
   18.9.1 Relatório de pesquisa tradicional, 342
   18.9.2 Relatório de pesquisa-ação, 343

18.10 Avaliação da pesquisa-ação, 344
    1810.1 Avaliação do processo de solução ou controle do problema, 345
    18.10.2 Avaliação da aprendizagem dos participantes, 345
    18.10.3 Avaliação de resultados teóricos, 345
18.11 O rigor na pesquisa-ação, 346
18.12 Desafios, 347
18.13 Cuidados, 347

19 ETNOMETODOLOGIA, 349
  19.1 Definição e origens, 349
  19.2 Diferenças entre etnografia e etnometodologia, 351
    19.2.1 Conceitos, 351
      19.2.1.1 Etnografia, 351
      19.2.1.2 Etnometodologia, 352
    19.2.2 Método de pesquisa, 353
    19.2.3 Campo de pesquisa, 353
  19.3 Princípios, 353
  19.4 Características, 355
  19.5 Estratégias e técnicas de investigação, 356
  19.6 Técnicas de pesquisa, 357
  19.7 Críticas e desafios, 360

20 RELATÓRIO DE PESQUISA, 363
  20.1 Introdução, 363
  20.2 Redação do texto, 365
    20.2.1 O problema, 369
    20.2.2 A revisão bibliográfica, 370
    20.2.3 Os procedimentos metodológicos, 372
    20.2.4 Os resultados, 372
    20.2.5 A redação do sumário, 374
    20.2.6 Discussão, conclusões, recomendações, 375
    20.2.7 Anexos, 375
    20.2.8 Referências bibliográficas, 376

Bibliografia, 383

PREFÁCIO

Após quase três décadas, o organizador da 3ª edição deste livro, acolhendo diversos pedidos e sugestões, particularmente de amigos e colegas, decidiu preparar esta 4ª edição, corrigida e ampliada. Nesses anos aconteceram mudanças importantes no desenvolvimento do conhecimento científico e no processo de pesquisa, particularmente, nas Ciências Sociais. A experiência acadêmica e profissional adquirida nesses quase trinta anos permite constatar mudanças nas características da pesquisa social brasileira, das exigências filosóficas e metodológicas colocadas aos pesquisadores e das respostas dessa comunidade científica.

Nas últimas duas décadas do século XX, as Ciências Sociais, em particular, enfrentaram uma profunda crise, produzida pela incapacidade dos paradigmas vigentes de responder às necessidades e aspirações de grande parte da população mundial. Surgem críticas essenciais aos estudos baseados, por exemplo, no estruturalismo, no marxismo e outros, pela sua impossibilidade de considerar o sujeito no seu cotidiano. A queda das grandes teorias, das metanarrativas, da generalização explicativa dá origem às histórias individuais; à necessidade de compreender o sujeito na sua cultura, na sua capacidade de comunicação, na sua história. Nesse momento surgem novas correntes, como pós-estruturalismo, neopositivismo, neomarxismo, desconstrucionismo, que enfatizam uma pesquisa multicultural, histórica. Assim, cresce consideravelmente a importância da pesquisa qualitativa nas Ciências Sociais como um processo antagônico à pesquisa quantitativa.

Nesses anos a pesquisa social, especialmente no Brasil, tem avançado em sua capacidade crítica. Essa maior criticidade, porém, exige do pesquisador definição clara de sua postura ideológica, a qual não acontece, na maioria dos casos, por falta de conhecimento. Fruto da experiência adquirida, acrescento nesta edição de *Pesquisa social: métodos e técnicas* dois capítulos sobre método científico e correntes epistemológicas da ciência (acredito que facilitarão a vida do pesquisador).

A presente obra é uma introdução, relativamente detalhada, aos métodos e às técnicas de pesquisa em Ciências Sociais. O ordenamento das partes reflete uma progressão que começa com considerações prévias à execução da pesquisa, a saber, as características do método científico e as principais correntes epistemológicas, passa pela análise de diversas técnicas de coleta e codificação de dados e termina com a elaboração de relatórios de pesquisa.

Em geral, a grande maioria dos manuais de pesquisa existentes no Brasil, traduzidos ou não, dedica parte importante de seu conteúdo à análise estatística. Frequentemente ela é apresentada de modo clássico, a partir de fórmulas, cálculos e provas realizadas em papel. Não raro, com exercícios de estatística sem qualquer relação com ciências humanas.

Atendendo ao fato de ser mais provável que a maioria dos alunos venha a ser consumidor de informação e não tanto produtor, deve ser dada relevância à interpretação, à comunicação e ao desenvolvimento de uma atitude crítica face à informação com que se confrontam. Para tal, os alunos necessitam aprender o que está envolvido na interpretação dos resultados de uma investigação estatística e colocar questões críticas e reflexivas sobre os argumentos que se referem à estatística ou a dados reportados na mídia ou em relatórios de projetos dos seus pares de sala de aula. Para que os alunos realizem essas aprendizagens, é importante incluir explicações intuitivas e práticas sobre conceitos, técnicas, fórmulas e cálculos, além de exemplos interessantes do mundo real relacionados ao cotidiano pessoal e profissional do aluno. É possível tratar a estatística respeitando sua complexidade, apresentando conceitos e contextos de uso de modo extensivo, promovendo o emprego responsável da estatística em pesquisa.

Considerando a importância crescente da pesquisa qualitativa e suas técnicas, dedicamos vários capítulos aos métodos e técnicas utilizados por esse tipo de pesquisa. Assim, a etnografia, o estudo de casos, a análise de discurso, a análise de conteúdo, a entrevista em profundidade e a análise histórica recebem nossa atenção especial.

Como este é um livro de pesquisa em Ciências Sociais, ele está destinado a alunos e pesquisadores de diversas áreas. Os conceitos apresentados são relevantes à pesquisa em Educação, Sociologia, Psicologia e outras ciências que tenham como objeto o estudo do fenômeno humano.

Nossa formação básica em Sociologia e Educação influi nos exemplos apresentados. Mas tentamos escolher problemas que possam atrair a atenção do leitor.

Convidamos professores, alunos e pesquisadores a enviar-nos seus comentários (bons, maus ou indiferentes) em relação a este livro. É de nosso interesse melhorar constantemente a forma de apresentar o que temos para dizer em relação a métodos e técnicas de pesquisa social.

Agradeço a todos os que colaboraram na realização desta edição. Merecem especial gratidão Renata de Iudícibus, do Grupo GEN, a equipe de revisão pelo cuidadoso trabalho, os colegas e alunos pelos seus comentários em diferentes etapas desta obra. Não posso deixar de ressaltar o grande apoio e a paciência de minha querida esposa Zilma.

Reconheço a importante contribuição dos colegas que participaram das primeiras edições deste trabalho. Homenagem especial à Profa. Lindoya Martins Correia e ao Prof. José Augusto de Souza Peres que não estão mais conosco.

O autor

PARTE I
CONSIDERAÇÕES SOBRE CIÊNCIA E PESQUISA CIENTÍFICA

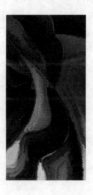

PARTE I

CONSIDERAÇÕES SOBRE CIÊNCIA E PESQUISA CIENTÍFICA

1

PROCESSO DE PESQUISA

A única maneira de aprender a pesquisar é fazendo uma pesquisa. Outros meios, porém, podem ajudar. Conversar com pesquisadores experientes pode levar um neófito à melhor compreensão dos problemas da pesquisa que, geralmente, não são tratados em manuais ou textos. Exemplos concretos de história do êxito e fracasso, frustrações e satisfações, dúvidas e confusões, que formam parte do processo de pesquisa, produzem uma impressão bastante diferente daquela que surge da leitura de um relatório final de pesquisa. Existe um mundo de diferença entre o produto publicado e o processo que leva a tal produto. Muitas decisões importantes que se tomam no transcurso de uma pesquisa jamais são publicadas em um relatório final. Portanto, as destrezas para resolver dificuldades rotineiras – tais como procurar bibliografia relevante ao problema pesquisado, transformar uma ideia em um problema de pesquisa, escrever um projeto e relatório final – devem ser adquiridas em algum lugar. É um dos objetivos deste manual ajudar o leitor a desenvolver essas destrezas.

A pesquisa é uma forma de pensar, analisar criticamente os vários aspectos do dia a dia do trabalho profissional; compreender e formular princípios orientadores que orientam um determinado procedimento; desenvolver e testar novas teorias que contribuam para o avanço da sua profissão e sociedade. É um hábito de perguntar e um exame sistemático de observações para resolver problemas, formular ou verificar teorias. Vejamos algumas disciplinas como exemplos (KUMAR, 2011).

Vamos supor que você trabalha como psicólogo ou assistente social. Enquanto se envolve no processo de ajudar as pessoas, você pode perguntar a si mesmo (ou outra pessoa poderá fazê-lo): Quais são os problemas mais comuns enfrentados pelos meus clientes? Quais são os problemas mais comuns subjacentes? Quais são as suas característi- cas socioeconômicas? Quão satisfeitos estão meus clientes com meus serviços?

Segundo Preti (2005), pesquisar vem da palavra latina *perquirere*, que significa bus- car com cuidado, procurar por toda parte, informar-se. Em inglês, a palavra *research* é composta de duas sílabas, *re* e *search* (buscar). O dicionário define o primeiro como um prefixo que significa "de novo" ou "novamente" e o último como um verbo referente a "examinar com cuidado para encontrar algo", "explorar". Juntos, eles formam um substantivo que descreve um estudo cuidadoso em algum campo do conhecimento, realizado para estabelecer fatos ou princípios (GRINELL, 1993).

Segundo Kerlinger (1986, p. 10), "investigação científica é uma investigação sistemática, controlada, empírica e crítica de proposições sobre as supostas relações entre vários fenômenos".

Para Minayo (2010, p. 47), a pesquisa social pode ser entendida como os vários tipos de investigação que "tratam do ser humano em sociedade, de suas relações e instituições, de sua história e de sua produção simbólica".

1.1 O processo de pesquisa: características e exigências

Essas definições mostram que a investigação é um processo de coleta, análise e interpreta- ção de informações para resolver algum problema ou formular questões. Mas o processo deve ter certas características: na medida do possível, procura ser sistemático, válido, veri- ficável, empírico e crítico (KUMAR, 2011).

Examinemos essas características para entender o que elas significam:

- **Sistemático** – Os procedimentos adotados devem seguir uma certa sequência lógica. As diferentes etapas não podem ser tomadas de forma casual. Alguns procedimentos devem seguir os outros.
- **Válido e verificável** – Esse conceito implica que tudo o que você concluir com base em suas descobertas é correto e pode ser verificado por você e outros.
- **Empírico** – Quaisquer conclusões são baseadas em evidências recolhidas a partir de informações de experiências ou observações da vida real.
- **Crítico** – O processo adotado e os procedimentos utilizados devem poder supor- tar uma análise crítica.

O leitor deve compreender que a pesquisa pode ser uma atividade muito simples pro- jetada para fornecer respostas a perguntas simples relacionadas com o dia a dia. Por outro lado, os procedimentos de investigação também podem ser empregados para formular teorias intrincadas ou leis que regem nossas vidas.

Não há uma fórmula mágica e única para realizar uma pesquisa ideal; talvez não exista nem existirá uma pesquisa perfeita. A investigação é um produto humano, e seus produtores são seres falíveis. Isto é algo importante que o principiante deve ter "em mente": fazer pesquisa não é privilégio de alguns poucos gênios. É preciso ter conhecimento da realidade, de algumas noções básicas da metodologia e de técnicas de pesquisa, seriedade e, sobretudo, saber trabalhar em equipe e ter consciência social. Evidentemente, é muito desejável chegar a um produto acabado, mas não é motivo de frustração obter um produto imperfeito. É melhor ter um trabalho de pesquisa imperfeito a não ter trabalho nenhum. Os diversos problemas que surgem no processo de pesquisa não devem desencorajar o principiante, uma vez que a experiência lhe permitirá enfrentar as dificuldades e obter produtos adequados. As páginas seguintes apresentam algumas ideias, sugestões e técnicas que consideramos úteis para nossas próprias pesquisas. Isto não significa que não existem formas alternativas para solucionar os problemas analisados. Esperamos que o leitor aplique, como ele estimar conveniente, o que considere de utilidade nos diversos temas discutidos.

1.2 Para que pesquisar?

Na opinião de Pedro Goergen (1981, p. 65), "a pesquisa nas Ciências Sociais não pode excluir de seu trabalho a reflexão sobre o contexto conceitual, histórico e social que forma o horizonte mais amplo, dentro do qual as pesquisas isoladas obtêm o seu sentido".

Esses estudos empíricos ou teóricos podem mudar de sentido a partir da consciência dos pressupostos sociais, culturais, políticos ou mesmo individuais que se escondem sob a enganadora aparência dos fatos objetivos. Assim, ainda que seja muito comum a realização de pesquisas para benefício do próprio pesquisador, não devemos nos esquecer de que o objetivo último das Ciências Sociais é o desenvolvimento do ser humano. Portanto, a pesquisa social deve contribuir nessa direção. Seu objetivo imediato, porém, é a aquisição de conhecimento.

Como ferramenta para adquirir conhecimento, a pesquisa pode ter os seguintes objetivos: resolver problemas específicos, gerar teorias ou avaliar teorias existentes. Em termos gerais, não existe pesquisa sem teoria; seja explícita ou implícita, ela está presente em todo o processo de pesquisa.

Os objetivos mencionados são relativamente arbitrários e não excludentes. A grande maioria das pesquisas, entretanto, pode ser facilmente classificada quanto à especificidade e à explicitação do referencial teórico utilizado. As ditas especificidade e explicitação estão basicamente determinadas pelo conhecimento já existente; portanto, não se pode dizer que um dos objetivos seja superior aos outros, e os três podem complementar-se.

1.2.1 Pesquisas para resolver problemas

Esse tipo de pesquisa está, geralmente, dirigido para resolver problemas práticos. Por exemplo, uma indústria que faz pesquisa para determinar os efeitos da música ambiental na produtividade dos empregados. No campo de educação, existem muitas pesquisas dirigidas para detectar a eficiência de diversos métodos de ensino. Outros exemplos podem ser encontrados na elaboração de testes e material instrucional.

Em geral, a pesquisa que procura resolver problemas do contexto faz uso das "teorias" atuais para a resolução de problemas da vida real, em que é necessário identificar, processar e controlar os fatos e fenômenos relacionados com a sobrevivência do ser humano.

A maior parte dessas pesquisas não está destinada a formular ou testar teorias; o pesquisador está apenas interessado em descobrir a resposta para um problema específico ou descrever um fenômeno da melhor forma possível.

1.2.2 Pesquisas para formular teorias

O desenvolvimento das Ciências Sociais é recente; portanto, existe uma quantidade de pesquisas de natureza exploratória que tentam descobrir relações entre fenômenos. Em muitos casos, os pesquisadores estudam um problema cujos pressupostos teóricos não estão claros ou são difíceis de encontrar. Nessa situação, faz-se uma pesquisa não apenas para conhecer o tipo de relação existente, mas sobretudo para determinar a existência de relação. Por exemplo, um pesquisador em educação quer estudar o efeito que a mudança de método de ensino produz no rendimento escolar de uma turma. Antes, porém, de estudar o efeito, deve pesquisar se existe relação entre método de ensino e rendimento escolar.

1.2.3 Pesquisas para testar teorias

Não existe grande diferença entre pesquisas para formular teorias e pesquisas para testar teorias – estas últimas exigem formulação precisa.

Quando as teorias claramente formuladas são testadas e confirmadas repetidas vezes e se dispõe de informação empírica consistente, pode-se iniciar uma nova etapa na formulação de teorias: a procura de constantes matemáticas nas fórmulas que constituem as teorias. Em geral, porém, as Ciências Sociais estão, ainda, longe dessa etapa. Assim, este manual não dedica muita atenção à pesquisa destinada à estimação de parâmetros. Sem embargo, para muitos cientistas sociais esse tipo de pesquisa constitui um ideal a ser alcançado. Segundo Kumar (2011), os tipos de pesquisa podem ser classificados com base em três diferentes perspectivas:

1. *aplicações* das conclusões da pesquisa;
2. *objetivos* da pesquisa;
3. *abordagem do problema* de pesquisa.

A classificação não é mutuamente exclusiva. Por exemplo, um projeto de pesquisa pode ser classificado como pesquisa pura ou aplicada (na perspectiva da aplicação dos resultados), como descritiva, correlacional, explicativa ou exploratória (na perspectiva dos objetivos) e como qualitativa ou quantitativa (na perspectiva do modo de investigação empregado).

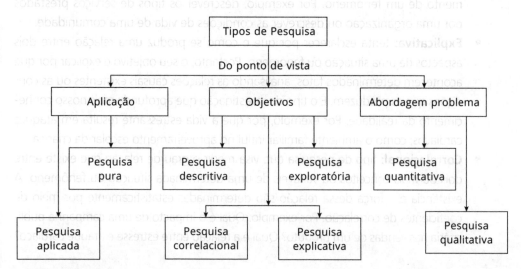

Fonte: KUMAR, 2011.
Figura 1.1 Tipos de pesquisa.

Segundo a **aplicação dos resultados**:

- A **pesquisa pura** ou **teórica** procura formular novas teorias ou modificar as existentes, a fim de incrementar conhecimentos científicos ou filosóficos, sem aplicação imediata. Por exemplo, estudos da estrutura do átomo ou o desenvolvimento de uma metodologia para validar um procedimento.
- A **pesquisa aplicada** ou **empírica** procura a utilização dos conhecimentos adquiridos na investigação. Por exemplo, pesquisas para encontrar novas vacinas, estratégias de aprendizagem etc.

De acordo com os **objetivos da pesquisa**:

- **Exploratória:** são investigações que procuram uma visão geral do objeto em estudo. Esse tipo de pesquisa é feito, especialmente, quando o tema escolhido tem sido pouco explorado ou quando não há estudos prévios suficientes e, por isso, torna-se difícil formular hipóteses de generalidade (SABINO, 1992). Além disso, os estudos exploratórios são realizados para desenvolver, refinar e testar procedimentos e técnicas de mensuração. O estudo exploratório concentra-se em descobrir, por exemplo, a opinião de usuários sobre um novo *site* na internet.

CAPÍTULO 1

- **Descritiva:** esse tipo de pesquisa procura descrever sistematicamente uma situação, problema, fenômeno ou programa para revelar da estrutura o comportamento de um fenômeno. Por exemplo, descrever os tipos de serviços prestados por uma organização ou descrever as condições de vida de uma comunidade.
- **Explicativa:** tenta esclarecer por que e como se produz uma relação entre dois aspectos de uma situação ou fenômeno. Portanto, o seu objetivo é explicar por que acontecem determinados fatos, analisando as relações causais existentes ou as condições que as produzem. É o tipo de investigação que aprofunda mais nosso conhecimento da realidade. Por exemplo, por que a vida estressante resulta em ataques cardíacos; como o ambiente familiar influi no aproveitamento escolar da criança.
- **Correlacional:** tipo de pesquisa que visa medir o grau de relação que existe entre dois ou mais conceitos ou variáveis de uma determinada situação ou fenômeno. A existência e a força dessa relação são determinadas estatisticamente por meio de coeficientes de correlação. Por exemplo: Qual é o impacto de uma campanha publicitária nas vendas de um produto? Qual é a relação entre estresse e ataque cardíaco?

De acordo com a **abordagem** do **problema**:

- **Abordagem estruturada:** todas as etapas que integram o processo de investigação – objetivos, desenho, amostra, coleta e análise de dados – estão predeterminadas. A abordagem estruturada é mais apropriada para responder a perguntas tais como: quantos, onde, quem ou o quê (a respeito de um problema ou fenômeno). Por exemplo: quais são os problemas de uma comunidade; quem participa de um curso X; quantos aprovam o governo de X candidato. A abordagem estruturada é geralmente classificada como pesquisa quantitativa.
- **Abordagem não estruturada:** na abordagem não estruturada inexiste predeterminação nas etapas do processo. Procura compreender os fatos, processos, pessoas ou estruturas na sua totalidade (holística) sem considerar medição apenas de alguns elementos. É a melhor aproximação para estudar aspectos psicológicos das pessoas (atitudes, percepções, concepções etc.). Por exemplo: qual é a concepção dos professores com relação à violência na escola; como se aplica a interdisciplinaridade em uma escola "X". A abordagem não estruturada é geralmente classificada como pesquisa qualitativa.

O capítulo 4 apresenta uma análise mais detalhada de ambos os tipos de pesquisa.

1.3 Pensar como pesquisador

Trata-se de um fator muito importante. Uma boa pesquisa exige, em primeiro lugar, treinar o cérebro para pensar como um pesquisador. Isso requer revisar trabalhos já feitos, procurar mentalmente relações para identificar padrões e conceitos ocultos e sintetizar esses padrões na procura de teorias ou leis generalizáveis que se aplicam a outros contextos além do escopo das observações iniciais. A investigação exige um constante "ir e vir" de um plano empírico das observações para um plano teórico em que essas observações são abstraídas em teorias e leis generalizáveis. Esta é uma habilidade cujo desenvolvimento leva anos, não é algo ensinado em programas de graduação ou pós-graduação ou adquirido em estágios empresariais e de longe é o maior problema enfrentado pelos alunos universitários. Algumas das abstrações mentais necessárias para pensar como um investigador incluem a unidade de análise, construções, hipóteses, operacionalização, teorias, modelos, indução, dedução... (BHATTACHERJEE, 2012).

Quando pesquisamos, procuramos saber o que estamos fazendo para entender, explicar e predizer fenômenos. Isso exige fazer perguntas. Essas questões exigem o uso de conceitos, construtos e definições. A investigação científica difere da pesquisa do dia a dia. O investigador é cético, tenta saber o que está fazendo, como está fazendo e mensura a influência dos seus valores a atitudes nas suas observações e conclusões.

O pesquisador deve ser um pensador crítico, ter a mente aberta para novidades e ideias diferentes, devendo ser razoável e colaborador. Compreende que para chegar à melhor solução deve trabalhar em equipe e esquecer as diferenças e preconceitos.

Um pesquisador deve ser criativo, não só para procurar a solução de um problema, mas para reelaborar a sua própria realidade.

Um outro elemento importante é a disciplina. O pesquisador disciplinado encara o seu trabalho com a expectativa de que será obrigado a fazer muitas coisas, apesar de suas preferências pessoais ou preconceitos.

Em geral, o pesquisador deve pensar como cientista, "uma pessoa que conserva a habilidade de relacionar fatos, na maneira como só a crianças fazem, brincando com instrumentos sofisticados" (HREN, 2015).

1.4 Considerações epistemológicas

A maioria das pessoas concordará que a maneira de testar a validade de uma afirmação é submetê-la a um exame empírico. Tal exame empírico, porém, baseia-se em uma série de pressupostos pouco prováveis. A aceitação de determinada corrente científica implica a aceitação dos supostos que caracterizam essa corrente. A maioria deles refere-se ao processo de produção de conhecimento, à estrutura e organização de sociedade e ao papel da ciência.

Em geral, a ciência é uma poderosa ferramenta de convicção. Existem outras, tais como a intuição, a experiência mística, a aceitação da autoridade; mas a ciência, talvez pela aparente objetividade e eficiência, proporciona a informação mais conveniente. Se alguma evidência científica é relevante para determinada afirmação, a dita evidência ajudará na decisão de aceitar ou rejeitar essa afirmação.

Mas deve-se insistir que a ciência não é "dona" da verdade; toda "verdade" científica tem caráter probabilístico.

A priori, não há base para afirmar que a ciência é melhor que a revelação. Dependendo da cultura e das crenças pessoais, alguns pressupostos serão mais convincentes que outros. Contudo, pode-se aceitar que a ciência é uma forma de adquirir "conhecimento", "compreensão", crença da falsidade ou veracidade de uma proposição.

Em geral, as regras do método científico são arbitrárias, e existem muitos pressupostos para trabalhar cientificamente. Talvez o mais importante se refira à indução como fonte de informação: é possível ter conhecimento de muitas coisas, observando apenas algumas. O conhecimento indutivo é incompleto, mas é básico para a maioria das ciências. Outra posição refere-se à validade do método dedutivo, enfatizando a lógica e o raciocínio matemático. Além disso, a ciência supõe que todos os fenômenos têm alguma causa; não existem fenômenos caprichosos (atualmente, existe uma grande discussão filosófica em relação a esse pressuposto).

Outro aspecto do método científico é a confiança na capacidade de observação dos cientistas. Isso implica confiança na percepção do pesquisador, em sua sensibilidade e memória.

Finalmente, o método científico supõe que, para estudar um fenômeno cientificamente, este deve ser medido. Em outras palavras, o fenômeno deve ser perceptível, sensível e classificável, ainda que o cientista social possa trabalhar com conceitos teoricamente abstratos, tais como amor, aprendizagem e qualidade de vida; antes de estudá-los empiricamente, deve procurar comportamentos, estímulos, características ou fatos que representem esses conceitos. A escolha de um fato ou uma característica para representar um conceito abstrato é conhecida como operacionalização do conceito. Assim, a definição de um conceito refere-se às operações (instrumentos, medições ou códigos) realizadas para medir a presença ou ausência do fenômeno simbolizado por dito conceito.

Embora o senso comum, a lógica e a experiência de outros pesquisadores proporcionem guias para a escolha de definições operacionais, essas definições são teórica e operacionalmente arbitrárias.

O método científico pode ser considerado algo como um telescópio; diferentes lentes, aberturas e distâncias produzirão formas diversas de ver a natureza. O uso de apenas uma vista não oferecerá uma representação adequada do espaço total que desejamos compreender. Talvez diversas vistas parciais permitam elaborar um "mapa" tosco da totalidade procurada. Apesar de sua falta de precisão, o "mapa" ajudará a compreender o território em estudo.

Tendo analisado, brevemente, alguns aspectos básicos do processo de pesquisa, nos capítulos seguintes serão discutidas as características de um projeto, as várias etapas de uma investigação, os diversos métodos e técnicas utilizados, concluindo com os requisitos de um relatório de pesquisa. Deve-se insistir que não existem projetos típicos, cada trabalho apresenta suas próprias peculiaridades. As normas e recomendações apresentadas provavelmente se aproximam de uma grande variedade de pesquisas, mas não são regras absolutas.

2

CONHECIMENTO E MÉTODO CIENTÍFICO

Por natureza, o homem é fundamentalmente diferente dos animais dos quais evoluiu. Não possui os atributos necessários para sobreviver no reino animal (garras e dentes poderosos). Está, contudo, dotado de algo muito mais poderoso: a consciência, a capacidade de pensar.

Uma característica fundamental da existência humana é o desejo de saber e compreender o mundo. O conhecimento é parte de todas as culturas humanas, juntamente com estratégias para a obtenção de conhecimento e para decidir se este é ou não algo verdadeiro. Em todas as culturas, as principais fontes de conhecimento provêm de tradição, autoridade, observação e raciocínio. As culturas diferem com relação a quanto cada uma enfatiza cada fonte. Algumas sociedades veem o mundo natural e social como causado, modelado e aberto à compreensão humana através da observação e lógica. Outros veem o mundo como algo misterioso (PERSELL, 1990).

A principal ferramenta de sobrevivência do homem é sua mente. Nossa visão do mundo é substancialmente diferente da percepção concreta ligada à existência do animal, pois somos capazes de observar semelhanças essenciais entre todas as percepções separadas que encontramos no dia a dia e integrar essas percepções em categorias, tais como: "árvore", "homem" etc. Em vez de tratar cada conceito como uma sensação isolada, graças à eficácia da mente podemos lidar com conceitos abstratos. Essa é a base do conhecimento humano. Sem embargo, o uso da mente não é automático. As necessidades de sobrevivência dos animais são cumpridas adequadamente pelos instintos de comer, caçar, acasalar. O homem não tem essa facilidade. O uso de nossa mente depende de nossa vontade. A escolha de viver ou não passa a ser uma escolha de pensar ou não. A mente humana está diretamente relacionada com nossa existência.

Quando compramos um televisor, um micro-ondas ou um computador, esperamos que o acompanhe um manual que detalhe as operações do aparelho e forneça o conhecimento necessário para operá-lo. Nossa consciência de utilizar ou não o aparelho não está incluída no manual.

Para Álvaro Vieira Pinto (1985), o conhecimento é um fato biológico em sua gênese. Essa concepção materialista possibilita ao autor distinguir três grandes etapas no processo de conhecimento: (a) a fase dos reflexos primordiais; (b) a fase do saber; (c) a fase da ciência. Em todas elas, a natureza do conhecimento é a mesma: a capacidade que o ser vivo possui para representar o mundo que o rodeia e reagir a ele.

Para o referido autor, na primeira fase o conhecimento se faz com ausência de consciência: consiste na capacidade de resposta a estímulos representados por forças físicas, como a luz solar e a gravidade. Por exemplo: o fototropismo das plantas.

A segunda fase, chamada de saber, caracteriza-se pelo conhecimento reflexivo. É uma fase humana, na qual o homem toma consciência de sua racionalidade. É a fase em que o homem sabe que sabe, mas não sabe ainda **como** chegou a saber, nem **por que** sabe. Por exemplo, um camponês que sabe que deve chover em determinada época do ano, mas desconhece o porquê do fenômeno. Pessoalmente, considero essa fase como a etapa do "achismo", as pessoas "acham" que os fenômenos acontecem por determinados motivos, mas não sabem as causas.

Na terceira fase, o conhecimento caracteriza-se pela procura do porquê de um fenômeno, pela necessidade de explicar a ocorrência do fenômeno, o que Vieira Pinto define como **saber metódico**. É a etapa da **ciência**, definida como "a investigação metódica, organizada, da realidade, para descobrir a essência dos seres e dos fenômenos e as leis que os regem com o fim de aproveitar as propriedades das coisas e dos processos naturais em benefício do homem" (VIEIRA PINTO, 1979, p. 30).

É a etapa suprema do conhecimento humano, a única que possibilita a transformação da natureza.

Quando uma criança aprende que existem outras línguas, entra na segunda fase da aprendizagem, o nível de **"incompetência consciente"**. A criança agora "sabe que não sabe", descobre que há algo novo a ser aprendido na área da linguagem. Esse fato não ameaça a autoimagem da criança ou sua visão de mundo. Apenas existe.

Alcançar o nível de incompetência consciente exige que a pessoa viva sabendo que é incompetente ou tome medidas necessárias para atingir a competência. Imagine que você é um médico que passa sessenta horas ou mais por semana na prática da medicina. Como se sentiria se de repente percebesse que precisa encontrar tempo para se reeducar?

Quando um indivíduo faz o compromisso de seguir em frente, alcança o nível de **"competência consciente"**. Este é o nível em que uma pessoa "sabe, mas tem de pensar conscientemente sobre o que sabe".

O nível final do conhecimento é a **"competência inconsciente"**. Nesse nível um indivíduo "sabe o que sabe". O conhecimento flui sem problemas, sem esforço.

> Recomendo que vocês avaliem honestamente seu próprio nível de conhecimento em diversas áreas. Creio que é muito melhor para cada um de nós admitir que somos "conscientemente incompetentes" em uma área do que negar ou ridicularizar a sua importância. Admito que não possuo o conhecimento necessário para fazer reparos no meu carro. Como um médico nutricionista não possuo a capacidade de realizar uma cirurgia de risco (PETERSON, 2006).

Em geral, no plano de construção do conhecimento, o sujeito desenvolve-se cognitivamente mediante a internalização das construções sócio-históricas e culturais. Quanto maior a apropriação das operações psicológicas, maior a sua aplicabilidade. Nesse sentido, os teóricos Piaget, Vygotsky e Wallon analisaram muito bem em seus estudos esse processo de construção e evolução do desenvolvimento do conhecimento, ilustrando e demonstrando semelhanças em alguns pontos no processo de descobertas por parte do homem (ALVES; ALVES, 2011).

2.1 Tipos de conhecimento

De acordo com Cervo e Bervian (1978) e outros autores, o homem, e em consequência o pesquisador, move-se entre quatro níveis de conhecimento:

- conhecimento empírico;
- conhecimento teológico;
- conhecimento filosófico;
- conhecimento científico.

2.1.1 Conhecimento empírico

Para Tartuce (2006), é o conhecimento do dia a dia que se obtém pela experiência cotidiana, adquirido através de ações não planejadas. É espontâneo, focalista, sendo por isso considerado incompleto, carente de objetividade. Ocorre por meio do relacionamento diário do homem com as coisas.

Exemplos: A mãe diz à criança: "Não coloque a mão na tomada que dá choque"; Beba chá de laranjeira e dormirá melhor; Mulher ao volante é um perigo.

2.1.2 Conhecimento teológico

É um conjunto de verdades a que os homens chegaram mediante a aceitação de uma revelação divina, manifestada pela fé ou crença religiosa. Não pode, por sua origem, ser confirmado ou negado. Depende da fé de cada pessoa.

Exemplos: acreditar que alguém foi curado por um milagre; acreditar em Deus; acreditar em reencarnação; acreditar em espírito etc.

O conhecimento teológico, religioso ou místico é fundamentado exclusivamente na fé humana e desprovido de método. Nada pode ser provado cientificamente nem se admite crítica. A revelação é a única fonte de dados. As verdades são infalíveis ou indiscutíveis, pois se trata de revelações sobrenaturais da divindade. Procura dar respostas às questões que não sejam inteligíveis às outras esferas conhecimento. Exemplos são os textos sagrados, tais como a Bíblia, o Alcorão (ou Corão, o livro sagrado do islamismo), as Escrituras de Nitiren Daishonin (monge budista do Japão do século XIII que fundou o budismo Nitiren), entre outros (TARTUCE, 2006).

2.1.3 Conhecimento filosófico

Segundo Cervo e Bervian (1978), o conhecimento filosófico distingue-se do conhecimento científico pelo objeto de investigação e pelo método. O objeto das ciências são os dados próximos, perceptíveis pelos sentidos ou por instrumentos, pois, sendo de ordem material e física, são suscetíveis de experimentação. O objeto da filosofia é constituído de realidades mediatas, imperceptíveis aos sentidos e que, por serem de ordem suprassensível, ultrapassam a experiência. A ordem natural do procedimento é, sem dúvida, partir dos dados materiais e sensíveis (ciência) para se elevar aos dados de ordem metafísica, não sensíveis, razão última da existência. O filosofar é um interrogar, é um contínuo questionar a si mesmo e à realidade. A filosofia é uma busca constante de explicações a respeito de tudo aquilo que envolve o ser humano e sobre o próprio ser em sua existência concreta.

A filosofia procura compreender a realidade em seu contexto mais universal. Não há soluções definitivas para um grande número de questões. Entretanto, a filosofia habilita o ser humano a fazer uso de suas faculdades para ver melhor o sentido da vida concreta.

Hoje, os filósofos, além das interrogações metafísicas tradicionais, formulam novas questões: a humanidade será dominada pela técnica? A máquina substituirá o ser humano? Quando chegará a vez do combate à fome e à miséria? O que é valor, hoje? (CERVO; BERVIAN, 1978)

2.1.4 Conhecimento científico

Para Anol Bhattacherjee (2012), o propósito da ciência é criar conhecimento científico. Conhecimento científico refere-se a um corpo generalizado de leis e teorias para explicar um fenômeno ou comportamento adquiridos usando o método científico. As **leis** são padrões observados de fenômenos ou comportamentos, enquanto as **teorias** são explicações sistemáticas do fenômeno ou comportamento. Por exemplo, em Física, as leis de movimento de Newton descrevem o que acontece quando um objeto está em um estado de repouso ou movimento (a primeira lei de Newton), a força necessária para mover um objeto em repouso ou deter um objeto em movimento (a segunda lei de Newton) e o que acontece quando dois objetos colidem – ação e reação (terceira lei de Newton). As três leis constituem a base da mecânica clássica – uma teoria do movimentos e forças que atuam sobre um corpo. Teorias semelhantes também existem nas ciências sociais. Por exemplo, a teoria da dissonância cognitiva em psicologia que explica como as pessoas reagem quando as suas observações de um evento são diferentes do que elas esperavam desse evento.

De acordo com o mesmo autor (BHATTACHERJEE, 2012), o objetivo da investigação científica é descobrir leis e formular teorias que possam explicar fenômenos naturais ou sociais, ou, em outras palavras, construir conhecimento científico. É importante entender que esse conhecimento pode ser imperfeito ou estar longe da verdade. Às vezes, pode não haver uma única verdade universal, mas um equilíbrio de "múltiplas verdades". Temos que entender que as teorias que baseiam o conhecimento científico são apenas explicações de um fenômeno específico, sugeridas por um ou mais cientistas. Assim, podem existir boas ou más explicações, dependendo da adequação dessas explicações à realidade, e, consequentemente, pode haver teorias fortes ou fracas. O progresso da ciência é marcado por nossa progressão ao longo do tempo de teorias mais fracas a teorias mais fortes, através de melhores observações usando instrumentos mais precisos e um raciocínio lógico mais bem fundamentado.

2.2 Método científico

O que é método? Lakatos e Marconi (1982, p. 39-40) mencionam diversas definições, entre as quais podemos citar as seguintes:

- Método é o "caminho pelo qual se chega a determinado resultado [...]" (HEGENBERG, 1976, II-115);
- Método é a "forma de proceder ao longo de um caminho. Na ciência os métodos constituem os instrumentos básicos que ordenam de início o pensamento em sistemas, traçam de modo ordenado a forma de proceder do cientista ao longo de um percurso para alcançar um objetivo" (TRUJILLO, 1974, p. 24);
- Método é "um procedimento regular, explícito e passível de ser repetido para conseguir-se alguma coisa, seja material ou conceitual" (BUNGE, 1980, p. 19);
- "A característica distintiva do método é a de ajudar a compreender, no sentido mais amplo, não os resultados da investigação científica, mas o próprio processo de investigação" (KAPLAN apud GRAWITZ, 1979, I-18).

Das definições apresentadas, todas, menos a de Hegenberg, confundem método com metodologia. **Método** vem do grego *méthodos* (*meta* = além de, após de + *ódos* = caminho).

Portanto, seguindo a sua origem, **método** é o caminho ou a maneira para chegar a determinado fim ou objetivo, distinguindo-se assim, do conceito de **metodologia**, que deriva do grego *méthodos* (caminho para chegar a um objetivo) + *logos* (conhecimento). Assim, a metodologia é o estudo do método, são os procedimentos e regras utilizados por determinado método. Portanto, o método científico é o caminho da ciência para chegar a um objetivo. A **metodologia** são as regras estabelecidas para o método científico, por exemplo: a necessidade de observar, a necessidade de formular hipóteses, a elaboração de instrumentos etc.

2.2.1 Origens do método científico

A ideia de método é antiga. Demócrito e Platão empreenderam tentativas para fazer uma síntese teórica da experiência adquirida na aplicação dos métodos de conhecimento. Recordemos o método de Arquimedes para calcular áreas de figuras planas. Aristóteles formulou o método indutivo que permite inferir logicamente as características gerais de um fenômeno.

Uma contribuição fundamental para o desenvolvimento da ciência moderna são os trabalhos de Galileu Galilei (1564-1642). Sem aceitar a observação pura e as conclusões filosóficas arbitrárias, Galileu insistia na necessidade de elaborar hipóteses e submetê-las a provas experimentais. Assim, dá os primeiros passos para o método científico moderno.

A partir desse momento, o método científico sofre diversas modificações. Como afirma Bunge, "a ciência pura e aplicada chegaram a tal ponto e as teorias são tão complicadas que é difícil refutá-las, e as observações tão carregadas de teorias que não é fácil determinar o que confirmam ou refutam" (1980, p. 21).

O conceito de método, porém, como procedimento para chegar a um objetivo começa a consolidar-se com o nascimento da "ciência moderna", no século XVII. Francis Bacon e René Descartes foram os pensadores que mais contribuíram para o desenvolvimento de um método geral de conhecimento. F. Bacon deu uma contribuição sensível ao desenvolvimento do método científico e entrou na história como o criador do método indutivo, que consiste em concluir o geral do particular que é obtido pela experiência e observação. Para Bacon, o método científico é um conjunto de regras para observar fenômenos e inferir conclusões.

René Descartes adotou uma atitude diferente na questão dos métodos de conhecimento. Não acreditava na indução, mas na dedução. Considerava que qualquer conhecimento deve ser rigorosamente demonstrado e inferido de um princípio único e fidedigno. Toda ciência deveria ter o rigor da matemática, e o critério para que o conhecimento seja verdadeiro é a clareza e a evidência.

2.2.2 Elementos do método científico

Os fundamentos do método científico são seguidos inconscientemente por muitas pessoas, em suas atividades diárias. O preparo de um prato a partir de uma receita, o planejamento do orçamento familiar, as compras em um supermercado incluem elementos do método científico tradicional. Compreender a aplicação do método científico a esses problemas aparentemente não científicos é fundamental para poder conhecer e transformar a realidade. Se queremos melhorar algo, devemos utilizar o método científico. Assim, cada momento de êxito cria novas expectativas, e o processo não pode parar. O desenvolvimento mede-se pela aplicação de melhores modelos que nos permitam alcançar plenamente nossos objetivos.

Não obstante a complexidade das pesquisas realizadas nas diversas áreas do conhecimento, existe uma estrutura subjacente comum a todas elas. Segundo Pease e Bull (1996), essa estrutura integra cinco elementos: **metas**, **modelos**, **dados**, **avaliação** e **revisão**.

- **Meta:** o objetivo do estudo.
- **Modelo:** qualquer abstração do que está sendo trabalhado ou estudado.
- **Dados:** as observações realizadas para representar a natureza do fenômeno.
- **Avaliação:** comparação do modelo com os dados para determinar a adequação do modelo.
- **Revisão:** mudanças necessárias no modelo.

O ponto de partida de qualquer pesquisa é a meta ou o objetivo. Em um segundo momento, desenvolve-se um modelo do processo que será estudado ou do fenômeno que será manipulado. Posteriormente, vem a coleta de informações (ou utilização de dados já coletados). Comparam-se os dados e o modelo em um processo de avaliação, que consiste simplesmente em estabelecer se os dados e o modelo têm sentido. Se o modelo não dá conta dos dados, procede-se a sua revisão – modificação ou substituição. Assim, o método científico é um processo dinâmico de avaliação e revisão.

Esses cinco elementos constituem aspectos fundamentais do método científico. Sua compreensão permitirá entender o uso e as limitações desse método.

A seguir, apresentam-se três exemplos que ajudarão a compreender esses elementos.

Exemplo 1: cozinhar a partir de uma receita

A preparação da maioria dos pratos de comida começa com uma receita – uma lista de ingredientes e instruções para misturar e cozinhar os ingredientes. No entanto, dificilmente existirá um *chef* que siga a receita ao pé da letra e não modifique nem prove o prato durante o processo de cocção. Frequentes modificações são realizadas, até contar com a aprovação do cozinheiro. Alterações significativas podem ser adotadas como modificações permanentes, formando parte de receitas futuras.

Não é difícil identificar-se com esse exemplo, porém pode ser um pouco mais complicado detectar nele os fundamentos do método científico. Seguindo o esquema:

- Meta: preparar um prato de comida.
- Modelo: a receita.
- Dados: a degustação durante a preparação.
- Avaliação: decisões relativas ao sabor do prato.
- Revisão: mudanças na receita.

Analisemos, novamente, cada um dos elementos. No exemplo, a meta é preparar um prato de comida. O modelo é a receita, pois se trata de uma abstração do processo de preparo da comida. É essencial. Não se pode pensar em cozinhar um prato específico de comida sem ter informações baseadas em experiências anteriores. Os dados referem-se à degustação antes de terminar de preparar o prato. A avaliação é feita quando se compara o sabor (os dados) com a ideia relativa ao sabor que deveria ter. Dependendo do sabor, proceder-se-á a uma revisão transitória ou permanente da receita.

O exemplo da receita é muito simples e muito adequado. Os procedimentos de um cientista podem ser mais formais que as experiências do cotidiano. Sem embargo, não diferem fundamentalmente dos utilizados por nosso cozinheiro. Além disso, em ambos os casos, os erros deveriam ser aproveitados para melhorar o futuro.

Exemplo 2: escrever uma monografia

Uma monografia sobre a violência urbana (ou qualquer outro fenômeno) começa com uma série de anotações em um caderno (primeira versão do modelo). Posteriormente, transforma-se em um relatório parcial (segunda versão do modelo) que deve ser lido pelo orientador. Após algumas revisões, a monografia está pronta para ser divulgada (terceira versão do modelo). Pelo esquema:

- Meta: escrever uma monografia.
- Modelo: relatório parcial.
- Dados: comentários do orientador ou de outras pessoas.
- Avaliação: comparação dos comentários.
- Revisão: um novo relatório.

O progresso acontece com a preparação de novos relatórios.

Exemplo 3: o plano real

Nos últimos anos, o Brasil tem vivido uma grande discussão em relação à implantação do Plano de Estabilização Econômica – o Plano Real. As necessidades de desenvolvimento dos brasileiros exigem que se identifiquem as consequências econômico-sociais do referido plano.

Seguindo o esquema:

- Meta: identificar as consequências econômico-sociais do Plano Real.
- Modelo: o plano favorece o desenvolvimento da população.
- Dados: taxas de crescimento de diversos indicadores sociais e econômicos.
- Avaliação: comparação das taxas antes e após a aplicação do plano.
- Revisão: modificações necessárias do plano.

O esquema pode parecer complexo, mas a exemplificação e os exercícios realizados pelo pesquisador novato permitirão descobrir sua simplicidade. Como guia para segui-lo é necessário ter em consideração as seguintes perguntas básicas que encaminharão o encontro de respostas concernentes e, portanto, coerentes entre si:

O que conhecer?
Por que conhecer?
Para que conhecer?
Como conhecer?
Com que conhecer?
Em que local conhecer?

Observa-se que tais procedimentos acabam por caracterizar uma **ação metodológica** que direciona o conhecimento do pesquisador, que se dirige a qualquer uma das propostas de formação profissional, seja ela própria ao advogado, ao psicólogo, ao contador, ao administrador, entre outros.

2.3 Etapas do processo de pesquisa científica

De acordo com John W. Creswell (2012), um dos pesquisadores mais citados na atualidade, os passos seguidos pelos autores quando realizavam uma investigação, alguns anos atrás, eram considerados como o "**método científico de pesquisa**" (KERLINGER, 1973; LEEDY; ORMROD, 2001). Atualmente os passos a seguir são considerados as **bases da investigação social**:

1. Identificação do problema de pesquisa
2. Revisão da literatura
3. Especificação do objetivo de pesquisa
4. Coleta de dados
5. Análise e interpretação dos dados
6. Relatório e avaliação do trabalho

2.3.1 Identificação do problema de pesquisa

Identificar um problema de pesquisa consiste em especificar um assunto para estudar, desenvolver uma justificativa para estudá-lo e sugerir a importância do estudo para selecionar o público que lerá o relatório. Ao especificar um "problema", o pesquisador limita o objeto e concentra o seu trabalho em um aspecto específico do estudo. Maria planeja estudar as atitudes dos professores frente à violência nas escolas. Começa com um problema: o aumento da violência na escola de ensino básico. Ela precisa justificar o problema fornecendo evidências sobre a sua importância e documentar como sua pesquisa irá contribuir para a solução do problema.

2.3.2 Revisão de literatura

É importante saber quem tem estudado o problema que se pretende examinar. Pode acontecer que o seu estudo seja uma réplica de um trabalho já feito. A revisão da literatura é um dos passos mais importantes no processo de investigação. Significa localizar livros, revistas e publicações; escolher seletivamente a bibliografia a incluir no seu trabalho; e, logo, resumir em um relatório escrito. Por exemplo, Maria deve informar ao leitor os escritos mais recentes sobre violência na escola. Esse processo irá envolver tempo, recursos e tomada de decisões sobre a literatura a ser utilizada em sua pesquisa.

2.3.3 Especificação do objetivo da pesquisa

Consiste em identificar o objetivo principal do estudo para poder limitá-lo mediante perguntas específicas. Assim, no caso de Maria, ela precisa indicar o objetivo do seu estudo e formular as perguntas pertinentes. Essa declaração de propósito fornece indicações importantes para seu estudo e ajuda a mantê-la focada no objetivo principal.

2.3.4 Coleta de dados ou informações

Constitui-se na identificação e seleção das pessoas que responderão às suas perguntas ou terão os seus comportamentos observados. Essa etapa produzirá uma quantidade de informações (números, respostas, opiniões, citações). No projeto do relatório da pesquisa essa etapa está identificada na *metodologia*. Maria precisa decidir onde vai realizar o estudo, quem participará dele, como vai obter permissão dos participantes, quais os dados que ela irá recolher e como reunirá os dados. Essa etapa permitirá responder às suas perguntas de pesquisa.

2.3.5 Análise e interpretação dos dados ou informações

Nesta etapa analisam-se as informações obtidas resumidas em tabelas estatísticas, gráficos, fotografias etc. Explicam-se as conclusões em palavras que forneçam respostas às perguntas de pesquisa. No relatório essa etapa é, geralmente, identificada como resultados da pesquisa, conclusões ou discussões. Como Maria irá analisar e interpretar os dados em sua pesquisa? Se Maria coleta informações em um questionário aplicado a diversas pessoas, terá de recorrer a instrumentos de análise estatística. Em outros casos, deverá utilizar as técnicas adequadas a cada caso.

2.3.6 Relatório e avaliação do trabalho

Nesta etapa o pesquisador deve decidir a estruturação do relatório em um formato aceitável para as audiências às quais a pesquisa está destinada. A avaliação do trabalho implica uma análise da qualidade do estudo com base em padrões utilizados pela comunidade científica. Maria vai precisar organizar e relatar sua pesquisa de forma adequada a diferentes públicos.

2.4 Situação atual da ciência

Historicamente, as interpretações empírico-indutivas e as racionalistas apresentam dois elementos comuns muito criticados: um, a concepção analítica da ciência; o outro, a escassa atenção ao contexto sócio-histórico que condiciona o conhecimento científico. Nesse sentido, consideramos necessário destacar a posição do filósofo alemão Jürgen Habermas, considerado um dos mais influentes pensadores sociais da segunda metade do século XX, que propõe substituir o paradigma de razão (subjetiva) por uma razão dialógica, centrada na ação comunicativa. É preciso abandonar o paradigma da filosofia do conhecimento e substitui-lo por uma filosofia da linguagem. Seguindo as máximas de Hamman (1992 apud SEGATTO, 2009): "razão é linguagem, 'logos' ou 'sem a palavra, não há razão – nem mundo'". A linguagem possui um duplo caráter: é empírica, nasce com as experiências históricas particulares; e, transcendental, contém categorias e esquemas que permitem dar-lhe forma e estrutura ao mundo.

Para Habermas (2002), não se trata de procurar modificar ou melhorar a situação da razão centrada no sujeito. O paradigma que representa o conhecimento de objetos deve ser **substituído** pelo paradigma do entendimento entre sujeitos capazes de falar e agir. No paradigma do conhecimento, o sujeito cognoscente se dirige a si mesmo como a entidades do mundo. No paradigma do entendimento, o ego ao falar e o *alter* ao tomar posição sobre este participam de uma relação interpessoal. Assim, o ego encontra-se em uma relação que, na perspectiva de *alter*, lhe permite referir a si mesmo como participante de uma interação.

O homem começou a valorizar mais o sentimento sobre a razão. Fenômenos como as guerras de mundo, desastres ecológicos, o nazismo, o medo do desastre atômico e a pobreza em grande parte do mundo irão anular uma visão da história como um processo de emancipação da humanidade progressista (GOBIERNO DEL ESTADO DE DURANGO, 2006).

Para Boaventura de Sousa Santos, citado por Gerhardt e Silveira (2009), p. 16,

> o homem encontra-se num momento de revisão sobre o rigor científico pautado no rigor matemático e de novos paradigmas: em vez de eternidade, a história; em vez do determinismo, a impossibilidade; em vez do mecanicismo, a espontaneidade e a auto-organização; em vez da reversibilidade, a irreversibilidade e a evolução; em vez da ordem, a desordem; em vez da necessidade, a criatividade e o acidente [...] A ciência encontra-se num movimento de transição de uma racionalidade ordenada, previsível, quantificável e testável, para uma outra que enquadra o acaso, a desordem, o imprevisível, o interpenetrável e o interpretável. Um novo paradigma que se aproxima do senso comum e do local, sem perder de vista o discurso científico e o global. O **paradigma emergente** ou paradigma de um conhecimento prudente para uma vida decente.

As principais características de "conhecimento prudente para uma vida decente" são:

- *Todo conhecimento científico-natural é científico-social.*
- *Todo conhecimento é local e total.* O conhecimento pode ser utilizado fora do seu contexto de origem.
- *Todo conhecimento é autoconhecimento.* O conhecimento analisado sob um prisma mais contemplativo que ativo.
- *Todo conhecimento científico visa constituir-se num novo senso comum.* O conhecimento científico dialoga com outras formas de conhecimento, deixando-se penetrar por elas.

De acordo com Bonilla-Castro e Sehk (2005), na atualidade, os principais problemas dos métodos de investigação são:

1. As dimensões quantificáveis e qualificáveis do mundo não devem ser vistas como realidades excludentes. Portanto, os métodos de pesquisa qualitativos e quantitativos devem ser usados como ferramentas complementares. Por exemplo: em estudos de discriminação social, uma pesquisa sobre subordinação feminina deve considerar as razões culturais e ideológicas que sustentam e reproduzem essa situação, além das expressões quantitativas refletidas na discriminação salarial, a segregação profissional etc.
2. O critério mais adequado para a seleção de um método está determinado, em primeiro lugar, pela natureza do problema investigado. Em outras palavras, o método não deve impor como estudar a realidade, pelo contrário, são as propriedades da realidade que devem determinar o método ou métodos a serem utilizados.
3. O desafio para os pesquisadores não é a capacidade de qualificar ou quantificar separadamente um fenômeno social para poder compreendê-lo em uma ou outra dimensão, mas quantificar e qualificar simultaneamente visando à totalidade do fenômeno.

Para Brian Hepburn e Hanne Andersen (2016), colaboradores da *Stanford Encyclopedia of Philosophy*, muitas vezes o "método científico" é apresentado em livros didáticos e páginas educacionais da internet como um procedimento fixo de quatro ou cinco passos a partir de observações e descrição de um fenômeno, formulação de uma hipótese que explique o fenômeno, planejamento e realização de experimentos, análise dos resultados e uma conclusão sobre o modelo "testado". Tais referências a um método científico empirista e limitado podem ser encontradas no material educacional em todos os níveis da educação científica (BLACHOWICZ, 2009).

Steven Weinberg, prêmio Nobel de Física em 1979, afirma que os padrões utilizados para avaliar o sucesso científico mudam com o tempo, o que não apenas dificulta a filosofia da ciência; também gera problemas para a compreensão pública da ciência. Não temos um método científico único para apoiar e defender (1995, p. 8).

É hora de mudar e aperfeiçoar o próprio conceito de ciência... e o que é o método científico. Nem sempre o fato de ser ortodoxos ou teoricamente rígidos permite assegurar os melhores resultados; frequentemente, a relação é invertida quando um determinado limite é ultrapassado (TIBERIUS, 2013).

A ciência pós-moderna deve ser uma ciência que não tente legitimar-se com o discurso de busca desinteressada da verdade e a emancipação gradual da razão; uma ciência que compartilhe sua autoridade epistêmica, participe do debate sobre as consequências do desenvolvimento científico e técnico nas questões sociais, uma ciência que reconheça sua diversidade e deficiências. Portanto, pode-se assumir, ao mesmo tempo, um pluralismo metodológico tão amplo quanto necessário e até mesmo um pluralismo axiológico. Não existem métodos científicos universais e permanentes, são limitados e historicamente condicionados (DIEGUEZ, 2006).

3

EPISTEMOLOGIA DO TRABALHO CIENTÍFICO

A estratégia utilizada em qualquer pesquisa científica fundamenta-se em uma rede de pressupostos ontológicos e da natureza humana que definem o ponto de vista que o pesquisador tem do mundo que o rodeia. Esses pressupostos proporcionam as bases do trabalho científico, fazendo que o pesquisador tenda a ver e a interpretar o mundo sob determinada perspectiva. É absolutamente necessário que possam ser identificados os pressupostos do pesquisador em relação ao homem, à sociedade e ao mundo em geral. Fazendo isso, pode-se identificar a perspectiva epistemológica utilizada pelo pesquisador. Essa perspectiva orientará a escolha do método, metodologia e técnicas a serem utilizados em uma pesquisa.

Nas páginas seguintes, faremos uma breve descrição de quatro das principais correntes que têm marcado as Ciências Sociais no século XX: o empirismo analítico (abordagem quantitativa), o materialismo dialético, a hermenêutica e a fenomenologia.

3.1 O empirismo analítico

Poucas tendências, escolas de pensamento ou correntes têm tido, no mundo ocidental, a mesma importância e influência do positivismo. Desde a primeira metade do século XIX, ele tem mostrado sua importância. Surgiu na atmosfera dos sucessos das Ciências Naturais (a teoria evolucionista de Darwin; o sistema Kant-Laplace de explicação da formação do sistema solar; e a descoberta das leis térmicas de J. Joule e H. F. Lenz), mostrando assim uma fé absoluta no poder da investigação experimental. A atração natural dos cientistas dos séculos XVIII e XIX pelos métodos de investigação empírica deu origem à ideia de que todos os problemas das ciências e da sociedade podiam resolver-se exclusivamente por métodos empíricos. Assim, as técnicas das Ciências Naturais deveriam ser aplicadas às Ciências Sociais. Herbert Spencer, um dos fundadores do positivismo, insistiu na necessidade de uma "ciência prática" que servisse para as necessidades da vida humana.

Auguste Comte, outro fundador do positivismo, insistiu na semelhança entre os pensamentos teológico e metafísico (ficções e abstrações espontâneas) contrários ao pensamento científico (positivo). Segundo Comte, o espírito positivo estabelece as ciências como investigação do real, do certo, do indubitável e do determinado. A imaginação e a argumentação ficam subordinadas à observação. Considerando que essa observação é limitada, o conhecimento apenas pode apreender fatos isolados. Além disso, existe uma ordem natural que os homens não podem alterar; portanto, os cientistas apenas podem interpretar a natureza.

Em termos gerais, o positivismo é um movimento que enfatiza a ciência e o método empírico-analítico como fonte de conhecimento, estabelecendo forte distinção entre fatos e valores, e grande hostilidade com a religião e a metafísica. Insiste na existência de uma ordem natural com leis que a sociedade deve seguir. Além disso, a realidade não pode ser conhecida em sua totalidade; portanto, apenas se estudam dados individuais.

Exemplo: estudo sobre a evasão escolar
Fenômeno: evasão escolar
Alguns elementos: aluno (a)
    escola (e)
    comunidade (c)
    política educacional (p)

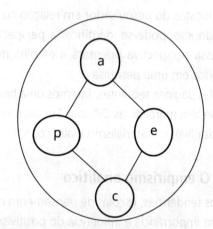

Em que:
O: elementos;
–: relações que podem ou não ser estudadas pelo pesquisador.

Figura 3.1 Estrutura do estudo sobre evasão escolar segundo o positivismo.

O pesquisador preocupa-se basicamente em estudar características dos elementos fundamentais do fenômeno e possíveis relações. Por exemplo: situação econômica dos alunos de 1° grau; fatores que influenciam a evasão escolar etc.

O método empírico-analítico inclui três modelos: o método indutivo, o método dedutivo e o método hipotético dedutivo.

3.1.1 Método indutivo

A indução é um processo pelo qual, partindo de dados ou observações particulares constatadas, podemos chegar a proposições gerais. Por exemplo, este gato tem quatro patas e um rabo, esse tem quatro patas e um rabo. Os gatos que eu tenho visto têm quatro patas e um rabo. Assim, pela lógica indutiva, posso afirmar que todos os gatos têm quatro patas e um rabo. Na vida diária utilizamos frequentemente os princípios do método indutivo. Por exemplo, com base em uma pequena amostra do comportamento de uma criança, concluímos aspectos do temperamento; a partir da experiência própria e de amigos, concluímos que um *shopping center* vende roupa boa e cara. Outro exemplo: suponhamos que estamos dirigindo em uma rua secundária e queremos entrar em uma avenida principal. Chegamos à referida avenida e constatamos engarrafamento do trânsito. Concluímos que a avenida está engarrafada e procuramos outro caminho. Fizemos uma inferência sobre as condições da avenida, partindo de um dado observado. Esse raciocínio é indutivo.

A ideia do "dilúvio universal" pode ser questionada indutivamente. Em uma chuva forte, caem 25 milímetros de água por hora. Supostamente, no dilúvio choveu durante 40 dias. Usando o método indutivo, podemos submeter à validação o dilúvio. Se em uma hora caem 25 milímetros de água, em 24 horas caem 6 centímetros e em 40 dias caem 2,40 metros. Isso não inunda a Terra.

Em termos gerais, tanto o método indutivo quanto o dedutivo fundamentam-se em premissas – fatos observados –, que servem de base para um raciocínio. Exemplos:

João é mortal.
Pedro é homem.
A rosa é uma flor.

Assim, o método indutivo parte de premissas dos fatos observados para chegar a uma conclusão que contém informações sobre fatos ou situações não observadas. O caminho vai do particular ao geral, dos indivíduos às espécies, dos fatos às leis. As premissas que formam a base da argumentação (antecedentes) apenas se referem a alguns casos. A conclusão é geral, utilizando o pronome indefinido *todo*. Exemplo:

Cobre conduz energia.
Prata conduz energia.
<u>Cobre e prata são metais.</u>

Todo metal conduz energia.

Um argumento por enumeração simples tem a seguinte forma:

Se a1 tem a propriedade P.
Se a2 tem a propriedade P.
Se a3 tem a propriedade P.

Todos os as têm a propriedade P.

Segundo Lakatos e Marconi (1982, p. 48), para não cometer equívocos, impõem-se três etapas que orientam a processo indutivo:

1. certificar-se de que é essencial a relação que se pretende generalizar;
2. assegurar-se de que sejam idênticos os fenômenos ou fatos dos quais se pretende generalizar uma relação;
3. não perder de vista o aspecto quantitativo dos fatos – impõe-se essa regra, já que a ciência é essencialmente quantitativa.

Um dos principais críticos ao uso da indução nas ciências e à posição do positivismo lógico foi Karl Popper. Segundo esse pensador,

> [...] de um ponto de vista lógico, está longe der ser óbvio que estejamos justificados ao inferir enunciados universais a partir dos singulares, por mais elevado que seja o número destes últimos; pois qualquer conclusão obtida desta maneira pode sempre acabar sendo falsa: não importa quantas instâncias de cisnes brancos possamos ter observado, isto não justifica a conclusão de que todos os cisnes são brancos (POPPER, 1980, p. 5).

A ciência não tem o poder de alcançar a verdade ou falsidade. Os enunciados científicos somente podem alcançar graus de probabilidade. Para Popper, a única maneira de testar um argumento científico é comprovar sua irrefutabilidade empírica. Uma teoria pode ser reconhecida como científica à medida que for possível deduzir dela proposições observacionais singulares, cuja falsidade seria prova conclusiva da falsidade da teoria. Portanto, para testar uma teoria, devemos utilizar o método dedutivo.

3.1.2 Método dedutivo

Em oposição à lógica indutiva, o método dedutivo apresenta a seguinte forma:

Todos os Ms são Ss.
Todos os Ps são Ms.
Todos os Ps são Ss.

Em que:

M – termo médio do silogismo.
S – termo maior do silogismo.
P – termo menor do silogismo.

Exemplo:

Todos os corpos próximos à Terra são corpos que brilham continuamente.
<u>Todos os planetas são corpos próximos à Terra</u>.
Todos os planetas são corpos que brilham continuamente.

Aplicando o método dedutivo, o cientista avança do conhecimento de um fato sobre os planetas à compreensão do porquê desse fato.

3.1.3 Método hipotético-dedutivo

O método hipotético-dedutivo deve seu nome a duas fases fundamentais da pesquisa: a formulação da hipótese e a dedução de consequências que deve ser contrastada com a experiência. Surge de uma crítica profunda ao indutivismo metodológico. Esse método pressupõe o uso de inferências dedutivas como teste de hipóteses. Karl Popper (apud FERREIRA, 1998) propõe como caminho para essa trajetória metodológica o cumprimento das seguintes etapas:

1. expectativas e teorias existentes: formulação de problemas em torno de questões teóricas e empíricas;
2. solução proposta, consistindo numa conjetura; dedução das consequências na forma de proposições passíveis de teste sobre os fenômenos investigados;
3. teste de falseamento: tentativas de refutação, entre outros meios, pela observação e experimentação das hipóteses criadas sobre o(s) problema(s) investigado(s).

A partir dessas etapas que envolvem a relação entre pesquisador e objeto do conhecimento, deduzem-se encaminhamentos metodológicos da pesquisa. Essas etapas de raciocínio metodológico orientam a discussão em torno de onde provém o conhecimento, do pesquisador que apreende o real ou do objeto que se impõe como realidade verificável? Nessa perspectiva metodológica do método hipotético-dedutivo, a relação entre pesquisador e objeto do conhecimento acontece numa conjunção entre a razão e a experimentação de hipóteses submetidas à prova.

As hipóteses tornam-se as "supostas verdades" ou "meias-verdades", sobre os fenômenos que foram problematizados enquanto objeto de estudo científico, dadas à verificação por meio de experimentações e testes. Compreende-se que esse método pressupõe as bases teóricas dedutíveis a fenômenos particulares que refutarão ou corroborarão com a teoria em teste. Nesse caso, "a observação é precedida de um problema, de uma hipótese, enfim, de algo teórico", conforme Lakatos e Marconi (2001, p. 75). Esse método vem contribuir para a criação de novos pressupostos teóricos para pesquisa científica.

Esse método pode ser operacionalizado, conforme Souza (apud LAKATOS; MARCONI, 2001, p. 80):

1. formulação das hipóteses, a partir de um fato-problema;
2. inferência das consequências preditivas, das hipóteses;
3. teste das consequências preditivas, através da experimentação, a fim de confirmar ou refutar as hipóteses.

3.1.3.1 Importância e críticas ao empirismo-analítico

Como já vimos, o positivismo teve muita importância para o desenvolvimento das ciências, particularmente, das exatas e naturais. O método indutivo é a base do método experimental, que tem dado importante contribuição para o avanço, entre outras ciências, da Medicina e da Psicologia. Podemos constatar que Popper também deu uma contribuição básica para o avanço da ciência. Em termos das Ciências Sociais, porém, o positivismo tem sido objeto de críticas fundamentais:

1. A concepção de ciência é idealista (império das ideias), a-histórica (o indivíduo não é um ser histórico) e empirista (preocupa-se fundamentalmente com as manifestações imediatas e concretas dos fenômenos).
2. Não é possível aplicar modelos das Ciências Exatas e da Natureza aos fenômenos sociais.
3. Contenta-se com o estudo das aparências de um fenômeno, sem descer à essência.
4. Ao insistir no estudo de fatos ou dados isolados, esquece a relação entre os elementos de um fenômeno, e entre fenômenos.
5. Não se preocupa com os processos de conhecimento, interessam-lhe os resultados.

3.2 Abordagem quantitativa

Surge no início no século XIX, influenciada pelo Racionalismo, base dos avanços científicos e tecnológicos, e é empregada nas Ciências Exatas (Física, Biologia, Matemática) – portanto, fundamenta-se em cientistas como Galileu, Newton, Copérnico e tem como origem a obra de Auguste Comte publicada em 1849, *O discurso sobre o espírito positivo*. Seu principal antecedente é um paradigma conhecido como *positivismo*.

Objetivo: Estudo do mundo social que pode ser abordado de maneira semelhante ao mundo natural.

Princípios:

- Tem apenas uma realidade, sendo necessário descobri-la e conhecê-la.
- A percepção e o pensamento preciso são as bases para conhecer a realidade.
- Objetividade na manipulação das variáveis sem intervenção dos juízos do pesquisador.
- A observação empírica é a base do trabalho científico.
- Para qualquer ciência, o todo deve ser verificável. Só se aceitam conhecimentos da experiência, dados empíricos. (Princípio da verificação)

O *pós-positivismo*, fundamentado no positivismo, é mais aberto e flexível. Tem o seu início no final do século XIX, com as ideias de autores como Wilhelm Dilthey e William James.

Propostas essenciais:

- Há uma realidade, mas devido às limitações humanas só é possível descobri-la com algum grau de probabilidade.
- O observador é parte dos fenômenos estudados e se influem mutuamente.
- As teorias e explicações devem ser consolidadas, podendo eliminar outras teorias e explicações.
- A pesquisa é influenciada pela teoria ou hipótese defendida pelo pesquisador, e a objetividade é apenas um guia para a pesquisa.
- A experimentação em laboratório é uma maneira de testar hipóteses. Para isso, desenvolvem-se os quase experimentos.
- Os conceitos, teorias e hipóteses devem ter referências empíricas e medições com um determinado grau de erro (BULEGE, 2013).

Diferença fundamental entre o positivismo e o pós-positivismo é a superação da ideia da percepção como simples reflexo das coisas reais. Existe uma dialética entre quem conhece e o objeto conhecido.

Dentre os aportes importantes do pós-positivismo ao enfoque quantitativo, podem-se mencionar:

- Coleta e codificação de informações em termos de valores de variáveis.
- Análise de dados numéricos em termos de variação.
- Comparação de dados por meio de técnicas estatísticas adequadas.

3.2.1 Momentos marcantes da abordagem quantitativa

Em 1749, Gottfried Achenwall utilizou o termo "Statistik" para referir-se à análise dos dados do Estado, particularmente os censos da população. Em 1801, William Playfair desenvolveu as estatísticas gráficas como um meio melhor para representar os resultados numéricos. Entre 1809 e 1826, Carl Gauss faz uma importante contribuição ao propor o desvio médio e a análise da distribuição normal. Na última década do século XIX, Karl Pearson, professor do University College de Londres, apresenta diversas técnicas estatísticas, particularmente, a análise de correlação e regressão de variáveis.

No final do século XIX começa a consolidação de um pilar fundamental da abordagem quantitativa: **a estatística**. Em 1910, a Marinha dos EUA começa a usar testes psicológicos padronizados, particularmente durante a Primeira Guerra Mundial. Posteriormente surgem os projetos experimentais, como o quadrado latino de Thorndike. Assim, nas primeiras décadas do século XX, aumenta a popularidade dos experimentos, testes psicológicos e enquetes (*surveys*).

Durante a década de 1950 a pesquisa quantitativa está no seu auge, surgem várias enquetes, experiências, revistas científicas, projetos etc. Nos anos 1960, Donald T. Campbell e Julian Stanley (1963) geram uma tipologia em estudos experimentais que perdura até hoje. Da mesma forma, o famoso professor Fred Kerlinger identifica os tipos de projetos quantitativos e fortalece o respectivo enfoque. Surge uma grande quantidade de textos de estatística. Entra no mercado uma ferramenta muito poderosa, **o computador**. Essa ferramenta contribui para o desenvolvimento de programas estatísticos essenciais para a pesquisa social, tais como o SPSS (Pacote Estatístico para as Ciências Sociais), que até o dia de hoje é o programa de computador mais utilizado para a análise da pesquisa social.

Na última década do século XX surgem medições e análises multivariadas mais complexas e se consolida a ideia do "poder de medição" através do uso de diferentes instrumentos para controlar as variáveis da pesquisa. Criam-se programas de análise computacional sofisticados e comercializados. Essa é a situação atual.

John W. Creswell, professor da Universidade de Michigan (EUA), renomado especialista em abordagens qualitativas de pesquisa social, particularmente, em métodos mistos (*mixed methods*) aplicados na investigação educativa, apresenta as seguintes críticas à aproximação pós-positivista nas Ciências Sociais:

- Tradicionalmente, os supostos pós-positivistas têm dominado as exigências do processo de conhecimento. Às vezes essa forma de pensar é denominada "método científico" ou pesquisa "científica". Também tem sido chamada de pesquisa quantitativa, pesquisa positivista, ciência empírica e pós-positivismo. Esse último termo, "pós-positivismo", refere-se ao pensamento posterior ao positivismo e rejeita a noção tradicional da verdade absoluta do conhecimento (PHILLIPS; BURBULES, 2000). Reconhece que não podemos ser "positivos" com relação ao que pensamos sobre o conhecimento quando estudamos o comportamento ou ações dos seres humanos. A tradição pós-positivista tem sua origem no século XIX, com escritores como Comte, Mill, Durkheim, Newton e Locke (SMITH, apud CRESNELL, 2014).

Atualmente tem sido defendida e aprofundada por especialistas, tais como Denis C. Phillips, professor emérito da Universidade de Stanford (EUA), e Nicholas Burbules, professor da Universidade de Illinois (EUA);

- O pós-positivismo reflete uma filosofia determinista em que as causas provavelmente determinam os efeitos ou resultados. Assim, os problemas analisados por pós-positivistas refletem uma necessidade de analisar as causas que influenciam os resultados, tais como os assuntos tratados em experimentos. É reducionista também na intenção de reduzir uma ideia a um conjunto pequeno e discreto de ideias para testar ou avaliar. Por exemplo, as variáveis que constituem hipóteses e perguntas de pesquisa.
- O conhecimento desenvolvido através de uma lente pós-positivista baseia-se na observação cuidadosa e medição da realidade objetiva que existe no mundo "lá fora". Assim, o estabelecimento de medidas numéricas de observação e o estudo do comportamento dos indivíduos é o "paraíso" de um pesquisador pós-positivista.
- Finalmente, precisamos compreender o mundo e para isso existem leis ou teorias que o regem e precisam ser testadas ou verificadas para aprofundar o nosso conhecimento desse mundo. Assim, na abordagem pós-positivista do método científico, um indivíduo começa com uma teoria, coleta alguns dados que a reforçam ou a rejeitam e, posteriormente, faz as revisões necessárias antes realizar testes adicionais.

Segundo Creswell, a leitura de Phillips e Burbules (2000) permite identificar os seguintes supostos:

1. O conhecimento é conjetural (hipotético). A verdade absoluta nunca pode ser encontrada. Assim, a evidência estabelecida na pesquisa e imperfeita e falível.
2. A pesquisa é um processo de estabelecer postulados para serem aprimorados ou mudados por outros mais sólidos. Por exemplo, a maioria das pesquisas quantitativas começa com o teste de uma teoria.
3. Os dados (informações), provas e considerações racionais dão forma ao conhecimento. Na prática, o pesquisador coleta informações mediante instrumentos respondidos por participantes ou observações gravadas pelo próprio pesquisador.
4. A pesquisa procura desenvolver afirmações verdadeiras que possam servir para explicar a situação em questão ou para formular relações causais. Nos estudos quantitativos, os investigadores hipotetizam a relação esperada entre as variáveis ou a formulam em termos de pergunta.
5. A objetividade do pesquisador é um aspecto essencial em uma investigação de qualidade. Por esse motivo, os pesquisadores devem ser rigorosos nas metodologias e conclusões. Por exemplo, os padrões de validade e confiabilidade são muito importantes na pesquisa quantitativa.

Na nossa opinião, a partir da década de 1970 consolida-se a procura de métodos alternativos de pesquisa nas Ciências Sociais. Essa consolidação baseia-se principalmente em críticas filosóficas, políticas e técnicas aos métodos quantitativos, que aparecem relacionados a um sistema socioeconômico que leva a uma crescente miséria da grande maioria da população. Deixando clara nossa posição de que não são os métodos quantitativos em si os que produzem as injustiças sociais, mas sim o uso que se faz desses métodos, passamos a destacar as principais críticas:

1. A concepção de ciência que esquece que o objetivo da investigação científica é o ser humano com suas crenças e práticas, e não a explicação de um fenômeno conforme determinadas leis científicas, tem como consequência a redução dessa ciência ao campo do observável, separando os fatos dos seus contextos, tratando o mundo como um conjunto de fatos interligados.

2. A redução da ciência ao campo do observável e a separação entre fatos e seus contextos supõem um método que seja adequado para testar a aceitação ou a rejeição de afirmações científicas com base em sua consistência com dados empíricos. Assim, os métodos quantitativos aperfeiçoaram-se e se sofisticaram para poder explicar e "predizer" o comportamento humano. Lamentavelmente, houve casos extremos de esquecer os problemas reais da grande maioria da população.

3. A ênfase no dado empírico e sua reificação levaram aos maiores questionamentos dos métodos quantitativos. Em geral, apenas nas Ciências Naturais os dados consistem em observações empíricas. Pelo contrário, nas Ciências Sociais, os dados consistem em significados sociais, e a sua interpretação e compreensão não podem ser assimiladas ou reduzidas a descobertas e avaliação de dados observáveis.

4. A insistência de uma ciência livre de valores pode distorcer ou prejudicar assuntos socialmente importantes. Por exemplo, conceitos como exploração, marginalização, camadas populares e outros têm sido frequentemente mencionados como ilustrações de falta de "cientificismo". Procuram-se definições rigorosas que substituam o não "cientificismo" da linguagem qualitativa. Mas é fácil demonstrar que os conceitos básicos de qualquer marco teórico, nas Ciências Sociais, expressam atitudes específicas em relação ao homem, à organização da sociedade, às relações entre indivíduos ou grupos etc.; trabalhar com um ou outro marco teórico implica aceitar o posicionamento e comprometer-se com os valores morais e políticos implícitos nesse marco teórico. Por exemplo, o conceito de tradicionalismo do camponês está ligado a uma visão dualista da sociedade (moderno *versus* tradicional).

3.3 Materialismo dialético

Ideologia e ciência do marxismo. Oposição clara a toda forma de positivismo e estruturalismo. Considera-se materialismo porque sua interpretação da natureza, concepção dos

EPISTEMOLOGIA DO TRABALHO CIENTÍFICO   35

fenômenos naturais e sua teoria são materialistas. Considera-se dialético porque sua aproximação (método e estudo) dos fenômenos naturais é dialética.

3.3.1 Materialismo

O que se entende por materialismo? De acordo com Marx e Engels, significa que o mundo exterior existe independentemente da consciência. Para o senso comum, isto é óbvio. Por exemplo, a árvore existe, independentemente da noção que tenhamos de árvore. Prova disso é que, ao bater nela, podemos nos machucar. Em termos de pensamento filosófico, porém, a questão não é tão clara. Para os idealistas, tudo o que sabemos não passa de representações que se sucedem na consciência. Não se pode saber nada que não seja um fenômeno de consciência. Assim, o mundo não existe independentemente da consciência humana.

Para melhor compreensão do materialismo, devemos conhecer a concepção marxista de matéria. Para isso, olhemos o mundo que nos rodeia; há minúsculas partículas e enormes sistemas solares, há minúsculos organismos unicelulares e seres vivos altamente organizados. Os objetos distinguem-se pelo tamanho, forma, cor, complexidade estrutural etc. Não obstante isso, todos os fenômenos da natureza têm algo em comum, algo que os une. Todos têm existência própria. Todos têm uma propriedade fundamental, a existência independente daquilo que deles pensamos e se neles pensamos ou não. Por isso, são unidos em um conceito geral de matéria.

V. I. Lenin, citado por Chakhnazárov e Krássine (1985, p. 14), afirma que "a matéria é aquilo que exercendo influência nos nossos órgãos sensoriais causa sensações; a matéria é uma realidade objetiva que nos é dada pelas sensações".

Características fundamentais da matéria são: o movimento (o mundo material está em permanente movimento e mudança); o volume; a dimensão; a extensão; o espaço e o tempo. Assim podemos chegar à seguinte definição de matéria: qualquer objeto ou fenômeno natural com existência e características próprias que ocupa um lugar no tempo e no espaço.

Assim, para o materialismo, a matéria é uma categoria que indica a realidade objetiva dada ao homem por meio de suas sensações e que existe independentemente dele.

3.3.2 Dialética

O que se entende por dialética? De origem grega (*dialektiké* = discursar, debater), a dialética está vinculada ao processo dialógico de debate entre posições contrárias, e baseada no uso de refutações ao argumento por redução ao absurdo ou falso. Segundo J. Stalin (1983), antigamente era considerada a arte de chegar à verdade, mostrando as contradições dos argumentos do oponente e superando essas contradições.

Em termos gerais, a dialética obedece a princípios diferentes dos silogismos formais. Os argumentos da dialética dividem-se em três partes: a tese, a antítese e a síntese. A tese refere-se a um argumento que se expõe para ser impugnado ou questionado; a antítese é o argumento oposto à proposição apresentada na tese e a síntese é uma fusão das duas proposições anteriores que retêm os aspectos verdadeiros de ambas as proposições, introduzindo um ponto de vista superior.

Embora hoje se dê a esse termo um sentido mais amplo, o núcleo da dialética, sua essência, continua a ser a investigação das contradições da realidade, pois são essas a força propulsora do desenvolvimento da natureza.

Para Chakhnazárov e Krássine, a dialética é a ciência do desenvolvimento do mundo "que investiga as ligações mais gerais inerentes a toda a realidade, e os traços também mais gerais do desenvolvimento" (CHAKHNAZÁROV; KRÁSSINE, 1985, p. 34).

No exemplo da evasão escolar, a dialética considera os elementos, as relações (contraditórias) e a história:

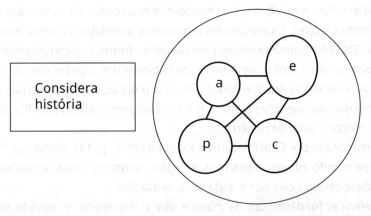

Figura 3.2 Estrutura do estudo sobre evasão escolar segundo o materialismo dialético.

Vimos que a dialética tem uma história antiga e passou por diferentes etapas de desenvolvimento. Podemos distinguir suas principais fases:

1ª) A dialética espontânea da antiga Grécia, representada por Aristóteles e Heráclito. Para este último, o mundo está em movimento graças a um princípio infinito, imortal e vivo, que é o fogo. Na natureza, "temos um movimento eterno: o fogo vive com a morte da terra, o ar vive com a morte do fogo, a água vive com a morte do ar, a terra vive com a morte da água" (KORSHUNOVA; KIRILENKO, 1985, p. 94). Na dialética de Heráclito, todo o mundo se apresenta como a interação dos contrários, como sua unidade e oposição.

2ª) A dialética idealista dos filósofos alemães (séculos XVIII e XIX). Ao falar da história da dialética, não se pode deixar de mencionar G. Hegel, criador de uma doutrina dialética que considerava o desenvolvimento do mundo como resultado de interação de forças opostas. Esse desenvolvimento estava diretamente relacionado ao desenvolvimento de um espírito absoluto. Na dialética das ideias, desenvolve-se a dialética do mundo real. Segundo Engels, as três leis da dialética – a lei da transformação da quantidade em qualidade, a lei da união dos opostos e a lei da negação da negação – foram desenvolvidas por Hegel, em sua concepção idealista, como leis do pensamento.

3ª) A dialética materialista (séculos XIX e XX), cujos principais representantes foram K. Marx, F. Engels e V. Lenin. Em geral, as ideias de Marx têm como base: a análise da Revolução Francesa, a situação econômica e social dos operários ingleses e, como já foi dito, a filosofia alemã.

Foi Marx quem fez ressurgir o método dialético para análise da realidade, relacionou esse método com as ideias hegelianas, diferenciou o materialismo do idealismo e o aplicou ao capital.

A dialética passou a ser considerada a ciência das leis gerais do movimento do mundo exterior e da consciência humana.

3.3.3 Características do método dialético

Considerado uma ciência por seus seguidores, o materialismo dialético é a única corrente de interpretação dos fenômenos sociais que apresenta princípios, leis e categorias de análise (ver Figura 3.3).

3.3.4 Os princípios do materialismo dialético

São dois os princípios fundamentais do materialismo dialético:

1º) O princípio da conexão universal dos objetos e fenômenos

Característica essencial da matéria é a interconexão entre objetos e fenômenos. Não pode existir um objeto isolado de outro. Todos os fenômenos da natureza estão interligados e determinados mutuamente.

O aparecimento, a mudança ou o desenvolvimento de um fenômeno só é possível em interligação com outros sistemas materiais (mudanças em um traz mudanças em outros). Nada pode existir fora dessa ligação. Qual é a diferença com o sistema positivista-funcionalista? Para o materialismo dialético, a interligação dos fenômenos está determinada por leis objetivas. Por exemplo, João não existe sem o homem, o homem não existe sem João; a Revolução Cubana não existe sem a revolução, a revolução não existe sem a Revolução Cubana.

2º) O princípio de movimento permanente e do desenvolvimento

Tudo está em movimento. A fonte do movimento e do desenvolvimento são as contradições internas de um objeto ou fenômeno. A causa do desenvolvimento da sociedade e da natureza está nelas, não fora.

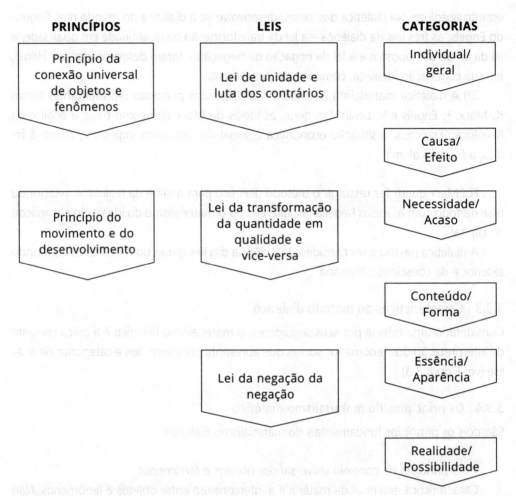

Figura 3.3 Estrutura do materialismo dialético.

Essa é uma diferença fundamental em relação a outras concepções que explicam o movimento por forças externas (impulso inicial, Ser Supremo etc.). O desenvolvimento é resultado da acumulação de mudanças quantitativas e de sua passagem para as qualitativas – transformação qualitativa dos objetos.

3.3.5 Leis do materialismo dialético

Os princípios referidos estão ligados às leis do materialismo dialético:

1ª) A lei de unidade e luta dos contrários, ligada ao princípio da conexão universal

Os aspectos, elementos ou forças internas de um fenômeno ou objeto excluem-se mutuamente, são contrários. Mas não podem existir uns sem os outros. O movimento é produzido devido a essa contradição. Por exemplo: o ímã, oposição entre polo positivo e negativo; o átomo, oposição entre núcleo positivo e elétrons negativos; a sociedade capitalista, oposição entre burguesia e proletariado.

Esses elementos estão em luta, negam-se e se excluem mutuamente, mas não podem existir uns sem os outros.

As leis da transformação da quantidade em qualidade e vice-versa e da negação da negação estão ligadas ao segundo princípio do movimento permanente.

2ª) A lei da transformação da quantidade em qualidade e vice-versa

Na natureza, as mudanças qualitativas só podem ocorrer por adição ou subtração da matéria ou movimento (energia). Resulta impossível alterar a qualidade de um objeto sem somar ou subtrair uma quantidade do objeto ou fenômeno, isto é, sem uma alteração quantitativa do objeto.

Temos como exemplo a Química, considerada a ciência das mudanças qualitativas dos objetos, produto de mudanças na composição dos elementos.

$$2\ H_2O\ +\ O_2 \longrightarrow 2\ H_2O_2$$

água   oxigênio   peróxido de hidrogênio

Uma molécula de água consiste em dois átomos de hidrogênio e um átomo de oxigênio. Se acrescentamos um segundo átomo de oxigênio, resulta um produto totalmente diferente: o peróxido de hidrogênio.

O que é qualidade? As características internas dos objetos ou fenômenos que expressam a natureza e traços específicos deles. Por exemplo, a qualidade do ensino.

O que é propriedade? É a manifestação externa de uma qualidade em sua interação com outro fenômeno. Por exemplo: a disposição dos átomos em um composto químico; o esquema organizativo de um movimento social.

3ª) A lei da negação da negação

A história da natureza e da sociedade mostra que o desenvolvimento está ligado à morte do velho e ao nascimento do novo. Na crosta terrestre, surgem novas estruturas geológicas acima das velhas. Nos organismos vivos, existe constante renovação de células. O desenvolvimento da humanidade é testemunha da morte de civilizações e do nascimento de novas. A negação, isto é, a substituição do velho pelo novo, está presente em tudo.

Vejamos o caso de um grão de trigo:

O grão de trigo é negado e em seu lugar nasce a planta, a planta é negada e em seu lugar nasce a espiga. Como resultado da negação da negação, temos novamente um grão de trigo. Este é um exemplo de um processo cíclico de negação (grão – planta – espiga – grão). Um exemplo de um processo não cíclico de negação da negação é o desenvolvimento da humanidade.

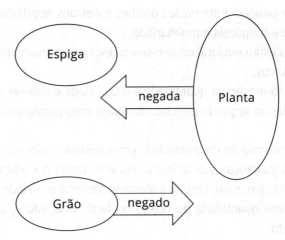

Figura 3.4 Ilustração de negação da negação.

3.3.6 Categorias do materialismo dialético

As categorias são os conceitos básicos que refletem os aspectos essenciais, propriedades e relações dos objetos e fenômenos. Segundo Cury (1985, p. 21), elas

> possuem simultaneamente a função de intérpretes do real e de indicadoras de uma estratégia política. As categorias são o instrumento metodológico da dialética para analisar os fenômenos da natureza e da sociedade. Portanto, são fundamentais para o conhecimento científico e indispensáveis nos estudos de qualquer ciência e na vida social.

Como já mencionamos, a fonte das categorias são os objetos ou fenômenos. São objetivas. Cabe destacar que todas as categorias estão relacionadas umas com as outras. Portanto, a análise de um objeto ou fenômeno não precisa ser feita com todas, basta escolher uma delas. Por exemplo, estudar a evasão escolar utilizando a categoria essência/aparência.

3.3.6.1 1ª Categoria: individual – particular – geral

Todo objeto, todo fenômeno do mundo que nos rodeia tem características específicas, próprias. É impossível encontrar dois objetos iguais. Até folhas de uma mesma planta distinguem-se por um ou outro aspecto.

Ao mesmo tempo, não há no mundo objetos ou fenômenos que não possuam traços comuns com outros objetos ou fenômenos. As folhas de uma planta, apesar das diferenças, têm características comuns que permitem distingui-las de outra planta. Por sua vez, todas as plantas, desde a samambaia até a vitória-régia, têm características comuns que permitem considerá-las num conceito único de "planta". Por mais que os objetos ou fenômenos se distingam por aspectos particulares, todos são matéria; é nisso que reside o geral do fenômeno, nas características inerentes a todos.

O individual e o geral estão interligados. Não existe geral sem o individual, como também não existe o individual sem o geral. Assim, a noção de "homem" é o geral, mas não pode existir sem a noção de "indivíduo". As categorias de individual, particular e geral ajudam a compreender a unidade do mundo.

Quadro 3.1 Exemplos de aplicação das categorias individual, particular e geral

TIPO DE NATUREZA	INDIVIDUAL	PARTICULAR	GERAL
Inanimada	Ferro	Metal	Elemento Químico
Animada	Rosa	Flor	Planta
Vida Social	Revolução Cubana	Revolução Socialista	Revolução Social
Pensamento	Juízo: Fricção Produz calor	Juízo: Movimento mecânico em condições determinadas se transforma em calor	Juízo: Uma forma de movimento em determinadas condições se transforma em outra forma de movimento

Fonte: VLASOVA, T. (Org.). *Marxist leninist philosophy*. Moscow: Progress Publishers, 1987.

3.3.6.2   *2ª Categoria: causa – efeito*

Causa é o fenômeno que produz outro fenômeno. Efeito é o resultado produzido pela causa. Exemplo: o aquecimento da água causa uma mudança de seu estado de agregação.

Na vida real, a mesma causa pode provocar consequências diferentes em função das condições. Exemplo: a propriedade privada dos meios de produção causa a exploração do assalariado, o desemprego etc. Por outro lado, um ou outro fenômeno pode resultar de causas diferentes. Exemplo: o desemprego é resultado da anarquia da produção capitalista, da intervenção do Estado capitalista e da exploração do trabalhador.

Quando falamos de causa-efeito, não devemos confundir causa com motivos. Os motivos precedem imediatamente o efeito. Não são causa, são impulsos para a ação do acontecimento. Exemplo: o assassinato, em Sarajevo, do príncipe Francisco Fernando foi o motivo da Primeira Guerra Mundial. Suas causas estão ligadas ao imperialismo capitalista.

Como já vimos, a causalidade é objetiva, inerente à realidade, revelada ao homem no conhecimento e na prática. É fundamental para a ciência: conhecendo as causas, o homem pode contribuir para a ação dos fenômenos, acelerar fenômenos úteis (colheita) e restringir os nocivos (doenças). Enquanto não for descoberta a causa de um fenômeno, permanece oculta sua natureza.

3.3.6.3   *3ª Categoria: necessidade – casualidade*

Necessidade é o que deve ocorrer em determinadas condições. As precipitações atmosféricas na forma de chuva ou granizo em condições determinadas são uma necessidade; o assalariado na produção capitalista é uma necessidade.

Casualidade é o que pode ocorrer ou não em determinadas condições. O prejuízo que o granizo produz em determinada plantação; o assalariado na escravidão.

A história da humanidade está marcada por diversos "acidentes" que constituem uma casualidade e formam parte do desenvolvimento. Os avanços ou retrocessos no processo de desenvolvimento dependem muito desses acidentes históricos. Assim, uma pesquisa histórica não pode deixar de considerar a casualidade na análise de qualquer fenômeno econômico-social.

3.3.6.4 4ª Categoria: essência – aparência

Ao conhecer um objeto ou fenômeno, o que primeiro constatamos são seus aspectos exteriores: cor, dimensões, configurações, comportamento etc. Após um estudo mais aprofundado, estamos em condições de compreender sua essência.

A aparência é a parte superficial, mutável de um fenômeno ou da realidade objetiva. É uma forma de expressão da essência e depende dela.

A essência é a parte mais profunda e relativamente estável do fenômeno ou da realidade objetiva. Está oculta debaixo da superfície de aparências.

Assim, todo objeto ou fenômeno se apresenta como um conjunto de aspectos exteriores que possui características essenciais. Exemplo: os empréstimos do Governo Federal aos bancos privados. A aparência é o conjunto de características superficiais (número de beneficiados, quantidade emprestada, prazo de devolução, garantias etc.). A essência é o mais profundo do fenômeno (empréstimos do setor público, capital financeiro *versus* capital industrial, divisão econômica do capital etc.). Assim, os referidos empréstimos aparecem com características exteriores determinadas. Ao mesmo tempo, porém, têm características essenciais que determinam a natureza do fenômeno.

Seguindo as ideias de Marx, não pode existir ciência sem uma análise das aparências e essência de um fenômeno. A aparência é apenas uma manifestação da essência.

No Brasil, pelo menos, nas pesquisas educacionais, a maioria dos pesquisadores não aprofunda a análise dos fenômenos, permanecendo na aparência deles. Exemplo: os vários trabalhos sobre evasão escolar que ficam em um nível de caracterização de fatos observados, sem aprofundar a análise; todos os trabalhos que estudam comportamento de crianças sem analisar motivos ou causas desses comportamentos. Isto pode ser explicado pela formação positivista e empírica de muitos pesquisadores em Educação. Cabe destacar que, aos poucos, essa situação está mudando.

3.3.6.5 5ª Categoria: conteúdo – forma

O conteúdo é o conjunto de elementos, interações e mudanças características de um fenômeno. Exemplo: forças produtivas (instrumentos de produção e homens).

A forma é o sistema estável de relações entre elementos de um objeto ou fenômeno. Exemplo: forças produtivas (relações de produção).

Qualquer objeto ou fenômeno consiste em diversos elementos e nos processos que compõem seu conteúdo. Exemplo: um automóvel tem uma variedade de peças, cada qual cumpre alguma função; um átomo é constituído por prótons, elétrons e nêutrons com funções específicas.

Devemos lembrar que a simples soma das partes não constitui o objeto. Para fazer um automóvel, uma montadora tem que colocar todas as peças numa ordem determinada, dar-lhes a estrutura correspondente; em outras palavras, uma forma.

3.3.6.6 6ª Categoria: possibilidade – realidade

Possibilidade é o que pode surgir pela uniformidade do desenvolvimento, mas que ainda não aconteceu. Exemplo: possibilidade de preservar a paz; possibilidade de acabar com a dependência dos países do Terceiro Mundo; possibilidade de acabar com o analfabetismo brasileiro.

Realidade é o que já aconteceu. Exemplo: não existe paz; não acabou a dependência dos países do Terceiro Mundo; e não acabou o analfabetismo brasileiro.

Os objetos ou fenômenos não existem eternamente. Podem surgir, tornar-se realidade só quando existem as respectivas condições. O conjunto dessas condições representa a possibilidade de surgimento do objeto ou fenômeno.

As categorias referidas anteriormente são indispensáveis para o conhecimento dos fenômenos e para a compreensão científica da matéria. É por isso que devem fazer parte do conteúdo metodológico da investigação científica. O mundo que nos rodeia exige o conhecimento das leis e categorias dialéticas.

3.3.7 Exigências e cuidados da dialética como método

Tomando como base A. Vieira Pinto (1985, p. 175-215), podemos estabelecer as seguintes exigências:

1ª) Objetividade da análise. O objeto deve ser estudado em todos seus aspectos e conexões. Prioritário é o estudo da essência do fenômeno. Deve-se dar um quadro realista (realidade objetiva) do fenômeno, mostrar tendências do desenvolvimento e forças que o determinam.

2ª) Análise completa dos elementos e processos. Suas propriedades, conexões e qualidades.

3ª) Procurar as causas e os motivos dos fenômenos.

4ª) Análise historicamente concreta dos fenômenos e processos sociais. Considerar o lugar (espaço) e o período de duração (tempo). Não esquecer as conexões históricas fundamentais.

Exemplo: fenômeno da evasão escolar no Brasil na década de 1960.

3.3.8 Cuidados

1º) Consciência metódica. Reflexão crítica que descobre as conexões entre fenômenos.

2º) O trânsito entre o individual e o geral e vice-versa, procurando compreender sua unidade.

3º) Preocupação com a análise da totalidade e de suas partes.

3.3.9 Importância e críticas à dialética

O materialismo dialético significou um avanço importante na interpretação dos fenômenos sociais; a única corrente epistemológica, das três apresentadas, que considera a história como um fator importante no desenvolvimento dos fenômenos.

Entre as críticas, podemos mencionar o possível redutivismo da noção de contradição. Nem toda relação é contraditória; existem as complementares.

3.4 Hermenêutica

Com o passar dos anos a hermenêutica, um processo de interpretação e descrição que visa compreender a natureza humana, foi se consolidando como uma metodologia adequada para a investigação nas Ciências Sociais. Tan e Oliver (2009) mencionam diversos autores que contribuíram para o desenvolvimento da pesquisa qualitativa em saúde; Mc Kibbon e Gadd (2004), na área filosófica; Evans e Hallet (2007), Todres e Wheeler (2001), em enfermagem; Barnable et al. (2006) na área de saúde mental e Fielden (2003) na área de tristeza. Mas deve ficar claro que a hermenêutica **não é um método de pesquisa**, pelo contrário, é uma perspectiva teórica e uma metodologia, uma estratégia ou plano que fundamenta os métodos utilizados em uma determinada pesquisa. A menos que haja clareza e conhecimento do método utilizado, será difícil atribuir o rigor científico exigido em uma época que tem sido dominada pela visão positivista, que exige um conhecimento totalmente objetivo como único tipo de evidência válida e determinada (CROTTY, 1998).

3.4.1 O conceito de hermenêutica

O termo hermenêutica deriva da palavra grega *hermeneuein*, ou seja, interpretar, e do seu derivado ερμηνεια (*hermeneia*), que significa interpretação. Do ponto de vista linguístico, relaciona-se com Hermes, o mensageiro "pés rápidos" dos deuses do Olimpo, que, para dominar a linguagem dos deuses, tinha, necessariamente, de compreender e interpretar as mensagens divinas, traduzi-las e articulá-las de acordo com as intenções e necessidades dos seres terrenos.

A hermenêutica pressupõe que textos e narrativas temporais e culturalmente distantes, ou mistificados pela ideologia e pela falsa consciência, que surgem de forma caótica, incompleta e distorcida, precisam ser sistematicamente interpretados para poder revelar a coerência subjacente e o seu verdadeiro sentido. Assim, a hermenêutica tem três dimensões diferentes de significados e preocupações, a saber:

1. A teoria que diz respeito à validade epistemológica e possibilidade de interpretação;
2. A metodologia, cuja preocupação é a formulação de sistemas confiáveis de interpretação.
3. A práxis, cuja finalidade se relaciona com o próprio processo de interpretação específica dos textos.

A hermenêutica, como práxis interpretativa, surgiu muito cedo na história das civilizações. Geralmente, as grandes culturas da Antiguidade tiveram a sua cota de literatura sagrada que precisava ser interpretada e reinterpretada pelas classes sacerdotais e nobres. No entanto, o pleno desenvolvimento da hermenêutica, como metodologia de interpretação, aconteceu alguns séculos mais tarde, durante o período renascentista. Esse desenvolvimento foi provocado por uma maior necessidade de práxis hermenêutica que transformou essa operação puramente prática em um procedimento de autoconsciência.

A partir da presença de diversas estratégias de hermenêutica como metodologias de interpretação, surgiu a necessidade de uma avaliação mais crítica e fundamental da interpretação em si, que tivesse em consideração a possibilidade e a validade da própria interpretação. Foi Friedrich Schleiermacher (1768-1834), um teólogo protestante alemão e filólogo, quem iniciou a perspectiva filosófica cujo objetivo consistia em se concentrar nos problemas da interpretação e na necessidade de um método sistemático de hermenêutica. A partir dele, a hermenêutica materializou-se como uma teoria ou epistemologia da interpretação.

Inserida no âmbito de uma análise filosófica intensa e configurada por um conjunto de teorizações, a hermenêutica afirmou-se como uma arte de interpretação, adequada não apenas aos domínios religioso e humanístico, mas também às Ciências Sociais emergentes.

Segundo Santos (2009), o método hermenêutico em todos os seus estágios históricos até os dias atuais paulatinamente vai sendo aprimorado, recebendo contribuições de diversos pensadores. Já para Domingues (2004, p. 345), no processo de pensar e sistematizar o método, a hermenêutica assume um caráter de "'reflexão teórico-metodológica' acerca da prática de interpretação de textos sagrados, clássicos (literários) e jurídicos (leis)". De acordo com Weller (2007, p. 3): "Na busca de cientificidade para as ciências interpretativas o filósofo Wilhelm Dilthey publica no ano de 1900 um texto sobre o 'Surgimento da Hermenêutica' no qual o autor estabelece uma distinção entre 'explicar' (*Erklären*) e 'compreender' (*Verstehen*) para as ciências humanas".

Na verdade, tendo por base os escritos de Weller acerca do método hermenêutico, compreende-se que Dilthey passava a defender a necessidade de pensar e estabelecer um método de pesquisa que diferisse dos comumente utilizados nas Ciências Naturais, no contexto histórico e geográfico por ele vivido. Ainda tendo por base Weller (2007, p. 4), a:

> distinção realizada por Dilthey é retomada e aprimorada por Mannheim na elaboração de seu método documentário de interpretação como uma forma de análise das visões de mundo de uma determinada época e como uma metodologia centrada na análise dos fenômenos "culturais" e não dos fenômenos "naturais".

Dois importantes representantes da hermenêutica "moderna", Hans Gadamer e Paul Ricoeur, afirmam que a hermenêutica pode ser aplicada a todas as atividades humanas. É a teoria das operações da compreensão em sua relação com a interpretação de textos. Assim, nas Ciências Sociais, o campo da hermenêutica tem-se estendido gradualmente para o estudo do processo de interpretação de um sujeito; da comunicação verbal e não verbal, tal como pressupostos, pré-compreensões etc. Hoje em dia, com base nas epistemologias fenomenológicas e construtivistas, podemos afirmar que a hermenêutica tornou-se um método de pesquisa social.

De acordo com Gadamer, o método postulado por Schleiermacher não é senão uma fórmula que, desde então, tem sido repetida incessantemente, e em cujas interpretações cambiantes caracteriza-se parte substancial da história da hermenêutica contemporânea.

Para Gadamer, a hermenêutica (filosófica) é a arte do entendimento que consiste em reconhecer como princípio essencial o **diálogo**. Centra-se na compreensão, que implica poder considerar e reconsiderar o que pensa o interlocutor, mesmo não estando de acordo com ele. O destino do mundo não está determinado pela técnica. É preciso lembrar "o humano" e os riscos da desumanização. A colaboração, a compreensão e a solidariedade são essenciais para a transformação do mundo. A solidariedade é a base para o desenvolvimento de convicções comuns. Para que possa existir compreensão, solidariedade e unidade entre os homens, é **necessário escutar**.

Segundo Gadamer,

> a hermenêutica principiou por se separar de todos os enquadramentos dogmáticos, liberando-se para se elevar ao significado universal de um órganon histórico: a compreensão a partir do contexto do todo – postulada já em Lutero, pois é o conjunto das Escrituras que deve guiar a compreensão do individual – requer agora necessariamente a restauração histórica do contexto da vida a que pertencem os documentos. Sendo que já não há mais, desde então, diferença alguma entre a interpretação de escritos sagrados e profanos, estamos em face de uma só hermenêutica, que agora não se circunscreve nos limites de uma função propedêutica de toda historiografia, mas abarca, ela própria, toda a atividade historiográfica (YASBEK, 2010, p. 3).

A hermenêutica, para Paul Ricoeur, é uma fonte metodológica, um guia de orientação de leitura e escrita de textos e obras. É também um método que busca a compreensão de uma obra, teórica ou poética. Na abordagem do método hermenêutico, é fundamental considerar a influência do imaginário social nas ações sociais, dado que alguns aspectos dos discursos e ações se impregnam das expressões do imaginário, da ideologia e da utopia. Configura-se como um instrumento e um guia para a compreensão de discursos filosóficos, políticos, pedagógicos e das ações e construções racionais ou poéticas. O imaginário criador é, nesse contexto, um organizador de obras mediante as funções sociais da ideologia e da utopia, suas maiores expressões. Por isso, mediante a função da ideologia, o imaginário pode garantir representação política dos grupos sociais; e, mediante a função da utopia, o imaginário pode expressar os sonhos e os anseios desses mesmos grupos sociais (SILVA, 2011).

Nesse contexto, a hermenêutica caracteriza-se como um instrumento valioso, tanto nas construções imaginárias, como na filosofia, na educação ou na ciência, visto que funciona como instrumento de análise e compreensão de obras (RICOEUR, 1989 apud SILVA, 2011). Portanto, o método hermenêutico de pesquisa não se caracteriza por ser apenas uma forma de interpretação de um texto bíblico que enfatiza as influências socioculturais e históricas de um fenômeno. Muito pelo contrário, a hermenêutica se apresenta como uma possibilidade de Filosofia aplicada às Ciências Humanas e possibilita ao pesquisador mergulhar no universo de análise, procurando interpretar as teorias e os processos que se manifestam em um determinado objeto de pesquisa.

A aplicação do conceito de hermenêutica à análise dos comportamentos humanos e aos domínios das Ciências Sociais, pela influência da esfera religiosa e dos textos humanistas, foi facilitada pela ampliação do significado do que se entende por textualidade. O que tradicionalmente era entendido como algo que se refere apenas às coisas que são ou podem ser escritas foi ampliado para cobrir quase tudo o que tem algo a ver com o homem e a cultura.

Atualmente, não só documentos, textos literários e escrituras podem ser chamados de textos, mas também símbolos, rituais, práticas e costumes, mitos, estruturas, tradicionalmente entendidos como algo que se referia apenas às coisas que são ou podem ser, além de graus de parentesco, tempos e práticas sociais e muitos outros domínios. Portanto, na sua evolução a hermenêutica passa de uma práxis irrefletida pura, que tinha como única preocupação os temas religiosos, para uma práxis altamente sistemática e reflexiva, que pode ser aplicada a qualquer texto.

Na filosofia refere-se à interpretação de textos (entendido o texto como uma cidade, um grupo social, um estilo de música, moda etc.). Por exemplo: numa visão positivista, a cidade poderia ser explicada como um conjunto de elementos, espaços, serviços, infraestrutura e atividades que determinam um território. Na visão hermenêutica, o pesquisador pode interpretar a cidade como um reflexo das formas de organização do cosmo e da natureza em um espaço geográfico. Na hermenêutica, como na arte, não é de interesse central conhecer a intenção do autor ou do artista, mas a forma como o sujeito se apropria da obra de arte.

De acordo com Alvarez (2011), a hermenêutica "a diferencia del Positivismo no pretende, explicar las cosas como son, sino como las queremos ver y sobretodo, la manera como yo me veo en las cosas".

3.4.2 Os princípios da hermenêutica

A história da hermenêutica foi estabelecendo alguns princípios interpretativos que devem ser considerados, pois constituem o plano de fundo do círculo hermenêutico como método de interpretação.

1. O todo explica as partes e as partes explicam o todo.
2. É necessário compreender os preconceitos do autor do texto, o que aparentava ser óbvio na mentalidade do seu tempo (o horizonte do autor).
3. Sempre interpretamos um texto com base nos nossos preconceitos (horizonte do leitor).
4. Para interpretar um texto deve existir um diálogo entre os preconceitos do autor e os preconceitos do leitor (fusão de horizontes).
5. O texto "forma" o leitor e o leitor "reforma" o texto.
6. Compreender um texto implica em compreender a si mesmo.
7. A compreensão de um texto nunca termina.

3.4.3 O círculo hermenêutico

É uma maneira reflexiva que permite interpretar dados com base em outras informações. A circularidade da interpretação não é um mero método, mas o processo do círculo hermenêutico está presente em qualquer apreensão do conhecimento (ALVES; RABELO; SOUZA, 2014).

De acordo com Gadamer, o círculo hermenêutico se refere a um conjunto de pré-conceitos advindos da própria visão de mundo que cada indivíduo possui e que será indispensável na relação entre o que é interpretado e o indivíduo. Assim, são esses pré-conceitos que permitem uma compreensão dos fatos e acontecimentos e, ainda, um leque de interpretações acerca de um mesmo fato, dependendo das formações de cada indivíduo (MINAYO, 2010).

Para Gadamer,

> el giro hermenéutico de la fenomenología se abre en primer lugar hacia aquello que se transmite a través del lenguaje, por lo cual yo puse en un primer plano el carácter conversacional del lenguaje. En una conversación *algo* pasa a ser lenguaje, y no un interlocutor o el otro. Aquí se impone de nuevo la proximidad del giro hermenéutico (1995, p. 67).

Para Zanin (2010), no círculo hermenêutico proposto por Gadamer inicia-se a leitura com uma determinada expectativa, uma opinião prévia em relação ao objeto de estudo, que é a chamada pré-compreensão, a partir da qual se estabelece um projeto de compreensão para o todo. Essa pré-compreensão não é subjetiva, uma vez que as pessoas comungam uma tradição em contínua formação, variável e construída conforme se participa ou se compreende a tradição.

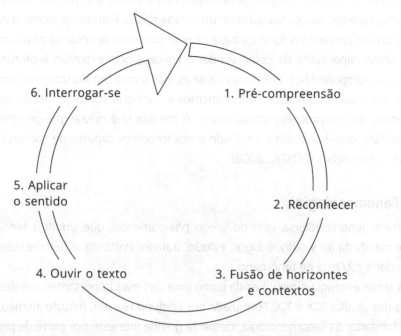

Figura 3.5 O círculo hermenêutico.

3.4.3.1 Pré-compreensão

Antes de ler um texto, o leitor já tem alguma ideia ou pressentimento de que atua como "projeto de interpretação". A primeira leitura permite uma compreensão inicial e leva a reconsiderar o projeto, e cada nova releitura alterará o entendimento prévio. É necessário perguntar: que ideia tem do texto antes da leitura? O que se entende do texto após da primeira leitura? Relendo o texto, que novas ideias surgem? Cada pré-compreensão feita deve ser escrita (GUTIÉRREZ, 2011).

Segundo Gadamer (apud COSTA, 2008, p. 12),

> Quem quiser compreender um texto realiza sempre um projetar. Tão logo apareça um primeiro sentido no texto, o intérprete projeta um sentido para o texto como um todo. O sentido inicial só se manifesta porque ele está lendo o texto com certas expectativas em relação ao seu sentido. A compreensão do que está posto no texto consiste precisamente no desenvolvimento dessa projeção, a qual tem que ir sendo constantemente revisada, com base nos sentidos que emergem à medida que se vai penetrando no significado do texto.

Dessa forma, o entendimento do texto envolve um constante projetar de sentidos, com base nas pré-compreensões do intérprete. Entretanto, ao mesmo tempo que uma ideia somente pode ser compreendida por meio das pré-compreensões que uma pessoa já possui, toda informação recebida contribui para a mudança do conjunto das pré--compreensões. Assim, embora sirvam como base necessária para o entendimento, as pré-compreensões vão se transformando a cada passo. Entretanto, como o conjunto das nossas pré-compreensões forma a base na qual podemos ancorar os novos conhecimentos, a nossa capacidade de compreender é limitada pela extensão e profundidade das nossas pré-compreensões. Em outras palavras, nós temos um horizonte de compreensão, que envolve todos os nossos conhecimentos e funciona como um limite para a nossa capacidade de compreender coisas novas. À medida que nossas pré-compreensões são enriquecidas, esse horizonte é ampliado e nos tornamos capazes de compreender novos tipos de informações (COSTA, 2008).

3.5 Fenomenologia

O conceito fenomenologia vem do grego *phainomenon*, que significa fenômeno, algo que se manifesta ao sujeito, e *logos*, estudo, tratado. Portanto, a fenomenologia procura desvendar a essência de fenômeno.

A fenomenologia é reconhecida como uma das mais importantes manifestações filosóficas dos séculos XIX e XX. Formulada por Edmund Husserl, filósofo alemão, conhecido como fundador da fenomenologia, desperta grande interesse por parte de profissionais e pesquisadores dos mais diferentes campos do conhecimento (MACIEL,2012). Em termos gerais, é uma crítica ao empirismo em sua expressão positivista do século XIX e procura resolver a contradição entre corpo-mente e sujeito-objeto que se arrastava desde Descartes.

> A expressão "fenomenologia" aparece pela primeira vez no século XVIII na escola de Christian Wolff, no Neues Organon de Lambert, ligada a desenvolvimentos análogos populares naquela época, e significava a própria teoria da ilusão, uma doutrina para evitar as ilusões. Algo parecido aparece em Kant. [...] "Isso [a fenomenologia] aparece [...] como uma disciplina propedêutica que deve preceder a metafísica, onde os valores e limites do princípio da sensibilidade são determinados." Mais tarde, "fenomenologia" é título da maior obra de Hegel. [...] "Fenomenologia" aparece também nas conferências de Franz Bretano acerca da metafísica (HEIDEGGER, 2005).

Tratava-se de uma maneira de pensar que procurava evitar tanto as ilusões como a superficialidade da metafísica em relação à compreensão do saber pelos sentidos. Assim, Husserl apresenta a fenomenologia como um contraponto à crise das ciências modernas, particularmente, ao empirismo emergente na época, que desejava ser a base de todas as ciências humanas. Motivado pela insatisfação com a superficialidade das ciências modernas e a tradição metafísica, propõe seu método investigativo pautado na extinção do dualismo tradicional que separa os entes como coisas e, portanto, o fenômeno ele mesmo de seu sentido/essência primordial. (HEIDEGGER, 2005)

Para Husserl (2001), a fenomenologia estuda a consciência com todas as formas de experiências e acontecimentos relacionados com ela. É uma ciência das essências que visa obter os conhecimentos essenciais, sem ficar nos fatos. De acordo com Lyotard (1967), a fenomenologia é contra o psicologismo, contra o pragmatismo, contra uma etapa do pensamento ocidental que refletiu, apoiou e combateu. É uma meditação lógica que visa superar as incertezas próprias da lógica, orientando-se por uma linguagem – o *logos* – que ajude a excluir a incerteza. A célebre expressão de Husserl, "pôr entre parênteses consiste primeiro em despedir uma cultura, uma história, retomar todo saber remontando a um não saber radical" (LYOTARD, 1967, p. 8).

Creswell (2007) reconhece que o surgimento da fenomenologia foi uma novidade contrária ao método experimental ou o método especulativo. Em primeiro lugar, procura o retorno às atividades tradicionais da filosofia que tinha sido desvirtuada pela tradição empirista. Husserl tenta recuperar a antiga compreensão da sabedoria, que pela influência do empirismo tinha se transformado em pequenos saberes particulares. Em segundo lugar, a fenomenologia compreende que a consciência (*Bewusstsein*) sempre tem uma **intencio-nalidade**. Ou seja, a consciência é sempre consciência de algo e, portanto, está sempre ligada a um objeto. O objeto é objeto, enquanto é um objeto para a consciência. Nesse sentido, a fenomenologia tenta superar o dualismo cartesiano que separa sujeito de obje-to. Em terceiro lugar, o estudo de um fenômeno requer sustar os preconceitos que podem produzir distorções subjetivas. Husserl denomina de *epokhé* essa suspensão temporária dos preconceitos e constitui uma atitude-chave no processo investigativo. Uma chamada para deixar que o fenômeno fale por si mesmo.

Finalmente, o objetivo central da pesquisa "husserliana" é a descoberta das essên-cias dos fenômenos. Por esse motivo, tem sido criticado como platônico por aqueles que posteriormente desenvolveram a fenomenologia. De acordo com Moustakas (1994 apud CRESWELL, 2007), "significa deixar de lado preconceitos (*epoché*) e [...] desenvolver estru-turas universais com base na experiência das pessoas" (CRESWELL, 2007, p. 54). Para esse autor, a *epoché* é o primeiro passo na "redução fenomenológica, o processo de análise de dados em que o pesquisador se afasta o mais humanamente possível de todas as ex-periências preconcebidas, para melhor compreender as experiências dos participantes do estudo" (MOUSTAKAS, 1994).

3.5.1 Princípios da fenomenologia

1. A intencionalidade da consciência. Todas as ações humanas são intencionais, e essa intencionalidade é um comportamento dirigido para alguma coisa no mundo (CARVALHO; VALLE, 2002).

2. Retorno à filosofia como procura da verdade, sem tentar teorizar, mas descrever as coisas em si. Uma filosofia sem preconceitos aproximando-se do real através da intersubjetividade. Consciência e objeto não são entidades separadas. Portanto, sujeito e objeto estão intimamente ligados (DARTIGUES, 1992; VALLE, 1997).

3. A intencionalidade é a ação de atribuir um sentido. Ela unifica consciência e objeto, sujeito e mundo. O objeto do conhecimento é o mundo vivido pelo sujeito.

3.5.2 Principais características

O termo intencionalidade, primordial no sistema filosófico de Husserl, é a característica que apresenta a consciência de estar orientada para um objeto. Não é possível nenhum tipo de conhecimento se o entendimento não se sente atraído por algo, concretamente por um objeto (TRIVIÑOS, 1987).

Em geral, a fenomenologia descreve os fatos, não os explica nem analisa. Seu principal objeto é o mundo vivido, ou seja, os sujeitos de forma isolada. Considera a imersão no cotidiano e a familiaridade com as coisas tangíveis. É necessário ir além das manifestações imediatas para captá-las e desvendar o sentido oculto das impressões imediatas. O sujeito precisa ultrapassar as aparências para alcançar a essência dos fenômenos.

A fenomenologia estuda o universal, é válida para todos os sujeitos, tem como dado a essência do fenômeno. O que eu conheço ou o que eu vivencio é o mundo que pode ser conhecido por todos. É uma corrente de pensamento que não está interessada em colocar a historicidade dos fenômenos. Não introduz transformações à realidade, ou seja, mantém-se conservadora; apenas estuda a realidade com o desejo de descrevê-la, ou apresentá-la tal como ela é, sem mudanças. Exalta a interpretação do mundo que surge intencionalmente à nossa consciência, sem abordar conflitos de classes nem mudanças estruturais (TRIVIÑOS, 1987).

A descrição fenomenológica funda-se sobre o vivido, sobre o real mais íntimo, que ela se esforça por recuperar num plano temático. Trata-se de uma "volta às próprias coisas" segundo o programa husserliano de transcender as representações espontâneas do empirismo; no mesmo movimento, a fenomenologia quer atingir a essência dos fenômenos. A realidade é construída socialmente (BRUYNE, 1991).

O grande mérito da fenomenologia é o de ter questionado os conhecimentos do positivismo, elevando a importância do sujeito no processo de construção do conhecimento.

Para Creswell (2007), o método fenomenológico apresenta os seguintes passos:

1. O pesquisador determina se uma abordagem fenomenológica é a melhor aproximação ao problema de pesquisa. O mais adequado para essa forma de pesquisa é um problema no qual seja importante entender as experiências comuns ou compartilhadas de várias pessoas sobre um determinado fenômeno. Os resultados permitiriam apreender essas experiências a fim de desenvolver práticas ou políticas, ou ter uma melhor compreensão das características do fenômeno.

2. O pesquisador reconhece os supostos filosóficos da fenomenologia. Por exemplo, pode escrever sobre a combinação da realidade objetiva e as experiências individuais. Essas experiências vividas são "conscientes" e dirigidas para um objeto. Para descrever a visão dos participantes sobre um fenômeno, o pesquisador deve ignorar (o mais possível) sua própria experiência.
3. Os dados são coletados com indivíduos que experimentaram o fenômeno. Geralmente, o instrumento de coleta é a entrevista em profundidade, feita com 5 a 25 indivíduos. Mas podem ser utilizadas outras fontes de informação, tais como observações, revistas, jornais, arte, música etc.
4. A entrevista pode incluir diversas perguntas. No entanto, duas são essenciais: Qual tem sido a sua experiência com o fenômeno? Que situações têm influenciado sua experiência com o fenômeno? Essas perguntas permitirão uma descrição textural e estrutural das experiências que leve a uma compreensão das experiências dos participantes.
5. Uma vez feitas e revisadas as entrevistas, particularmente as duas perguntas já mencionadas, o pesquisador destaca os aspectos "mais significativos" – frases ou afirmações que proporcionem uma compreensão do modo como os participantes experimentaram o fenômeno. Posteriormente, agrupa esses elementos em categorias temáticas.
6. Os aspectos significativos e as categorias temáticas são utilizados para escrever uma descrição da experiência dos participantes (descrição textural). Também são utilizados para descrever o contexto que influenciou a dita experiência (descrição estrutural).
7. O pesquisador combina a descrição textural e estrutural em um ou dois bons parágrafos. A descrição resultante apresenta a "essência" do fenômeno, denominada estrutura essencial invariante (ou essência). Essa etapa preocupa-se com as experiências comuns dos participantes. Significa que toda experiência tem uma estrutura subjacente. Por exemplo, a dor de perder um filho, um amigo ou um animal de estimação tem a mesma estrutura. "Assim, após de ler essa descrição composta, o leitor deveria sentir-se esclarecido sobre o que significa experimentar um determinado fenômeno" (POLKINGHORNE, 1989, p. 46).

3.6 Para concluir

No início deste capítulo, colocamos a necessidade que o pesquisador, particularmente das Ciências Sociais, tem de se posicionar epistemologicamente ante o objeto ou fenômeno que deseja estudar. Acreditamos que, após a leitura destas páginas, fica clara a importância crucial da epistemologia para o trabalho científico. Vimos que essa epistemologia está estreitamente ligada ao método e metodologia a serem escolhidos no trabalho de pesquisa.

Para facilitar a vida do pesquisador, no Quadro 3.2 apresentamos uma síntese das quatro correntes analisadas.

Quadro 3.2 Algumas características do empirismo-analítico, materialismo dialético, hermenêutica e fenomenologia

CARACTERÍSTICA	EMPIRISMO ANALÍTICO	MATERIALISMO DIALÉTICO	HERMENÊUTICA	FENOMENOLOGIA
Visão de mundo	Ordem do universo Leis naturais	Tudo é matéria, movimento União dos contrários	Linguagem: fundamento do mundo	Visão subjetiva do mundo
Visão do homem	O indivíduo; Importância do sujeito; Individualidade	Homem: ser histórico e social	Manifestação do espírito	Homem ser consciente (Intencionalidade)
Visão da sociedade	Sistema social funcional	Classes antagônicas	Pessoas em comunicação	Produto da ação significativa do próprio sujeito; Emerge da intencionalidade da consciência
Visão da realidade	Empirista	Objetiva	Histórica	Emerge da intencionalidade da consciência
Objetivo da pesquisa	Testar teorias	Procurar compreender a essência dos fenômenos	Compreender o comportamento humano	Essência dos fenômenos
Objetivo de estudo	Elementos	Elementos e relações entre eles	Elementos e relações entre eles	Situações existenciais problematizadas
Método científico	Método indutivo dedutivo	Método dialético	Método hermenêutico	Método fenomenológico

4

PARADIGMAS DE PESQUISA: MÉTODO QUANTITATIVO, MÉTODO QUALITATIVO E MÉTODO MISTO

Quem abre um livro de metodologia de pesquisa publicado na década de 1990 não terá problemas em encontrar um capítulo sobre pesquisa qualitativa. A apresentação tinha as seguintes características: indicava a oposição entre pesquisa qualitativa e pesquisa quantitativa, traçando suas diferenças ou incompatibilidades com relação ao conhecimento do objeto, supostos teóricos, instrumentos de coleta e análise de dados. Na maioria dos casos, apresentava-se uma tabela com a oposição termo a termo das diversas dimensões de cada tipo de pesquisa, fazendo referência a paradigmas metodológicos incomensuráveis, para citar T. Kuhn (2006).

A nova legitimidade da pesquisa qualitativa nos manuais de pesquisa e sua apresentação em contraste com a pesquisa quantitativa constatam-se, particularmente, nas mudanças nos manuais de pesquisa norte-americanos e, particularmente, entre as duas versões do principal manual de pesquisa social utilizado em Quebec, organizado por B. Gauthier (apud MATTA, 2013). Na primeira versão, há pouca menção da pesquisa qualitativa. Não é reconhecida como tal, mesmo que implicitamente faça referência a ela na seção de coleta de dados, na qual encontramos diversos capítulos sobre observação direta, entrevista não dirigida e histórias de vida. Assim, o terceiro capítulo, escrito por J. Chevrier (1992), no qual especifica a problemática, identifica o processo de investigação do modelo hipotético-dedutivo que destaca a linguagem das variáveis, da operacionalização de conceitos e da medição. O conceito ou a existência da problemática ou da tradição de pesquisa qualitativa não são mencionados.

A situação muda na segunda edição. São adicionados dois novos capítulos que tratam dos métodos de coleta de dados: um inclui "grupos focais" e o outro apresenta dados secundários. Mas a mudança mais importante está na reescrita do artigo de J. Chevrier. O seu capítulo sobre a problemática de pesquisa apresenta lado a lado a problemática em uma pesquisa quantitativa e em uma pesquisa qualitativa. A quantidade de páginas dedicadas a cada tipo de pesquisa é quase equivalente: doze páginas e meia para a pesquisa quantitativa e onze páginas para a pesquisa qualitativa. Cada modalidade de investigação é percebida diferentemente e com paradigmas divergentes: "A primeira, baseada no método hipotético-dedutivo, com um paradigma de pesquisa quantitativa, enquanto a segunda, baseada em um modelo empírico-indutivo, fundamenta-se em um paradigma qualitativo" (CHEVRIER, 1992, p. 53).

Esse dualismo, bem como sua correspondente argumentação, é fortemente defendida por E. Guba e Y. Lincoln (1989). Foram longe demais ao afirmar a irredutibilidade entre as pesquisas qualitativa e quantitativa, ao utilizar paradigmas e estilos de pensamento opostos, no nível ontológico, epistemológico e metodológico. Com esse tipo de raciocínio a divisão é consubstancial, um abismo entre as duas posições. Para esses autores, a pesquisa quantitativa e a qualitativa diferem em três dimensões: no plano ontológico – sobre a definição da natureza da realidade social; no plano epistemológico – sobre a relação entre o sujeito e o objeto; e no plano metodológico – a conduta ou as regras a seguir para saber ou descobrir o objeto. Essa oposição reflete as diferentes posições axiomáticas sobre a natureza da realidade, a relação entre o sujeito cognoscente e o objeto a conhecer, a generalização, a definição de causalidade e o papel dos valores. De acordo com esses autores, a pesquisa quantitativa defende uma ontologia realista, uma epistemologia dualista e metodologia objetivista, ao contrário da pesquisa qualitativa, que desenvolve uma ontologia relativista, uma epistemologia subjetivista e uma metodologia hermenêutica.

Embora essa forma dualista de pensar a pesquisa social ainda seja importante na literatura metodológica, ela não é unânime. A crise das Ciências Sociais, referida no prefácio desta edição, tem levado vários autores (Hammersley, Creswell, Minayo, Freitas, Sousa Santos) a defender a complementaridade e integração dos métodos para facilitar a compreensão dos fenômenos sociais, caracterizados por sua complexidade, mudança e indeterminação.

Para alguns, o pluralismo não se restringe apenas ao plano metodológico, mas, também, abrange o nível epistemológico. A pesquisa qualitativa não se define apenas por uma série de características invariantes, mas é um campo atravessado por uma pluralidade de posições epistemológicas e diversos métodos de análise. A pesquisa qualitativa é uma entidade heterogênea integrada por tendências ou tensões contraditórias. Nesse contexto, de acordo com S. Denzin e Y. Lincoln (1994), trabalhar com essa pesquisa implica a realização de uma multiplicidade de tarefas metodológicas e práticas (uma bricolagem) que incluem diferentes estilos de investigação. J. Berthelot (1991), a esse respeito, abordou a

PARADIGMAS DE PESQUISA: MÉTODO QUANTITATIVO, MÉTODO QUALITATIVO E MÉTODO MISTO   57

"construção bricolante", na qual " [...] usualmente, as demonstrações sociológicas concretas utilizam elementos diversos e heterogêneos, que poderiam neutralizar possíveis discordâncias, mantendo a capacidade de integração parcial" (BERTHELOT, 1991, p. 65).

Historicamente houve a dicotomia entre os métodos (procedimentos e técnicas utilizadas no processo de pesquisa) quantitativos e qualitativos, algo que tem sido cada vez menor ultimamente. Para Creswell (2007, p. 22), a situação atual é menos qualitativa *versus* quantitativa e mais sobre como as práticas de pesquisa se posicionam entre esses dois polos, ou seja, podemos dizer que os estudos tendem a ser mais qualitativos ou mais quantitativos. Segundo o autor, o conceito de reunir diferentes métodos provavelmente teve origem no ano de 1959, quando Campbell e Fiske utilizaram métodos múltiplos para estudar a validade das características psicológicas. Esse estudo encorajou outras iniciativas multimétodos, assim como técnicas associadas a métodos de campo envolvendo observações e entrevistas como dados qualitativos, combinadas com estudos envolvendo dados quantitativos (CRESWELL, 2007, p. 32). Mesmo reconhecendo que todos os métodos possuem limitações, os pesquisadores entendiam que os vieses inerentes a um método poderiam neutralizar os vieses oriundos de outros métodos. Nesse momento surge a triangulação das fontes de dados de forma a buscar convergência entre o quantitativo e o qualitativo (CRESWELL, 2007, p. 32-33).

4.1 Três métodos ou abordagens: quantitativo, qualitativo e misto

Nas páginas seguintes descreveremos as três principais abordagens atualmente utilizadas nas Ciências Sociais: **abordagens quantitativa, qualitativa e mista**. Durante anos o primeiro tem dominado as Ciências Sociais, o segundo surgiu principalmente nas últimas três ou quatro décadas e o terceiro é novo, ainda em desenvolvimento quanto a sua forma e essência.

Sem dúvida, as três abordagens não são tão distintas quanto parecem inicialmente. As abordagens qualitativa e quantitativa não devem ser encaradas como extremos opostos ou dicotomias, pois, em vez disso, representam fins diferentes em um contínuo (NEWMAN; BENZ, 1998). Um estudo *tende* a ser mais qualitativo do que quantitativo, ou vice-versa. A pesquisa de métodos mistos reside no meio desse contínuo porque incorpora elementos das duas abordagens qualitativa e quantitativa.

Com frequência a distinção entre pesquisa qualitativa e quantitativa é estruturada em termos do uso de palavras (qualitativa) em vez de números (quantitativa), ou do uso de questões fechadas (hipóteses quantitativas) em vez de questões abertas (questões de entrevista qualitativa). Uma maneira mais completa de encarar as gradações das diferenças entre elas está nas suposições filosóficas básicas que os pesquisadores levam para o estudo, nos tipos de estratégias de pesquisa utilizados em toda a pesquisa (p. ex., experimentos quantitativos ou estudos de caso qualitativos) e nos métodos específicos empregados na condução dessas estratégias (p. ex., coleta quantitativa dos dados em instrumentos *versus* coleta de dados qualitativos por meio da observação de um ambiente). Além disso, as duas abordagens têm uma evolução histórica, com as abordagens quantitativas dominando as formas de pesquisa nas ciências sociais desde o final do século XIX até meados do XX. Durante a segunda metade do século XX, o interesse na pesquisa qualitativa aumentou e, junto com ele, o desenvolvimento da pesquisa de métodos mistos.[1] Com esse pano de fundo, convém observarmos as definições desses três termos fundamentais, conforme utilizados neste livro.

4.2 Características da abordagem quantitativa

A pesquisa quantitativa é um meio para testar teorias objetivas, examinando a relação entre as variáveis. Tais variáveis, por sua vez, podem ser medidas tipicamente por instrumentos, para que os dados possam ser analisados por procedimentos estatísticos. O relatório final escrito tem uma estrutura fixa, a qual consiste em introdução, literatura e teoria, métodos, resultados e discussão (CRESWELL, 2008). Como os pesquisadores qualitativos, aqueles que se engajam nessa forma de investigação têm suposições sobre a testagem dedutiva das teorias, sobre a criação de proteções contra vieses, sobre o controle de explicações alternativas e sobre sua capacidade para generalizar e para replicar os achados. Podemos identificar dois tipos de pesquisa quantitativa:

4.2.1 A pesquisa de levantamento

Proporciona uma descrição quantitativa ou numérica de tendências, de atitudes ou de opiniões de uma população, estudando uma amostra dessa população. Inclui estudos transversais e longitudinais, utilizando questionários ou entrevistas estruturadas para a coleta de dados, com a intenção de generalizar a partir de uma amostra para uma população (BABBIE, 1990).

Esse tipo de pesquisa é frequentemente aplicado nos estudos descritivos, naqueles que procuram descobrir e classificar a relação entre variáveis, bem como nos que investigam a relação de causalidade entre fenômenos.

Os estudos de natureza descritiva propõem-se a investigar o "que é", ou seja, a descobrir as características de um fenômeno como tal. Nesse sentido, são considerados como objeto de estudo uma situação específica, um grupo ou um indivíduo.

O estudo descritivo pode abordar aspectos amplos de uma sociedade, como a descrição da população economicamente ativa, do emprego de rendimentos e consumo, do efetivo de mão de obra; o levantamento da opinião e atitudes da população acerca de determinada situação; a caracterização do funcionamento de organizações; a identificação do comportamento de grupos minoritários.

---

[1] Ver CRESWELL, 2008, para mais informações sobre essa história.

Tomando como exemplo um caso específico, um tipo de estudo dessa ordem poderia querer saber sobre a reação do administrador escolar sobre o uso de novas técnicas no ensino da Matemática. Como se depreende, tal investigação visa apenas identificar as possíveis reações do administrador e não se propõe a investigar que fatores estariam contribuindo para tais reações, nem estaria interessada em verificar a relação entre as reações do administrador e seu estilo de administrar a escola. Como se verifica, por um lado, o estudo descritivo representa um nível de análise que permite identificar as características dos fenômenos, possibilitando, também, a ordenação e a classificação destes; por outro lado, com base em estudos descritivos, surgem outros que procuram explicar os fenômenos segundo uma nova óptica, ou seja, analisar o papel das variáveis que, de certo modo, influenciam ou causam o aparecimento dos fenômenos.

Os estudos que procuram investigar a correlação entre variáveis são fundamentais para as diversas Ciências Sociais, porque permitem controlar, simultaneamente, grande número de variáveis e, por meio de técnicas estatísticas de correlação, especificar o grau em que diferentes variáveis estão relacionadas, oferecendo ao pesquisador entendimento do modo pelo qual as variáveis estão operando.

Esse tipo de estudo deve ser realizado quando o pesquisador deseja obter melhor entendimento do comportamento de diversos fatores e elementos que influem sobre determinado fenômeno.

No âmbito de contribuição para o desenvolvimento da pesquisa como tal, o estudo de correlação pode ainda indicar possíveis fatores causais que podem ser posteriormente testados em estudos experimentais.

A qualidade dos estudos de correlação é determinada não só pela complexidade do modelo ou pelas sofisticadas técnicas de correlação usadas, mas também por seu nível de planejamento e fundamentação teórica essenciais à análise das hipóteses.

No planejamento desse tipo de estudo, o primeiro passo a seguir consiste em identificar as variáveis específicas que pareçam ser importantes para explicar complexas características de um problema ou comportamento.

Usualmente, as pesquisas anteriores e os conhecimentos teóricos pertinentes à área em estudo ajudam o pesquisador na escolha de tais variáveis.

Outro passo também diferente é a forma de coletar os dados. Para isso, poderão ser utilizados questionários, testes estandardizados, entrevistas e observações, instrumentos esses que são empregados em outros tipos de estudo.

Com isso, queremos afirmar que o pesquisador deverá escolher os instrumentos mais adequados para efetuar a coleta de informações. Entretanto, vale salientar que a forma como se elaboram e aplicam instrumentos é que varia segundo o tipo de estudo. E, no caso de estudos de correlação, as respostas dos indivíduos precisam ser quantificadas para possibilitar o tratamento estatístico que, posteriormente, servirá para verificar a consistência das hipóteses.

Com respeito às variáveis contidas no estudo de correlação, estas são apresentadas em uma das seguintes formas: escore contínuo, dicotomia artificial, dicotomia verdadeira e categórica.

O escore contínuo é o que se obtém, por exemplo, em testes de inteligência, testes de avaliação e testes estandardizados. E, quando dizemos que uma variável é contínua, isto significa que o escore da variável poderá teoricamente ocorrer em um ponto ao longo de um *continuum*. Por exemplo, ao se medir o QI de uma pessoa, é possível obter teoricamente um escore em qualquer ponto da amplitude.

Em geral, as informações que, teoricamente, são expressas em termos de escore contínuo podem ser apresentadas em apenas duas categorias.

Assim, a divisão dos habitantes de uma comunidade em duas categorias, segundo seu nível de renda familiar, ou seja, aqueles com renda alta e aqueles com renda baixa, é chamada dicotomia artificial, pois, ao se compararem os indivíduos de ambos os grupos, é possível verificar que são semelhantes em vários aspectos, exceto quanto à renda familiar.

A dicotomia verdadeira difere da artificial porque não se faz necessário estabelecer um ponto arbitrário para dividir o número de casos em dois grupos. Nesse caso, os membros de um grupo possuem algumas características que, de fato, diferenciam-nos dos indivíduos do outro grupo. E um exemplo que representa essa dicotomia é a variável sexo.

Nesse sentido, algumas pesquisas na área social têm investigado, entre outras, a importância da variável sexo quando do estudo sobre aprendizagem, aspirações, nível salarial etc. Os estudos que empregam variáveis com mais de duas categorias seguem a forma categórica.

Ao se considerar a natureza das variáveis, deve-se distinguir o uso de técnicas estatísticas. Assim é que temos, por exemplo, coeficiente de correlação para a análise das variáveis contínuas e coeficiente de contingência para a variável dicotômica.

Embora o estudo de correlação possibilite verificar a influência de grupos de variáveis no aparecimento de um fenômeno, ou mesmo a importância dessas para efeito de entender e explicar um problema, esse tipo de estudo não se aplica à análise de causa-efeito entre variáveis.

Entre as limitações do estudo correlacional, alguns pesquisadores criticam o fato de se adotar um procedimento predominantemente quantitativo para explicar fenômenos psicológicos e sociais complexos. E se reconhece ainda que a inter-relação real dos componentes de um modelo nem sempre pode ser amplamente explicada por meio de esquemas estatísticos.

Com respeito a essa particularidade, sabe-se que estudos que, por exemplo, analisam técnicas de ensino ou habilidades pessoais podem incorrer nessas falhas.

Outro tipo de estudo aplicado na área educacional e em outras ciências comportamentais é o comparativo causal. Neste, o pesquisador parte dos efeitos observados e procura descobrir os antecedentes de tais efeitos.

Isso se deve ao fato de que o objeto de estudo dessas ciências não se presta para análise da relação causal propriamente dita, pois as variáveis não podem ser submetidas a controle rígido, ou melhor, manipuladas como nas pesquisas experimentais.

Assim, caso se deseje testar a hipótese de que a agressividade é causa de delinquência juvenil, não se pode submeter um grupo de jovens, por certo tempo, a estímulos que provoquem a agressividade, para verificar se a agressividade provoca a delinquência. O estudo correto, nesse caso, seria selecionar um grupo de delinquentes e outro de jovens não delinquentes e aplicar testes de personalidade ou empregar técnicas de observação e entrevistas para verificar a consistência da hipótese. Consequentemente, em estudos dessa ordem pode-se constatar que o grupo de delinquentes apresenta maior grau de agressividade que o de não delinquentes. Embora tal estudo utilize os padrões de análise do comportamento dos grupos, não se pode inferir que a agressividade seja causa da delinquência, mas apenas conclui que há estreita relação entre as variáveis.

Entretanto, o estudo comparativo causal ao lidar com diferentes variáveis pode ser empregado para identificar possíveis causas e, dependendo da natureza do problema, direcionar possíveis estudos experimentais.

4.2.2 A pesquisa experimental

Busca determinar se um tratamento específico influencia um resultado. Esse impacto é avaliado ao se proporcionar um tratamento específico a um grupo e negá-lo a outro, e depois determinar como os dois grupos pontuaram em um resultado. Os experimentos incluem os experimentos verdadeiros, com a designação aleatória dos indivíduos às condições de tratamento, e os quase experimentos, os quais utilizam projetos não aleatórios (KEPPEL, 1991).

Para efeito de esclarecimentos, digamos que se queira empregar técnicas de ensino, tendo em vista promover a melhoria do nível de aprendizagem de determinada classe com problemas de aprendizagem. Ao adotar para esse caso uma metodologia experimental, o pesquisador deverá testar apenas a eficiência de uma ou duas técnicas de ensino. No estudo causal comparativo, porém, o pesquisador deve escolher duas classes diferenciadas quanto ao nível de aprendizagem, ou seja, uma que se caracterize como classe problemática e outra cujo nível de aprendizagem seja satisfatório. Em seguida, essas classes serão comparadas em relação a um relativo número de variáveis instrucionais.

Suponhamos que o professor tenha empregado em uma classe sem problemas de aprendizagem técnicas de ensino individualizado e que não tenha explorado tais técnicas naquela que tem deficiência de aprendizagem. A comparação do nível de aprendizagem dessas classes indica que há relação entre técnicas de ensino individualizado e nível de aprendizagem.

Com base nessa constatação, poder-se-ia desenvolver, de fato, um estudo experimental para verificar se as técnicas de ensino individualizado, quando introduzidas numa classe com problemas, melhoraria o nível de aprendizagem. Caso haja sucesso no experimento, conclui-se que há relação causal entre técnicas de ensino individualizado e desempenho do aluno em classes com problemas de aprendizagem.

Embora o estudo comparativo causal venha a descobrir possíveis causas, ele também se aplica, enquanto metodologia, a estudos descritivos, pois, ao se comparar um grupo de crianças normais com um de excepcionais, quando da investigação das causas das deficiências, consegue-se entender melhor tanto a excepcionalidade como as características de crianças normais.

Saliente-se que, em estudo sobre personalidade, atitudes e comportamentos que empregam a metodologia do estudo comparativo causal para investigar as causas que determinam as condições atuais, há necessidade de informações mais detalhadas sobre aspectos biográficos, relações mantidas entre os membros da família e com outros grupos de referência.

Com relação a particularidades que dizem respeito aos problemas mencionados, é importante ressaltar que a dimensão qualitativa que envolve tais problemas não permite apenas tratamento exclusivamente estatístico, mas um tratamento de caráter qualitativo no qual tanto o comportamento como as atitudes dos indivíduos são analisados num contexto mais amplo, para aprofundar a explicação das relações descobertas.

Com relação aos estudos experimentais, estes são os que proporcionam ao investigador meios mais rigorosos para testar as hipóteses. Embora os estudos de correlação e o comparativo causal venham a descobrir a relação entre variáveis, é o experimental que determina se a relação é de causa-efeito.

Em Educação, vários experimentos realizados em países mais desenvolvidos têm sido direcionados para investigar os eleitos do emprego de novos métodos e técnicas de ensino, a adequação de material didático especializado ou de tecnologias sofisticadas.

Os resultados desses experimentos tanto têm contribuído para o desenvolvimento do ensino, como têm provocado impactos quanto à necessidade de adoção de novas concepções de currículo.

Dada a dificuldade das Ciências Sociais em controlar todas as variáveis numa situação constante, a maioria dos experimentos emprega o modelo clássico baseado na análise de uma variável.

Todo experimento que envolve manipulação de uma variável é seguido da observação de efeitos dessa manipulação em uma ou mais variáveis dependentes.

Considerando a quase impossibilidade de se controlar, rigorosamente, muitas variáveis independentes, como se dizia anteriormente, os estudos de correlação entre variáveis e o comparativo causal prestam grande auxílio na escolha de variáveis independentes testadas nos estudos experimentais.

A relevância da experimentação está em estabelecer o controle das mudanças na variável dependente que podem ser atribuídas à variável independente manipulada pelo pesquisador. Isso, também, exprime a necessidade de manter o controle das variáveis estranhas a fim de não se estabelecer uma interpretação equívoca.

Portanto, o sucesso do experimento depende, em parte, da validade interna, isto é, de como as variáveis estranhas tenham sido controladas pelo pesquisador. Se essas variáveis não forem controladas no desenvolvimento do estudo, não se pode saber se as mudanças observadas no grupo experimental são devidas ao tratamento experimental ou se decorreram da interferência de variáveis estranhas. Para explicitar a importância do controle das variáveis estranhas no experimento, citaremos o seguinte exemplo: suponhamos que se deseje desenvolver habilidades de leitura nas classes de 3ª série da escola X. Para isso, criou-se um programa de reforço executado durante dois anos. Tal programa envolve o uso de métodos e técnicas destinados a estimular o desenvolvimento das habilidades de leitura.

Na condução do experimento, deve-se exercer o controle tanto das variáveis independentes, isto é, do método e das técnicas de leitura, como das variáveis possíveis de interferências.

Entre as variáveis já apontadas por estudiosos que, de certo modo, podem afetar as conclusões de estudo e, quando não devidamente controladas, provocam distorções, estão:

1. A maturação biológica e psicológica dos alunos, sobretudo quando o experimento se estende por certo tempo (mais de um ano).
2. A adequação do pré-teste e do pós-teste, pois se pode incorrer no erro de aplicar diferentes padrões de mensuração de um teste para outro.
3. A seleção de alunos que comporão os grupos experimentais e de controle, uma vez que os caracteres essenciais precisam ser assegurados a fim de se manter a homogeneidade dos grupos.

Vale salientar ainda que, se forem incluídos alunos voluntários nos grupos experimentais ou outros que tenham sido anteriormente reprovados, tais condições podem provocar sérias dificuldades de interpretação nas conclusões do estudo.

Ao apresentar esse exemplo, queremos deixar configurado como diferentes espécies de variáveis estranhas podem ameaçar a validade interna de um experimento.

É necessário, portanto, que o pesquisador monte um experimento apropriado ao controle das variáveis, porque qualquer mudança observada deve ser atribuída ao tratamento experimental e não confundida com os efeitos da interferência de outras variáveis não incluídas no experimento.

A pesquisa social defronta-se com o dilema de que o rigor que tenha sido imprimido no controle das variáveis durante o experimento não assegura, necessariamente, a transferência dos resultados de um experimento a outras situações sociais.

Nesse sentido, têm-se identificado alguns fatores que podem afetar a generalização dos resultados de um experimento.

Entre os vários fatores, podemos citar:

1. Os efeitos dos testes, ou seja, se um experimento é repetido sem o pré-teste, diferentes resultados, provavelmente, poderão ser obtidos.
2. A interação do tratamento experimental com características particulares dos sujeitos que participam no experimento.
3. A relação entre tipo de tratamento e pessoas a que se destina, pois os resultados de determinado experimento desenvolvido com um grupo de pessoas não devem ser aplicados indistintamente a qualquer outro grupo.
4. O período em que ocorreu o experimento, uma vez que pode haver conjugação de esforços de especialistas e pesquisadores quanto ao teste, por exemplo, de novos métodos de ensino, ou qualquer outra inovação técnica que pode receber, durante certo período, o respaldo positivo da comunidade.
5. A interferência do múltiplo tratamento experimental. Isso significa que o pesquisador, ao desenvolver um experimento no qual cada sujeito é exposto a três tratamentos experimentais, pode chegar à conclusão de que o tratamento A produziu efeitos significativamente diferentes daqueles dos tratamentos B e C. No entanto, nas circunstâncias em que o experimento se deu, o pesquisador não pode generalizar com segurança para outras situações em que o tratamento A seja administrado isoladamente. É indispensável pensar na possibilidade da eficiência de o tratamento A decorrer da coadministração dos outros dois tratamentos.

A título de ilustração, suponhamos que uma pesquisa esteja interessada em verificar se a instrução programada proporciona maior desempenho do aluno do que a utilização convencional do livro-texto.

Um experimento realizado nas quintas séries de algumas escolas comprova que os alunos que utilizaram textos de instrução programada tiveram melhor rendimento que aqueles com textos convencionais. Isso não significa que tal resultado possa ser generalizado para todos os estudantes, porque é necessário, desde o início, considerar as características pessoais dos estudantes. Deve-se atentar também sobre as possíveis interferências de outros fatores, quando se trata de aplicação em diferentes séries.

Por último, não se pode generalizar as conclusões além do período em que o experimento ocorreu, pois o teste de um método inovador pode ter sido realizado, como citamos anteriormente, quando os professores estavam desencantados com outros métodos correspondentes. Assim, tais professores poderiam estar excepcionalmente motivados para demonstrar a superioridade de um novo método.

Como foi visto, embora muitos experimentos em Ciências Sociais estejam limitados pelas próprias características dos sujeitos, pelos instrumentos de avaliação empregados, pelo fator tempo, pela disposição das pessoas envolvidas e pela natureza do experimento, há, todavia, grande tendência de pesquisadores e profissionais em fazer generalizações com base nos resultados dos experimentos, o que implica grave incorreção quanto à aplicabilidade dos experimentos.

Ao expormos as principais características de diferentes estudos de natureza quantitativa, não pensamos em esgotar todos os tipos de metodologias empregadas na pesquisa, nem em especificar exaustivamente os procedimentos metodológicos, mas em destacar, em princípio, a que se destina cada tipo de metodologia, suas principais características enquanto forma de trabalho científico e as nuanças referentes às limitações que podem ocorrer em cada tipo de estudo.

4.3 Características da abordagem qualitativa

De acordo com Mertens (2005), o construtivismo é talvez o paradigma que mais influenciou a abordagem qualitativa (muitos terão opiniões distintas, mas a sua importância é certamente inegável). As suas bases se encontram em Immanuel Kant (século XVIII), o qual diz basicamente que o mundo que conhecemos é construído pela mente humana. As "coisas" em si existem, mas a sua percepção dependerá da nossa mente.

Dos postulados de Kant surgirá o construtivismo, na tentativa de conciliar o racionalismo e o associativismo. Outro autor muito importante para essa corrente é Max Weber (1864-1920), que introduz o termo *verstehen* ou "compreender". Reconhece que, além da descrição e medição de variáveis sociais, devem ser considerados os significados subjetivos e a compreensão do contexto no qual ocorre o fenômeno.

O construtivismo propõe:

1. Não existe realidade objetiva. A realidade é socialmente construída. Em consequência, várias construções mentais podem ser "apreendidas" a partir dessa "realidade", e algumas podem estar em conflito entre si. Dessa forma, as percepções da realidade são modificadas através do processo da pesquisa (MERTENS, 2005).
2. O conhecimento é socialmente construído pelas pessoas envolvidas na investigação. A tarefa fundamental do pesquisador é compreender o complexo mundo da experiência de vida do ponto de vista daqueles que a experimentam, bem como entender suas diferentes construções sociais quanto ao significado dos fatos e do conhecimento.
3. A pesquisa é, em parte, um produto dos valores do pesquisador e não pode ser independente deles.

4. O investigador e participantes do estudo estão envolvidos em um processo interativo. O conhecimento é produto dessa interação social e da influência da cultura.

5. Não é possível estabelecer generalizações livres do contexto e do tempo.

Em geral, o construtivismo como um dos "pais" da abordagem qualitativa contribui para suas principais caraterísticas:

- O investigador deve incorporar no seu trabalho o ponto de vista dos participantes.
- A necessidade de trabalhar com perguntas abertas.
- Em consideração à importância do contexto sociocultural, os dados (informações) devem ser coletados nos lugares onde as pessoas realizam suas atividades diárias.
- A pesquisa deve contribuir para o desenvolvimento das pessoas.
- Mais do que variáveis "exatas", o pesquisador utiliza conceitos cuja essência não se apreende apenas através de medições.

4.3.1 Momentos marcantes da abordagem qualitativa

Nas duas primeiras décadas do século XX, a pesquisa qualitativa foi guiada por duas grandes áreas. A primeira delas foi a psicologia com o alemão Wilhelm Wundt, que se utilizava de métodos de descrição e de *verstehen* como processo psicológico para estudar o entendimento da personalidade, das situações e da comunicação. A segunda foi a sociologia norte-americana, com um grupo de investigadores conhecidos como a *Escola de Chicago*, a qual começou a trabalhar com métodos biográficos, estudos de caso e métodos descritivos, que perdurariam como métodos principais até a década de 1940 (SANTOS, 2006).

A pesquisa qualitativa ganhou força nas duas primeiras décadas do século XX. Porém, o rigorismo para com as pesquisas entre as décadas de 1940 e 1950, particularmente pelas exigências da indústria bélica na Segunda Guerra Mundial, fez que a pesquisa qualitativa voltasse a perder espaço para a pesquisa quantitativa. No entanto, começa a ser reconhecida e ganhar crédito fora das ciências sociais e antropológicas ao longo da década de 1970. Passava então a ser predominante ou pelo menos ter participação significante em áreas como incapacidade física e mental (estudos de Barney G. Glaser e Anselm L. Strauss), educação, informação, comunicação, gestão e administração, além das áreas que já a aplicavam há mais tempo (BULEGE, 2013). Novos métodos de pesquisa qualitativa foram então desenvolvidos (etnometodologia, teoria fundamentada, pesquisa-ação etc.). Um acontecimento importante na Alemanha que contribuiu para o impulso da pesquisa qualitativa na década de 1980 foi o desenvolvimento dos métodos de entrevista narrativa e da hermenêutica objetiva, sendo estes independentes dos avanços feitos nos Estados Unidos (SANTOS, 2006).

A partir de 2000, poucos duvidam da importância do enfoque qualitativo. Diferentes marcos conceituais começam a ser integrados em novos planos de pesquisa, destacando

PARADIGMAS DE PESQUISA: MÉTODO QUANTITATIVO, MÉTODO QUALITATIVO E MÉTODO MISTO   67

os trabalhos de Robert Bogdan e Sari Biklen, Catherine Marshall e Gretchen Rossman, Renata Tesch e John Creswell. No final da década, é ampla a literatura dedicada a esse enfoque em diversas disciplinas das Ciências Sociais.

A pesquisa qualitativa é um meio para explorar e para entender o significado que os indivíduos ou os grupos atribuem a um problema social ou humano. O processo de pesquisa envolve as questões e os procedimentos que emergem, os dados tipicamente coletados no ambiente do participante, a análise dos dados indutivamente construída a partir das particularidades para os temas gerais e as interpretações feitas pelo pesquisador acerca do significado dos dados. O relatório final escrito tem uma estrutura flexível. Aqueles que se envolvem nessa forma de investigação apoiam uma maneira de encarar a pesquisa que honra um estilo indutivo, um foco no significado individual e na importância da interpretação da complexidade de uma situação (CRESWELL, 2007).

Creswell (2007) recomenda as seguintes características baseadas nas ideias de Rossman e Rallis (1998):

- A pesquisa qualitativa ocorre em um cenário natural. O pesquisador qualitativo sempre vai ao local (casa, escritório) onde está o participante para conduzir a pesquisa. Isso permite ao pesquisador desenvolver um nível de detalhes sobre a pessoa ou sobre o local e estar altamente envolvido nas experiências reais dos participantes.

- A pesquisa qualitativa usa métodos múltiplos que são interativos e humanísticos. Os métodos de coleta de dados estão se diversificando e cada vez mais envolvem participação ativa e sensibilidade dos participantes do estudo. Os pesquisadores qualitativos buscam o envolvimento dos participantes na coleta de dados e tentam estabelecer harmonia e credibilidade com as pessoas no estudo. Eles não perturbam o local mais do que o necessário. Além disso, os métodos reais de coleta de dados, tradicionalmente baseados em observações abertas, entrevistas e documentos, agora incluem um vasto leque de materiais, como sons, *e-mails*, álbum de recortes e outras formas emergentes. Os dados coletados envolvem dados em texto (ou palavras) e dados em imagem (ou fotos).

- A pesquisa qualitativa é emergente em vez de estritamente pré-configurada. Diversos aspectos surgem durante um estudo qualitativo. As questões de pesquisa podem mudar e ser refinadas à medida que o pesquisador descobre o que e para quem perguntar. O processo de coleta de dados pode mudar conforme as portas se abrem ou se fecham para a coleta de dados, e o pesquisador descobre os melhores locais para entender o fenômeno central de interesse. A teoria ou padrão geral de entendimento vai surgir à medida que ela começa com códigos iniciais, desenvolve-se em temas mais amplos e resulta em uma teoria baseada na realidade ou na interpretação ampla. Esses aspectos de um modelo de pesquisa que se revela dificultam a pré-configuração estrita da pesquisa qualitativa na proposta ou nos estágios iniciais de pesquisa.

A pesquisa qualitativa é fundamentalmente interpretativa. Isso significa que o pesquisador faz uma interpretação dos dados, o que inclui o desenvolvimento da descrição de uma pessoa ou de um cenário, a análise de dados para identificar temas ou categorias e, finalmente, interpretar ou tirar conclusões sobre seu significado, pessoal e teoricamente, mencionando as lições aprendidas e oferecendo mais perguntas a serem feitas (WOLCOTT, 1994). Isso também significa que o pesquisador filtra os dados através de uma lente pessoal situada em um momento sociopolítico e histórico específico. Não é possível evitar as interpretações pessoais na análise de dados qualitativos.

O pesquisador qualitativo vê os fenômenos sociais holisticamente. Isso explica por que estudos de pesquisa qualitativa aparecem como visões amplas em vez de microanálises. Quanto mais complexa, interativa e abrangente a narrativa, melhor o estudo qualitativo. Os modelos gráficos multifacetados de um processo ou de um fenômeno central ajudam a estabelecer esse quadro holístico.

O pesquisador qualitativo reflete sistematicamente sobre o papel dele na investigação e a forma como sua biografia pessoal pode moldar o estudo. Essa introspecção e esse reconhecimento de vieses, valores e interesses (ou *refletividade*) tipifica atualmente a pesquisa qualitativa. O eu pessoal torna-se inseparável do eu pesquisador. Isso também representa honestidade e abertura para pesquisa, reconhecendo que toda investigação é carregada de valores (MERTENS, 2003). Em termos de procedimento, declarações de reflexão pessoal surgem na seção de "papel do pesquisador" ou estão incorporadas ao longo de toda a proposta ou do estudo.

O pesquisador qualitativo usa um raciocínio complexo multifacetado, interativo e simultâneo. Embora o raciocínio seja, em grande parte, indutivo, tanto os processos indutivos como os dedutivos estão funcionando. O processo de pensamento também é interativo, fazendo um ciclo que vai da coleta e análise de dados até a reformulação do problema e voltando. Acrescentem-se a isso as atividades simultâneas de coleta, análise e comunicação dos dados.

O pesquisador qualitativo adota e usa uma ou mais estratégias de investigação como um guia para os procedimentos no estudo qualitativo. Para pesquisadores iniciantes, é suficiente usar apenas uma estratégia e buscar em livros recentes de procedimentos uma orientação sobre como elaborar uma proposta e conduzir os procedimentos da estratégia.

4.3.2 Estratégias qualitativas

Outro ensinamento de Creswell (2007) refere-se à quantidade e tipos de abordagens qualitativas que se tornaram mais visíveis durante a década de 1990 e o início do século XXI. Wolcott (2001) identifica 19 estratégias de investigação qualitativa. Para mencionar apenas algumas: teoria fundamentada, pesquisas narrativas, etnografias, etnometodologia, grupos focais, estudos de caso, pesquisa-ação, análise de discurso e outras.

Neste livro destacaremos algumas dessas estratégias, deixando claro que as outras não mencionadas são também formas viáveis de abordagens qualitativas.

O foco da **etnometodologia** é o estudo dos "métodos" e estratégias utilizadas no cotidiano de um conjunto de indivíduos para construir, dar sentido e significado às práticas sociais cotidianas. Em essência a etnometodologia tenta criar classificações das ações sociais de um grupo de indivíduos sobre a sua experiência sem impor na configuração as opiniões do pesquisador em relação à ordem social, como acontece na sociologia tradicional (LYNCH, 1993). Em outras palavras, a etnometodologia estuda a maneira ou modo como as pessoas constroem ou reconstroem a realidade social.

Segundo O' Brien (2003), **a pesquisa-ação** é conhecida por vários nomes, incluindo pesquisa participativa, investigação colaborativa, pesquisa emancipatória, ensino-ação e pesquisa-ação contextual. Mas todas são variações de um mesmo tema. Dito de forma simples, pesquisa-ação é "aprender fazendo". Outra definição mais precisa é: "a pesquisa-ação é um tipo de pesquisa que procura contribuir tanto nas preocupações práticas das pessoas numa situação-problema imediata, quanto para atingir as metas das ciências sociais" (p. 194).

O'Brien insiste em enfatizar que o que separa essa forma de pesquisa da prática profissional geral, consultando ou resolvendo problemas no cotidiano, é a ênfase no estudo científico, que exige que o pesquisador estude o problema sistematicamente, e assegura que a intervenção esteja baseada em aportes teóricos.

A **teoria fundamentada** (*grounded theory*) é uma metodologia para se desenvolver teoria fundamentada em dados que são sistematicamente coletados e analisados (GOULDING, 2001, apud SILVA; KALHIL, 2017). A definição concisa talvez não deixe clara a riqueza de detalhes do procedimento de trabalho e resultado obtido com esse tipo de pesquisa. É necessário esclarecer o que Glaser e Strauss (1967, p. 32-33) entendiam por teorias que, segundo esses pensadores, seriam classificadas em dois tipos básicos: as formais e as substantivas. O primeiro tipo é composto por aquilo que os autores chamam as "grandes" teorias, conceituais e abrangentes, enquanto o segundo tipo se refere a explicações para situações cotidianas, sendo, portanto, mais simples e acessíveis. Para Glaser e Strauss, o tipo de teoria a ser desenvolvido pela *grounded theory* se enquadra na segunda modalidade, a das teorias substantivas, ou a que foi desenvolvida por uma área de investigação empírica.

De acordo com Suddaby (2006), o aspecto mais importante de Glaser e Strauss é a tentativa de procurar um paradigma entre o empirismo extremo e o relativismo total, articulando um meio-campo no qual a coleta sistemática de dados pudesse ser utilizada para desenvolver teorias orientadas à interpretação da realidade dos sujeitos inseridos nos seus contextos sociais.

Duas características principais desse modelo são a constante comparação dos dados com as categorias emergentes e a amostragem teórica de diferentes grupos para maximizar as semelhanças e diferenças entre as informações (DICK; JARRY, 2015).

4.4 Características dos métodos mistos

A pesquisa de métodos mistos é uma abordagem da investigação que combina ou associa as abordagens qualitativa e quantitativa. Envolve suposições filosóficas e o uso e combinação de ambas as abordagens. Por isso, é mais do que uma simples coleta e análise dos dois tipos de dados; envolve também o uso das duas abordagens em conjunto, de modo que a força geral de um estudo seja maior que a da pesquisa qualitativa ou quantitativa isolada (CRESWELL; CLARK, 2013).

A abordagem mista surge como resultado da necessidade de lidar com a complexidade dos problemas de pesquisa em todas as ciências e abordá-los de forma holística, de uma forma global. Em 1973, Sam Sieber (apud CRESWELL, 2007) sugeriu a combinação de estudos de caso qualitativos com pesquisas de levantamento, criando "um novo estilo de investigação" e a integração de técnicas diferentes em um mesmo estúdio. Em 1979, dois pensadores foram fundamentais para o surgimento dos métodos mistos: Trend (1979) e Jick (1979). O primeiro propõe combinar a análise dos dados quantitativos e qualitativos para resolver as discrepâncias entre esses tipos de estudos; e o segundo introduz os conceitos básicos de planos mistos, propõe medidas para coletar dados usando técnicas quantitativas e qualitativas e menciona a triangulação de dados como forma de validação, além de fazer referência à possibilidade de obter uma imagem mais enriquecedora dos fenômenos (BULEGE, 2013).

4.4.1 Momentos marcantes dos métodos mistos

Segundo Hernández Sampieri e Mendoza (2008), duas noções foram importantes para os métodos mistos de pesquisa: a referência à triangulação e o uso de vários métodos em um estudo para aumentar a validade da análise e inferências. Em seu trabalho, "Mixing Qualitative and Quantitative Methods: Triangulation in Action", Jick (1979) propôs que, quando uma hipótese ou resultado sobrevive ao confronto de diferentes métodos, tem um grau maior de eficácia que se comprovada(o) por um único método. Cabe destacar que o termo triangulação vem da ciência naval como um processo utilizado pelos marinheiros e que consiste em vários pontos de referência para localizar a posição de um objeto no mar.

De acordo com Bulege (2013), o uso simultâneo de diferentes procedimentos de pesquisa foi iniciado por Campbell e Fiske (1959), argumentando que a matriz de multimétodos utilizada para medir variáveis de interesse aumenta a validade convergente e discriminante do(s) instrumento(s) de coleta de dados.

Nos anos 1970 e 1980 declara-se a chamada "guerra dos paradigmas", explicada, em parte, pela popularização das ideias de Thomas Kuhn sobre o conflito e a incompatibilidade de paradigmas (TEDDLIE; TASHAKKORI, 2009). Como já foi colocado, intensificou-se a rivalidade entre os seguidores das abordagens quantitativa e qualitativa.

Na América Latina, as diferenças foram tão profundas que, em alguns casos, certas instituições chegaram a separar fisicamente pesquisadores de uma e outra abordagem.

A discussão tornou-se dicotômica, destacando as diferenças entre os construtivistas e positivistas em questões filosóficas como ontologia, epistemologia, axiologia, possibilidade de generalização e relações causais (TEDDLIE; TASHAKKORI, 2009 apud BULEGE, 2013).

Para Sampieri e Mendoza (2008), a maioria dos pesquisadores aderiu a uma abordagem única. O construtivismo e o positivismo eram considerados enfoques inconciliáveis, pois baseavam-se em paradigmas opostos. A "guerra" acabou com o surgimento dos métodos mistos e sua sustentação filosófica, o pragmatismo, pois representava uma alternativa para ambas as correntes, uma vez que:

1. Rejeita a dicotomia entre dualismos tradicionais (racionalismo *versus* empirismo, realismo em oposição ao antirrealismo, livre-arbítrio × determinismo etc.) O pragmatismo rejeita a necessidade de escolher entre enfoques dicotômicos que insistam em processos aplicáveis apenas a contextos específicos ou baseados em princípios generalizadores.
2. Os paradigmas não são apenas visões do mundo (entendimento comum sobre a "realidade" que afeta todos os aspectos do inquérito científico). São também "modelos de exemplos de investigação" com relação à forma de pesquisar em um determinado campo do trabalho científico (SAMPIERI; MENDOZA, 2008).
3. O conhecimento é construído. No entanto, baseia-se na realidade do mundo e em nossa experiência cotidiana (TEDDLIE; TASHAKKORI, 2009).
4. Reforça o pluralismo e a compatibilidade (JOHNSON; ONWUEGBUZIE, 2004).
5. Adota uma aproximação à pesquisa explicitamente orientada a valores culturais.

Na década de 1980, vários pesquisadores continuaram a trabalhar na combinação de ambas as abordagens de investigação. Por exemplo, Greene, Caracelli e Graham (1989), bem como Rossman e Wilson (1985), identificaram vários motivos para sua utilização conjunta, tais como: enriquecer as informações, triangular dados, complementar perspectivas, clarificar resultados, procurar novos modelos de pensamento etc. Além disso, o pós-positivismo deslocou o positivismo, permitindo uma maior flexibilidade dos pesquisadores "quantitativos e qualitativos" e a ampliação do conceito de triangulação (SAMPIERI; MENDOZA, 2008).

Por outra parte, o desenvolvimento dos métodos mistos também foi possível: pela introdução de uma variedade de novos instrumentos metodológicos quantitativos e qualitativos; pela evolução vertiginosa de novas tecnologias para acessar e utilizar instrumentos metodológicos (hardware, software e internet); e pelo incremento na comunicação dentre as várias ciências e disciplinas.

A utilização de métodos mistos em pesquisa tem sido crescente em diversos campos do conhecimento. A conjugação de elementos qualitativos e quantitativos permite aprofundar resultados, proporcionando ganhos relevantes para as pesquisas realizadas no campo da Educação (FARRA; LOPES, 2013). No entanto, os trabalhos que tratam desse tema enfrentam desafios que variam desde questões de ordem epistemológica até a relação destas com a prática metodológica. A discussão e clareza das vantagens e limitações desses métodos é crucial para o desenvolvimento da pesquisa científica.

Em geral, os métodos mistos combinam as estratégias das pesquisas quantitativas e qualitativas, assim como questões abertas e fechadas, com formas múltiplas de dados contemplando todas as possibilidades, incluindo análises estatísticas e análises textuais. Nesse caso, os instrumentos de coleta de dados podem ser ampliados com observações abertas, ou mesmo os dados censitários podem ser seguidos por entrevistas exploratórias com maior profundidade. No método misto, o pesquisador baseia a investigação supondo que a coleta de diversos tipos de dados garanta um entendimento melhor do problema pesquisado (CRESWELL, 2007, apud FARRA; LOPES, 2013).

Tashakkori e Teddlie (2010, p. 273) resumem em nove as características gerais das pesquisas com métodos mistos:

1. Ecletismo metodológico.
2. Pluralismo paradigmático.
3. Ênfase na diversidade em todos os níveis da investigação.
4. Ênfase no contínuo em lugar de dicotomias.
5. Abordagem iterativa e cíclica da pesquisa.
6. Foco sobre a questão específica de pesquisa na determinação do método em qualquer estudo a ser empregado.
7. Conjunto de planos de pesquisa e processos analíticos reconhecidos.
8. Tendência ao equilíbrio e compromisso implícitos na "comunidade da terceira via metodológica".
9. Confiança nas representações visuais (figuras, diagramas) e em um sistema simbólico comum.

Concordamos com Farra e Lopes (2013) quanto ao destaque do ecletismo metodológico, ao pluralismo paradigmático e ao foco sobre a questão específica de pesquisa na determinação do método em qualquer estudo a ser empregado. Por tais razões, são combinados os diferentes aspectos quantitativos e qualitativos com o foco voltado para o problema de pesquisa, cujas peculiaridades determinarão as características metodológicas eleitas para o desenvolvimento do processo investigativo.

Para Castro (2010), as possibilidades das abordagens quantitativas incluem a operacionalização e a mensuração acurada de um construto específico, a capacidade de conduzir comparações entre grupos, a capacidade de examinar a associação entre variáveis de interesse e a modelagem na realização de pesquisas. Entretanto, uma das maiores limitações das abordagens quantitativas é que, em geral, a mensuração desloca a informação de seu contexto original. Por outro lado, a abordagem qualitativa examina o ser humano como um todo, de forma contextualizada. As potencialidades qualitativas incluem a capacidade de gerar informações mais detalhadas das experiências humanas, incluindo suas crenças, emoções e comportamentos, considerando que as narrativas obtidas são examinadas dentro do contexto original em que ocorrem. Além disso, estudos qualitativos proporcionam análises profundas das experiências humanas no âmbito pessoal, familiar e cultural, de uma forma que não pode ser obtida com escalas de medida e modelos multivariados. As limitações incluem as dificuldades de realizar uma integração confiável das informações obtidas em observações/casos diferentes, assim como as relações entre eles/elas. Acrescenta-se que os métodos qualitativos, frequentemente, pecam no momento de gerar prescrições bem definidas dos procedimentos a serem empregados nas pesquisas, limitando a capacidade de obter conclusões definidas e generalizações a partir de um número pequeno de informações e de suas possíveis distintas peculiaridades em relação aos demais casos. Dessa forma, obstaculizam a plenitude dos cânones da pesquisa científica, tais como a generalização e a replicação, embora uma parcela de pesquisadores qualitativos considere esses aspectos pouco relevantes, caracterizando a complexidade inerente a tais definições metodológicas no momento de realizar escolhas no processo de pesquisa.

De fato, os estudos quantitativos e qualitativos possuem, separadamente, aplicações muito profícuas e limitações deveras conhecidas, por parte de quem os utiliza há longo tempo. Por essa razão, a construção de estudos com métodos mistos pode proporcionar pesquisas de grande relevância para a Educação como *corpus* organizado de conhecimento, desde que os pesquisadores saibam identificar com clareza as potencialidades e as limitações no momento de aplicar os métodos em questão.

Como afirmam Strauss e Corbin (2008, p. 39-40), aludindo a outros autores, no processo de teorização, qualquer técnica, seja quantitativa ou qualitativa, representa apenas um meio para atingir o objetivo. Para os autores, não há primazia de um modo sobre o outro, já que um instrumento é um instrumento, não um fim em si mesmo, sendo importante saber quando e como cada modo pode ser útil para a teorização. Prosseguem os autores afirmando que tanto a coleta quanto a análise e a interpretação de dados estão relacionadas a escolhas e decisões a respeito da utilidade dos procedimentos, sejam eles qualitativos ou quantitativos.

No entanto, os estudos com métodos mistos objetivam utilizar juntos os métodos de diferentes paradigmas, ou seja, representam a condução de, por exemplo, entrevistas semiestruturadas com um número reduzido de estudantes e a realização de pesquisas de levantamento ("*survey*"), em larga escala, com um maior número de participantes. Os autores indicam ainda que nas pesquisas qualitativas a ênfase está mais nos significados ("palavras") do que nas frequências e distribuições ("números"), tanto na coleta quanto na análise dos dados. Alguns pesquisadores argumentam que a pesquisa qualitativa está envolvida com medidas, mas medidas que são de ordem diferente das numéricas. Creswell (2007) aponta as quatro decisões que fazem parte da seleção de uma estratégia de investigação com métodos mistos:

1. Qual é a sequência de coleta de dados quantitativos e qualitativos?
2. Que prioridade será dada à coleta e à análise de dados quantitativos e qualitativos?
3. Em que estágio serão integrados os dados e os resultados quantitativos e qualitativos?
4. Será utilizada uma perspectiva teórica global?

Com base nesses questionamentos, o autor define os seguintes planos de pesquisas:

- **Projeto exploratório sequencial _QUANTI quali_:** iniciando com coleta de dados e análise quantitativa e, posteriormente, realizando coleta e análise de dados qualitativa e a interpretação de toda a análise.
- **Projeto exploratório sequencial _QUALI quanti_:** iniciando com coleta de dados e análise qualitativa e, posteriormente, realizando coleta e análise de dados quantitativa e a interpretação de toda a análise.
- **Projeto transformador sequencial:** possui uma perspectiva teórica norteadora do estudo cujo objetivo se sobrepõe ao uso dos métodos. Pode iniciar tanto pela parte quantitativa quanto pela parte qualitativa.
- **Estratégia de triangulação concomitante:** coleta concomitante de dados qualitativos e quantitativos cujos resultados são comparados.
- **Estratégia aninhada concomitante:** coleta de dados quantitativos e qualitativos sendo concomitante, havendo um método predominante que guia o processo e pode ser tanto quantitativo quanto qualitativo.
- **Estratégia transformadora concomitante:** possui uma perspectiva teórica norteadora do estudo cujo objetivo se sobrepõe ao uso dos métodos e ocorre com a coleta concomitante dos dados quantitativos cujos resultados são comparados.

Na **estratégia sequencial**, o pesquisador amplia a exploração dos dados obtidos de um tipo de abordagem com outra abordagem. Assim, um pesquisador pode começar sua pesquisa com uma entrevista qualitativa de natureza mais exploratória, e ampliar a amostragem através de um método quantitativo, como um levantamento, ou vice-versa. Na **estratégia simultânea ou concomitante**, o pesquisador pode mesclar ou convergir as abordagens quantitativa e qualitativa a fim de promover uma compreensão maior da questão de pesquisa. As abordagens são executadas ao mesmo tempo, como o nome sugere. E na **estratégia transformadora**, a estratégia sequencial ou simultânea pode ser aplicada, dentro e a partir de um enfoque emancipatório que prioriza uma pesquisa participativa e fortemente engajada com valores (TRÉZ, 2012, p. 1.140-1.141).

Creswell e Clark (2013) classificam em quatro os planos possíveis de aplicar nas Ciências Sociais, incluindo a pesquisa educacional, dentro da abordagem mista: **triangulação**, utilizada quando objetiva-se comparar e contrastar dados estatísticos com achados qualitativos obtidos simultaneamente; **incorporado**, em que um conjunto de dados (ex: quantitativos) serve de apoio para outro (ex: qualitativos), ambos também obtidos simultaneamente; **explicativo**, com duas fases, em que dados qualitativos ajudam a explicar ou embasar resultados quantitativos iniciais; e **exploratório**, também com duas fases, em que os resultados qualitativos de um primeiro método ajudam no desenvolvimento do subsequente método quantitativo. Cada um deles com seus respectivos usos, procedimentos, variantes, vantagens e desafios (TRÉZ, 2012, p. 1.141).

O plano de triangulação é o mais conhecido dos quatro planos definidos. O objetivo desse plano é combinar os pontos fortes das metodologias quantitativa e qualitativa para obter informações adicionais sobre o mesmo problema de pesquisa. O pesquisador deve procurar comparar e contrastar os dados resultantes. A pesquisa é realizada em apenas uma etapa, na qual se coletam, processam e analisam as informações obtidas. A triangulação pode contribuir, particularmente, para validar uma investigação de levantamento (enquete) e reforçar suas conclusões.

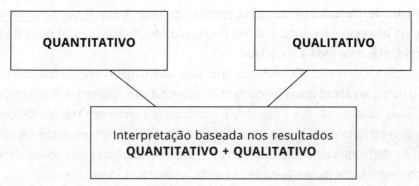

Fonte: CRESWELL; CLARK, 2013.
Figura 4.1 Plano de triangulação.

Segundo Creswell (2007), aspectos relevantes a serem observados na construção de processos de pesquisa com métodos mistos se referem às escolhas relacionadas com: a sequência de coleta de dados quantitativos e qualitativos; a prioridade que será dada à coleta e à análise de dados quantitativos e qualitativos; o estágio no qual serão integrados os dados e os resultados quantitativos e qualitativos; e a possível utilização de uma perspectiva teórica global.

Com base nesse questionamento, o pesquisador define a forma pela qual as pesquisas serão realizadas, tais como: 1) iniciar com coleta de dados e análise quantitativa e, posteriormente, realizar a coleta e a análise de dados qualitativa, com a posterior interpretação de toda a análise; 2) iniciar com a coleta de dados e a análise qualitativa e, posteriormente, realizar a coleta e a análise de dados quantitativa e a interpretação de toda a análise; 3) adotar uma perspectiva teórica norteadora do estudo, cujo objetivo se sobreponha ao uso dos métodos e que pode iniciar tanto pela parte quantitativa, quanto pela parte qualitativa. Com base em tais premissas, os pesquisadores da área da Educação podem elaborar processos investigativos de acordo com as necessidades encontradas no contexto estudado. Ratifica-se a necessidade de respeitar os pressupostos intrínsecos aos aspectos quantitativos e qualitativos, envolvendo as pressuposições subjacentes aos testes estatísticos e aos princípios inerentes a uma coleta de dados qualitativa, para então compor um estudo compatível com os princípios norteadores da pesquisa científica (CRESWELL, 2007).

Segundo o autor, acredita-se que os métodos mistos possam contribuir de forma significativa para futuras investigações que contemplem a complexidade das pesquisas na área da Educação, diante da profusão de informações de diferentes origens a que estão submetidos os nossos alunos e professores, e cujo tratamento de análise pressupõe, em sua subjacência, a conjugação de dados quantitativos e qualitativos. Esse processo não pode prescindir de um acurado entendimento, por parte dos pesquisadores, das interações possíveis entre as informações disponíveis, em um processo sinérgico que proporcione um olhar oriundo de diferentes perspectivas, apontando caminhos profícuos para o constante repensar do processo educacional, tarefa necessária não apenas para os pesquisadores e educadores, mas para toda a sociedade.

Para concluir, o século XX começou com uma abordagem quantitativa dominante e culminou com duas abordagens fundamentais: quantitativa e qualitativa. Não significa que um substituiu o outro, mas que a segunda foi adicionada à primeira. O século XXI começou com um terceiro caminho (em gestação décadas anteriores): o método misto. Os próximos anos são fundamentais para que esse adolescente (ou híbrido) continue consolidando-se.

Reconhecendo as particularidades de cada abordagem, assim como as suas limitações, torna-se possível, na medida da pertinência de cada caso, elaborar métodos mistos de pesquisa que possam atender às expectativas dos pesquisadores. Ao utilizar múltiplas abordagens, torna-se possível produzir trabalhos nos quais haja uma contribuição mútua das potencialidades de cada uma delas, gerando respostas mais abrangentes em relação aos problemas de pesquisa formulados, desde que sejam consideradas as particularidades inerentes aos princípios subjacentes a cada uma delas, objetivando obter benefícios significativos.

Mesmo que possam ocorrer zonas de "turbidez" na construção das abordagens utilizando métodos mistos, cabe aos pesquisadores proceder de forma a compor aproximações metodológicas apropriadas, de acordo com a coleta de dados, e respeitando as análises realizadas e os resultados obtidos.

Cabe recordar que o pesquisador não apenas seleciona um estudo qualitativo, quantitativo ou de métodos mistos para conduzir, também decide sobre um tipo de estudo dentro dessas três escolhas. As estratégias da investigação são os tipos de projetos ou modelos de métodos qualitativos, quantitativos e mistos que proporcionam uma direção específica aos procedimentos em um projeto de pesquisa. Alguns autores os têm chamado de *abordagens da investigação* (CRESWELL, 2007) ou de *metodologias da pesquisa* (MERTENS, 2005). As estratégias disponíveis ao pesquisador aumentaram no decorrer dos anos, à medida que a tecnologia da computação impulsionou a análise dos dados e a capacidade para analisar modelos complexos e que os indivíduos articularam novos procedimentos para conduzir a pesquisa nas Ciências Sociais.

PARTE II
ENQUADRAMENTO TEÓRICO

PARTE II

ENQUADRAMENTO TEÓRICO

5

TEORIAS, CONCEITOS E VARIÁVEIS

5.1 Teoria – para quê?

Cada estudo empírico necessita de um referencial teórico mais ou menos elaborado, ou seja, de uma perspectiva que oriente o processo da pesquisa. Como Auguste Comte já formulou há mais de 100 anos:

> Car si, d'un coté, toute théorie postive doit nécessairement être fondée sur des observations, il est également sensible, d'un autre côté, pour se livrer à l'observation, notre esprit a besoin d'une théorie quelconque. Si, en contemplant les phénomènes, nous ne les rattachons point immédiatement à quelques principes, non seulement il nous serait impossible de combiner ces observations isolées, et, par conséquent, d'en tirer aucun fruit, mais nous serions même entièrement incapables de les retenir , et, le plus souvent, les faits resteraient inaperçus sous nos yeux (COMTE, 1936[1830-42], p.26).

Os graus de desenvolvimento dos conhecimentos teóricos na área social são diferentes e se estendem de teorias completamente desenvolvidas com alta evidência empírica até ideias vagas, proposições isoladas ou hipóteses criativas, porém ainda pouco ou não pesquisadas.

Em estudos qualitativos, a estruturação teórica normalmente é mais fraca do que em uma pesquisa quantitativa, sendo que um dos princípios básicos do paradigma qualitativo é uma aproximação mais aberta e flexível ao campo de pesquisa. Não obstante, também cada pesquisa qualitativa não parte do vazio mas de certos conhecimentos, ideias e suposições básicas que norteiam os procedimentos ao longo do caminho de geração de novos conhecimentos. Iniciar o trabalho de pesquisa sem reflexões teóricas e metodológicas significa que o pesquisador se entrega, muitas vezes inconscientemente, a seus pré-conceitos, ideias cotidianas e senso comum.

O uso da palavra "teoria" na literatura não é uniforme, incluindo diferentes níveis de abrangência e de abstração (teoria de sistema, teoria crítica, teoria do ensino, teoria do capital humano, teoria de conflito etc.). Cada teoria é uma tentativa de reconstrução de relações de um determinado segmento da realidade. Em termos formais, essa reconstrução se efetua por meio de "um conjunto de proposições inter-relacionadas, capazes de descrever, explicar por que e como um fenômeno ocorre" (SAMPIERI et al., 2013, p. 82). Em consequência, uma teoria elaborada também deve estar em condições de formular prognósticos para o futuro, pelo menos com uma certa probabilidade. Nas ciências humanas, a maioria das teorias é de abrangência limitada, teorias de "alcance médio" (MERTON, 1968, p. 39) que se referem somente a segmentos da realidade.

5.2 Tipos de conceitos

Os elementos básicos que constituem os enunciados de uma teoria são os conceitos, cuja função consiste em:

- estruturar o campo de pesquisa;
- assegurar a comunicação intersubjetiva de pessoas;
- selecionar os aspectos relevantes da realidade a ser pesquisada.

Conceitos são símbolos linguísticos que se relacionam por meio de determinadas regras com fenômenos da realidade, operações lógicas ou imagens mentais. Os enunciados teóricos de uma ciência são construídos e dependem portanto da construção dos conceitos, e por outro lado a perspectiva teórica norteia os significados dos conceitos. Assim, um conceito como, por exemplo, "exclusão" tem um outro significado dentro da teoria de sistema de Luhmann em relação ao contexto de uma perspectiva marxista (PFEIFFER, 2012).

De importância fundamental é a distinção de variados tipos de conceitos de acordo com o esquema a seguir (PRIM; TILLMANN, 2000, p. 34).

Conceitos lógicos não indicam objetos da realidade nem têm relação com esta. Exemplos: conjunções (e, ou, se); preposições (em, até, sob).

Conceitos empíricos têm uma relação com a realidade, seja (1) de forma direta (fenômenos e características observáveis), seja (2) de forma indireta (fenômenos e características observáveis somente por meio de certas "manifestações" ou "indicadores"). Exemplos: (1) acidente, idade, sexo; (2) gravitação, motivação, resiliência.

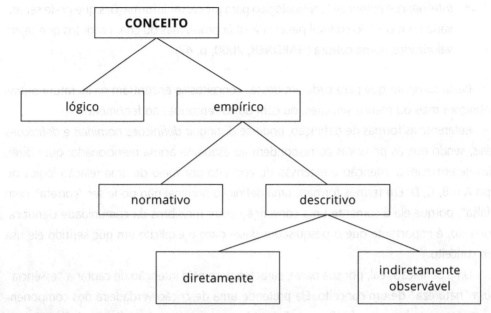

Figura 5.1 Variados tipos de conceitos.

5.3 Definições

Para poder preencher sua função no contexto das ciências, os conceitos necessitam de um significado preciso e inequívoco, ou seja: eles precisam de uma definição. Caso contrário, seu significado e o dos enunciados que eles constituem estão vagos. Definições determinam o uso e o significado de um conceito dentro do contexto da linguagem científica. Por exemplo, queremos saber se a qualidade do ensino escolar no Brasil aumentou durante os últimos dez anos. Para isso, precisamos de uma definição do que significa "qualidade". Se queremos saber o número de pessoas que vivem em pobreza em um determinado país, precisamos de uma definição do que significa "pobreza".

"Fazer uma definição equivale a estabelecer uma 'equação de sentido' sendo que, de um lado (à esquerda) encontramos aquilo que deve ser definido (o *definiendum*) e de outro (à direita) aquilo pelo qual alguma coisa é definida (o *definiens*)" (DAHLBERG, 1978, p. 106), conforme os exemplos a seguir:

- *Pobreza*: A falta de recursos para participar na sociedade (COMISION ECONÓMICA PARA AMÉRICA LATINA, 2009).
- *Capital humano*: "O conjunto de conhecimentos, habilidades, atitudes e competências de uma pessoa que contribuem para gerar valor agregado no processo de produção" (PFEIFFER, 1996, p. 22).

- *Inteligência*: Potencial biopsicológico para processar informações que pode ser ativado num cenário cultural para solucionar problemas ou criar produtos que sejam valorizados numa cultura (GARDNER, 2000, p. 47).

Resta sublinhar que para cada um desses conceitos se encontram na literatura outras definições mais ou menos similares, ou com outros enfoques ao fenômeno.

Referente às formas de definição, pode-se distinguir *definições nominais* e *definições reais*, sendo que as primeiras correspondem ao esquema acima mencionado, quer dizer, elas determinam a intenção e extensão do conceito por meio de uma relação lógica do tipo A = B, C, D. Em termos formais, uma definição nominal não pode ser "correta" nem "falsa", porque ela é somente uma convenção entre membros da comunidade científica. Portanto, é importante que o pesquisador deixe claro e explícito em que sentido ele usa um conceito.

Uma definição real, por sua parte, caracteriza-se pela intenção de captar a "essência" ou a "natureza" de um conceito. Ela pretende uma descrição verdadeira dos componentes que caracterizam um fenômeno. O problema desse tipo de definição é óbvio: quais são os critérios que permitem a decidir, se a definição realmente capta os componentes essenciais de um fenômeno? Quais são, por exemplo, as qualidades essenciais do conceito de "justiça social"?

5.4 Estruturação conceitual

Por meio dos conceitos e suas definições se estrutura o campo de pesquisa, levando em consideração as diferentes espécies de conceitos, as quais se podem referir a objetos, atributos/características e categorias/valores.

- *Objetos:* as unidades (casos) a serem pesquisadas. Nas Ciências Humanas, os objetos, via de regra, são indivíduos (pessoas, sujeitos). Porém, também outros fenômenos podem e devem ser objetos, por exemplo, sistemas sociais (família, escola, estado), processos sociais (conflito, cadeia produtiva), artefatos culturais (textos, discursos, artigos, material audiovisual, mídia, Facebook, obras de arte) e materiais (tecnologia, casas, moda etc.).
- *Variáveis*: são certas características, atributos ou propriedades de um objeto considerados como sendo relevantes no contexto de uma determinada pesquisa. Tudo que varia pode ser considerado variável.
- *Valores*: são as diferentes realizações que as variáveis podem assumir, sejam estas de tipo categorial (sexo: masculino/feminino) ou de tipo métrico (idade: 10, 15, 20, 25...). Essa importante diferença será detalhada mais a seguir.

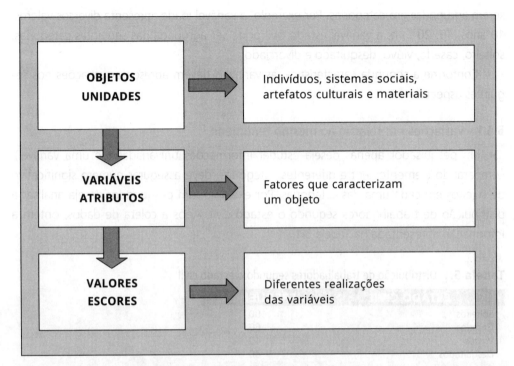

Figura 5.2 Três níveis de conceito.

A relações entre esses três níveis de conceitos se constituem de tal maneira que os objetos são pesquisados referentes a certas características e suas relações são consideradas como sendo relevantes para os objetivos da pesquisa. As unidades podem diferir ou não no que se refere às suas características (valores). A análise da distribuição dos valores e das relações entre eles (p. ex., renda mensal e grau de escolaridade) é uma das funções principais da estatística.

5.5 Variáveis e pontuação

Seguindo as colocações de Fred Kerlinger (1973), o termo *variável* é fundamental nas Ciências Sociais. É um conceito e, como conceito, é um substantivo que representa classes de objetos, como, por exemplo, sexo, escolaridade, renda mensal, participação política etc. Evidentemente, existem variáveis fáceis de identificar, como sexo, que apresenta apenas duas categorias, masculino e feminino. Existem, porém, outras mais complexas, como participação política. Não é simples definir o conceito participação.

As variáveis apresentam duas características fundamentais: (a) são aspectos observáveis de um fenômeno; (b) devem apresentar variações ou diferenças em relação ao mesmo ou a outros fenômenos.

Baseando-se na primeira característica, as variáveis podem ser definidas como características mensuráveis de um fenômeno que podem apresentar diferentes valores ou serem agrupadas em categorias. Por exemplo, a variável idade apresenta diversos valores: 10 anos, 15, 20 ... n; a variável estado civil pode ser agrupada nas seguintes categorias: solteiro, casado, viúvo, desquitado e divorciado.

Conforme a segunda característica, as variáveis devem apresentar variações nos seguintes aspectos:

5.5.1 Variações em relação ao mesmo fenômeno

Se um pesquisador apenas deseja estudar informações univariadas (de uma variável), comparando elementos entre diferentes categorias, deve assegurar número significativo de sujeitos em cada uma das categorias. Por exemplo, um pesquisador deseja analisar a distribuição de trabalhadores segundo o estado civil. Após a coleta de dados, obtém a informação apresentada na Tabela 5.1.

Tabela 5.1 Distribuição de trabalhadores segundo o estado civil

ESTADO CIVIL	FREQUÊNCIA
Solteiros	100
Casados	60
Viúvos	40
Desquitados	40
Total	**240**

Nesse caso, o pesquisador pode comparar as categorias sem maiores problemas. Suponhamos, porém, que a informação obtida se distribua como na Tabela 5.2.

Tabela 5.2 Distribuição de trabalhadores segundo o estado civil

ESTADO CIVIL	FREQUÊNCIA
Solteiros	130
Casados	100
Viúvos	8
Desquitados	2
Total	**240**

Nesse exemplo, as últimas duas categorias não apresentam número significativo de casos. Portanto, se se deseja comparar a variável com alguma outra característica, essas categorias devem ser reagrupadas, como na Tabela 5.3.

Tabela 5.3 Distribuição de trabalhadores, segundo o estado civil

ESTADO CIVIL	FREQUÊNCIA
Solteiros	130
Casados	100
Outros	10
Total	**240**

A análise será feita comparando-se as categorias "Solteiros" e "Casados", fazendo referência aos 10 casos na categoria "Outros".

Uma situação bastante comum nas Ciências Sociais é a concentração de casos em apenas uma categoria, sem que se apresentem variações entre as alternativas (Tabela 5.4). Essa é uma situação que deve ser corrigida, pois, de fato, não se tem uma variável (não varia); há uma constante ("Solteiros").

Tabela 5.4 Distribuição de trabalhadores, segundo o estado civil.

ESTADO CIVIL	FREQUÊNCIA
Solteiros	200
Casados	10
Viúvos	–
Desquitados	–
Total	**210**

Em casos como esse, o pesquisador deve decidir entre as seguintes estratégias:

1. Reformular as categorias

Desdobrando aquela que apresentou maior concentração. Exemplo: variável: Grau de escolaridade.

Tabela 5.5 Distribuição de trabalhadores, segundo o grau de escolaridade

GRAU DE ESCOLARIDADE	FREQUÊNCIA
1º grau	200
2º grau	10
3º grau	5
Total	**215**

Variável: (categorias reformuladas)

Tabela 5.6 Distribuição dos trabalhadores, segundo o grau de escolaridade

GRAU DE ESCOLARIDADE	FREQUÊNCIA
1º grau incompleto	120
1º grau completo	80
2º ou 3º grau	5
Total	**215**

No caso de persistir a concentração, a variável deve ser reformulada.

2. Reformular a variável

No exemplo anterior, grau de escolaridade, o pesquisador poderia reformular a variável, utilizando anos de escolaridade (1, 2, 3... *n*) ou última série cursada (1ª, 2ª, 3ª...).

3. Eliminar a variável

Existem casos em que as categorias não podem ser reagrupadas ou a variável não pode ser reformulada. Nessas situações, o pesquisador deve eliminar a variável, pois não serve como medida de variação, como, por exemplo, a distribuição da variável estado civil, já mencionada. Se, de uma amostra de 210 pessoas, 200 são solteiras, a variável estado civil não contribui para explicar diferenças em outras dimensões, pois a quase totalidade das pessoas é solteira. Assim, não existe variação no estado civil.

Considerando a importância das variações internas de uma variável, a seguir são apresentadas algumas regras estabelecidas por James A. Davis (1976):

1. Disponha de grande número de casos que difiram em sua classificação.
2. Se uma das categorias for exageradamente maior em frequência que as demais, use-a sozinha. Em outras palavras, transforme-a em uma variável. Por exemplo, no caso da variável grau de escolaridade, já mencionada, poder-se-ia dividir a categoria primeiro grau em séries (1ª, 2ª...) e utilizá-la como mais uma variável.
3. Se tiver um grande número de categorias com pequenas frequências, comece a agrupar em pares, até obter categorias significativas. Ver Tabela 5.7.
4. Evite alternativas que concentrem mais de 70% dos casos, pois elas, como já foi visto, prejudicam a análise.

Tabela 5.7 Distribuição percentual de estudantes em uma universidade hipotética

ORIGINAL		REAGRUPADA	
ÁREA	PERCENTUAL	ÁREA	PERCENTUAL
Engenharia	25	Ciências Matemáticas	40
Belas-artes	5	Ciências Humanas	25
Humanidades	20	Ciências Sociais	35
Ciências Físicas	15		
Ciências Sociais	15		
Serviço Social	20		
	100		**100**

5.5.2 Variações em relação a outros fenômenos

Conforme essa característica, a variável é um aspecto observável de um fenômeno ligado a outras variáveis em relação determinada. A dita relação pode ser de variação conjunta (covariação), associação, dependência, causalidade etc. Exemplos:

- **Relação de covariação:** relação entre **peso** e **estatura**. As variáveis mudam conjuntamente.
- **Relação de associação:** relação entre o **desempenho escolar em Matemática** e o **desempenho escolar em Biologia**. As variáveis podem mudar conjuntamente, mas as mudanças em uma não produzem necessariamente mudanças na outra.
- **Relação de dependência:** relação entre **posição social** e **renda pessoal**. A variável posição social depende da variável renda pessoal.

- **Relação de causalidade:** relação entre o **preço do produto** e a **procura por esse produto**. Mudanças em uma variável (preço) produzem mudanças na outra (procura).

É importante dominar esses tipos de relação, pois a análise estatística dependerá das relações presentes entre as variáveis em estudo.

5.5.3 Princípios para a definição de variáveis

Existem alguns princípios aplicados a todas as variáveis; o não cumprimento deles leva a uma perda de informação essencial ou, pior ainda, à inutilidade completa da medição.

Primeiro, os valores de uma variável devem ser mutuamente excludentes. Isso significa que uma e só uma categoria da mesma classe (um valor da mesma variável) pode ser atribuída a cada um dos indivíduos em estudo. Por exemplo:

Variável: local de origem.
Classificação inadequada:

1. Povoado.
2. Local com menos de 3.000 habitantes.
3. Local entre 3.001 e 10.000 habitantes.
4. Local entre 10.001 e 50.000 habitantes.
5. Local com mais de 50.001 habitantes.

O problema radica na 1ª e 2ª alternativas, pois o povoado é um local de menos de 3.000 habitantes. Portanto, um sujeito pode ser classificado em qualquer dessas duas categorias. Não são excludentes.

Classificação adequada:

1. Local com menos de 3.000 habitantes.
2. Local . . . .
3. Local . . . .
4. Local . . . .
5. Local . . . .

Variável: Religião.
Classificação inadequada:

1. Católica.
2. Protestante.
3. Anglicana.

Um sujeito anglicano é protestante. Portanto, as categorias não são excludentes.

Classificação adequada:

1. Católica.
2. Protestante.

Ou:

1. Católica.
2. Anglicana.
3. Adventista.
4. Presbiteriana.
5. Outras.

Logicamente, as categorias devem estar adequadas à realidade local ou regional. No Nordeste do Brasil, seria um absurdo trabalhar com a última classificação.

As regras da medição têm de assegurar que nunca haja dúvida, quando se aplica um dos valores possíveis a um caso específico. Às vezes, é preciso formular certas regras para garantir a validade desse princípio; por exemplo, o caso de arredondamento das decimais. Evidentemente, não se pode permitir que a um mesmo sujeito seja atribuído mais de um valor da mesma variável, sendo isso equivalente a contabilizá-lo duas vezes na distribuição de frequências.

O conjunto dos valores possíveis deve ser *exaustivo*, o que significa que todas as possibilidades empíricas devem ser incluídas no conjunto. Em outras palavras, todos os elementos da amostra, sejam pessoas, animais ou coisas, devem ser classificados em alguma das categorias estabelecidas. Por exemplo, a variável religião seria inútil, no contexto dos países latino-americanos, se contivesse as categorias muçulmana e budista (adequadamente definidas), mas não a categoria católica. Aqui, também, não é sempre fácil assegurar a validade do princípio; talvez se encontrem dificuldades em decidir se certa afiliação espiritual indica uma "religião" ou não. No entanto, o valor de uma pesquisa perderia muito se se utilizassem variáveis não exaustivas.

Um terceiro princípio, ocasionalmente mencionado nesse contexto, refere-se à representatividade da variável. Nesse caso, porém, pode ser omitido, pois a definição de variável como representante formal de um conjunto de valores possíveis, determinados por uma regra de medição comum, já está garantindo a validade desse princípio.

Em suma, uma representação, como imagem de um original, é basicamente um conjunto de $M \times N$ atributos. O valor M representa o número de variáveis levantadas simultaneamente e indicadas no conjunto de N elementos que constituem o original.

Deve-se alertar que sempre se opera com construções fundamentais artificiais, porque as regras de atribuição dependem do conhecimento do investigador, da clareza de seu pensamento, das estruturas funcionais da linguagem científica e pré-científica e das finalidades programáticas ligadas à pesquisa. É nesse sentido que, finalmente, as representações científicas devem ser julgadas sobretudo em vista do critério de sua utilidade, sendo o critério da verdade ou da integridade científica aspecto do primeiro.

5.5.4 Níveis escalares de variáveis

Como definido acima, as variáveis são características de um objeto que assumem diferentes valores, as quais formam uma escala. As relações entre os valores numéricos devem representar as relações entre os objetos. Dependentes das relações definidas há basicamente três tipos de variáveis:

- *Variáveis categóricas* se expressam por várias categorias que permitam uma classificação dos objetos. Nesse caso existe somente uma relação igual/diferente (=/≠) entre os elementos e os números atribuídos são arbitrários e servem apenas para identificar a pertença ou não pertença do elemento a uma categoria. Vale mencionar que as categorias devem ser exaustivas e mutuamente excludentes. A ordem em que as categorias aparecem é sem relevância e não existe nenhuma hierarquia entre elas. Esse tipo de variáveis constitui uma **escala nominal**.
  Exemplo: Estado civil: (1) solteiro, (2) casado, (3) divorciado, (4) outros.
  Procedimentos estatísticos possíveis para esses dados são distribuições de frequência, percentagem, valor modal, tabelas de contingência, coeficientes de associação (phi, C) e teste Chi^2 (χ^2).
- *Variáveis comparativas* resultam da operação de ordenar as categorias por postos. Assim, além de classificar os elementos de um conjunto como no caso anterior, estabelece-se uma ordem hierárquica entre as categorias, quer dizer, existe uma relação maior/menor (>/<). A ordem resulta da distinção dos elementos de acordo com o grau em que possuem uma determinada característica e cada transformação tem que manter essa ordem. Esse tipo de variável constitui uma **escala ordinal**.
  Exemplo: Grau de escolaridade: (1) primário incompleto, (2) primário completo, (3) secundário, (4) universidade.
  Procedimentos estatísticos possíveis para esses dados são mediana, quartis, decis, correlação de posto (Spearman's rho, Kendall's tau), teste U de Mann Whitney, teste de Wilcoxon.
- *Variáveis métricas (quantitativas)* representam as mesmas relações dos nominais e comparativas. Além disso, pelo menos deve definir-se uma função de distância entre os elementos, o que requere que existe uma unidade básica para cada medição. Esse tipo de variável constitui uma *escala métrica*. Em termos de nível de escala, as variáveis métricas dividem-se em dois subtipos:
  Escala intervalar: é possível quantificar relações de distância entre as medições (+/-) mas não há um ponto nulo natural da escala.

Exemplos: Escalas de temperatura Celsius e Fahrenheit. Testes psicológicos (personalidade, inteligência), testes de conhecimentos e competências na pedagogia, e escalas de atitudes, preferências, avaliações na sociologia.

- *Escala de razão:* possui um ponto natural de nulidade e portanto não só é possível quantificar as diferenças entre as medições mas também proporções (x/÷). Isso permite determinar, p.ex., o quociente de duas medições. Variáveis dessa natureza são raras nas CCHH.

Exemplos: idade (20, 21 22...k); renda mensal em R$ (0, 500, 800, 2000...k).

Os procedimentos estatísticos possíveis para esses dados são a média, desvio-padrão, análise de correlação e regressão, modelos lineares generalizados, análise de séries temporais, análise fatorial.

No Quadro 5.1 são resumidas as características dos diferentes tipos de variáveis de acordo com seu nível escalar.

Quadro 5.1 Tipos de variáveis segundo o nível escalar

TIPO DE VARIÁVEL	NÍVEL DE ESCALA	RELAÇÕES	TRANSFORMAÇÕES POSSÍVEIS
categorial	nominal	= ≠	renomeações, permutações
comparativa	ordinal	= ≠; > <	transformações monotônicas
métrica	intervalar	= ≠; > <; + -	transformações lineares
métrica	razão	= ≠; > <; + -; x ÷	transformações de semelhança

Observa-se que existe uma relação hierárquica dos níveis referente ao grau de informação que eles contêm. Sem dúvida, o enunciado "a temperatura é de 36° C" é mais informativo que "a temperatura é quente". Da mesma forma, o enunciado "o aluno tem nota 9,1 em matemática" é mais informativo que "o aluno A é bom em matemática". Do mesmo modo as variáveis métricas aumentam as possibilidades da análise estatística. Em consequência sempre é recomendável medir uma variável ao nível mais alto possível e não reduzir o nível sem necessidade ou objetivo específico concreto, porque isso implica perda de informação.

Considerando que o limiar mais difícil de determinar é entre uma medição ordinal e uma métrica, muitas vezes se fala, na literatura, de *variáveis qualitativas* (categoriais, comparativas) e *variáveis quantitativas* (métricas).

As variáveis métricas por sua parte podem ser *contínuas,* o que significa que elas podem assumir teoricamente qualquer valor em um determinado intervalo (peso: 78,45672 kg), ou *discretas,* o que significa que elas só podem assumir valores inteiros (número de filhos: 0, 1, 2, ...k). As variáveis qualitativas sempre são, por sua natureza categorial, discretas.

No Quadro 5.2, apresenta-se um quadro comparativo das escalas de medição.

Quadro 5.2 Classificação de variáveis segundo propriedades

PROPRIEDADES	VARIÁVEIS			
	NOMINAIS	ORDINAIS	INTERVALARES	RAZÃO
Classificação	++	++	++	++
Hierarquização	–	++	++	++
Distância	–	–	++	++
Zero Absoluto	–	–	–	++

Pode-se constatar que as propriedades são cumulativas. As variáveis mais sofisticadas possuem todas as propriedades daquelas menos sofisticadas.

As possibilidades estatísticas aumentam de acordo com a natureza da variável; as variáveis mais complexas podem ser transformadas naquelas menos complexas. Isso, todavia, não é recomendável, pois se perdem informações.

5.5.5 Níveis de agregação de variáveis

Como mencionado no item 5.4, os objetos de pesquisa podem ser indivíduos assim como entidades coletivas (sistemas sociais). Portanto, também as variáveis pesquisadas podem referir-se a indivíduos ou coletivos, quer dizer, a diferentes níveis de agregação. De acordo com Lazarsfeld e Menzel (1972), as variáveis se diferenciam em:

- *Variáveis individuais*: referem-se a indivíduos como entidade e representam características de cada um deles ou de relações entre eles.
  Exemplos: idade, motivação, renda, posição social, desempenho escolar.
- *Variáveis coletivas*: referem-se a sistemas sociais como entidade. Podem ser derivadas de dados individuais por meio de operações matemáticas mais ou menos complexas (*variáveis analíticas*) ou representar qualidades emergentes de um sistema (*variáveis globais*).
  Exemplos: renda familiar, cultura organizacional, constituição de um país.

Na pesquisa social as relações complexas entre esses dois tipos de variáveis são de grande importância, porque em muitos processos sociais as condições e os parâmetros do contexto social impactam no comportamento dos indivíduos. "As pessoas são influenciadas pelos grupos sociais ou contextos nos quais elas se inserem e as propriedades desses grupos, por sua vez, são influenciadas pelos indivíduos que os compõem" (COELHO JÚNIOR; BORGES-ANDRADE, 2011, p. 112). Nesse sentido, fala-se de **variáveis contextuais** para indicar o efeito do ambiente macro ao comportamento individual.

Essa relação hierárquica entre os níveis macro e micro foi analisada pela primeira vez de forma sistemática pelo sociólogo francês Émile Durkheim (1858-1917) em seu estudo sobre o suicídio (1897). Explicou que existia uma maior taxa de suicídio em países e regiões protestantes em comparação a países e regiões católicas como resultado da menor coesão e integração social no protestantismo. Para ele o catolicismo possui crenças e práticas (regulação moral) que produzem uma melhor integração do indivíduo com a comunidade. Quanto maior a coesão e integração, menor a probabilidade de se cometer suicídio.

Porém, é importante frisar que a existência de relações (item 5.5.7) entre certas características de unidades coletivas (grupos, escolas, países, municípios) não permite concluir que essas relações também existem da mesma forma em nível individual. O estudo de Durkheim foi exposto a críticas nesse sentido. Uma conclusão dos dados produzidos em nível agregado para um comportamento individual pode levar a uma grave falácia ecológica (*ecological fallacy*) (FREEDMAN, 2002).

Exemplo: Para analisar a relação entre *status* social e consumo de drogas, um pesquisador recorre a dados disponíveis em nível de municípios. Na análise dos dados, ele descobre que o consumo de drogas é mais alto nos municípios que apresentam maior proporção de pessoas de alto nível econômico. Portanto, conclui que os indivíduos de renda alta apresentam maior consumo de drogas que as pessoas de renda baixa. Frente aos dados, isso é possível mas não certo, porque não sabemos se o consumo de drogas nos municípios de alto padrão econômico corresponde a pessoas com tal padrão. Pode ser que o maior consumo de drogas se concentre em pessoas de baixa renda que moram nesses municípios.

Esse erro de agregação também se encontra muitas vezes em análises eleitorais. Todas as análises do segundo turno da eleição presidencial no Brasil em 2014 enfatizaram que a candidata do governo ganhou nos estados mais pobres e o candidato da oposição nos estados mais ricos. Os dados mostram que realmente havia uma forte correlação entre o PIB *per capita* das unidades federais e as preferências eleitorais ($r=0.66$). Porém, em nível individual esse fator é de relevância bem menor para a decisão do eleitor, como mostra um estudo de Amaral e Ribeiro (2015, p. 117). Resumindo: "os estudos ecológicos podem proporcionar dicas importantes, no entanto, as conclusões individuais são frágeis. Na base do problema está a confusão e erro de agregação" (FREEDMAN, 2002).

Uma solução para evitar falácias ecológicas são estudos de tipo multinível (*multilevel analysis*). Um dos primeiros estudos desse tipo no campo educacional foi conhecido como Coleman Report (1966), que mostrou de forma convincente os efeitos de variáveis contextuais no desempenho escolar. Não somente características individuais dos alunos (origem social, inteligência, gênero, motivação) influenciam o desempenho escolar, mas também propriedades coletivas como: (1) composição étnica e social das turmas; (2) localização, organização jurídica (público/privado), gestão da escola; e (3) tradições culturais (valorização do papel do professor e da educação por parte da sociedade). O exemplo mostra que um modelo multinível pode incluir mais de dois níveis. Além das características individuais

TEORIAS, CONCEITOS E VARIÁVEIS 95

do aluno impactam as características do alunado, da escola e, em caso de um estudo de cunho internacional, as características institucionais do sistema educacional e os padrões socioculturais de cada país.

A intenção da análise multinível que representa um modelo estatístico mais complexo (PUENTE-PALACIOS; LAROS, 2009) é a decomposição dos efeitos nos diferentes níveis e a análise simultânea das interações múltiplas entre os diferentes níveis (*cross level interaction*).

Para Coelho Júnior e Borges-Andrade (2011, p. 112-113):

> Como os sistemas podem ser observados em diferentes níveis hierárquicos e as variáveis podem ser definidas isoladamente em cada nível, indivíduos e grupos sociais são tratados conceitualmente como um sistema hierárquico em que os mesmos são particularizados em distintos níveis de análise... A modelagem multinível considera que variáveis pertencentes a distintos níveis de análise são capazes de explicar a variabilidade de variáveis critérios associadas. Para tal, torna-se necessário haver um embasamento teórico que sustente os modelos teóricos multiníveis.

Como exemplo no âmbito educacional, podemos citar o estudo de Andrade e Laros (2007), que desenvolveram um modelo multinível para uma análise do desempenho escolar.

5.5.6 A construção de tipologias

Um dos instrumentos metodológicos mais importantes no paradigma quantitativo, assim como no qualitativo, é a construção de tipologias (taxonomias). Estas servem para uma descrição e estruturação do campo de pesquisa e fornecem uma base para desenvolver teorias. Entre os diferentes procedimentos para a construção de tipologias se destacam as formas controladas que combinam variáveis, às vezes denominadas de "dimensões".

No caso mais simples, resultam da combinação de duas variáveis com duas categorias no mínimo, como a conhecida tipologia dos estilos parentais de educação, baseada nas pesquisas de Baumrind (1971):

Quadro 5.3 Tipologia dos estilos parentais de educação

		AFETO/RESPONSIVIDADE	
		baixo	alto
CONTROLE/ EXIGÊNCIA	alto	autoritativo	**autoritário**
	baixo	**indulgente**	negligente

Outro exemplo são os quatro tipos de postura de famílias em situação de desemprego desenvolvidos por Jahoda, Lazarsfeld e Zeisel (1975/1933) em um estudo clássico dos anos trinta do século passado, sendo: (1) vigoroso, (2) resignado, (3) desesperado e (4) apático. Essa tipologia não resultou de uma combinação das categorias de duas variáveis, mas de forma mais intuitiva e heurística usando observações empíricas sobre o estilo de vida cotidiano das famílias, gestão do lar e dos recursos limitados, esperanças para o futuro, atividades etc.

À medida que na construção da tipologia se incorporam mais variáveis e mais categorias por variável, ela torna-se cada vez mais complexa. Exemplo: um estudo pretende classificar os alunos de uma escola referente a três variáveis, cada uma com três valores (baixo, médio, alto). As variáveis são:

- Desempenho escolar.
- Origem socioeconômica.
- Perspectivas para o futuro.

Nesse caso, uma tipologia completa consiste em um total de $3 \times 3 \times 3 = 27$ tipos, o que sugere efetuar uma redução do espaço de propriedades (property-space).

No caso de variáveis métricas, não é possível proceder de forma combinatória com variáveis que possuem muitos valores. Exemplo: um grupo de alunos é submetido a três testes: competências matemáticas, sociais e linguísticas. Se cada teste tem 10 escores, existe um total $10^3 = 1000$ combinações possíveis.

Nesse caso é preciso recorrer a métodos estatísticos complexos de classificação numérica (análise de cluster, escala multidimensional, análise de classes latentes, análise de correspondência), usando funções de distância ou de proximidade entre os objetos com o intuito de identificar grupos (tipos) semelhantes.

5.5.7 Relações entre variáveis

Uma das funções principais da pesquisa consiste na análise das relações entre as variáveis, a qual pode assumir basicamente duas formas:

- análise de associações (relações) entre duas ou mais variáveis;
- análise de dependências entre duas ou mais variáveis.

No primeiro caso, o conjunto de variáveis é analisado de forma simétrica para identificar padrões e estruturas existentes (análise de correlação, análise fatorial, análise canônica, análise log-linear general, análise de configuração, análise de redes).

Já no segundo caso, assume-se que existe uma relação no sentido de que uma ou mais variáveis são impactadas de forma causal por outras de forma direta ou indireta. Para modelar tais relações, é necessário diferenciar entre:

- variáveis independentes (VI);
- variáveis dependentes (VD);
- variáveis intervenientes (mediadoras);
- variáveis moderadoras.

As *variáveis independentes* são as que afetam outras variáveis e podem, mas não precisam, estar relacionadas entre si. Por exemplo, a idade (X_1) e o sexo (X_2) podem influir no desejo do camponês de migrar (Y). Pessoas mais jovens e do sexo masculino estão representadas entre os migrantes. Sem embargo, não existe uma correlação entre sexo e idade.

As *variáveis dependentes* são aquelas afetadas ou explicadas pelas variáveis independentes. No exemplo citado acima, a disposição de migrar (Y) é a variável dependente.

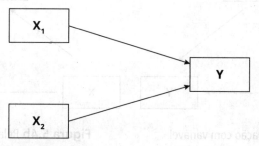

Figura 5.3 Relação de dependência entre variáveis.

Na realidade, a relação entre duas variáveis é muitas vezes afetada por uma ou mais outras variáveis, as denominadas *variáveis intervenientes* ou mediadoras (VM), as quais estão entre as VI e VD.

Exemplo: uma pesquisa sobre a relação entre sexo (X) e salário (Y) revela que mulheres ganham em média menos que os homens, o que é considerado uma forma de discriminação. Porém, sabemos que a renda é fortemente influenciada também pela profissão, e os dados de diversas pesquisas mostram que os homens, comparados com as mulheres, trabalham mais em profissões de um nível mais elevado e portanto ganham mais. Então, o tipo de profissão (M) é nesse caso a variável interveniente, a qual – em parte – explica as diferenças salariais. Mas somente em parte, porque a diferença não desaparece por completo se controlarmos o efeito da profissão, ela somente diminui. Também nos mesmos grupos de profissões as mulheres ganham menos, ou seja: uma parte da diferença é atribuída realmente ao gênero, e uma outra parte ao tipo de profissão. Nesse caso, quando existe um impacto direto da VI (sexo) à VD (salário) e ao mesmo tempo um efeito mediador por um variável interveniente (tipo de profissão), isso se trata de um *modelo mediador parcial* (Figura 5.4a).

Por sua parte, um *modelo mediador total* se caracteriza pelo fato de que o efeito de X a Y desaparece ou se torna insignificante (Figura 5.4b).

Exemplo: em todos os países do mundo ocidental, as mulheres alcançam na escola melhores notas que os homens. A interpretação mais simples é que as jovens são mais inteligentes. Porém, testes de habilidades cognitivas não mostram diferenças significantes entre os sexos. Mas em muitos estudos se encontram evidências empíricas de que os jovens têm menos disposição de se esforçar. Incluindo essa variável como interveniente, a relação original desaparece por completo, ou seja: homens e mulheres com o mesmo nível de esforço têm as mesmas notas escolares. A questão por que os homens têm menos espírito de esforço indica a necessidade de incluir mais outras variáveis no modelo.

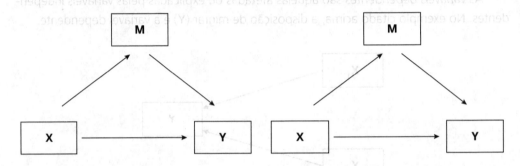

Figura 5.4a Relação com variável mediadora (Modelo mediador parcial).

Figura 5.4b Relação com variável mediadora (Modelo mediador total).

Diferente da variável mediadora, uma variável moderadora tem um efeito na relação entre X e Y no sentido de que ela modifica esse efeito. Isso se manifesta no fato de que a relação entre X e Y é diferente dependendo do valor da mediadora (Figura 5.5). Em termos estatísticos se trata de um efeito de interação.

Exemplo: o impacto negativo do estresse à saúde é moderado por recursos sociais (família, amigos). Em consequência, o efeito do estresse à saúde é mais intenso em pessoas com poucos recursos sociais do que em pessoas com muitos recursos sociais.

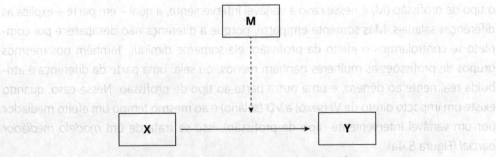

Figura 5.5 Relação com variável moderadora.

Um caso específico a ser mencionado é a "correlação espúria", em que existe uma correlação estatística entre duas variáveis X e Y, a qual é o resultado de uma terceira variável Z que é a causa de ambas. (Figura 5.6).

Exemplo: um médico e um comerciante observam ao longo do ano que, sempre que as vendas de sorvetes aumentam, também aumenta o número de pessoas sofrendo de sufocamento. Evidentemente, essa correlação carece de sentido teórico. Ambas as variáveis são o resultado de uma terceira, ou seja, da temperatura: quanto mais alto o calor, maior é o risco de sufocamento e também o consumo de sorvete.

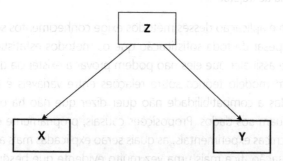

Figura 5.6 Correlação espúria entre variáveis.

Até agora, todas as situações se caracterizaram pelo fato de que os efeitos sempre se manifestaram em uma direção só. Muitas vezes encontramos no campo educacional *feedbacks loops* (negativos ou positivos), cujas variáveis são causas recíprocas uma da outra. Essas relações não recursivas acontecem frequentemente no campo educacional (Figura 5.7).

Exemplo: a atitude do professor impacta a autoestima do aluno e tem efeito no seu desempenho escolar que, por sua parte, influencia em um processo de *feedback* a atitude do professor.

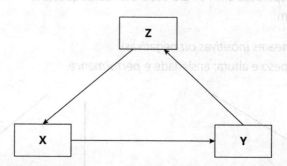

Figura 5.7 Relação entre variáveis com causas recíprocas.

A análise de relações complexas que incluem mais de três variáveis e *loops* exige técnicas estatísticas sofisticadas: análise de regressão e de variância múltipla, análise de trajeto (*path analysis*), logit-análise etc. A seguir se apresenta o diagrama de um modelo simples de trajeto recursivo com efeitos diretos e indiretos.

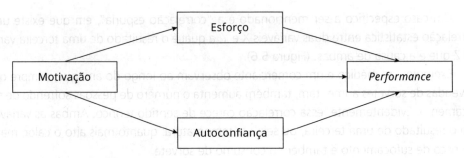

Figura 5.8 Diagrama de trajeto.

A compreensão e aplicação desses métodos exige conhecimentos sólidos de estatística avançada. Porém, apesar de toda sofisticação que os métodos estatísticos avançados oferecem, é importante assinalar que eles não podem provar a existência de uma causalidade, mas somente se um modelo teórico sobre relações entre variáveis é compatível com os dados empíricos. Mas a compatibilidade não quer dizer que não há outros modelos que igualmente se adequam aos dados. Proposições causais, propriamente ditas, exigem como prova métodos e técnicas experimentais, as quais serão explicadas mais adiante (item. 7.3.2).

Face a essa situação, fica mais uma vez muito evidente que pesquisa é um processo iterativo que se desenvolve entre dados empíricos e modelos teóricos, entre indução e dedução, tudo com o objetivo de gerar novos conhecimentos. Nesse sentido, as pesquisas geradoras de teorias, tais como a teoria fundamentada e as pesquisas orientadas a testar teorias, são complementos e não contradições.

5.5.8 Formas de relações entre variáveis

Um outro problema a ser considerado é a forma pela qual se relacionam as variáveis. Dizer que uma variável *X* está relacionada a uma variável *Y* não diz muito. Se *X* muda, que alterações podem ser esperadas em *Y*? Para esclarecer essas questões é necessário analisá-las. Basicamente existem:

- *Relações lineares (positivas ou negativas).*
  Exemplos: peso e altura; ansiedade e *performance*.

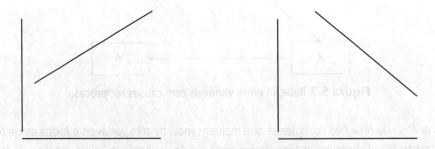

Figura 5.9a Relação entre peso e estatura.   **Figura 5.9b** Relação entre ansiedade e *performance*.

- Relações não lineares, sendo as mais importantes:
  - Quadráticas (concavidade para baixo ou para cima).
  Exemplos: excitação e *performance*; *marketshare* e rentabilidade.

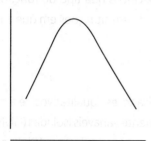

Figura 5.10a Relação entre excitação e *performance*.

Figura 5.10b Relação entre *marketshare* e rentabilidade.

- Exponenciais (crescente ou decrescente).
  Exemplos: crescimento populacional; decaimento radioativo.

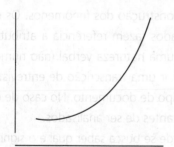
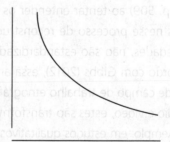

Figura 5.11a Crescimento populacional.

Figura 5.11b Decaimento radioativo.

  - Logarítmicas (crescente ou decrescente).
  Exemplo: gasto educacional e rendimento escolar; número de alunos e gasto fixo.

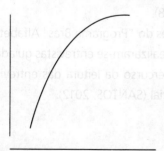
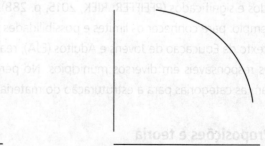
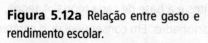

Figura 5.12a Relação entre gasto e rendimento escolar.

Figura 5.12b Relação entre número de alunos e gasto fixo.

Na prática, a grande maioria das pesquisas supõe linearidade, porém, na realidade, relações não lineares, como nos processos de aprendizagem, são muito mais frequentes. Assim, antes de uma análise estatística dos dados, o pesquisador tem que examinar, por exemplo, por meio de gráficos ou testes estatísticos específicos que tipo de função representa adequadamente os dados. A aplicação de linearidade em situações em que a relação das variáveis não é linear leva a conclusões erradas.

5.5.9 Variáveis na pesquisa qualitativa

Uma entre outras características defendidas pelos pesquisadores "qualitativos" é a necessidade de captar a complexidade dos fenômenos e não somente variáveis isoladas (GÜNTHER, 2006, p. 205). Não cabe dúvida de que a realidade humana é complexa, múltipla e interligada, porém, para falar sobre a realidade são necessários conceitos, aspectos, propriedades, variáveis e categorias. Apesar das diferenças da abordagem qualitativa e quantitativa, ambas operam em suas análises concretas com variáveis, talvez definidas com algumas pequenas diferenças.

Em geral, toda pesquisa qualitativa toma "significado como ideia-chave" (TURATO, 2005, p. 509) ao tentar entender os processos de construção dos fenômenos. Os dados usados nesse processo de reconstrução de significados fazem referência a atributos ou propriedades, não são estandardizados e possuem uma natureza verbal (não numérica). De acordo com Gibbs (2012), essa análise pode incluir uma transcrição de entrevistas ou notas de campo de trabalho etnográfico ou algum tipo de documento. No caso de dados de áudio e vídeo, estes são transformados em texto antes de ser analisados.

Exemplo: em estudos qualitativos na área de saúde se busca saber qual é o significado individual ou coletivo de uma doença (TURATO, 2005, p. 509). Sem dúvida, diferentes pessoas têm distintas percepções, vivências e representações referentes a suas doenças. Trata-se de variáveis, não obstante se o pesquisador usa esse termo ou outros (dimensões, categorias).

Em procedimentos categorizantes (*análise de conteúdo, teoria fundamentada*), procura-se a construção de um sistema categorial para estruturar o material referente aos conteúdos e significados (PFEIFFER; RIEK, 2015, p. 288).

Exemplo: para conhecer os limites e possibilidades do "Programa Brasil Alfabetizado" no contexto da Educação de Jovens e Adultos (EJA), realizaram-se entrevistas guiadas com gestores responsáveis em diversos municípios. No percurso da leitura das entrevistas se formaram as categorias para a estruturação do material (SANTOS, 2012).

5.6 Proposições e teoria

Como foi exposto acima, a construção dos conceitos é a base de cada teoria. A teoria, por sua parte, é um conjunto de proposições inter-relacionadas. Em consequência, o caráter de uma teoria depende da estrutura das suas proposições. As proposições empíricas podem ser classificadas em:

- Proposições singulares: expressam um fato concreto em um determinado momento e espaço.
  Exemplo: em julho de 2014 o Brasil tinha 204.450.649 habitantes.

- Proposições universais: expressam fatos e relações que existem independentemente do tempo e do espaço.
  Exemplo: em todas as sociedades existem classes sociais.

- Proposições determinísticas: são válidas para todos os elementos de um determinado conjunto.
  Exemplo: lei da gravitação universal de Newton.

- Proposições probabilísticas: são válidas com uma certa probabilidade para os elementos de um determinado conjunto.
  Exemplo: frustração aumenta a probabilidade de um comportamento agressivo.

Para proposições universais-determinísticas costuma-se utilizar o termo *"lei científica"*, que estabelece uma relação causal única, universal e invariável entre dois ou mais fenômenos. Leis inter-relacionadas, empiricamente testáveis, são os componentes elementais de teorias. No âmbito dos pesquisadores, um assunto muito discutido é a possibilidade de estabelecer nas Ciências Sociais leis gerais e precisas da mesma maneira que acontece nas Ciências Naturais.

Os fenômenos nas Ciências Sociais (Sociologia, Economia, Psicologia etc.) são complexos e com causalidades variadas, e causas idênticas nem sempre têm os mesmos efeitos. Prognósticos referentes ao comportamento de pessoas são incertos devido à reatividade deles. Por isso dificilmente encontramos uma lei científica *stricto sensu* nas Ciências Sociais.

Frente a essa problemática, Albert (1965) introduziu o conceito de *"quase lei"*, significando que a validez da lei é limitada a certas épocas históricas (p. ex.: a sociedade capitalista), certas culturas (p. ex.: a cultura ocidental) e/ou tem caráter probabilístico, não sendo apropriada para todos os elementos (p. ex.: aumentando o nível educacional, via de regra, aumenta a renda, mas também há pessoas com pouca escolaridade que ganham mais que outras pessoas com formação acadêmica. Trata-se de uma relação probabilística porque a probabilidade de ter uma renda alta é maior em pessoas com alta escolaridade).

Com essa relativização modifica-se também o conceito clássico de explicação. A função da teoria consiste na explicação e no prognóstico de fenômenos. Assim, no modelo dedutivo-nomológico (HEMPEL; OPPENHEIM, 1948), explicar um fenômeno significa deduzi-lo a partir de condições iniciais e de leis, de acordo com o esquema seguinte:

Leis (L_1, ..., L_n)	
Condições (C_1, ..., C_n)	*Explanandum*

Acontecimento (A)	*Explanans*

Exemplo:

L: O desempenho econômico de um país depende da produtividade total dos fatores

C: A produtividade total dos fatores é maior no país A do que no país B

A: O desempenho econômico no país A é maior do que no país B

Essa lei econômica básica também é do tipo probabilística, ou seja: na grande maioria dos casos, uma maior produtividade é realmente a fonte principal de bem-estar de uma nação, porém existem também exceções.

Essas limitações não significam que é inútil e desnecessário procurar regularidades empíricas, padrões, relações causais ou tendências gerais que permitam simular possíveis efeitos, por exemplo, nos processos de aprendizagem escolar ou na área da política educacional. Porém, é importante que os pesquisadores desistam de uma visão mecanicista dos processos sociais, determinados por causalidades simples e resultados previsíveis. **Os resultados das pesquisas na área social não são "verdades", mas "probabilidades".**

Finalmente, é necessário esclarecer o conceito de "modelo", usado às vezes como sinônimo de teoria. Em termos gerais, um modelo é uma representação abstrata, muitas vezes simplificada, de uma realidade complexa, que pode ser feita de forma gráfica, material, visual ou conceitual, sempre com o intuito de analisar, descrever, explicar, simular e prever fenômenos ou processos.

Por exemplo, com certas condições é possível modelar a realidade de forma matemática. Um modelo matemático é um tipo de modelo científico que faz uso de equações para exprimir relações entre variáveis, parâmetros, entidades ou operações. Um modelo desse tipo permite uma maior precisão, mas existem limites de matematização de variáveis e suas relações no mundo social e cultural.

Exemplo: a Teoria de Capital Humano relaciona a renda do indivíduo ao seu nível de educação e experiência. Essa relação foi formalizada por Mincer (1974) com seguinte equação apresentada a seguir de forma simplificada:

$$ln\ Y = \beta_0 + \beta_1 S + \beta_2 E + \beta_3 E^2$$

Sendo: Y: renda; S: anos de escolaridade; E: anos de experiência laboral.

Segundo Pilati e Laros (2007), a análise de trajeto (*path analysis*) e os modelos de equações estruturais (*structural equation models*) são as técnicas mais utilizadas para estudar modelos de relações lineares mais complexas.

6

FORMULAÇÃO DE HIPÓTESES

6.1 Considerações preliminares

Dois aspectos importantes na pesquisa social são: a formulação e o teste das hipóteses. Geralmente, o pesquisador está interessado em procurar soluções para o problema de investigação formulado. Observa os fatos e busca explicar sua ocorrência, baseado em determinadas teorias. Uma função importante das hipóteses é a determinação da adequação dessas teorias como fundamentos explicativos.

As hipóteses podem ser definidas como soluções tentativas, previamente selecionadas, do problema de pesquisa. Permitirão orientar a análise dos dados no sentido de aceitar ou rejeitar soluções tentativas.

Na definição de hipóteses, pode-se observar a estreita relação entre estas e a formulação do problema. Sem embargo, deve-se salientar que nem todos os tipos de pesquisa requerem hipóteses. Nos planos explicativos, em que o pesquisador deseja conhecer ou levantar aspectos gerais de um tema, e nos planos descritivos, que pretendem aprofundar aspectos de um fenômeno, não se precisa de hipóteses. Os estudos de tipo explicativo que tentam determinar os fatores ou motivos que influem em determinados acontecimentos, que pretendem analisar relações entre fenômenos ou que, simplesmente, procurem determinar a existência de certa característica precisam de hipóteses.

Em termos gerais, a formulação de hipóteses é o passo seguinte à delimitação do problema em estudo. Logicamente, a delimitação não antecipa nada sobre a resposta do problema; se antecipasse, não seria um problema de pesquisa. Mas, uma vez determinado o problema, o pesquisador enfrenta uma variedade de possíveis respostas, desconhecendo qual é a mais adequada. Considerando que o processo de pesquisa consiste em saber se determinada resposta a um problema se ajusta ou não à realidade ou se é confirmada pelos fatos, o pesquisador não pode empreender a busca sem, previamente, procurar algum tipo de orientação. Após delimitar o que pesquisar, deve perguntar-se quais são as possíveis respostas ao problema, escolher as que lhe parecem as mais adequadas ou possíveis, a fim de proceder a seu teste, utilizando a informação coletada. Essas possíveis respostas são as hipóteses da pesquisa. Portanto, as hipóteses representam maior especialização do fenômeno, detalhando os objetivos da pesquisa e orientando a procura da explicação para o problema pesquisado. Das hipóteses derivam as variáveis estudadas. Nelas se fundamentam as informações coletadas, os métodos utilizados e a análise dos dados. Além disso, como se menciona nos capítulos referentes à elaboração de questionários e entrevistas, as perguntas incluídas devem referir-se às hipóteses, explicativas ou implícitas, da pesquisa.

Exemplo 1:

Em uma entrevista eleitoral, feita para avaliar as possibilidades de recondução de senadores que terminaram seus mandatos, o entrevistador mostra um retrato de um senador da região e pergunta:

– Você conhece este senhor?

( ) Sim   ( ) Não

A hipótese implícita refere-se ao conhecimento visual do senador como indicador de sua popularidade e de suas atividades no Congresso Nacional.

Exemplo 2:

Em uma pesquisa sobre fatores determinantes do êxodo rural-urbano, deseja-se conhecer a situação do camponês enquanto proprietário agrícola. Pergunta-se:

– O senhor possui terra?

( ) Sim   ( ) Não

Em caso afirmativo:

– Quantos hectares?

A hipótese implícita nessa pergunta refere-se à posse de terra como fator de fixação do homem no campo. Mas a dita fixação está relacionada ao tamanho da propriedade agrícola: quanto maior a extensão, maior será o desejo de permanecer no campo. Como distinguir uma hipótese de uma afirmação factual? A distinção depende do conhecimento do pesquisador. Se se sabe que a afirmação é verdadeira, ela deixa de ser uma hipótese, é um fato. Se não há certeza de sua veracidade, é uma hipótese.

Exemplo 3:

Um pesquisador deseja estudar a relação entre anos de escolaridade e número de filhos. Pensa que as pessoas com menos anos de escolaridade têm mais filhos que aqueles

FORMULAÇÃO DE HIPÓTESES 107

com mais anos de escolaridade. Se esse pesquisador revisa as estatísticas educacionais e elas confirmam sua ideia, ela deixa de ser uma hipótese e passa a ser um fato.

A seguir, apresentam-se algumas hipóteses:

1. Os ciganos não se **interessam** pela política.
2. Menos de 20% dos alunos que **ingressam** em Medicina, na USP, **concluem seus estudos**.
3. As mulheres são mais **conservadoras** que os homens.
4. A **renda** média dos operários de Belo Horizonte é de três salários mínimos.
5. O **número de crimes** aumenta quando aumenta o **custo de vida** em uma cidade.
6. O **desejo de migrar** depende das **aspirações e expectativas educacionais**.

Assim, é possível formular inúmeras hipóteses. Não existem restrições, mas é preciso respeitar os requisitos para sua formulação.

6.2 Que são hipóteses?

Uma hipótese corresponde em sua estrutura lógica a uma proposição teórica com a única diferença de que ela ainda não foi confirmada suficientemente e, portanto, é aceita somente de forma provisória como ponto de partida de uma investigação. É uma suposição de que, em caso de confirmação, transforma-se em componente de uma teoria científica, mas se ela é refutada, transforma-se em um contra-argumento.

No processo de geração de novos conhecimentos científicos, as hipóteses representam o momento dinâmico e inovador, uma vez que elas contêm novos elementos ou se referem a fenômenos ainda não pesquisados. Sem novas hipóteses não há progresso científico. Nesse sentido, todas as hipóteses são soluções ou respostas tentativas para o problema da pesquisa, as quais serão testadas no processo da pesquisa. Elas ajudam a estruturar e focar a escolha do instrumento, a coleta de dados e o processo de pesquisa em geral. A seguir se apresentam alguns exemplos:

- O número de filhos diminui com o nível escolar dos pais.
- O clima organizacional influencia a satisfação dos empregados.
- O câmbio climático é de origem antropogênica.

Geralmente, o pesquisador acredita que suas hipóteses são verdadeiras e fica de certo modo decepcionado em caso contrário. Portanto, é importante salientar que, em termos científicos, a rejeição de uma hipótese é tão relevante quanto a sua confirmação, porque, muitas vezes, resultados negativos também permitem conclusões importantes, como os exemplos mencionados acima demostram.

Em pesquisas complexas e abrangentes é recomendável trabalhar com uma hipótese geral que é decomposta em várias sub-hipóteses. Um exemplo de uma hipótese geral a ser subdividida em sub-hipóteses: a utilização de modernas tecnologias móveis de informação e comunicação (TIC) melhora os resultados de aprendizagem dos alunos na sala de aula.

Finalmente deve-se mencionar que nem todos os tipos de pesquisa requerem hipóteses explícitas. Em pesquisas exploratórias, nas quais existem poucos conhecimentos sobre os fenômenos em estudo, nos planos puramente descritivos (*surveys*) e em estudos qualitativos que enfatizam os princípios de flexibilidade, sensibilidade e abertura, o uso de hipóteses *ex ante*, via de regra, não corresponde ao estilo e aos objetivos desse tipo de pesquisa. Porém, elas podem ser o resultado do processo de pesquisa (*hipoteses generating research*).

6.3 Requisitos de hipóteses

Para poder cumprir sua função dentro do processo de pesquisa, as hipóteses têm que se apropriar de certos requisitos. Antes de mais nada, elas devem seguir a lógica formal, ou seja, não conter contradições. Os outros requisitos básicos são listados a seguir:

- **Escrita em linguagem clara, precisa e inequívoca**, expressando exatamente do que se trata.
  Errado: A crise econômica leva às empresas a desenvolverem políticas de contenção de pessoal.
  Correto: A queda na produção industrial impacta o número de demissões das empresas.
- **Sujeita à negação:** uma hipótese deve poder ser testada empiricamente e poder ser negada em caso dado.
  Errado: As pessoas que ajudam regularmente aos próximos estão na graça de Deus, e os outros, não.
  Correto: Pessoas que creem em Deus estão mais dispostas a ajudar aos próximos do que as ateístas.
- **Evitar enunciados vazios** que são tão gerais ou vagos que carecem de conteúdo informacional sempre verdadeiro, uma estratégia típica em discursos políticos.
  Errado: Talvez no próximo ano a economia vai crescer novamente.
  Correto: No próximo ano a economia vai crescer entre 1 e 2 por cento.
- **Evitar enunciados morais** ou valorativos, porque eles dependem do sistema valorativo de cada indivíduo.
  Errado: Os maus professores devem ser expulsos das escolas porque eles são a causa do mau desempenho escolar dos alunos.
  Correto: A qualidade dos professores é um fator central para o desempenho dos alunos na escola.

Se os conceitos (as variáveis) usadas nas hipóteses têm que ser mensuráveis (paradigma quantitativo) para serem verificados, ou se as hipóteses podem assumir também uma forma não mensurável (paradigma qualitativo), isso consiste em um dos tópicos mais controvertidos na discussão atual entre as diferentes correntes epistemológicas.

6.4 De onde vêm as hipóteses?

Falando de hipóteses, surge inevitavelmente a questão referente a sua origem. Em uma perspectiva dedutiva, elas se derivam de teorias existentes.

Exemplo: da teoria neoclássica de crescimento econômico se pode deduzir a hipótese de que, quanto maior o investimento de um país em educação, maior será seu crescimento no futuro.

Uma extensão representa o conhecido modelo hipotético-dedutivo de Bochenski (1993), que integra componentes dedutivos e indutivos.

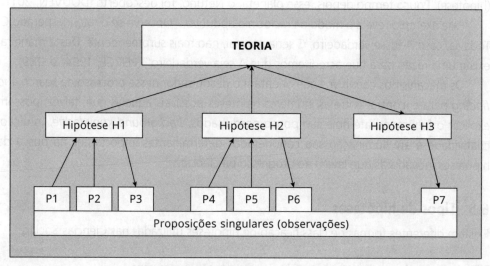

Figura 6.1 Diagrama do modelo hipotético-dedutivo.

Caso não existam ainda teorias consolidadas referentes a um determinado campo que permitam uma **dedução** de hipóteses, torna-se necessário em um primeiro passo a geração de novas hipóteses. Nesse processo, sem dúvida, intuição, inspiração, criatividade e ideias geniais são consideradas fatores impactantes.

Uma estratégia mais objetiva e sistemática para gerar novas hipóteses é a conhecida *grounded theory* de Glaser e Strauss (1967), que analisa os dados por meio de um procedimento denominado *theoretical coding* para desenvolver dessa forma hipóteses baseadas nos pronunciamentos dos sujeitos no percurso de pesquisas exploratórias. Em termos de lógica se trata de um processo de **indução,** cujo resultados, evidentemente, precisam ser testados mais adiante.

CAPÍTULO 6

Vale mencionar que, com a evolução das tecnologias informáticas, começaram a ser desenvolvidos *softwares* específicos para a geração automática de hipóteses (*automated hypothesis generation software*), que podem se tornar instrumentos úteis para o pesquisador (SPANGLER et al., 2014).

Além de dedução e indução, existe uma terceira forma para estabelecer hipóteses, a **abdução**, concebida pelo filósofo norte-americano Charles S. Peirce (1839-1914). A inferência abdutiva se caracteriza pela conclusão da regra ao resultado, do efeito conhecido às causas desconhecidas (DOUVEN, 2011). Seu ponto de partida é o surgimento de fenômenos desconhecidos, inexplicáveis, ou não compatíveis com teorias existentes.

Exemplo: no início do século XIX descobriu-se que a órbita do planeta Urano desviou-se da previsão na base da teoria da gravidade de Newton. Uma explicação teria sido que a teoria de Newton é falsa. Dois astrônomos (John Couch Adams e Urbain Leverrier), em vez disso, sugeriram que existe mais um planeta no sistema solar até agora desconhecido (hipótese). Pouco tempo depois, esse planeta, o Netuno, foi descoberto (DOUVEN, 2011).

Esse exemplo revela o modo de raciocínio abdutivo: "Observa-se o fato inesperado C. Todavia, caso A fosse verdadeiro, C seria normal, não mais surpreendente. Desta maneira, existe uma razão para que acreditemos que A seja verdadeiro" (PEIRCE, 1994, p. 189).

Os mecanismos cognitivos que orientam o pesquisador nesse processo de *search and finding* para encontrar entre as inúmeras hipóteses possíveis aquelas que, talvez, possam explicar o fenômeno até hoje são pouco pesquisados. *Background knowledge,* intuição, criatividade e até iluminação são considerados determinantes importantes na busca de hipóteses inovadoras que levam ao progresso da ciência.

6.5 Tipos de hipóteses

Existem diferentes formas de classificação de hipóteses utilizadas nas Ciências Sociais.

6.5.1 Segundo o número de variáveis e a relação entre elas

- Hipótese com uma variável (singular);
- hipótese com duas ou mais variáveis e uma relação de associação;
- hipótese com duas ou mais variáveis e uma relação de causalidade ou dependência.

6.5.1.1 Hipótese singular

Enunciados que postulam um comportamento de uma única variável em um determinado contexto.

Exemplos:
Menos de 20% dos alunos que ingressam no Brasil em Medicina concluem o curso.
Os jovens não se interessam pela política.

6.5.1.2 Hipótese de associação

Enunciados que implicam diversos tipos de relações entre duas ou mais variáveis sem incluir uma causalidade.

Exemplos:

Alunos que apresentam bom desempenho em Matemática também apresentam um bom desempenho em Português.

Pessoas com alta autoconfiança têm menos medo em situações de estresse do que pessoas com baixa autoconfiança.

6.5.1.3 Hipótese de causalidade

Enunciados que postulam a influência (impacto) de uma ou mais variáveis independentes (*quantitavis* ou categóricas) a uma ou mais variáveis dependentes. Trata-se de proposições do tipo "se A, então B" respectivamente, "quanto maior A, maior (menor) B".

Exemplos:

Se uma pessoa sofre frustração, então ela reage com agressão.

Quanto maior o nível educacional, maior a renda pessoal.

O medicamento X é mais eficiente contra dor de cabeça do que o medicamento Z.

6.5.1.4 Hipóteses de tendência (*trend*)

Enunciados que se referem à direção do movimento de uma ou mais variáveis ao longo do tempo.

Exemplos:

O número de concluintes do Ensino Médio diminuirá nos próximos quatro anos.

A população mundial vai crescer até 2020 a 7,7 bilhões de pessoas.

6.5.2 Segundo a natureza das hipóteses

- Hipóteses de pesquisa;
- hipóteses de nulidade;
- hipóteses estatísticas:
  - o hipóteses estatísticas de diferenças;
  - o hipóteses estatísticas de associação;
  - o hipóteses estatísticas de estimação de ponto.

6.5.2.1 Hipóteses de pesquisa

As hipóteses formuladas com base em marco referencial elaborado pelo pesquisador denominam-se **hipóteses de pesquisa** ou hipóteses de trabalho. Geralmente, o pesquisador acredita que suas hipóteses são verdadeiras, na medida em que derivam de uma teoria adequada.

Como já foi visto, as hipóteses são afirmações que devem ser testadas empiricamente. O teste significa submeter a hipótese à confirmação ou à rejeição. Por exemplo, para testar a hipótese "a renda mensal média dos operários de Belo Horizonte é de três salários mínimos", pode-se escolher uma amostra representativa dos operários de BH, trabalhar com dados estatísticos do censo ou da Secretaria do Trabalho de Minas Gerais.

Se a análise dos dados indica que a renda média está próxima dos três salários mínimos, confirma-se a hipótese. Se a renda média é muito mais alta ou mais baixa, a hipótese é rejeitada.

Nas páginas seguintes analisar-se-ão alguns procedimentos para o teste de hipóteses.

6.5.2.2 Hipóteses de nulidade

Em certo sentido, as hipóteses de nulidade são o inverso das hipóteses de pesquisa. Também são asserções sobre os fenômenos sociais, mas servem para rejeitar ou negar as colocações de hipóteses de pesquisa. Seguindo o exemplo referido, o pesquisador pode formular sua hipótese nos termos já indicados, "a renda mensal média dos operários de Belo Horizonte é de três salários mínimos", ou pode formulá-la como hipótese de nulidade, utilizando-a para avaliar a precisão da hipótese de pesquisa.

A hipótese de nulidade seria a seguinte: "a renda mensal média dos operários de Belo Horizonte não é de três salários mínimos". Logicamente, se o pesquisador comprova que a renda mensal média se aproxima de três salários mínimos, ele pode rejeitar a hipótese de nulidade, aceitando a hipótese de pesquisa: a renda mensal média é de três salários mínimos.

Cabe insistir que a hipótese de nulidade é o inverso, ou contrário, da hipótese de pesquisa. No exemplo anterior, a hipótese de nulidade nega que a renda média seja de três salários mínimos; não se oferecem outras possibilidades: quatro, cinco ou mais salários mínimos. Apenas se afirma a situação contrária da hipótese de pesquisa.

- *Por que são necessárias as hipóteses de nulidade?*

  Existem, pelo menos, dois motivos para insistir no uso de hipóteses de nulidade:

1. **É mais fácil provar a falsidade de algo que sua veracidade**. Por exemplo, em um processo criminal, a defesa pode argumentar muito e apresentar muitas provas para assegurar a inocência do réu; basta ao promotor comprovar a falsidade de uma das provas para que todo o argumento da defesa seja debilitado e até invalidado.

2. **Uso da teoria das probabilidades**. De acordo com a teoria das probabilidades, as hipóteses podem ser verdadeiras ou falsas. Portanto, a hipótese de nulidade é

FORMULAÇÃO DE HIPÓTESES 113

um resultado possível da observação de um fenômeno que pode ser verificado estatisticamente.

Cabe destacar que nem a hipótese de pesquisa nem a hipótese de nulidade são absolutamente verdadeiras ou falsas. A falsidade ou veracidade delas é estatisticamente possível.

6.5.2.3 Hipóteses estatísticas

São hipóteses de pesquisa formuladas em termos estatísticos, o que permite que sejam testadas utilizando as diversas técnicas estatísticas disponíveis. Nesse tipo de hipótese, a informação sobre pessoas ou coisas é reduzida a termos quantitativos.

Exemplo: suponha que um pesquisador esteja interessado em analisar as características conservadoras de homens e mulheres. Hipotetiza que "as mulheres são mais conservadoras que os homens". Para testar a hipótese de pesquisa, formula uma hipótese de nulidade: "Homens e mulheres não se diferenciam no grau de conservadorismo", ou "Os homens são mais conservadores que as mulheres".

Para testar a hipótese, o pesquisador deve operacionalizar a variável "conservadorismo", isto é, procurar medidas quantificáveis da variável. Por exemplo, uma escala de atitudes relacionada com o conceito em questão. Uma vez elaborada a escala, o dito pesquisador deve escolher uma amostra de homens e mulheres à qual vai aplicá-la. Obtida a informação, calculam-se as médias de ambos os grupos e comparam-se os resultados. Assim, as hipóteses de pesquisa e de nulidade são transformadas em uma hipótese estatística que pode ser testada numericamente.

As hipóteses estatísticas são utilizadas nos casos seguintes:

- o diferenças entre dois ou mais grupos em relação a uma ou mais características;
- o associação entre duas ou mais variáveis em um grupo ou entre vários grupos;
- o estimação de ponto das características de uma amostra ou população.

- *Hipóteses estatísticas de diferenças*

    As hipóteses estatísticas de diferenças de médias, aplicáveis a variáveis intervalares entre dois grupos X_1 e X_2, podem ser representadas simbolicamente:

    Grupo X_1 : $\bar{x}_1$ (média do grupo 1) H_0 : $\bar{x}_1 \equiv x_2$
    Grupo X_2 : $\bar{x}_2$ (média do grupo 2) H_1 : $\bar{x}_1 \neq x_2$

H_0 representa a hipótese de nulidade: "a média de ambos os grupos é a mesma" ou, em outras palavras, "não existe diferença entre a média do grupo X_1 e a média do grupo X_2". H_1, chamada hipótese alternativa, representa a hipótese de pesquisa. Nesse caso: "A média de ambos os grupos difere".

CAPÍTULO 6

Cabe notar que as hipóteses mencionadas não expressam que o grupo X_1 é mais conservador que o grupo X_2, apenas fazem referência a diferenças entre ambos os grupos. Se o pesquisador deseja testar a hipótese original, "as mulheres são mais conservadoras que os homens", a formulação estatística é diferente:

$H_0 : \bar{x}_1 < \bar{x}_2$ $\bar{x}_1$: média das mulheres
$H_1 : \bar{x}_1 > \bar{x}_2$ $\bar{x}_2$: média dos homens

O símbolo < significa "menor ou igual que"; o símbolo > significa "maior que". Assim, a hipótese de nulidade expressa que a média do grupo X_1 (mulheres) é menor ou igual à média do grupo X_2 (homens). A hipótese alternativa expressa que a média do grupo X_1 é maior que a média do grupo X_2.

Portanto, o pesquisador deve formular corretamente as hipóteses estatísticas para que estas possam ser testadas adequadamente.

Em geral, as hipóteses estatísticas de diferenças entre grupos devem ser utilizadas sempre que o pesquisador deseja comparar grupos entre si e trabalha com variáveis intervalares.

- *Hipóteses estatísticas de associação*

As hipóteses de associação especificam a relação entre duas ou mais variáveis. Por exemplo, um pesquisador pode estar interessado em comparar a relação entre anos de escolaridade e renda mensal ou entre nível de aspirações e êxito profissional. Nesses casos, as hipóteses de associação são bivariadas: incluem só duas variáveis. Sem embargo, o pesquisador pode estar interessado em comprovar a relação que existe entre renda mensal, ocupação, nível de aspiração e educação, ou entre produção agrícola, tamanho do estabelecimento, valor da terra e uso de fertilizantes. Nesses últimos dois casos, as hipóteses são multivariadas, e interessa analisar a covariância entre elas (variação conjunta das variáveis).

A associação entre duas ou mais variáveis, expressa em grau de associação, quantifica-se por meio dos coeficientes de associação (qui-quadrado, contingência, correlação, coeficiente de Yule, coeficiente de Cramer etc.). Os coeficientes variam entre − 1,00 e + 1,00. Um coeficiente de + 1,00 representa uma relação perfeita entre duas ou mais variáveis, como, por exemplo, a lei da oferta e da procura de produtos no mercado. A oferta cresce à medida que aumenta o preço do produto. Se há um aumento "X" no preço de um produto e ocorre correspondente aumento equivalente na oferta do produto, temos uma associação positiva perfeita (Figura 6.2).

Em relação à procura dos produtos no mercado, à medida que aumenta o preço de um produto, diminui a quantidade procurada; temos assim uma associação negativa (Figura 6.3).

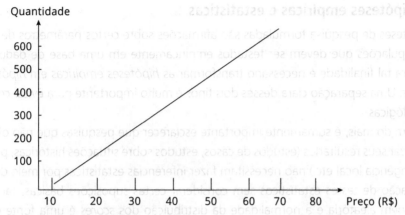

Figura 6.2 Associação positiva perfeita entre preço e oferta de um produto.

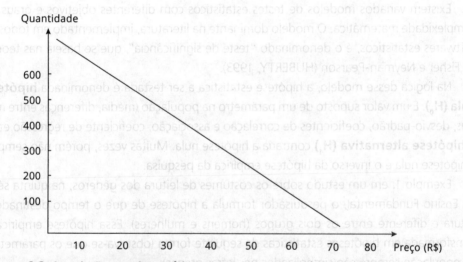

Figura 6.3 Associação negativa perfeita entre preço e procura de um produto.

Assim, a relação entre duas variáveis é positiva quando o aumento de uma está relacionado ao aumento da outra. A relação é negativa quando o aumento de uma está relacionado ao decréscimo da outra variável.

Quadro 6.1 Relação entre hipóteses de pesquisa, de nulidade e estatísticas

H_1	H_0	H_1 e H_0
HIPÓTESE DE PESQUISA	HIPÓTESE DE NULIDADE	HIPÓTESES ESTATÍSTICAS
As rendas mensais de operários e operárias, nas mesmas funções e nas mesmas empresas, são diferentes. (Deriva do marco referencial do pesquisador)	A renda mensal de ambos os grupos não difere. (Refere-se à hipótese de pesquisa)	$H_0: \bar{x}_1 = \bar{x}_2$ $H_1: \bar{x}_1 \neq \bar{x}_2$ Se a hipótese de nulidade (H_0) é rejeitada, aceita-se a hipótese alternativa (H_1), confirmando-se a hipótese de pesquisa.

6.6 Hipóteses empíricas e estatísticas

As hipóteses de pesquisa formuladas são afirmações sobre certos parâmetros de uma ou mais populações que devem ser testados empiricamente em uma base de dados amostrais. Para tal finalidade é necessário transformar as *hipóteses empíricas* em *hipóteses estatísticas*. Uma separação clara desses dois tipos é muito importante para evitar confusões metodológicas.

Além do mais, é sumamente importante esclarecer que pesquisas que não objetivam generalizar seus resultados (estudos de casos, estudos sobre situações históricas, pesquisas de abrangência local etc.) não necessitam fazer inferências estatísticas por meio de testes. A realização de testes estatísticos sem considerar certas suposições básicas, tal como a amostragem aleatória e a normalidade da distribuição dos *scores* é uma fonte de erros estatísticos e conclusões duvidosas.

Existem variados modelos de testes estatísticos com diferentes objetivos e graus de complexidade matemática. O modelo dominante na literatura, implementado em todos os softwares estatísticos, é o denominado "teste de significância", que se baseia nas teorias de Fisher e Neyman-Pearson (HUBERTY, 1993).

Na lógica desse modelo, a hipótese estatística a ser testada é denominada **hipótese nula (H_0)**. É um valor suposto de um parâmetro na população (média, diferenças entre médias, desvio-padrão, coeficientes de correlação e associação, coeficiente de regressão etc.). A **hipótese alternativa (H_1)** contraria a hipótese nula. Muitas vezes, porém não sempre, a hipótese nula é o inverso da hipótese empírica da pesquisa.

Exemplo 1: em um estudo sobre os costumes de leitura dos gêneros, na quinta série do Ensino Fundamental, o pesquisador formula a hipótese de que o tempo destinado à leitura é diferente entre os dois grupos (homens e mulheres). Essa hipótese empírica é transformada em hipóteses estatísticas da seguinte forma (observa-se que os parâmetros da população sempre são simbolizados por letras gregas):

H_0: $\mu_1 = \mu_2$, ou seja, a média do grupo 1 (alunas) é igual à média do grupo 2 (alunos)
H_1: $\mu_1 \neq \mu_2$, ou seja, a média do grupo 1 (alunas) é diferente da média do grupo 2 (alunos)

O teste, nesse caso, é *bicaudal* porque faz apenas referência a uma diferença entre ambos os grupos sem indicar uma direção. Se a hipótese fosse a de que as meninas dedicam *mais* tempo à leitura do que os meninos, a formulação estatística da H_1 seria diferente (teste *unicaudal*):

H_0: $\mu_1 = \mu_2$, ou seja, a média do grupo 1 (alunas) é igual à média do grupo 2 (alunos)
H_1: $\mu_1 > \mu_2$, ou seja, a média do grupo 1 (alunas) é maior do que a média do grupo 2 (alunos)

FORMULAÇÃO DE HIPÓTESES 117

Se um teste bicaudal ou unicaudal é adequado, isso depende da existência de conhecimentos prévios referentes à direção da diferença. Portanto, uma formulação correta das hipóteses estatísticas é fundamental para um teste adequado.

Todos os demais testes de significância (associação, média, proporção, coeficientes de regressão etc.) funcionam de mesma forma.

Exemplo 2: em um estudo sobre a relação entre massa corporal e hábitos alimentares no Brasil, as hipóteses estatísticas para o teste bicaudal são:

H_0: $\rho = 0$ (não existe uma correlação entre as duas variáveis)
H_1: $\rho \neq 0$ (existe uma correlação entre as duas variáveis)

Exemplo 3: uma loja compra um grande lote de caixas de chocolate, sendo que cada uma deve pesar 1 kg. O comprador deseja verificar por meio de uma amostra de 20 caixas se o peso médio é eventualmente inferior a 1 kg. Se for superior, isso não preocupa o comprador. Portanto, o teste será unicaudal:

H_0: $\mu = 1$ (a média das caixas do lote é de 1 kg)
H_1: $\mu < 1$ (a média das caixas do lote é menor que 1 kg)

A questão crucial nesse procedimento é obviamente a definição de uma regra a fim de se tomar uma decisão entre H_0 e H_1. Em outras palavras: a partir de qual diferença entre as duas médias (Exemplo 1) se pode rejeitar H_0 e respectivamente aceitar H_1? A partir de qual magnitude do coeficiente de correlação se deve rejeitar H_0 e respectivamente aceitar H_1 (Exemplo 2)? A partir de que peso médio o comprador deve rejeitar o lote (Exemplo 3)?

Para poder dar uma resposta satisfatória a essa questão, seria necessário introduzir *os princípios da estatística inferencial* (YOUNG; SMITH, 2005) e *seus conceitos básicos* (distribuição amostral, intervalos de confiança, margem de erro, nível de significância), o que não faz parte dessa introdução. Portanto, limitamo-nos à ideia fundamental desse tipo de teste, que consiste em rejeitar a H_0 se o resultado da amostra for muito improvável de ocorrer quando a hipótese for verdadeira. Essa probabilidade de errar na rejeição da H_0 é denominado nível de significância e fixado via de regra em 5% ou 1%.

Devido às frequentes mal interpretações do teste da significância em muitas pesquisas, é importante sublinhar que um resultado positivo significa somente que a hipótese nula, em vista dos dados da amostra, foi rejeitada com uma determinada probabilidade de erro *p*. A probabilidade de que a hipótese alternativa esteja correta *(test power)* é desconhecida, assim como a probabilidade de erro no caso em que se aceita H_0. Esse problema se resolve somente por meio de uma definição de um valor específico de ponto da H_1, p. ex.:

H_0: $\rho = 0$ (não existe uma correlação entre as duas variáveis)
H_1: $\rho = 0,4$ (existe uma correlação de 0,4 entre as duas variáveis)

Esse modelo já vai um passo além do modelo simples do teste de significância e permite calcular a probabilidade de aceitar uma hipótese alternativa verdadeira (*test power*). Adicionalmente é recomendável considerar não somente a significância, mas também o tamanho do efeito (*effect size*), ou seja, a magnitude ou importância de uma diferença entre médias ou uma correlação entre variáveis (ESPIRITO-SANTO; DANIEL, 2015).

6.7 Qualidade das hipóteses

A adequação ou inadequação de uma hipótese depende das características do marco teórico do qual ela deriva.

Suponham-se as seguintes hipóteses:

1. X e Y estão associados entre si (ou existe associação entre a variável X e a variável Y).
2. Y está relacionado a X (ou a variável Y depende da variável X).
3. À medida que X aumenta, Y aumenta (ou um aumento nos valores de X produz um aumento nos valores de Y).

Para determinado tipo de estudo, a hipótese 1 pode ser adequada, mas, para outro tipo, a hipótese 1 pode ser inadequada. Uma forma de analisar a qualidade das hipóteses baseia-se na quantidade de informação que proporciona sobre o fenômeno estudado.

A hipótese 1 estabelece simples associação entre X e Y. Não se tem nenhuma indicação que permita ao pesquisador determinar qual das variáveis poderia produzir mudanças nos valores da outra variável. Por exemplo, a seguinte hipótese: "As preferências políticas das pessoas estão associadas à participação em organizações de classe". A confirmação da hipótese só permite estabelecer que existe associação entre preferências políticas e participação em organizações de classe. O pesquisador não tem possibilidades de afirmar que uma variável produz mudanças na outra.

A hipótese 2 (Y está relacionado a X) é, também, uma afirmação de associação, mas a formulação feita permite inferir que os valores de Y dependem dos valores de X. Por exemplo, a hipótese: "As preferências políticas dependem da participação em organizações de classe". Nesse caso, o pesquisador pode determinar a direção da relação; a variável Y (preferência política) depende da variável X (participação em organizações de classe).

A hipótese 3 (à medida que X aumenta, Y aumenta) é a mais específica das três hipóteses formuladas. Além de estabelecer a associação de dependência entre X e Y, determina a natureza da relação: mudanças nos valores de X produzem mudanças nos valores de Y. Por exemplo, a seguinte hipótese: "Um aumento nos anos de escolaridade produz um aumento no salário das pessoas".

Qual das três hipóteses é a melhor? Esta é uma pergunta difícil de responder, pois depende dos objetivos da pesquisa. Se um pesquisador realiza um estudo de tipo exploratório, porque pouco se conhece do comportamento das variáveis X e Y, as hipóteses tipo A são perfeitamente adequadas. Mas, se a associação entre X e Y já foi estudada, o investigador deve procurar aprofundar sobre a natureza dessa associação.

Outro aspecto que influi na formulação das três hipóteses é o nível de mensuração das variáveis. As variáveis nominais só podem constituir hipóteses de associação (tipo 1). As hipóteses tipo 2 e 3 exigem, pelo menos, variáveis ordinais. No caso de contar com variáveis intervalares ou de razão, recomenda-se formular hipóteses do tipo 3.

PARTE III

O PROJETO DE PESQUISA

PARTE III

O PROJETO DE PESQUISA

7

PLANOS DE PESQUISA

7.1 Conceito e objetivos

O plano de pesquisa é o esqueleto da investigação. Permite obter respostas aos problemas de pesquisa e controlar os erros que podem ser produzidos por diferenças entre os sujeitos da pesquisa, pelos instrumentos utilizados ou pela influência do próprio pesquisador. O plano de pesquisa inclui um resumo de todas as etapas da pesquisa, desde a formulação de hipóteses até a análise de dados. Não se deve confundir o plano com o projeto de pesquisa (ver Capítulo 9) ou com a estrutura da pesquisa. Esta última é mais específica, representa o esquema que estabelece as supostas relações entre as variáveis a considerar. Quando o pesquisador especifica as relações entre as variáveis, elabora um esquema estrutural das operações a realizar, de acordo com os objetivos da pesquisa. A Figura 7.1 apresenta uma estrutura de pesquisa, na qual o investigador pretende analisar a relação entre três variáveis independentes (sexo, nível socioeconômico e idade) e a variável dependente (aspirações ocupacionais). As setas indicam as operações estatísticas que o pesquisador deve realizar. Por exemplo, analisar a relação entre sexo e aspirações ocupacionais ou entre sexo e nível socioeconômico e aspirações ocupacionais.

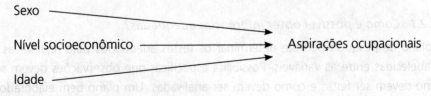

Figura 7.1 Exemplo de estrutura de pesquisa.

CAPÍTULO 7

A estratégia de pesquisa refere-se às técnicas a serem utilizadas na coleta e análise dos dados. Em outras palavras, responde às seguintes perguntas: como se alcançarão os objetivos da pesquisa? Como se enfrentarão os diversos problemas que podem surgir durante a realização da pesquisa? Assim, na estratégia da pesquisa, especifica-se o uso de questionários, entrevistas ou outros instrumentos de coleta, como também o tipo de análise, quantitativa ou qualitativa, dos dados.

7.1.1 Objetivos do plano de pesquisa

Anteriormente, foi indicado que o plano de pesquisa tem dois objetivos fundamentais:

- **Proporcionar** respostas ao problema de pesquisa;
- **Controlar a variância** ou as diferenças não desejadas entre os sujeitos, as quais podem influir nos resultados da pesquisa.

7.1.2 Plano de pesquisa como resposta a perguntas

Os planos de pesquisa preparam-se para permitir ao pesquisador responder às indagações da pesquisa da melhor forma possível, em termos de validade, precisão, objetividade e economia. Como afirma Kerlinger (1973, p. 301),

> qualquer plano de pesquisa é pensado e elaborado para proporcionar evidências empíricas que ajudem a solucionar um problema. Geralmente, dito problema está formulado como hipóteses e, em algum momento, ditas hipóteses são formuladas de maneira tal que podem ser testadas.

Considerando que existem muitas possibilidades de testar hipóteses, surge uma variedade de planos de pesquisa. Assim, continuando com as colocações de Kerlinger, os planos de pesquisa são elaborados detalhadamente para proporcionar respostas, válidas e confiáveis, às perguntas formuladas em termos de hipóteses. É possível fazer uma observação e inferir que a relação hipotética existe; evidentemente, não se pode aceitar uma referência desse tipo baseada apenas em uma observação. Pode-se fazer muitas observações e inferir que a relação estabelecida na hipótese existe. Nesse caso, os testes estatísticos proporcionam a informação necessária para aceitar ou rejeitar a referência. Os planos de pesquisa, bem elaborados e aplicados, são uma importante ajuda para estabelecer inferências com base nos dados coletados.

7.1.2.1 Como é possível obter inferências adequadas?

O plano de pesquisa permite determinar os testes adequados para analisar as relações estabelecidas entre as variáveis. Possibilita especificar que observações devem ser feitas, como devem ser feitas e como devem ser analisadas. Um plano bem elaborado ajuda o pesquisador a determinar o número de sujeitos a entrevistar e a especificar as variáveis dependentes ou independentes. Evidentemente, essa informação permite estabelecer o tipo de análise estatística que deve ser utilizado e as possíveis conclusões que derivam dessa análise.

Exemplo: um pesquisador deseja testar a seguinte hipótese – a eficácia de dois métodos de ensino de Ciências Biológicas depende da inteligência das crianças, às quais se aplicam tais métodos. O método M_1 corresponde ao ensino individualizado, e o M_2, ao ensino expositivo. O pesquisador acredita que M_1 apresenta melhor resultado com crianças mais inteligentes e M_2 com as menos inteligentes. A variável dependente será medida por um teste, padronizado, de Biologia. Considerando que a hipótese formulada é uma hipótese de interação, o plano fatorial parece ser o mais adequado. M é o método e I a inteligência. M está dividido em M_1 e M_2; I está dividida nos níveis que o pesquisador deseja considerar. Por exemplo, I_1, inteligência alta, e I_2, inteligência baixa. A Figura 7.2 esquematiza um plano de pesquisa 2 × 2 (2 colunas × 2 linhas).

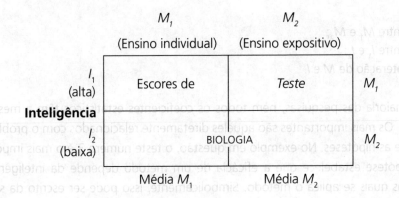

Figura 7.2 Esquema do plano de pesquisa 2 × 2.

A Figura 7.2 de dupla entrada (2 × 2) sugere aspectos bastante interessantes. **Primeiro**, precisa-se de um número relativamente grande de casos. Especificamente, são necessários 4n sujeitos (número de sujeitos por cela). Se o pesquisador decide que $n = 10$, ele precisará de 40 sujeitos para realizar o experimento. A Figura 7.2 ainda permite visualizar que, se o pesquisador está apenas interessado em testar os tipos de métodos, sem considerar a inteligência das crianças, precisará de 2n sujeitos.

Segundo, o plano indica que os sujeitos devem ser distribuídos aleatoriamente a M_1 e M_2, mas não a I_1 e I_2.

Terceiro, a medição do teste de Biologia deve ser feita independentemente para cada criança. O escore de uma criança não pode estar influenciado pelo escore de outra criança. Trata-se de uma experiência estatística do plano fatorial.

Quarto, o plano de pesquisa indica o uso da análise de variância e o coeficiente F serve para testar a hipótese. Em geral, se o plano for bem elaborado antes da coleta de dados, a maioria dos problemas estatísticos pode ser previamente solucionada. Ao mesmo tempo, alguns problemas podem ser eliminados ou evitados antes que surjam. Com um plano inadequado, a análise estatística transforma-se em um processo bastante difícil. Quando o plano de pesquisa e a análise estatística são preparados simultaneamente, o trabalho torna-se muito mais fácil.

Quinto, o plano apresentado na Figura 7.2 sugere as possíveis conclusões que o pesquisador pode obter pela especificação ou pelas sugestões dos diversos coeficientes estatísticos. Por exemplo, um plano aleatório de uma variável com duas categorias, métodos de ensino M_1 e M_2, permite apenas testes estatísticos de diferenças entre ambos os grupos: comparação de médias, de variâncias, porcentagens etc. Geralmente, só é possível a aplicação de um teste estatístico.

O plano de pesquisa apresentado na Figura 7.2 permite o cálculo de três testes estatísticos:

1. Entre M_1 e M_2;
2. Entre I_1 e I_2;
3. Interação de M e I.

Na maioria das pesquisas, nem todos os coeficientes estatísticos têm a mesma importância. Os mais importantes são aqueles diretamente relacionados com o problema de pesquisa e as hipóteses. No exemplo em questão, o teste número 3 é o mais importante, pois a hipótese estabelece que a eficácia de um método depende da inteligência das crianças às quais se aplica o método. Simbolicamente, isso pode ser escrito da seguinte maneira:

$$H_3 = M_1 > M_2 \quad I_1$$
$$M_2 > M_1 \quad I_2$$

Isso significa que o método M_1 (ensino individualizado) é mais efetivo que o método M_2 (expositivo), com um nível I_1 (inteligência alta), e que o método M_2 é mais efetivo que M_1, em crianças de nível I_2 (inteligência baixa). O símbolo I indica "sob condição". Assim, a primeira linha se lê: M_1 maior que M_2, sob condição de I_1. Além de testar H_3, pode-se comparar os resultados de M_2: método de ensino individualizado *versus* método expositivo.

Outra função importante do plano de pesquisa é a determinação de sua adequação às características e exigências do problema a ser estudado. Suponha-se que as hipóteses referidas sejam formuladas sem que os planos fatoriais sejam conhecidos. Assim, formular-se-ia um plano de pesquisa que na realidade corresponderia a duas experiências.

PLANOS DE PESQUISA 127

Na primeira, seria testado M_1 versus M_2 sob condição I_1; na segunda, M_1 versus M_2 sob condição I_2. A Figura 7.3 apresenta as duas experiências:

CONDIÇÃO 1		CONDIÇÃO 2	
M_1	M_2	M_1	M_2
X_{M1}	X_{M2}	X_{M1}	X_{M2}

Figura 7.3 Plano de pesquisa correspondente a duas experiências.

Com esse plano, não se pode testar a hipótese de interação. M_1 pode ser comparado com M_2 sob condição I_1 e I_2, mas não se pode saber, claramente, se existe interação entre os métodos e as condições. X_{M1} pode resultar maior que X_{M2} sob condição I_1, tal como se formula na hipótese, mas o plano não oferece confirmação clara da influência dos níveis de inteligência (I_1 e I_2), pois não se pode obter informação relacionada com as possíveis diferenças entre I_1 e I_2.

Suponha-se que, na Figura 7.3, as médias das celas foram, da esquerda para a direita: 50; 20; 20; 20. Isso confirmaria a hipótese de interação, pois existe diferença significativa entre M_1 e M_2 no grupo I_1, mas não ocorre o mesmo no grupo I_2. Tal interação não pode, porém, ser assegurada, mesmo quando a diferença entre M_1 e M_2 for significativa. A Figura 7.4 apresenta os resultados seguindo um plano fatorial:

	M_1	M_2	
I_1	50	20	35
I_2	20	20	20
	35	20	

Obs.: Todas as quantidades são médias aritméticas.

Figura 7.4 Resultados seguindo plano fatorial.

Os efeitos principais M_1 e M_2 e I_1 e I_2 podem ser significativos, mas a interação pode não ser significativa. Isso só pode ser comprovado aplicando-se testes estatísticos.

7.1.3 Plano de pesquisa como controle da variância

A principal função de um plano de pesquisa é controlar a variância. O princípio estatístico que fundamenta esse objetivo é o seguinte: maximizar a variância sistemática (do experimento), controlar a variância sistemática estranha ao experimento ou à pesquisa e minimizar a variância de produto de erros. De acordo com isso, um bom plano de pesquisa pretende:

1. maximizar as diferenças das variáveis incluídas nas hipóteses de pesquisa;
2. controlar as diferenças das variáveis que podem influir nos resultados de um experimento, mas, pelas quais, no momento, o pesquisador não está interessado;
3. minimizar as diferenças produzidas por erros, incluindo-se os fatores na medição.

Quando se faz referência ao controle da variância, deve-se esclarecer de que variância se está falando. Sempre se refere às diferenças da variável dependente, a suas variações, após realizado o experimento ou a coleta de dados. Uma vez coletada a informação, a análise permitiria inferir se as variações da variável dependente se devem aos efeitos da variável independente dos erros na medição ou aplicação dos instrumentos. Em parte, isso é a base da análise da variância.

Em geral, a preocupação principal de um pesquisador será maximizar a variância experimental. Isto é, a variância produzida na variável dependente pela ação da ou das variáveis independentes, tratadas ou controladas. No exemplo anterior, trata-se de maximizar as diferenças nos escores do teste de Biologia, produzidas hipoteticamente pelos métodos M_1 e M_2 e pelos níveis de inteligência I_1 e I_2. O pesquisador deve tentar diferenciar, tanto quanto possível, tais métodos para poder isolar seus efeitos sobre a variável dependente. Assim, como afirma Kerlinger (1973, p. 308), uma pesquisa deve ser planejada, elaborada e realizada de tal forma que as condições experimentais apresentem as maiores diferenças possíveis.

Considerando o exemplo descrito, o pesquisador deve dedicar algum tempo a estudar os dois métodos para diferenciá-los tanto quanto possível e deve categorizar a inteligência das crianças para, também, lograr uma diferença máxima. No caso da inteligência, a categorização é essencialmente um problema de medição.

Anteriormente, mencionou-se que o plano de pesquisa também serve para controlar variáveis estranhas ou não desejadas. Em outras palavras, permite tanto isolar, minimizar ou anular a influência de variáveis independentes que não são consideradas importantes como incluí-las no plano de pesquisa.

Existem três maneiras de controlar o efeito de variáveis não desejadas:

7.1.3.1 Eliminação de variáveis

Por exemplo, se em determinada relação influir a variável sexo, mas não houver interesse em analisá-la, a amostra poderá incluir só homens ou mulheres. Outro exemplo: acredita-se que a inteligência influenciará a relação entre duas variáveis (nível socioeconômico e aproveitamento escolar), mas não há interesse em analisá-la; deve-se, portanto, escolher

PLANOS DE PESQUISA 129

uma amostra cujos sujeitos apresentem QI relativamente homogêneo. Uma grande desvantagem desse método é a perda do poder de generalização.

Exemplo: não se pode fazer referência às mulheres se apenas existirem homens etc.

7.1.3.2 Aleatorização

É a melhor forma de controlar todas as variáveis não desejadas. A distribuição aleatória dos sujeitos entre os diferentes grupos em estudo permite a constituição de grupos estatisticamente iguais. Isso não significa que os grupos sejam iguais em todas as possíveis variáveis, mas que, se existirem diferenças, estas serão menores que as semelhanças.

7.1.3.3 Inclusão de variáveis no plano de pesquisa

Como variáveis independentes. Por exemplo, se acreditamos que o sexo influi em determinada relação e não se pode fazer uma escolha aleatória de sujeitos, incorpora-se a variável *sexo* no plano de pesquisa. Isso pode complicar o plano de pesquisa, mas proporciona maiores informações.

Outra forma de incluir a variável não desejada em um plano de pesquisa é o emparelhamento (*matching*). O princípio básico dessa técnica consiste em dividir a variável em duas ou mais categorias e distribuir os sujeitos aleatoriamente dentro de cada categoria. Por exemplo, deseja-se trabalhar com a variável *estrato social e sexo*. Para isso, escolhem-se homens de estrato alto, médio e baixo e mulheres de estrato alto, médio e baixo. O emparelhamento complica-se quando se deseja acrescentar outra variável, por exemplo, *inteligência*. Há dificuldade em fazer uma distribuição aleatória de homens de estrato alto, médio e baixo que possuam certos níveis de inteligência e de mulheres que apresentam as mesmas características. Em geral, é difícil encontrar pessoas emparelhadas em mais de duas variáveis.

Uma última função do plano de pesquisa é **minimizar a variância de erro**. Em geral, os fatores associados às diferenças individuais entre as pessoas denominam-se *variância sistemática* e sua influência pode ser prevista. Por exemplo, se um pesquisador não considera a variável *sexo* em determinado estudo ou experimento, pode predizer os efeitos que isso terá sobre os resultados. Existem, todavia, erros que não podem ser controlados; por exemplo, perda momentânea de atenção de um sujeito, cansaço temporal, variações nas respostas de uma observação a outra, estados emocionais dos sujeitos etc.

Para minimizar o efeito dessa variância não controlada de erro, existem dois procedimentos:

1. Controlar tanto quanto possível as condições do experimento: escolher cuidadosamente as condições e a situação experimental. Em estudos de campo, isso é difícil, mas deve-se fazer o melhor possível, dando, por exemplo, instruções claras e precisas aos sujeitos.

2. Aumentar a confiabilidade das medidas (ver Capítulo 10). Em outras palavras, preocupar-se com a exatidão de um conjunto de escores ou resultados; procurar obter confiança nos resultados. O escore que um sujeito apresenta hoje será o mesmo que obteria amanhã e depois de amanhã? Por exemplo, o coeficiente de confiabilidade reflete se o escore obtido é uma indicação estável do aproveitamento de um aluno em determinada prova. Além disso, o coeficiente pode ser utilizado para estimar em que medida é verdadeiro o escore obtido por um aluno naquela prova.

Como conclusão, pode-se afirmar que, sem conteúdo, sem uma boa teoria, boas hipóteses, bons problemas, o plano de pesquisa não tem sentido. Sem forma, sem uma estrutura adequadamente estabelecida de acordo com os objetivos da pesquisa, pouco valor terão os resultados obtidos.

Em consideração à diversidade de problemas e perguntas de pesquisas, surge uma variedade de planos de pesquisa. Uma classificação usual diferencia estudos exploratórios, descritivos, correlacionais e explicativos, cada um deles com tipos, formas e delineamentos diferentes. Não se deve confundir o plano de pesquisa com os métodos e técnicas de levantamento de dados.

Frente à grande variedade de planos de pesquisa aplicadas na prática, apresentamos a seguir os mais relevantes.

7.2 Planos de pesquisa de levantamento (*survey*)

O termo pesquisa de levantamento (*survey*) refere-se a um tipo determinado de pesquisa social de grande escala, cuja origem se encontra no século XIX. Suas características principais são o levantamento de um grande número de variáveis (dados) e amostras aleatórias com vários casos. Por exemplo, os censos demográficos (IBGE), estudos internacionais de rendimento escolar (Pisa), o International Social Survey Programm (ISSP) e o World Value Survey (WVS). Também é possível incluir nesse conceito grandes estudos de marketing ou pesquisas eleitorais.

Seu objetivo é elaborar um tipo de diagnóstico de determinadas realidades socioeconômicas, demográficas, culturais, mais também de percepções, atitudes, conhecimentos, opiniões e preferências de uma população. Na atualidade, enquetes se realizam sobretudo em forma de pesquisa sobre indicadores sociais (*social indicator research*) e relatórios sociais.

Embora as pesquisas de levantamento sejam realizadas normalmente com um propósito descritivo, seu objetivo é descrever aspectos da realidade e analisar distribuições de frequências de certas atributos e características. Os dados também podem permitir análises correlacionais e explicativas.

É importante mencionar que, devido aos custos elevados dessas pesquisas, elas não são uma opção viável para um pesquisador individual. Órgãos governamentais, grandes empresas, instituições nacionais e internacionais são hoje em dia os atores nesse campo de pesquisa. Porém, na medida em que os dados estejam acessíveis em banco de dados, cada pesquisador pode fazer uso deles para os objetivos da própria pesquisa (análise secundária).

7.2.1 Estudos de corte transversal

Os dados são colecionados em um determinado ponto de tempo, normalmente com base em uma amostra aleatória (dados de corte seccional). Assim, obtém-se uma imagem instantânea que informa sobre a situação social existente no momento da coleta dos dados. Esses estudos são os mais frequentes na pesquisa social.

7.2.2 Estudos de corte longitudinal

Quando o objetivo de uma pesquisa consiste em descrever mudanças no percurso do tempo se recorre aos estudos longitudinais, caracterizados pelo levantamento das mesmas variáveis na mesma população em distintos momentos ou períodos. Existem diferentes tipos de estudos longitudinais.

7.2.2.1 Estudos de tendências (trend analysis)

Esses estudos objetivam descrever processos de mudanças sociais em uma determinada população em nível agregado. As amostras levantadas nos distintos momentos não são idênticas, mas todas representam a mesma população.

Exemplo 1: a Pesquisa Nacional por Amostra de Domicílios (PNAD) do IBGE é realizada a cada ano e contém informações sobre características demográficas e socioeconômicas da população (sexo, idade, educação, trabalho e rendimento, além de características dos domicílios, entre outras).

Exemplo 2: o Programme for International Student Assessment (Pisa) avalia em uma periocidade de três anos em nível internacional as competências de alunos na faixa etária de 15 anos em Leitura, Matemática e Ciências. Além disso, coleta informações sobre indicadores contextuais, as quais possibilitam relacionar o desempenho dos alunos a variáveis demográficas, socioeconômicas e educacionais.

7.2.2.2 Estudos de painel

Os estudos de tendência permitem analisar processos de mudança através do tempo em nível agregado. Porém, não podem captar a dinâmica interna desses processos em nível individual, o que é importante para saber as causas e as direções das mudanças.

Exemplo 1: uma taxa de desemprego estável de um ano X para o ano X+1 não permite deduzir que não havia mudanças. É muito provável que durante um ano uma parte de desempregados adentrou o mercado de trabalho, enquanto outra parte perdeu o emprego.

Exemplo 2: um aumento de aprovação do governo de 50% a 55% não significa simplesmente que 5% daqueles que antes não aprovaram mudaram de opinião. É possível que 10% mudaram de opinião em direção à aprovação e 5% em direção à não aprovação.

Essa limitação pode ser superada por meio de um estudo de painel que se caracteriza por uma repetição da coleta de dados de uma mesma amostra ao longo do tempo. Assim é possível acompanhar, por exemplo, os processos de mobilidade social horizontal e vertical, os movimentos das preferências políticas, padrões de carreira de determinados grupos etc.

Portanto, uma estudo de tipo painel é sempre mais informativo que um estudo de tendência, mas, por outro lado, é mais difícil de realizar devido ao tempo e aos custos. Além disso, no transcorrer do tempo, um certo número de pessoas desiste de participar do trabalho pelas mais diversas razões: não localização, desinteresse de ser entrevistado, morte, migração. Essa "mortalidade do painel" é um problema comum em painéis de grande escala e duração prolongada, como, por exemplo, o Socio-Economic Panel (Soep), que se iniciou em 1984 e continua até hoje.

7.2.2.3 Estudos de coorte

Na pesquisa social, o termo "coorte" significa um grupo de indivíduos que partilham um evento individual ou histórico no eixo temporal. Por exemplo:

- O nascimento em um determinado intervalo de tempo, por exemplo, entre 1980 e 1985 (coorte de nascimento).
- Alunos que ingressaram na universidade entre 2000 e 2003. Os indivíduos não são necessariamente da mesma faixa etária (coorte de educação).
- Jovens entre 12 e 15 anos que experimentaram em 1989 na Alemanha Oriental a queda do muro de Berlim (coorte histórico, chamado de geração).

O estudo de coorte é uma combinação entre o estudo de painel e o estudo transversal e permite distinguir três efeitos diferentes:

- *Efeito de coorte*: diferenças sistemáticas entre as coortes. Exemplo: diferenças no interesse político de concluintes universitários de 1995, 2005 e 2015.
- *Efeito de ciclo de vida*: relação entre as características em estudo e o tempo. Exemplo: grau de interesse político 5, 10 e 15 anos após a conclusão do curso.

PLANOS DE PESQUISA   133

- *Efeito de período:* eventos históricos únicos. Exemplo: a campanha Diretas Já em 1984.

A separação desses três efeitos é muito importante para evitar falácias, e sua identificação exige uma aplicação de métodos estatísticos avançados.

7.3 Planos experimentais e pré-experimentais

O objetivo da pesquisa explicativa é testar relações supostamente causais entre duas ou mais variáveis. Em geral, o experimento representa o melhor plano para tal finalidade. Porém, em muitas pesquisas a realização de um experimento não é viável e o pesquisador tem que recorrer a outros planos. Preocupações básicas nesse contexto são a *validade interna e externa* dos enunciados respectivamente às conclusões resultantes do estudo. A *validade interna* se refere ao controle de erros sistemáticos. Em outras palavras: o efeito observado de uma variável X a uma variável Y é realmente causal ou resultado da influência de outros fatores ou de uma medição incorreta.

A *validade externa*, por sua parte, refere-se às condições que permitem ou limitam a generalização dos resultados para a população em geral ou a outras situações. Em outras palavras: em que medida é possível generalizar os resultados de um estudo numa escola X para a prática educacional em outras escolas?

Na análise do experimento, o pesquisador tem como preocupação básica a *validade* do dito experimento. Validade no sentido de que o experimento meça realmente o que se deseja medir e que se possa generalizá-lo em suas conclusões. É importante distinguir *validade interna* de *validade externa*. A primeira refere-se às exigências mínimas sem as quais não se pode interpretar o modelo. Os tratamentos introduzidos em determinado experimento produzem alguma diferença? A validade externa refere-se à possibilidade de generalização. A que população, em que condições, com que tratamento os resultados podem ser generalizados.

O ideal é que uma investigação inclua um plano adequado, tanto na validade externa, quanto na interna. Essa última é a base do experimento.

A seguir, mencionam-se oito aspectos que devem ser controlados para evitar influências estranhas que possam confundir os efeitos de tratamento experimental:

1. **História**. Acontecimentos ocorridos entre a primeira e a segunda medição e que podem afetar os resultados do tratamento. Por exemplo, uma guerra.
2. **Maturidade**. Processo interno dos participantes, como resultado do transcorrer do tempo. Exemplo: o aumento de idade, cansaço etc.
3. **Administração** do teste. Efeitos do teste sobre os resultados.
4. **Instrumentação**. Mudança nos instrumentos, observadores que podem afetar os resultados do experimento.

5. **Regressão estatística**. Acontece, particularmente, quando se escolhem grupos com escores extremos. Apresentam tendência de juntar-se em torno da média de escores.
6. Problema na **seleção** dos participantes.
7. **Mortalidade experimental**. Perda de participantes, tanto no grupo experimental, quanto no grupo de controle.
8. **Interação** entre seleção e maturidade. Pode confundir-se com os efeitos da variável experimental.

Os seguintes fatores podem prejudicar a validade externa:

1. **Efeito reativo** ou de interação dos **instrumentos**. Quando um pré-teste aumenta ou diminui a sensibilidade do sujeito em relação ao tratamento. Exemplo: o pré-teste de uma escala de atitudes em relação à violência, que pode mudar as reações do sujeito ante o problema em questão.
2. **Interação** entre a seleção e a variável experimental. Em outras palavras, a seleção dos sujeitos é orientada para facilitar o êxito do experimento.
3. **Efeitos reativos** dos **dispositivos experimentais**, o que impediria a generalização dos efeitos da variável experimental às pessoas a ela submetidas em situação não experimental.
4. **Interferência de tratamentos múltiplos**. É produzida quando se aplicam tratamentos múltiplos, pois podem persistir efeitos de tratamentos anteriores.

A seguir são descritos os planos (delineamentos) mais importantes do tipo experimental e pré-experimental e seus respectivos problemas de validade interna e externa (CAMPELL; STANLEY, 1979; SHADISH et al., 2002).

7.3.1 Planos pré-experimentais

Plano 1: um grupo sem medição prévia

Neste plano mais simples os sujeitos são submetidos a um tratamento (estímulo) e, posteriormente, estudam-se os resultados. Não há controle de outras variáveis, e o plano não tem validade interna nem externa.

Em que: *T* = Tratamento
M = Medição

Figura 7.5 Plano de um grupo sem medição prévia.

Exemplo: um professor apresenta aos alunos um filme sobre o sistema ecológico da Floresta Amazônica. Uma prova realizada posteriormente revela que a maioria dos alunos tem bons conhecimentos sobre o tema. O professor tira a conclusão de que os filmes são um instrumento eficiente para estimular processos de aprendizagem. Essa interpretação causal é possível, mas carece de fundamento lógico. Outros métodos poderiam fornecer os mesmos ou talvez até melhores resultados. O grau de conhecimento dos alunos sobre o tema antes de assistirem ao filme é desconhecido.

Plano 2: um grupo com medição prévia e depois

Este plano já tem uma estrutura melhor. Antes do tratamento se efetua uma medição prévia que permite registrar pelo menos uma eventual mudança. Porém, a validade interna continua sendo limitada, porque não se controlam efeitos de outras fontes. Observa-se que, quanto maior o tempo que passa entre o tratamento e a medição posterior, maior a possibilidade de que processos de maturação, acontecimentos históricos ou qualquer outra variável possam influenciar nos resultados. Não existe validade externa.

$$M_1 \quad T \quad M_2$$

Em que: M_1 = Medição prévia
T = Tratamento
M_2 = Medição pós

Figura 7.6 Plano de um grupo com medição prévia e depois.

Exemplo: retomando o exemplo anterior, o professor realiza antes de exibir o filme uma medição dos conhecimentos dos alunos sobre o tema e posteriormente mais uma.

Esse tipo de delineamento é muito utilizado na avaliação da qualidade dos serviços públicos, leis, políticas públicas em geral, programas na área educacional etc. Os resultados desses estudos exigem uma interpretação cautelosa.

7.3.2 Planos experimentais e quase experimentais

A imperfeição principal dos planos apresentados até agora é a falta de controle da variância (KERLINGER, 1986) da variável dependente e, em consequência, a falta de controle de possíveis variáveis que podem influir nos resultados. Os planos experimentais objetivam exatamente controlar esses efeitos. A sua vantagem fundamental é o isolamento das variáveis experimentais (independentes) por meio de certas técnicas explicitadas a seguir.

Experimento em um sentido muito geral significa a variação de condições com o objetivo de constatar os seus efeitos. Em um sentido científico mais estrito, experimento significa um desenho de estudo caracterizado pelos seguintes pré-requisitos (PFEIFFER; PÜTTMANN, 2011, p. 74):

CAPÍTULO 7

- O estudo tem que ser replicável em condições mais ou menos idênticas.
- A variável independente (estímulo, tratamento, fator experimental) tem que variar.
- O efeito de outras variáveis externas ou perturbadoras tem que ficar constante e controlado.

Para garantir o controle de efeitos externos existem diversas técnicas que fazem parte das normas da pesquisa experimental. A técnica mais eficiente é a distribuição aleatória dos sujeitos ao grupo experimental e de controle (*aleatorização*). Adicionalmente, sobretudo em caso de amostras pequenas, pode-se fazer um emparelhamento dos grupos (*matching*) com base nas características que possivelmente podem ter um efeito ao resultado, como sexo, idade, *status* social ou QI.

Plano 3: Dois grupos sem medição prévia.

Um grupo (experimental) é exposto a um tratamento e comparado posteriormente com outro grupo que não foi submetido. Os sujeitos são randomizados, quer dizer, distribuídos de forma aleatória aos dois grupos, o que é fundamental para controlar os efeitos de história, maturação, interação pré-teste, variável T e demais variáveis externas.

Desde que a amostra de sujeitos tenha um tamanho suficiente, os dois grupos são idênticos em sua composição, exceto o erro aleatório. Nesse desenho, a validade interna está garantida; a validade externa não está garantida com certeza.

$$
\begin{array}{lcc}
\text{GE:} & T & M_E \\
\text{GC:} & - & M_C
\end{array}
$$

Em que: GE = Grupo experimental
GC = Grupo de controle
T = Tratamento
M_E = Medição grupo experimental
M_C = Medição grupo de controle

Figura 7.7 Plano com dois grupos sem medição prévia.

Exemplo: Para testar o efeito de um programa de treinamento de raciocínio espacial, um grupo de alunos recebeu um treinamento usando um aplicativo (GE) e outro grupo não recebeu (GC). Depois de duas semanas de treinamento realizou-se um teste de raciocínio lógico espacial para verificar se existe diferença das médias entre os dois grupos.

Plano 4: dois grupos com medição prévia e posterior

Na prática da pesquisa social, muitas vezes o número de participantes é relativamente pequeno, assim, a equivalência inicial dos dois grupos não está garantida. Nesse caso recomenda-se fazer um emparelhamento antes de iniciar o tratamento experimental e uma medição prévia dos dois grupos.

$$
\begin{array}{lccc}
\text{GE:} & M_{E1} & T & M_{E2} \\
\text{GC:} & M_{C1} & - & M_{C2}
\end{array}
$$

Em que: M_{E1} = Medição prévia do grupo experimental

M_{C1} = Medição prévia do grupo de controle

M_{E2} = Medição posterior do grupo experimental

M_{C2} = Medição posterior do grupo de controle

T = Tratamento

Figura 7.8 Plano com dois grupos com medição prévia e posterior.

Exemplo: no exemplo anterior se faz antes do início do treinamento uma medição do nível de raciocínio especial nos dois grupos. Caso existam diferenças significativas, estas têm que ser levadas em consideração na análise estatística dos resultados depois do tratamento.

O problema desse plano pode ser um possível efeito da pré-medição no resultado da pós-medição.

O plano de quatro grupos de Solomon, o qual combina os planos 3 e 4, controla esse efeito.

Plano 5: Solomon quatro grupos plano

$$
\begin{array}{lccc}
\text{GE:} & M_{E1} & T & M_{E2} \\
\text{GC:} & M_{C1} & - & M_{C2} \\
\text{GE:} & & T & M_{E} \\
\text{GC:} & & - & M_{C}
\end{array}
$$

Figura 7.9 Plano Solomon.

Em termos gerais, o fenômeno da *reatividade dos sujeitos*, às vezes também denominado "efeito |Hawthorne", é uma ameaça constante à validade interna de pesquisa e acontece quando os indivíduos alteram seu comportamento ou sua *performance* devido ao fato de que eles são observados. Outros efeitos indesejáveis a serem controlados mediante um planejamento cuidadoso e detalhado do experimento são: expectativas do pesquisador, efeitos de regressão, autosseleção dos participantes.

Os planos experimentais apresentados até agora garantem uma alta validade interna. A validade externa, por sua parte, depende da artificialidade e naturalidade da situação experimental. Resultados de experimentos realizados em laboratório, em situações artificiais e de pouca complexidade, são dificilmente generalizáveis a situações cotidianas reais. Portanto, um experimento de campo é o tipo ideal para alcançar validade interna e externa (experimento de campo).

138 CAPÍTULO 7

Porém, a realização de um experimento de campo com um controle das variáveis externas (planos 3 e 4) é praticamente inviável devido a limitações éticas. Muitas vezes uma randomização é impossível porque os grupos existem em um contexto natural (famílias, turmas escolares, bairros de uma cidade) ou as variáveis não são manipuláveis por natureza (sexo, etnia, origem social). Nesse caso, os planos quase experimentais são uma opção viável.

7.3.3 Planos quase experimentais

Em palavras simples, um quase experimento é um experimento sem randomização. Portanto, é indispensável realizar uma pré-medição das variáveis pesquisadas de acordo ao plano 4. Porém, considerando a inexistência de uma randomização, a validade interna é menor do que nesse plano. Por outro lado, a validade externa é normalmente maior.

Experimentos dessa natureza podem ser criados intencionalmente pelo pesquisador ou resultar de intervenções políticas ou eventos naturais.

Exemplo: um estudo de Ireland, Pfeiffer e Dias (2016) objetivou avaliar o impacto do uso de celulares como ferramenta pedagógica sobre competências digitais, letramento, satisfação na aprendizagem e os índices de evasão de alunos em cursos de alfabetização de adultos. O estudo foi desenvolvido no ambiente natural de um curso, e portanto um agrupamento randômico de participantes não foi viável. Consequentemente, o programa desenvolvido para o uso em *smartphones ou tablets* foi implantado em duas salas de aula; como grupo de controle foram escolhidas aleatoriamente duas salas de aula em que o ensino se efetuou sem o aplicativo.

Devido à ausência de randomização, sempre existe neste desenho a possibilidade de diferenças críticas não refletidas no pré-teste, além de possíveis efeitos de reatividade. Por outro lado, o estudo se realizou em um ambiente natural e tem um bom nível de validade externa.

Outro plano quase experimental muito usado na prática da pesquisa social é a análise de séries temporais, na qual se compara a tendência dos escores em uma série temporal *antes* de um evento ou uma intervenção com a tendência *depois* da intervenção. Esse plano apresenta uma certa similaridade com o plano 2, mas tem uma maior validade porque não se limita somente a uma medição antes e depois, e portanto permite controlar efeitos de regressão e maturação, porém não de eventos históricos.

Plano 6: Série temporal

$$\boxed{M_1 \quad M_2 \quad M_3 \quad \mathbf{E} \quad M_4 \quad M_5 \quad M_6}$$

Em que: $M_1 ... M_6$ = Medições em diferentes momentos
E = Evento

Figura 7.10 Plano de série temporal.

Exemplo: o diretor de uma escola se irrita com a taxa de repetição, que teve um crescimento nos anos passados. Ele decide contratar novos professores que dispõem de experiências especiais em métodos de aprendizagem para alunos com desempenho fraco. Nos três anos seguintes à intervenção a taxa está diminuindo um pouco a cada ano.

Para receber informações mais precisas ainda, recomenda-se um plano que inclua outras escolas em situação inicial similar que não tomaram essa medida. Assim pode-se comparar o desenvolvimento delas.

7.3.4 Planos experimentais e quase-experimentais complexos

Os planos apresentados até agora são do tipo unifatorial (uma variável independente) com dois grupos. Planos mais complexos operam com mais de dois grupos e/ou com mais de uma variável independente (planos multifatoriais).

Em vez de operar somente com um grupo experimental e um grupo de controle, pode-se trabalhar com um grupo de controle e dois ou mais grupos experimentais.

Exemplo: para estudar o efeito de um treinamento de memorização, um pesquisador trabalha com três grupos. O grupo de controle não recebe nenhum treinamento, o primeiro grupo experimental recebe um treinamento de duas horas, o segundo grupo experimental recebe um treinamento de três horas. Depois do treinamento se faz um teste de memorização.

Em certos casos até é impossível diferenciar entre grupo experimental e grupo de controle, por exemplo, quando se trata de comparar três métodos didáticos, A, B e C. Cada grupo pode ser considerado grupo de controle.

A complexidade de um experimento aumenta à medida que mais variáveis (tratamentos, condições) sejam incluídas. Na terminologia estatística se fala de planos *multifatoriais*. Em caso do plano básico com duas variáveis (dois fatores) com dois grupos, em cada uma temos um plano dois-fatorial, que se visualiza normalmente pelo seguinte esquema:

Plano 7: Plano experimental dois-fatorial

Quadro 7.1 Plano experimental dois-fatorial

		FATOR A		
		A_1	A_2	
FATOR B	B_1	Escores	Escores	Média B_1
	B_2	Escores	Escores	Média B_2
		Média A_1	Média A_2	Média total

Exemplo: uma pesquisa que procura testar se um aplicativo de aprendizagem no ensino de português e de matemática fornece melhores resultados do que um ensino sem esse recurso. O experimento inclui 40 alunos das mesmas idade e série, os quais são distribuídos aos quatro grupos de forma aleatória. O resultado se apresenta no quadro a seguir. Nas células não aparecem os escores para cada sujeito, mas as médias deles.

Quadro 7.2 Resultado da pesquisa de plano experimental dois-fatorial

		DISCIPLINAS (FATOR *A*)		
		Português	Matemática	**Média**
SOFTWARE	com	$M_{11}=7$	$M_{21}=4$	5,5
(FATOR *B*)	sem	$M_{12}=5$	$M_{22}=4$	4,5
	Média	6	4	5,0

Sem entrar em detalhes estatísticos da análise desse resultado, percebe-se de forma imediata que existem diferenças entre as disciplinas, assim como entre os grupos que aprenderam respectivamente sem *software*. A questão se essas diferenças são significativas se resolve pelo teste de significância.

Um aspecto muito interessante no desenho bifatorial é o denominado "efeito de interação". Um efeito dessa natureza significa que os grupos reagem de forma diferente ao estímulo experimental. No exemplo podemos observar que, no ensino de português, o desempenho melhora por meio do uso de um programa, enquanto no ensino de matemática o uso de um *software* não faz diferença. A hipótese estatística a ser testada é então:

H_0: $\mu_{11} - \mu_{12} = \mu_{11} - \mu_{12}$ (o uso de *software* tem o mesmo efeito nas duas disciplinas)
H_1: $\mu_{21} - \mu_{22} = \mu_{11} - \mu_{12}$ (o uso de *software não* tem o mesmo efeito nas duas disciplinas)

Caso H_0 seja rejeitada, existe um efeito de interação significativo. Além do mais, se fazem também os testes para as hipóteses de diferença entre os grupos nos dois efeitos principais (método de ensino e disciplina).

Caso uma randomização não seja viável, como acontece normalmente no campo de pesquisa educacional, uma pré-medição do nível de conhecimentos em português e matemática será necessária para identificar possíveis diferenças iniciais.

O plano 2 × 2 pode ser generalizado para mais de duas variáveis (fatores) e mais de dois níveis (grupos). Contudo, em pesquisas na área humana, atingem-se logo os limites de praticabilidade e viabilidade. Um plano completamente randomizado com três variáveis e três grupos cada exige já nove grupos.

Em um texto introdutório não podemos abordar esses planos multifatoriais tampouco como planos de medidas repetidas multifatoriais, experimentos em bloco (*block design*), quadrado latino, entre outros.

7.4 Planos causais-comparativos (*ex post facto*)

Sempre que o objetivo de pesquisa é testar teorias, o experimento é metodologicamente o plano mais indicado porque permite verificar relações causais em forma definitiva. Porém, como explicado acima, nas ciências humanas existem limitações éticas e práticas para o uso do mesmo. Na maioria dos casos, nem uma randomização nem uma variação sistemática da variável independente são viáveis. Portanto, como única opção resta um plano de pesquisa que se inicia a partir de fatos já ocorridos, buscando possíveis fatores causais plausíveis para explicar tais fatos (estudo *ex post facto*).

Esse plano de pesquisa retrospectiva é o mais usado nas Ciências Sociais, apesar de suas restrições no que se refere à comprovação de causalidade.

Exemplo: uma pesquisa visa identificar as causas da evasão no ensino superior do Brasil. O pesquisador levanta dados numa amostra de alunos evadidos e numa outra de concluintes referente a certas características (sexo, origem social, desempenho escolar, motivação etc). Depois ele compara se há diferenças entre os dois grupos.

Exemplo 2: para explicar o grau de satisfação dos empregados com seu posto de trabalho, um pesquisador levanta dados sobre possíveis fatores, como salário, relações com os superiores, autonomia no trabalho etc. Depois ele calcula um modelo de regressão para analisar o efeito que esses fatores têm na variável critério (satisfação).

Nesse plano de pesquisa, é impossível um controle de outras variáveis e portanto nunca se pode estabelecer relações causais com certeza, mas somente com uma certa plausibilidade.

Exemplo: diversos estudos na Europa revelam que sintomas de *burnout* aparecem proporcionalmente em profissionais da área pedagógica (professores de escolas, assistentes sociais etc.). Uma explicação plausível é que esses profissionais são expostos a um alto nível de estresse e esforço psíquico. Mas também há uma outra explicação para o fenômeno: as pessoas que escolhem trabalhar nessa área têm características pessoais específicas (pouca resistência psíquica, alta sensibilidade, susceptível ao estresse), o que causa vulnerabilidade e finalmente o *burnout*.

Com a inclusão desta e de talvez outras variáveis (sexo, experiências profissionais), o modelo se torna mais complexo e concludente, mas continua sendo aproximativo, e em muitas situações nas Ciências Sociais os dados disponíveis podem sustentar teorias divergentes sem permitir uma decisão definitiva entre elas. Essas limitações são a causa metodológica da existência de uma pluralidade de teorias e interpretações de resultados empíricos nas Ciências Sociais.

7.5 Planos na pesquisa qualitativa

Indubitavelmente, as pesquisas com abordagem qualitativa precisam de um plano, ou seja, de uma estratégia sobre como fazer para encontrar respostas às perguntas da pesquisa. Entre a pluralidade dos planos existentes, mencionamos somente os mais marcantes.

Por sua própria origem histórica e sua base epistemológica, a pesquisa qualitativa é, predominantemente, mas não exclusivamente, do tipo *descritivo*. A reconstrução dos processos da construção de significados subjetivos dos indivíduos e de suas vivências, estudos etnográficos de campo e descrições fenomenológicas do mundo de vida de determinados grupos normalmente não buscam estabelecer "leis" gerais ou relações causais, mas uma compreensão holística do objeto de pesquisa.

Um dos planos mais utilizados nesse contexto é o **estudo de caso** (YIN, 2013), quer dizer, um estudo detalhado e aprofundado de uma pessoa, um grupo de pessoas, uma organização ou um evento, incluindo todas as características e aspectos possíveis do caso. A questão fundamental nesse contexto é "da generalização ou aplicabilidade em outros contextos de conhecimentos" (ALVES-MAZZOTTI, 2006, p. 640). Às vezes o estudo de caso se estende a um desenho comparativo, em que dois casos são pesquisados de forma comparativa (p. ex.: uma escola na zona rural e uma na área urbana).

O estudo de caso se pode realizar de forma transversal ou longitudinal. Um plano destacado é o *estudo longitudinal retrospectivo*, conhecido como **estudo biográfico** (GOODWIN, 2012), baseado na reconstrução de eventos na vida de indivíduos. Porém, o estudo biográfico não está limitado a casos individuais, uma vez que se dirige também à análise de grupos de pessoas com o intuito de identificar padrões, tipos e contrastes dos casos. Ex: trajetórias da vida de famílias de imigrantes, de viciados, de sem-teto etc.

Os planos (quase) experimentais de laboratório explicados acima contrariam, sem dúvida, os padrões epistemológicos e metodológicos da pesquisa qualitativa. Entretanto, experimentos de campo são um plano importante também no enfoque qualitativo. Existem diferentes formas de experimentos qualitativos, sendo o mais conhecido o **"experimento de ruptura"** estabelecido por Garfinkel (1967) no contexto do seu programa etnometodológico.

Nesses experimentos, a intervenção consiste em criar situações de desvio e desconsideração de normas e expectativas sociais consideradas como certas, p. ex.:

- Uma pessoa jovem se aproxima de outra sentada no ônibus pedindo o assento dela. São registradas as reações verbais e comportamentais.
- Uma filha interage com seus pais de forma gentil mas como se os mesmos fossem pessoas desconhecidas.

Esses desvios criaram profunda confusão e indignação moral nos objetos da experiência. O intuito desses experimentos consiste em visibilizar as práticas da construção da realidade social no cotidiano e os mecanismos da reestabelecimento da ordem normal de interação. Portanto, não se trata de um plano só descritivo, porque objetiva descobrir regras e métodos gerais de raciocínio e de senso comum que os sujeitos usam em suas interações.

8

TEORIA E PRÁTICA DE AMOSTRAGEM

Em geral, resulta impossível obter informação de todos os indivíduos ou elementos que formam parte do grupo que se deseja estudar; seja porque o número de elementos é demasiado grande, os custos são muito elevados ou ainda porque o tempo pode atuar como agente de distorção (a informação pode variar se transcorrer muito tempo entre o primeiro elemento e o último). Essas e outras razões obrigam muitas vezes a trabalhar com uma só parte dos elementos que compõem um grupo. Se todos os elementos de uma população fossem idênticos, não haveria necessidade de selecionar uma amostra; bastaria estudar somente um deles para conhecer as características de toda a população. Nas Ciências Sociais, ao trabalhar com grupos humanos, observa-se a heterogeneidade de seus membros.

É por isso que se faz necessário um procedimento em que se tenha maior controle. As técnicas de amostragem permitem selecionar as amostras adequadas para os propósitos de investigação.

Em primeiro lugar, serão definidos alguns termos básicos para compreender o assunto.

8.1 Definições

8.1.1 Universo ou população

É o conjunto de elementos que possuem determinadas características. Usualmente, fala-se de **população** ao se referir a todos os habitantes de determinado lugar. Em termos estatísticos, população pode ser o conjunto de indivíduos que trabalham em um mesmo lugar, os alunos matriculados em uma mesma universidade, toda a produção de refrigeradores de uma fábrica, todos os cachorros de determinada raça em certo setor de uma cidade etc.

Cada unidade ou membro de uma população, ou universo, denomina-se **elemento**, e quando se toma certo número de elementos para averiguar algo sobre a população a que pertencem, fala-se de **amostra**. Define-se amostra, portanto, como qualquer subconjunto do conjunto universal ou da população. Assim, por exemplo, se se quiser estudar o estado nutricional das crianças brasileiras, a população seria todas as crianças brasileiras; uma amostra ou subconjunto dessa população poderia ser todas as crianças escolares da cidade de João Pessoa.

Faz-se necessário esclarecer que as interpretações de população e amostra não são fixas. O que em uma ocasião é uma população em outra pode ser uma amostra ou vice--versa. Por exemplo, se uma investigação sobre nutrição fosse em nível latino-americano, a população "crianças brasileiras" passaria a ser uma amostra da população "crianças latino-americanas", e se, pelo contrário, só interessasse uma investigação sobre o estado nutricional das crianças de João Pessoa, a amostra inicialmente apontada passaria a ser a população ou o universo.

Considerando que quase nunca uma amostra é completamente idêntica ao universo do qual foi retirada e contém um *erro amostral*, surge a questão central: como é possível inferir os resultados da amostra da população, obtendo informações sobre a mesma com uma determinada probabilidade (generalização)? Respostas a essas e outras interrogações fornecem os métodos e técnicas da *estatística inferencial,* que se assenta na teoria de probabilidade (OLIVEIRA COSTA, 2012; THOMPSON, 2012). Na presente introdução limitamos aos princípios, questionamentos e tipos básicos da amostragem, sem entrar nos fundamentos matemáticos dos modelos inferenciais.

É necessário esclarecer que não são todas as pesquisas que procuram produzir conhecimentos com o intuito de generalizar os resultados, sobretudo na abordagem qualitativa, em que os estudos de caso ou amostras muito pequenas do tipo não probabilístico são a regra. A generalização representa um problema inerente que é debatido de forma controvertida (ALLOATI, 2011).

Ainda que certos enfoques metodológicos da abordagem qualitativa (teoria fundamentada, hermenêutica objetiva, análise de conteúdo) pretendam de certa maneira uma generalização dos seus resultados além do(s) caso(s) pesquisado(s), o conceito de lógica de generalização encontrado é muitas vezes contraposto à lógica do modelo estatístico-inferencial. As consequências dessa perspectiva no que concerne aos princípios da escolha e da configuração da amostra serão explicitados posteriormente, neste capítulo.

8.2 Tipos de amostras

Dependendo da forma como se realiza o processo de seleção dos elementos, as amostras podem ser classificadas em diferentes tipos.

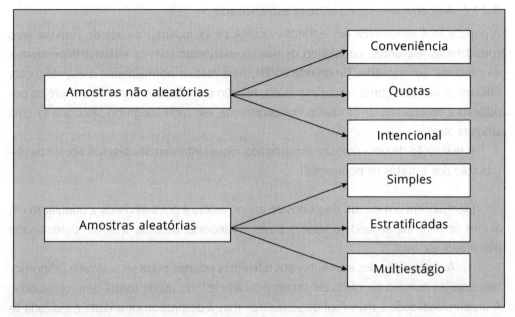

Figura 8.1 Tipos de amostras.

Como o quadro evidencia, a diferença básica reside nas amostras aleatórias (probabilísticas) e amostras não aleatórias (não probabilísticas).

8.2.1 Amostragem probabilística

Em caso de uma amostra probabilística, todos os elementos da população têm probabilidade igual ou conhecida, distinta de zero, de serem selecionados para formar parte da amostra. A seguir apresentamos resumidamente os tipos mais importantes.

8.2.1.1 Amostragem probabilística simples

Todos os elementos da população têm a chance igual de serem escolhidos (modelo de caixa de sorteio). Para que possa ser realizada, é necessário que a população seja bem definida em termos temporais e espaciais. Para efetuar a seleção, é necessário que haja uma lista completa (cadastro) de todos os elementos da população. Os métodos usados podem ser um simples sorteio, tabelas de números aleatórios ou geradores de números aleatórios, os quais podem ser baixados na internet. Ex.: todos os matriculados na UFPB no início do ano XXX. Nesse caso existe uma lista que serve como base para a seleção da amostra.

Na prática esses requisitos muitas vezes estão ausentes, o que impossibilita a realização de uma amostragem simples. Ex.: todos os peixes do mar; os habitantes de São Paulo; consumidores de drogas no Brasil.

8.2.1.2 Amostragem probabilística estratificada

A população é subdividida em estratos exaustivos e excludentes de acordo com variáveis consideradas relevantes, no sentido de que se relacionam com as variáveis dependentes da pesquisa. Em trabalhos de grande escala, para efetuar normalmente a estratificação, utilizam-se variáveis como sexo, faixa etária, religião etc. Mas isso depende sempre da população e do objetivo da pesquisa. Posteriormente, em cada subgrupo seleciona-se uma amostra aleatória.

A realização de uma amostra estratificada requer informações precisas acerca da distribuição dos estratos na população.

Exemplo: em um estudo de alunos do ensino médio é possível dividir a população em alunos de primeira, segunda e terceira séries e selecionar de cada série um determinado número de elementos.

A distribuição dos elementos aos diferentes estratos pode ser realizada proporcionalmente ao número de casos existentes em cada estrato ou de forma desproporcional. A proporcionalidade é mais fácil de se realizar, mas a desproporcionalidade é indicada se há estratos com um número muito pequeno de casos e/ou se a variância nos diferentes estratos difere significativamente.

O método mais simples de estratificar desproporcionalmente é extrair de cada estrato o mesmo número de casos. Assim está assegurado que cada estrato esteja presente na amostra com um número suficiente de casos. Normalmente, elementos de um estrato pequeno (hindus no Brasil, por exemplo) têm maior possibilidade de entrar na amostra do que elementos de um estrato numeroso (católicos no Brasil). Assim, na análise é necessária uma ponderação dos dados.

Um método misto consiste em estratificar de forma proporcional, mas incluir casos adicionais para estratos com número insuficiente de casos para efetuar comparações válidas entre os grupos.

A forma matematicamente mais sofisticada é a amostra estratificada de fração ótima que procura uma estratificação que minimiza a erro aleatório somado. Para tal finalidade, escolhem-se estratos com maior variância, um número proporcional de casos e vice-versa. Quanto maior a diferença entre as variâncias nos diferentes estratos, mais eficiente será esse procedimento. O princípio desse método é fácil de entender, mas matematicamente exigente e complicado. Em estudos na área das Ciências Sociais, até hoje é raramente empregado.

8.2.1.3 Amostragem multiestágio

Muitas vezes não se dispõe de uma base de dados (lista) de todos os elementos da população ou a mesma se dispersa por vastas áreas geográficas, p. ex., os alunos de ensino fundamental no Brasil. Nesse caso uma amostragem em duas ou mais etapas é uma opção eficiente e praticável. Em uma primeira etapa se seleciona aleatoriamente uma amostra de *clusters* ou pequenos grupos, p. ex., escolas, bairros, empresas. Em seguida, são escolhidas dos *clusters* selecionados na primeira etapa as unidades elementares a serem pesquisadas, p. ex., (1) escolas-alunos, (2) bairros-domicílios, (3) empresas-empregados. No dado caso, uma extensão desse procedimento a mais de dois níveis de amostragem pode ser indicado, p. ex., municípios – bairros – domicílios.

Evidentemente o erro aleatório acontece em cada estágio e, consequentemente, o erro total aumenta com o número de estágios. Seu cálculo é difícil e se trata de um assunto especial da teoria de probabilidade.

A metodologia da Pesquisa Nacional por Amostra de Domicílios do IBGE, parte do Sistema Integrado de Pesquisas Domiciliares (SIPD), é um exemplo de como na prática funciona uma combinação entre uma amostra em dois estágios com estratificação no primeiro estágio.

> O plano amostral adotado na PNAD Contínua é conglomerado em dois estágios de seleção com estratificação das unidades primárias de amostragem (UPAs) [...] A seleção das UPAs é feita do cadastro Mestre, que contém para cada UPA informações sobre a dependência administrativa e algumas características sociodemográficas. As UPAs que compõem a amostra PNAD Contínua são as selecionadas para compor a Amostra Mestre de um trimestre. No segundo estágio são selecionados 14 domicílios particulares permanentes ocupados dentro de cada UPA amostra, por amostragem aleatória simples o Cadastro Nacional de Endereços para Fins Estatísticos (CNEFE) atualizado [...]
>
> A estratificação das UPAs da Amostra Mestre 2010 foi definida levando-se em consideração os objetivos das diversas pesquisas que serão contempladas por esta amostra e também as questões operacionais os domínios de divulgação [...].
>
> Os critérios de estratificação são de ordem administrativa (estados, municípios), geográfica e espacial, situação dos domicílios (urbana, rural), e na última etapa uma estratificação estatística para minimizar a variância (INSTITUTO BRASILEIRO DE GEOGRAFIA E ESTATÍSTICA, 2014, p. 21-22, 23-24).

Um plano amostral dessa complexidade exige evidentemente recursos financeiros e pessoais extraordinários. Em pesquisas de escala menor que o PNAD é possível realizar um plano amostral aleatório mais fácil, sempre quando há uma lista dos elementos e um espalhamento geográfico manejável.

8.2.2 Amostragem não probabilística

Neste caso, a probabilidade de cada elemento a ser selecionado para a amostra é desconhecida e, portanto, não é possível calcular o erro amostral.

8.2.2.1 Amostragem por conveniência

São escolhidos elementos facilmente acessíveis, e, em caso de indivíduos, dispostos a responder às perguntas, submeter-se a medições ou ser observados pelo pesquisador.

Exemplo: em uma pesquisa de satisfação de consumidor na área do turismo, os entrevistadores visitam diversos hotéis e pousadas na cidade e entrevistam os turistas que eles encontram e que concordam em responder às perguntas.

A despeito de ser o método mais fraco, é também o mais usado em pesquisas que contam somente com poucos recursos humanos e financeiros ou em situações específicas que não permitam um acesso aleatório aos sujeitos.

Não é possível generalizar o resultado de tal amostra, mas pode ter uma certa utilidade para um primeiro contato com o campo de investigação e estabelecer possíveis hipóteses a serem testadas em trabalhos futuros.

8.2.2.2 Amostragem de quotas

Como no caso da amostragem probabilística, a população é subdivida em estratos de acordo com certas características importantes, cuja distribuição na população é conhecida.

Exemplo: dos habitantes de um determinado município 50% são mulheres e 50% homens e a incidência de pobreza é de 30%. Na amostra devem aparecer as mesmas proporções.

Porém, a seleção final dos sujeitos não é feita de forma aleatória, mas por convivência. Outras variáveis de quota muitas vezes usadas são: faixa etária, nível escolar, renda, região etc.

Esse procedimento é o mais popular em estudos de marketing, incluindo pesquisas por telefone e *on-line*, e oferece para tais finalidades resultados em geral suficientemente satisfatórios.

8.2.3 Amostra intencional

Como o próprio nome já indica, a escolha dos elementos acontece basicamente por julgamento do pesquisador, que se baseia em certos critérios e/ou objetivos da pesquisa. Uma das formas mais comuns nesse contexto é uma amostra de caso(s) típico(s), ou seja, casos considerados representativos para o universo total. Exemplo: pequenas cidades típicas no sertão. Outra estratégia é a escolha de casos extremos a serem contrastados. Exemplo: professores de escolas pobres em área rural e de escolas de elite em área urbana.

Apesar das limitações no que se refere à possibilidade de generalização, a amostra intencional é na prática de pesquisa muitas vezes a única opção viável. Nos estudos de caso (típico, raro, extremo) na abordagem qualitativa com o enfoque na profundidade, a amostra intencional é a técnica mais indicada.

8.3 O que é uma amostra representativa?

No discurso público, nas notícias sobre resultados de pesquisas e em diversos livros de estatística, o conceito de amostra representativa ocupa um lugar destacado. Também o IBGE (2014, p. 7) nas suas explicações metodológicas menciona que é importante "garantir a representatividade". Mas o que significa representatividade e como se pode garantir que uma amostra seja representativa?

A maioria dos autores compreende "representativa" no sentido de que a amostra compõe uma miniatura exata da população. De forma menos rigorosa se considera como suficiente o fato de que a amostra represente aproximadamente as características da população.

Assim, a representatividade em termos estatísticos implica que somente é possível estimar com base nas medidas da amostra (M, s, p, r) os parâmetros da população (μ, σ, π, ρ) com uma certa **margem de erro** e um certo **"nível de confiança"**. Na prática esse nível se define em 95% ou 99% e representa a probabilidade de que o "valor verdadeiro" do universo esteja dentro dos limites calculados, contanto que se trate de uma amostra aleatória.

A estimação de parâmetros (estimação de ponto, estimação de intervalo), assim como os testes de hipóteses sobre características da população (item 6.5), são os objetivos principais da *estatística inferencial*. Para tal finalidade existem diferentes modelos baseados na teoria de probabilidade que se encontram na literatura especializada (OLIVEIRA COSTA, 2012). É importante enfatizar que o modelo do teste de significância amplamente usado na literatura e na pesquisa é o menos exigente e somente um modelo entre outros.

Na prática se efetuam muitas vezes cálculos de inferências, mesmo que a amostra não seja aleatória. Nesses casos as estimativas devem ser tratadas com muita cautela, porque sua qualidade é desconhecida.

Exemplo: um caso amplamente conhecido é a pesquisa eleitoral. Suponha-se que, em uma amostra aleatória simples de $n = 1000$, o candidato A tenha 40% dos votos. O pesquisador aceita uma margem de erro de $\pm 3\%$ e deseja um nível de confiança de $1 - \alpha = 95\%$. Em outras palavras, o intervalo é de 37% a 43%. Na prática, os institutos de pesquisa usam amostras estratificadas, o que aumenta a precisão da estimativa. Observa-se que o nível de confiança é de 95%, o que significa que em 5% das amostras com as mesmas características o valor verdadeiro está fora dos limites calculados. Isso é uma das causas que explicam por que, às vezes, prognósticos eleitorais estão errados.

Cabe esclarecer mais uma vez que uma inferência estatística é somente indicada em caso de (a) uma amostra aleatória e (b) intenção de uma generalização dos resultados da amostra. Portanto, em pesquisas qualitativas, procedimentos como inferências são muito raros. Mas há muitas pesquisas que aplicam de forma mecânica testes e estimações sem ter nem os requisitos nem a intenção de generalizar.

8.4 Tamanho da amostra

Uma das perguntas mais frequentes por parte de iniciantes na área de pesquisa social é: "Que número de casos é necessário para ter uma amostra representativa?". Depois de haver esclarecido os mal-entendidos referentes ao conceito de "amostra representativa", será necessário agora esclarecer erros e mal-entendidos no que se refere ao tamanho da amostra e ao modo de calculá-lo. Em primeiro lugar analisaremos o caso da estimativa de parâmetros populacionais.

O mal-entendido mais comum relaciona-se ao tamanho da amostra, que deve ser uma determinada fração do universo, p. ex., 5%, o que significaria, no caso de uma população de $N = 20.000$, um tamanho de $n = 1.000$. Se fosse assim, o tamanho da amostra teria que aumentar à medida que a população aumenta. No caso do Brasil, com mais de 200.000.000 habitantes, uma amostra de 5% seria então $n = 100.000$, uma dimensão absolutamente pouco realista. Felizmente não é assim. O que importa é somente o tamanho absoluto da amostra.

Podemos resumir que o tamanho da amostra necessário não tem nada a ver com o tamanho do universo, mas depende do nível de confiança desejado, da margem de erro aceito e da variância dos elementos, sendo que a última somente pode ser influenciada pela técnica de amostragem. Vale a seguinte regra geral: quanto maior a amostra, menor a margem de erro, dados a variância (σ) e o nível de confiança. No exemplo da pesquisa eleitoral, a margem de erro foi de $\pm 3\%$. Para diminuir o erro a $\pm 2\%$, que corresponde a um intervalo de 38% a 42%, o tamanho da amostra tem que aumentar em 2.250 sujeitos.

Esses raciocínios indicam que não há uma resposta geral à pergunta sobre o tamanho da amostra. Recomendável de qualquer modo é um tamanho $n > 30$, porque a partir desse número tem efeito um dos teoremas mais importantes da estatística, a *Lei dos Grandes Números*. Amostras menores que aparecem às vezes em experimentos da psicologia são objeto da teoria de amostras pequenas.

As fórmulas para calcular o tamanho da amostra a fim de estimar a média (μ), a proporção (π) ou outros parâmetros sempre incluem os três fatores mencionados: erro de estimação, nível de confiança e a variância dos elementos, e se encontram na literatura estatística. Também existem recursos na internet que permitem calcular o número necessário.

Outro problema que causa mal-entendidos está relacionado ao fato de que a maioria das pesquisas sociais é do tipo multitemático, quer dizer, que se dedica a diversos atributos (variáveis) de vários níveis escalares e com variâncias diferentes. Assim, faz-se necessário um cálculo do tamanho amostral para cada variável importante. Uma solução eficiente, mas custosa, é basear-se na variável de maior variância. Mas isso leva a um valor grande demais para todas as outras variáveis e contraria o princípio econômico.

Um segundo problema nesse contexto é que se desconhece a variância populacional (σ^2) necessária para poder calcular o tamanho da amostra. Portanto, é necessário calcular uma estimação prévia com base em estudos anteriores, conjecturas ou pequenos estudos-pilotos. Caso não existam dados disponíveis, é recomendável usar, em vez de erros absolutos, erros relativos (LIPPE, 2011, p. 3). Em resumo: na prática a determinação do tamanho da amostra é um assunto muito mais complexo do que aparece muitas vezes na literatura.

Em caso que se decida não estimar parâmetros, mas testar hipóteses sobre determinados parâmetros na população, o dimensionamento amostral se complica mais ainda. Lembramos que um teste de hipótese (cap. 6) é um procedimento que conduz a uma decisão entre duas hipóteses com base numa amostra. Sendo que se trata de uma decisão binária, existem dois tipos de erros possíveis:

erro $\alpha = p(\text{rejeitar } H_0 / H_0 \text{ é verdadeiro})$ e **erro** $\beta = p(\text{aceitar } H_0 / H_0 \text{ é falso})$.

O cálculo amostral depende do teste aplicado (teste t, teste z, teste F, teste χ^2), do tamanho do efeito considerado importante e dos erros (α, β) toleráveis. Por convenção se adotam normalmente valores de $\alpha = 5\%$ e $\beta = 20\%$. Há softwares gratuitos disponíveis na internet que facilitam o cálculo do tamanho da amostra (G*Power 3.1; Bioestat 5.3).

8.5 Aproximação qualitativa da amostragem

8.5.1 Generalização e amostragem

Como já foi mencionado, os modelos de amostragem aleatória e as técnicas de estatística inferencial têm pouca importância no campo da pesquisa qualitativa. O modo de conceituar generalização nos estudos quantitativos não tem muito sentido para pesquisas qualitativas. Para tais estudos é muito mais importante conhecer em profundidade atitudes, crenças e comportamento das pessoas; supõe-se que determinada visão do mundo está relacionada a um contexto específico e que a generalização para outras situações será extremamente limitada.

Mas isso não significa que no campo da pesquisa qualitativa se desiste de chegar a resultados que tenham relevância além do contexto imediato de determinada pesquisa. A ciência, de uma forma ou da outra, não pode limitar-se às singularidades, mas tem que buscar generalidades. Ainda que se evite formular leis do comportamento humano, o pesquisador espera que os resultados de sua pesquisa permitam compreender o comportamento dos outros, mesmo que a capacidade explicativa esteja limitada no tempo e no espaço. Ward-Schofield (1993) tem sugerido que essa reivindicação exige uma reconceituação do termo generalização em termos apropriados para a pesquisa qualitativa. A autora prefere termos como "ajuste" e "comparabilidade", que retratem o processo de descrição detalhada do conteúdo e contexto da pesquisa de tal maneira que possa ser generalizado para exemplos semelhantes. Yin (2013) apontou de forma explícita a diferença fundamental entre a generalização estatística que se refere a populações e a generalização teórica (analítica), própria do trabalho qualitativo.

Sem discutir as dimensões epistemológicas desse raciocínio, é óbvio que a lógica da relação universo-amostra é diferente na maioria dos estudos no campo qualitativo. Consequentemente, também os métodos de amostragem têm que ser diferentes. Caso não haja nenhum interesse por parte do pesquisador em generalizar os resultados, ou se a noção de generalização não corresponda ao modelo clássico da inferência estatística, os modelos de estimação e testes de hipóteses com base na teoria de probabilidade se tornam obsoletos.

Porém, como já foi dito, muitos estudos qualitativos objetivam uma aplicabilidade do conhecimento gerado a outros contextos e casos. Portanto, surge a pergunta: que estratégias de amostragem podem subsidiar uma generalização mesmo que seja diferente da noção geral da inferência estatística?

8.5.2 Princípios de amostragem

Como princípios básicos de amostragem no campo da pesquisa qualitativa, diferentes dos princípios da pesquisa quantitativa, podemos anotar:

- A escolha da amostra não é aleatória, mas intencional. Esse tipo se usa também na pesquisa quantitativa, mas nessa pesquisa é considerado um critério de "segunda categoria". Realizar uma amostra intencional no campo da pesquisa qualitativa significa que a amostragem é considerada uma série de decisões estratégicas, entre outras: quais são os casos que interessam? Onde se encontram os casos? Como é possível entrar em contato com eles? Como se pode gerar uma relação positiva com eles? De qualquer modo, a estratégia de amostragem depende finalmente do objetivo da pesquisa.
- A amostragem não é considerada um ato único que se realiza antes do início da pesquisa. "O tamanho de amostra não é fixado a priori" (SAMPIERI et al., 2013, p. 403), mas evolui durante o processo de pesquisa de acordo com os acontecimentos. Uma exceção são os estudos que focalizam um caso único.
- O tamanho final da amostra não é determinado por parâmetros de distribuições probabilísticas, mas pelo objetivo da pesquisa, pela natureza dos fenômenos e pelo ponto de saturação, o qual é alcançado quando a inserção de novos casos não fornece mais dados ou informações novas. Na maioria dos casos os intervalos variam de um a 50 casos no máximo (SAMPIERI et al., 2013, p. 404).

Em resumo: o processo de amostragem no campo da pesquisa qualitativa é mais aberto, mais flexível e de certo modo até mais exigente que o de uma amostragem baseada em modelos matemático-probabilísticos bem definidos. Lamentavelmente, muitos estudos qualitativos descuidam do intuito metodológico da amostra intencional e trabalham simplesmente com uma amostra por convivência, sem explicar ou justificar a escolha das unidades.

8.5.3 Tipos de amostragem

Como já foi comentado, o tipo de amostra na pesquisa qualitativa depende do interesse do pesquisador: o que quer saber. A seguir apresentam-se as técnicas mais usadas na pesquisa qualitativa (PALYS, 2008, p. 697-698; SAMPIERI et al., 2013, p. 405-410). É importante lembrar que algumas dessas técnicas são usadas também em pesquisas de cunho quantitativo-analítico sempre quando faltam condições de realizar uma amostra aleatória.

- **Amostra das "partes interessadas":** muito útil em pesquisas de avaliação e análise de políticas. É composta por pessoas envolvidas e/ou especialistas no assunto. Exemplo: uma avaliação do Programa Brasil Alfabetizado (PBA) deve envolver os responsáveis políticos que desenvolveram e implementaram o programa, administradores educacionais dos estados e municípios, professores e alunos da EJA.

- **Casos extremos ou diferentes:** às vezes, os casos extremos são de interesse porque representam as formas de maior intensidade de um fenômeno, distante do caso de normalidade. Exemplo: para descobrir possíveis fatores que impactam o rendimento escolar se comparam escolas com uma *performance* excepcionalmente boa e outras com *performance* muito insatisfatória.

- **Casos típicos:** incluem casos considerados exemplares para uma certa categoria. Exemplo: escolas que correspondem ao tamanho, rendimento e composição socioeconômica do alunado semelhantes aos parâmetros "reais" de um contexto. Evidentemente, para caracterizar um caso como típico, é necessário conhecer características do universo. Sem estas, a amostragem depende da subjetividade do pesquisador.

- **Amostra de variação máxima:** procuram-se elementos que abranjam toda a variedade de posições, perspectivas e modalidades do fenômeno em estudo. Nesse sentido juntam-se os dois tipos de amostragem mencionados acima (extremos e típicos) com outras posições existentes para captar a complexidade do fenômeno. Exemplo: todo espectro de escolas que existem no país: urbana/rural; grande/média/pequena; *performance* baixa/média/alta; pública/privada etc.

- **Amostras por redes ("bola de neve"):** em situações nas quais o público-alvo é de acesso muito difícil, inicia-se a pesquisa com poucas pessoas conhecidas. Estas conhecem outras pessoas com as mesmas características, que são contatadas e, se concordam, serão incluídas na amostra. Exemplo: consumidores de drogas, mulheres jovens vítimas de violência, minorias sexuais.

- **Amostragem teórica:** esse procedimento foi desenvolvido no contexto da teoria fundamentada. Sua especificidade consiste no caráter processual da amostragem que é guiada por critérios da relevância teórica dos dados coletados. O processo amostral termina no momento da saturação teórica, quer dizer, quando as informações fornecidas por novas entrevistas ou outras fontes acrescentam pouco ao material já obtido.

Essa lista não se deve considerar exaustiva no que se refere às estratégias e técnicas, mas como uma ilustração de algumas possibilidades de amostragem intencional na pesquisa qualitativa.

Para concluir, devemos insistir que a amostra do estudo é um dos fatores mais importantes que determinam a qualidade dos resultados alcançados. Como já foi acima mencionado, por definição, a amostra é um subconjunto da população em estudo. Realizar uma pesquisa com a amostra errada ou mal planejada levará a resultados errados, prejudicando todo o trabalho feito.

9

ROTEIRO DE UM PROJETO DE PESQUISA

Nas mais diversas atividades escutamos a palavra **projeto**: projeto de uma escola, projeto de uma indústria, projeto de uma viagem etc. Nesse sentido, projeto implica planejamento de uma atividade: planeja-se uma escola, planeja-se a construção de um edifício, planeja-se uma viagem. Esse planejamento precisa de um roteiro que especifique as etapas a serem cumpridas, as atividades a realizar, os recursos necessários e o tempo disponível. A pesquisa científica também precisa de planejamento e de um documento escrito que descreva os aspectos fundamentais da pesquisa, a escolha do assunto, a tematização, a determinação dos objetivos, a coleta de dados, sua análise e interpretação até as possíveis contribuições do trabalho.

Esse plano deverá responder às seguintes perguntas:

- O que será pesquisado? (Assunto ou tema)
- Por que será pesquisado? (Justificativa ou introdução)
- Para que será pesquisado? (Objetivos)
- Como será pesquisado? (Metodologia)
- Quando será pesquisado? (Metodologia)

Assim sendo, o projeto de pesquisa é um plano de trabalho estruturado com base em uma sequência lógica de conceitos e ações coerentes, preparado pelo pesquisador a fim de responder a um problema de pesquisa usando o método científico. Prepara-se tendo em conta uma estrutura que é caracterizada por ser flexível (VERA, 2014).

Após uma rápida consulta na internet, o iniciante em pesquisa constatará que existem diversas propostas que especificam as "etapas" de um projeto de pesquisa. Conforme a formação do autor, a sua abordagem filosófica, as determinações de uma instituição etc., existem diferentes propostas para a elaboração de um projeto. No entanto, todas incluem a necessidade de:

1. Identificação do problema de pesquisa.
2. Revisão da literatura.
3. Especificação dos objetivos da pesquisa.
4. Menção da metodologia para coleta e análise dos dados (informações).
5. Referência à contribuição da pesquisa.

Nas páginas seguintes acrescentaremos alguns aspectos não mencionados em edições anteriores deste "manual", mas que alguns orientadores, programas ou instituições nacionais ou estrangeiras solicitam que façam parte do projeto. Por exemplo: a situação-problema.

9.1 Justificativa ou introdução

Nessa parte inicial do projeto, deve-se responder brevemente à pergunta: o que será pesquisado (escolha do assunto)? Explicar os motivos práticos e teóricos que justificam o assunto; informar por que se deseja fazer a pesquisa (objetivos); como ela será feita (metodologia proposta); e a possível contribuição da investigação. Para isso, é necessária a presença de alguns pontos indicados a seguir. No entanto, não existe nenhuma regra rígida quanto a sua sequência, exclusão ou inclusão de itens ao conteúdo da justificativa ou introdução:

1. Modo como foi escolhido o fenômeno a ser pesquisado e como surgiu o problema levantado para o estudo.
2. Apresentação das razões em defesa do estudo realizado.
3. Relação do problema estudado com o contexto social.
4. Explicação dos motivos que justificam a pesquisa nos planos teórico e prático, considerando as possíveis contribuições do estudo para o conhecimento humano e para a solução do problema em questão.
5. Fundamentação da viabilidade da execução da proposta de estudo.
6. Referência aos possíveis aspectos inovadores do trabalho. Esse é um ponto básico e deve estar presente nos aspectos já mencionados. No entanto, quando o objetivo do pesquisador for replicar um estudo anteriormente realizado por considerar que não houve aplicação correta e/ou precisa de determinada metodologia ou abordagem teórica, não se faz necessário o critério de inovação, pelo menos dentro de uma visão restrita, visto que as características do projeto não precisam

ser modificadas. Nesse caso, a inovação só poderá ocorrer nos resultados obtidos com a nova metodologia e/ou abordagem teórica aplicadas.

7. Considerações sobre a escolha do(s) local(is) que será(ão) pesquisado(s). Relatar se a pesquisa será realizada em nível local, regional, nacional ou internacional.

9.1.1 Partes de uma justificativa

Não existem regras estabelecidas que determinem como escrever uma justificativa (e ainda bem!). Mas a angústia dos alunos e a experiência levam-nos a recomendar a seguinte divisão:

9.1.1.1 Experiência vivida em relação ao fenômeno

O pesquisador começa a justificativa colocando sua experiência relativa ao fenômeno que deseja estudar. Essa parte pode ser constituída por um ou dois parágrafos. Exemplos:

"Na minha experiência como professora e psicóloga em escolas públicas e particulares de 1º grau e como professora do curso de Pedagogia da Universidade Estadual da Paraíba, pude observar..." (projeto de dissertação de aluna do Curso de Mestrado em Educação da UFPB).

"Nos dias de hoje, mais do que nunca, para ingressar em uma carreira profissional é necessária a comprovação de conclusão de um curso superior, ou seja, de um diploma universitário. Os mercados têm ficado mais competitivos..." (Projeto de aluno do curso de Mestrado em Administração da UFPB).

9.1.1.2 Pergunta de pesquisa/formulação do problema que se pretende estudar

Após colocar a experiência refletida, o pesquisador formula **a pergunta de pesquisa** (qual, quê, como e quando) que estabelece o assunto e formula o problema que pretende estudar. Cabe lembrar que o problema é formulado em termos de pergunta. Essa parte da justificativa não ocupa mais do que um parágrafo. Exemplos:

"... acreditando nisso, pretendo descobrir qual o nível de aceitação dos administradores formados pela Universidade Federal da Paraíba..." (Projeto de aluno do CMA/UFPB).

"Assim, pretendo estudar [...] como a extensão universitária, na UFPB, pode contribuir para a ampliação da hegemonia dos setores subalternos da sociedade" (Projeto de aluno do CME/UFPB).

9.1.1.3 Contribuições do trabalho

Por último, a justificativa inclui um parágrafo no qual o pesquisador coloca as possíveis contribuições teóricas e práticas do trabalho a ser realizado. Exemplos:

"Este estudo será relevante para a qualidade do ensino de nível superior, magistério e 1º grau. Pesquisar acerca da relação entre psicologia educacional e educação..." (Projeto de aluna do CME/UFPB).

"Assim, espero com essa pesquisa contribuir para o fortalecimento da escola pública, como um espaço da maioria marginalizada, desenvolvendo um saber que crie condições de hegemonia da classe trabalhadora" (Projeto da aluna do CME/UFPB).

Em geral, a justificativa deveria ter, no máximo, duas páginas e não incluir citações (a revisão do conhecimento acumulado forma parte da definição do problema). A justificativa é pessoal.

9.2 Pergunta de pesquisa

Para Gil (2006, p. 49), um problema de pesquisa é "[....] qualquer questão não resolvida e que é objeto de discussão, em qualquer domínio do conhecimento". Assim, a investigação começa quando o pesquisador está ciente de um problema. Não há nenhuma investigação científica sem o problema de pesquisa. O componente mais importante de um estudo é a **pergunta de pesquisa**, uma vez que sua preparação é a melhor maneira de representar um problema.

Na prática, talvez influenciados pelas ciências exatas e naturais, quando recomendamos a elaboração de um projeto de pesquisa destacamos a formulação do problema, esquecendo a pergunta de pesquisa. A maioria dos livros de pesquisa apenas coloca um "lembrete": formular o problema como pergunta. A ausência de mais explicações sobre a pergunta de pesquisa tem produzido muitos problemas em exames de qualificação ou defesas de dissertações ou teses de doutorado. No entanto, o avanço da pesquisa qualitativa e os seus paradigmas estão influenciando a elaboração desses projetos, fazendo deles instrumentos mais flexíveis e fáceis de preparar. Portanto, começaremos a nossa proposta com uma análise da pergunta de pesquisa.

9.2.1 Como formular uma pergunta de pesquisa

A pergunta de pesquisa é o primeiro passo para iniciar uma investigação, sendo um grande e fascinante desafio. De acordo com Maxwell (2005), a questão de pesquisa ajuda a concentrar e limitar o estudo; direciona no sentido de escolher o plano de pesquisa mais adequado; orienta o paradigma a ser utilizado, seja qualitativo, quantitativo ou misto; e contribui para determinar a viabilidade do estudo com relação ao tempo, espaço e recursos disponíveis. Não é recomendável começar a escrever ou preparar um projeto sem ter identificada a pergunta de investigação. Não podemos escolher técnicas, teorias ou dados se não temos uma pergunta de pesquisa. Será nosso guia durante todo o processo.

Cabe destacar a importância de que esteja claro que a pergunta de pesquisa seja coerente com a abordagem científica adotada. É fácil cometer o erro de escolher a pergunta antes de considerar como será feito o estudo (metodologia).

Para Cardenas (2013), a questão de investigação tem de cumprir algumas condições prévias:

1. Concisa: linguagem simples e clara. Frases curtas e diretas, nenhuma linguagem pretensiosa.
2. Precisa: no sentido de possibilitar a identificação dos elementos e instrumentos que deverão ser utilizados no decorrer do trabalho.
3. Executável: a questão deve ser possível de resposta com uma coleta de dados viável.
4. Relevante: produzir benefícios e impactos em nível teórico, empírico e social.

9.2.2 Algumas orientações para uma correta formulação da pergunta de pesquisa

9.2.2.1 Em termos de redação

1. Evitar palavras tais como: importância, influência e relevância.
   Exemplo: Qual é a importância da educação a distância para a aprendizagem?
   É melhor: Quais são os efeitos da educação a distância na aprendizagem?
2. Evitar usar os conceitos para uma mesma variável.
   Exemplo: Qual é a concepção ou opinião do professor sobre a exclusão escolar?
3. Redigir como pergunta, não como afirmação.
   Afirmação: A violência doméstica afeta o rendimento escolar?
   Pergunta: Quais os efeitos da violência doméstica no rendimento escolar?
4. Começar com: Por quê? Qual? Como?

9.2.2.2 Em termos de conteúdo

1. Não fazer perguntas que podem ser respondidas com um simples **sim ou não**.
   Exemplos: A leitura de livros infantis ajuda na aprendizagem? O trabalho em equipe melhora o aproveitamento escolar?
2. Evite perguntas na forma de dilemas.
   Exemplo: Em vez de dizer: Por que o consumo de drogas pelo pai afeta o vício dos filhos?
   É melhor: Quais os efeitos sociais do consumo de drogas da família?
3. Evite fazer perguntas sobre o futuro dos estados de coisas.
   Exemplo: Em lugar de: Como pode a biotecnologia excluir problemas alimentares na próxima década?
   É melhor: Como pode a biotecnologia contribuir para melhorar o estado nutricional das crianças africanas?

4. Evite perguntas totalizantes.

Exemplos: Qual é o significado da vida? Qual é a origem da sociedade?

5. A pergunta deve ter resposta.

Exemplo: Em vez de: Quais devem ser os objetivos de vida de uma pessoa?

É melhor: Qual é a percepção de diferentes religiões sobre os objetivos de vida de uma pessoa?

6. Não pergunte afirmações, formule uma pergunta.

Exemplo: Em lugar de dizer: As condições de seguridade dos restaurantes de Brasília são adequadas?

É melhor: Quais são as condições de seguridade dos restaurantes de Brasília?

7. A pergunta deve ter clareza na variável ou variáveis utilizadas.

Exemplo: Na pergunta anterior: Quais são as condições de seguridade dos restaurantes de Brasília?

A variável é: condições de seguridade.

8. Deve permitir visualizar a metodologia a ser utilizada.

Exemplo: Na seguinte pergunta formulada: Quais são as normas ambientais que devem cumprir as escolas de Recife?

O pesquisador deverá fazer uma pesquisa de tipo documental.

9. Visualizar lugar, sujeitos e escopo.

Exemplo: Quais são as características socioeconômicas dos alunos da escola "X" de Porto Alegre?

10. Perguntas em termos específicos.

Exemplo: Em vez de dizer: Qual é a influência da tecnologia na educação?

É melhor: Quais são os efeitos do uso do computador na aprendizagem dos alunos da escola João XXIII de São Paulo?

11. Não faça perguntas valorativas.

Exemplo: Em lugar de dizer: Deveria ser permitido o ensino religioso nas escolas públicas?

É melhor: Qual é a opinião dos líderes da comunidade "X" sobre o ensino religioso nas escolas públicas?

9.3 Situação-problema

Para Pádua (1997), o ponto de partida é uma **situação-problema** que o pesquisador e/ou pesquisadora encontram na realidade. O processo que conduz da situação-problema ao problema de pesquisa passa por uma explicação resumida dos diversos fatos, acompanhados de suporte teórico, que justificam a pesquisa. Por exemplo: situações negativas, fatos negativos, falta de trabalhos científicos sobre o tema de pesquisa etc.

ROTEIRO DE UM PROJETO DE PESQUISA

9.3.1 Exemplo de projeto que inclui a "situação-problema"

Assunto: Dislexia e problemas de aprendizagem (SOUZA FILHO, 2013).

2 SITUAÇÃO-PROBLEMA

a) **Inserção do disléxico na Escola** (JACOB, 2012; UNESP, 2013)

Conforme Jorge Jacob (2012) em seu discurso como fundador e primeiro Presidente da Associação Brasileira de Dislexia – ABD, as escolas encontram muita dificuldade de lidar com crianças disléxicas e só com o apoio de instituições como a ABD juntamente com o esforço e interesse dos pais é possível dar um atendimento mais eficaz às dificuldades de aprendizagem resultantes do transtorno da dislexia.

Para a Universidade estadual Paulista – Unesp, uma das causas das dificuldades de aprendizagem são "Causas educacionais – o tipo de educação que a pessoa recebe na infância irá condicionar distúrbios de origem educacional" (UNESP/ Inclusão 2013).

b) **Metodologias inadequadas para tratar dificuldades de aprendizagem** (ANDRADE, 2012)

Para Maria I. S. Andrade (2012), os problemas que impedem as crianças de desenvolverem seu potencial de aprendizagem são complexos e de vários aspectos, sendo um deles o relacionado à falta de metodologia adequada de intervenção na aprendizagem; para ela as dificuldades de aprendizagem "podem ser naturais ou decorrentes de *metodologia inadequada*, de padrões de exigência da escola, de falta de assiduidade do aluno e dos conflitos familiares eventuais" (COLL; MARCHESI; PALÁCIOS, 1999 apud ANDRADE, 2012, p. 3, grifo nosso).

c) **Falta de conhecimento dos professores sobre as dificuldades de aprendizagem** (OLIVEIRA, 2011)

Ana C. Oliveira (2011) considera que a dislexia não tem relação com uma alfabetização deficitária, nem é culpa da criança, o fato é que segundo a autora muitos professores desconhecem formas eficientes que ajudem a criança disléxica a superar esse transtorno.

Muitos professores e pais, infelizmente, ainda não têm um discernimento mais específico acerca da dislexia e suas causas, portanto muitas crianças sofrem os mais diversos tipos de preconceitos e até mesmo insultos por conta de sua dificuldade em "aprender" (OLIVEIRA, 2011, p. 7, grifo do autor).

[...]

Desta forma faz-se necessário ampliar a discussão acerca da dislexia no campo da Pedagogia e nas instituições de ensino e nas formadoras de profissionais da educação, visando o aprimoramento e a ampliação do conhecimento necessário à formação de docentes (SOUZA FILHO, 2013, p. 4).

IMPORTANTE: O último parágrafo da situação-problema deve incluir a pergunta de pesquisa. Por exemplo:

Diante do exposto e por entender que a Educação Ambiental é um elemento necessário para o desenvolvimento de uma nova consciência planetária comprometida com a qualidade da vida no planeta, surge a seguinte reflexão: Qual a relação entre a metodologia do professor e os princípios definidos em Tbilise para a Educação Ambiental? (BEZERRA, 2011).

9.4 Condições para a determinação de um problema

As seguintes condições não esgotam as exigências para a determinação de um problema de pesquisa, mas ajudarão o leitor na avaliação da adequação do problema:

1. Se a pesquisa se refere às Ciências Sociais, o problema deve ser de natureza social.
2. O problema deve ser concreto e estar formulado de forma clara e precisa. De acordo com o sentido da palavra *problema*, exige-se uma resposta. Portanto, é conveniente formulá-lo como pergunta. Exemplos:
   – Quais os fatores que contribuem para a evasão escolar?
   – Como a extensão universitária pode contribuir para o desenvolvimento de uma comunidade?
3. As Ciências Sociais referem-se à realidade e não ao ideal, ao que deve ser. Portanto, um problema de pesquisa não pode estabelecer juízos de valor sobre o que é melhor ou pior em uma situação social.
4. O problema deve referir-se a fenômenos observáveis, passíveis de verificação empírica.
5. O problema não deve referir-se a casos únicos ou isolados; deve ser representativo e passível de ser generalizado.
6. O problema deve apresentar certa originalidade. Portanto, não se deve insistir em problemas já conhecidos e estudados, salvo se forem incluídos novos enfoques ou pontos de vista.

9.5 Marco teórico ou quadro referencial

9.5.1 Fenômeno *versus* tema

Um efeito negativo de nossa formação em pesquisa, particularmente relacionado com a confusão da "necessidade de neutralidade científica", é o conceito de "tema" – tema de pesquisa, tema da dissertação, tema do projeto etc. Essa palavra não contribui

ROTEIRO DE UM PROJETO DE PESQUISA 163

especialmente para quem se inicia em projetos de pesquisa, para o esclarecimento ou a delimitação do que se pretende estudar. O tema não vincula, organicamente, o pesquisador com o objeto de pesquisa.

Segundo o *Novo dicionário Aurélio da língua portuguesa (1986, p. 1659)*, tema é: "1. Proposição que vai ser tratada ou demonstrada; assunto: *O tema da palestra é a arte grega*. 2. Exercício escolar para retroversão ou análise. [...] 3. Texto em que se baseia um sermão. [...] 5. (*Mús*) Motivo que é o germe do qual procede e no qual se desenvolve a composição." Em outras palavras, nenhuma relação tem com o conhecimento científico. Apenas contribui para confundir. Mais um conceito mal utilizado nas Ciências Sociais.

O que significa a palavra **fenômeno**?

Segundo o mesmo dicionário (1986, p. 769), **fenômeno** é: "1. Qualquer modificação operada nos corpos pela ação dos agentes físicos ou químicos. 2. Tudo o que é percebido pelos sentidos ou pela consciência. 3. Fato de natureza moral ou social. [...] 10. (*Filos.*) Tudo o que é objeto de experiência possível, i. e., que se pode manifestar no tempo e no espaço segundo as leis do entendimento."

Portanto, o fenômeno tem características próprias e ocupa um lugar no tempo. Assim, o fenômeno existe, tem essência e é objeto do conhecimento científico. Se o pesquisador pensa em termos de fenômeno, sabe que, por definição, deve estudar os elementos que compõem o fenômeno (não precisa analisar todos, pode escolher alguns) e suas características no tempo e no espaço (lugar).

No caso da evasão escolar:

Tema: evasão escolar.

Nada indica que temos que considerar elementos, tempo ou lugar onde acontece o tema.

Fenômeno: evasão escolar.

Por definição, temos que considerar seus elementos, características, localizá-la no tempo e em algum lugar. Exemplo: a evasão escolar no Brasil, na década de 1960.

9.5.2 Produção de conhecimento em pesquisa

Determinar e delimitar um problema de pesquisa implica conhecimento do fenômeno selecionado para estudo, o que se deseja pesquisar. São duas as formas utilizadas para a produção do conhecimento em torno de um objeto de pesquisa; e elas supõem comportamentos distintos do pesquisador.

A primeira é a que apresenta o seguinte processo: o pesquisador, acreditando que possui pleno domínio do fenômeno escolhido para ser pesquisado devido à experiência adquirida em outras pesquisas, em leitura de livros etc., supõe-se em condições de definir seu problema de pesquisa sem a participação da população em estudo, elaborando instrumentos de coleta de informações, que serão fornecidas por pessoas que serão utilizadas apenas como objeto de estudo. Em seguida, realiza a análise dessas informações e, em alguns casos, divulga-as.

A segunda segue outro processo: o pesquisador insere-se na população que deseja estudar e, juntamente com seus elementos, em constante interação, tenta levantar os problemas que serão pesquisados, com o objetivo de produzir um conhecimento concreto da prática que vivencia. Aqui, o pesquisador acredita que a população que pretende estudar é a única que tem condições de levantar seus problemas prioritários de pesquisa.

Na primeira forma de produção do conhecimento, os problemas de pesquisa são levantados a priori pelo pesquisador, com base em pesquisas anteriores, livros, documentos, jornais, revistas etc., enquanto na segunda forma estes são trazidos à baila, no próprio processo de pesquisa, pelos elementos da população em estudo, com a participação do pesquisador. Aqui estabelece-se uma relação sujeito-sujeito.

Outro aspecto que se deve considerar é que em ambos os casos o conhecimento requerido para definir o problema de pesquisa varia de acordo com o tipo de estudo realizado. Caso se deseje realizar um estudo analítico, por exemplo, necessita-se de maior aprofundamento do fenômeno no objeto da pesquisa selecionado. No entanto, esse conhecimento não se refere às questões levantadas para estudo, pois não teria sentido pesquisar o que o pesquisador já conhece. Além disso, levar-se-á em conta que nem todas as questões devem ser consideradas problemas de pesquisa, mas somente as que necessitam de uma resposta devido à sua importância no quadro social ou no campo das Ciências Humanas.

Isto nos leva a tratar de outro aspecto, semelhante a esse, que geralmente ocorre nos grupos emergentes de pesquisadores: são os levantamentos exagerados de informações sem quaisquer objetivos predeterminados, que acarretam para a pesquisa elevação nos custos, perda de tempo na busca de suas possíveis utilidades ou, no caso extremo, sua inviabilidade. Outro problema que deve ser considerado dentro da dinâmica de execução da pesquisa é a diminuição ou ampliação das problemáticas e de seus aspectos, o que leva necessariamente a uma nova adequação do referencial teórico. Por exemplo, ao realizarmos uma pesquisa sobre a influência de certos procedimentos de ensino utilizados em sala de aula sobre resultados alcançados pelos alunos (produtos de aprendizagem), podemos perceber durante seu processo de execução que as atitudes do aluno em termos de interesses, valores, apreciações etc. (domínio afetivo) têm, também, peso sobre os produtos de aprendizagem. Nesse sentido, faz-se necessário um retorno ao referencial teórico para um acréscimo quanto à relação do domínio afetivo com o domínio cognitivo.

Outro aspecto que se deve levar em conta nessa parte do projeto é a necessidade de definir com precisão as variáveis no estudo, evitando-se as possíveis interpretações dúbias que a elas possam ser dadas.

Por último, no problema selecionado para ser estudado, o pesquisador deverá explicitar sobre o tipo de plano que será utilizado na pesquisa, se será um estudo de corte transversal (em um momento dado) ou longitudinal (ao longo de um período).

9.5.3 Característica do marco teórico ou quadro referencial

Como já foi visto, antes de escrever o projeto, o pesquisador deve decidir a corrente epistemológica que orientará o trabalho que pretende realizar. Em seguida, estudará em nível macro, dentro da corrente escolhida, as diversas aproximações ao fenômeno. Isso implica revisão do conhecimento acumulado até o momento da pesquisa. A dita revisão deve permitir saber o que tem sido feito relativo ao fenômeno em estudo. Assim, constitui-se na análise dos trabalhos realizados. O pesquisador deve mostrar domínio do fenômeno.

O pesquisador deverá realizar uma interpretação do fenômeno, historicamente ou apenas na fase atual, analisando criticamente as diversas concepções e perspectivas apresentadas, mediante referência a tudo o que se escreveu sobre ele. Essa análise crítica deve levar em consideração proposições, leis, princípios etc. que compõem uma teoria. A partir daí, o pesquisador deverá formular seu problema e, caso necessário, suas hipóteses e suas contribuições, tanto teóricas quanto práticas.

Assim, o marco teórico ou referencial teórico se constitui numa das etapas mais importantes na elaboração do projeto de pesquisa. A sua construção implica a articulação entre a pergunta proposta (o problema) e o estágio do desenvolvimento científico produzido numa determinada área de conhecimento.

1. É importante que o pesquisador explique e clarifique os conceitos utilizados, as eventuais categorias e as teorias que fundamentam o fenômeno em discussão.
2. O pesquisador deve incluir as diversas aproximações ou opções conceptuais historicamente adotadas com relação ao fenômeno. Isso implica uma revisão do conhecimento acumulado até o momento da pesquisa. A dita revisão deve permitir saber o que tem sido feito relativo ao fenômeno em estudo. Assim, constitui-se na análise dos trabalhos realizados. O pesquisador deve mostrar domínio do fenômeno.
3. O investigador deverá realizar uma interpretação do fenômeno, historicamente ou apenas na fase atual, analisando criticamente as diversas concepções e perspectivas apresentadas, mediante referência a tudo que se escreveu sobre ele. Essa análise crítica deve levar em consideração as proposições, leis, princípios etc. que compõem uma teoria.

9.5.4 Etapas da definição do problema e marco teórico

A experiência permite-nos sugerir as seguintes etapas para a elaboração do marco teórico:

1ª) Definição do fenômeno

No caso de fenômenos caracterizados por interpretações controvertidas – comuns nas Ciências Sociais – por exemplo, qualidade, desenvolvimento, classes sociais, educação de adultos etc., é importante que o pesquisador apresente duas ou três das mais conhecidas definições, optando por uma delas. Deve-se lembrar de que essa escolha é fundamental, e está baseada na corrente epistemológica escolhida pelo pesquisador. A definição utilizada marcará o rumo de todo o trabalho de pesquisa.

Exemplo: o conceito de educação popular é totalmente diferente do ponto de vista funcional positivista, estruturalista e materialista dialético. Não se podem confundir nem devem ser misturados. Assim, o pesquisador deve ter clareza da definição a utilizar.

Existem alguns fenômenos cuja interpretação não apresenta maiores controvérsias. Nesse caso, o pesquisador pode utilizar a definição mais generalizada, lembrando que existem fenômenos cujas definições já estão identificadas com determinadas correntes epistemológicas. Portanto, deve ter clareza dos pressupostos da definição escolhida.

Exemplos de conceitos não controvertidos: turismo (viagens de lazer), empresa de capital aberto (aquela que tem seus títulos negociados na bolsa de valores).

Exemplos de conceitos identificados com determinadas correntes epistemológicas: representação, imaginário (estruturalismo); luta de classe, superestrutura, classes subalternas (materialismo dialético); sistema social, aspirações, mobilidade social (funcionalismo positivista).

2ª) Características do fenômeno

Etapa fundamental na elaboração do marco teórico. Uma vez decidida a definição do fenômeno a ser utilizada, o pesquisador deve caracterizá-lo. Em outras palavras, deve fazer referência, do ponto de vista da corrente epistemológica escolhida, ao que tem sido escrito sobre os elementos que o compõem, suas relações e interligações com outros fenômenos. Por exemplo: um pesquisador decide trabalhar com a seguinte definição de tributo: "é receita derivada que o Estado arrecada mediante o emprego de sua soberania" (SOUZA, 1975, p. 27). Assim, a caracterização inclui uma análise dos seguintes elementos e suas relações: receita, Estado e soberania.

Outro pesquisador decide analisar o Movimento de Educação de Base (MEB), criado no Brasil em 1961, definindo-o como um programa destinado

> a oferecer à população rural oportunidade de alfabetização num contexto mais amplo de educação de base, buscando ajudar na promoção do homem rural e em sua preparação para as reformas básicas (PAIVA, 1987).

Portanto, os elementos a serem considerados são os seguintes: população rural, alfabetização, educação de base, promoção do homem e reformas básicas. Assim, o pesquisador deve fazer referência a todos eles para que fique clara a essência do MEB.

3ª) Conclusão

Resumida a um parágrafo, faz-se referência rápida às etapas anteriores. Nessa etapa – depois de dar visão completa do fenômeno –, o pesquisador pode escolher os elementos a serem trabalhados. Conclui-se com o objetivo geral da pesquisa. Exemplos:

"A necessidade de buscar respostas para as questões levantadas neste estudo converge para o cotidiano da escola. Analisar a contribuição da psicologia educacional implica conhecer a importância da relação entre desenvolvimento humano, aprendizagem e experiência para a atuação do professor" (Projeto de dissertação de uma aluna do CME/UFPB).

"É da perspectiva de melhor compreender os trabalhos realizados no Nedesp que pretendo analisar a aproximação teórica e as estratégias utilizadas pelos técnicos daquele Núcleo para tratamento dos distúrbios de aprendizagem" (Projeto de dissertação de uma aluna do CME/UFPB).

9.6 Objetivos da pesquisa

Nessa etapa, explicitam-se os objetivos gerais e específicos a serem utilizados durante a investigação. Estes deverão ser extraídos diretamente dos problemas levantados no tópico anterior.

9.6.1 Objetivos gerais

Definem, de modo geral, o que se pretende alcançar com a realização da pesquisa.

Exemplo 1: Estudo sobre os fatores que contribuem para a migração rural-urbana no Estado da Paraíba.

Objetivo geral: Verificar os fatores que contribuem para a migração rural-urbana no Estado da Paraíba.

Exemplo 2: Estudo sobre a concepção teórica dos técnicos do Nedesp/UFPB.

Objetivo geral: Analisar a concepção teórica dos técnicos do Nedesp/UFPB.

Usualmente, em uma pesquisa exploratória o objetivo geral começa pelos verbos: *conhecer, identificar, levantar* e *descobrir*; em uma pesquisa descritiva, inicia com os verbos: *caracterizar, descrever* e *traçar*; e em uma pesquisa explicativa, começa pelos verbos: *analisar, avaliar, verificar, explicar* etc.

9.6.2 Objetivos específicos

Definem etapas que devem ser cumpridas para alcançar o objetivo geral. Seguem exemplos relativos aos objetivos gerais mencionados:

Exemplo 1:
Objetivos específicos:
– Coletar informações sobre a migração rural-urbana no Estado da Paraíba.
– Identificar fatores que contribuem para essa migração.
– Comparar a importância dos fatores que contribuem para a migração rural-urbana no Estado da Paraíba.

Exemplo 2:

Objetivos específicos:

– Coletar informações sobre as concepções teóricas dos técnicos do Nedesp/UFPB.

– Caracterizar as concepções teóricas dos técnicos do Nedesp/UFPB.

Recomendamos que o primeiro objetivo específico seja exploratório; o segundo seja descritivo e o terceiro (se necessário) seja explicativo. Essa deve ser a lógica da pesquisa científica.

9.6.3 Formulação de objetivos

É importante respeitar as seguintes "regras" na formulação de objetivos de pesquisa:

1ª) O objetivo deve ser claro, preciso e conciso.

2ª) O objetivo deve expressar apenas uma ideia. Em termos gramaticais, deve incluir apenas um sujeito e um complemento.

3ª) O objetivo deve referir-se apenas à pesquisa que se pretende realizar. Não são objetivos de uma pesquisa, propriamente, discussões, reflexões ou debates em torno de resultados do trabalho.

Essas ações são uma exigência de todo trabalho científico: a revisão dos modelos utilizados.

9.7 Hipóteses

9.7.1 O que fazer?

As hipóteses devem ser extraídas dos problemas levantados para estudo, os quais devem estar explícitos nos objetivos. Podem ser formuladas, dependendo do tipo de problema, de três maneiras:

1. **Hipóteses univariadas**: são as que apresentam apenas uma variável.
2. **Hipóteses multivariadas**: são as que apresentam ligação entre duas ou mais variáveis.
3. **Hipóteses de relação causal**: são as que apresentam relação de causa e efeito entre as variáveis.

9.7.2 Exigências para a formulação de hipóteses

1. Formular hipóteses claras e precisas; convém estabelecer tanto as hipóteses de pesquisa, quanto as de nulidade.
2. Indicar a importância e a contribuição teórica das hipóteses.
3. Definir as variáveis, preferencialmente em termos operacionais, distinguindo as variáveis independentes e dependentes.

4. No caso das hipóteses multivariadas, é necessário especificar o modelo hipotético e a inter-relação das variáveis que serão testadas. Por exemplo:

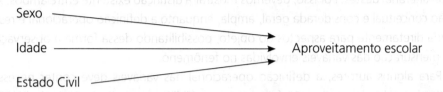

Importante!

Uma das diferenças entre a pesquisa qualitativa e quantitativa está relacionada com a importância atribuída à utilização de hipóteses. Em geral, os estudos qualitativos caracterizam-se por uma ênfase na exploração, descrição ou compreensão de um fenômeno, utilizando medições subjetivas e relativas a categorias (não individualizações). Assim, a formulação de hipóteses não é exigida ou praticada. Além disso, as exigências estatísticas prescritas para testar uma hipótese não são determinantes na pesquisa qualitativa. Por exemplo, a biologia – pesquisa epidemiológica – exige hipóteses. Nas ciências sociais, a formulação de hipóteses depende principalmente dos paradigmas de pesquisa utilizados pelo pesquisador.

9.8 Definição operacional das variáveis

Qualquer estudo científico, seja do tipo descritivo ou explicativo, contém variáveis que devem estar inseridas nos objetivos e/ou nas hipóteses. Essas variáveis deverão ser isoladas para serem conceptualizadas e operacionalizadas. O termo *variável* é aqui entendido como um conceito que assume valores numéricos, em casos de variáveis quantitativas, ou que pode ser classificado em duas ou mais categorias, em casos de variáveis de atributos (sexo, estado civil etc.).

Existem duas formas de conceituação: a estrutural e a funcional. A primeira consiste em um processo mental de abstração das características do objeto de estudo, ou seja, ao estudar o fenômeno, o pesquisador deverá extrair dele as características que o compõem. A segunda consiste em uma abstração da(s) função(ões) do objeto. Essa função pode ser em termos gerais ou específicos.

Há dois métodos para atingir as formas de conceituação referidas anteriormente. O primeiro com base nas características ou funções dos objetos naquilo que têm de comum, de mais simples. O outro com base naquilo que existe de mais complexo no objeto, justificado pelo fato de que o nível de complexidade engloba os níveis simples. Por exemplo, se tentarmos definir o conceito de sociedade, de forma complexa, ou seja, tomando como parâmetro as sociedades consideradas atualmente avançadas, perceberemos que essas sociedades, para terem chegado ao nível atual, passaram por estágios de evolução do simples (estágio primitivo) ao intermediário, até a fase atual de complexidade.

Convém esclarecer aqui que as duas formas de conceituação podem levar não só ao processo de operacionalização de conceitos, como também ao processo de definição formal (literária) destes. Por isso, devemos mostrar a distinção existente entre ambos. A definição conceitual é considerada geral, ampla, enquanto a definição operacional é restrita, voltada diretamente para aspectos do objeto, possibilitando dessa forma a observação e/ou a mensuração das variáveis envolvidas no fenômeno.

Para alguns autores, a definição operacional das variáveis deve conter necessariamente seus indicadores, que são fatores que possibilitam a mensuração ou indicação da variável no fenômeno. Para outros, os indicadores não devem estar contidos na definição operacional. Por exemplo, no primeiro caso, a variável rendimento escolar pode ser definida como a "média das notas obtidas nos exames durante determinado período letivo", em que está implícito o indicador "média das notas" na própria definição. No segundo caso, rendimento escolar pode ser definido como "o resultado do processo de aprendizagem do aluno durante determinado período letivo". Em todo caso, no projeto de pesquisa, é necessário incluir os indicadores das variáveis a serem medidas.

Exemplo 1 – Variável: rendimento escolar.
Indicadores: média de notas obtidas em exames.

Exemplo 2 – Variável: rendimento escolar.
Indicadores: média de notas; nível de compreensão de textos; participação.

9.9 Especificação do plano de pesquisa

1. Descrever o plano de pesquisa utilizado:
    – Estudos **exploratórios**, quando não se tem informação sobre determinado tema e se deseja conhecer o fenômeno.
    – Estudos **descritivos**, quando se deseja descrever as características de um fenômeno.
    – Estudos **explicativos**, quando se deseja analisar as causas ou consequências de um fenômeno.
2. Descrever o tratamento (em estudos experimentais), sujeito ao controle das variáveis que podem interferir nos resultados da pesquisa.
3. Especificar os procedimentos estatísticos ou qualitativos utilizados na análise da informação.

9.10 Especificação do universo e amostra

1. Especificar a área de execução da pesquisa.
2. Especificar a população da pesquisa.
3. Explicar o tipo de amostra e a determinação de seu tamanho.
4. Explicar a forma de seleção dos sujeitos da pesquisa.

ROTEIRO DE UM PROJETO DE PESQUISA 171

9.11 Instrumentos de coleta de dados

Especificar os instrumentos de coleta de informações: questionários, entrevistas, fichas etc. e seus conteúdos gerais.

9.11.1 1ª Fase

Após a elaboração preliminar dos instrumentos de coleta de dados, a equipe responsável pela pesquisa deverá realizar as seguintes atividades:

1. Selecionar as pessoas que servirão como entrevistadores, dentro de critérios previamente estabelecidos.
2. Realizar o treinamento dos entrevistadores com a finalidade de:
   – mostrar os objetivos da pesquisa, exceto nos casos em que o tipo de investigação não permite;
   – discutir detalhadamente os instrumentos, com o intuito de produzir certo nível de padronização no processo de obtenção dos dados.
3. Alguns pesquisadores recomendam realizar pré-teste do instrumento, que consiste na aplicação preliminar de número reduzido de instrumentos aos elementos que possuem as mesmas características da amostra selecionada para estudo. Deve ficar claro que não poderão, nessa fase, ser investigados elementos pertencentes à referida amostra.

Os principais objetivos do pré-teste dos instrumentos de coleta de dados são os seguintes:

1. Conseguir novas informações, por meio de discussão do assunto em questão, com os elementos entrevistados.
2. Evitar os possíveis vieses contidos nas questões.
3. Corrigir as possíveis falhas existentes quando da formulação das questões.
4. Acrescentar novas questões ao instrumento.
5. Possibilitar familiarização dos entrevistadores com os instrumentos.
6. Examinar, caso necessário, a capacidade e/ou experiência dos coletadores para efetuar nova seleção deles. Em seguida, os instrumentos deverão ser revisados e, caso não precisem de nova testagem, elaborados de forma definitiva.

9.11.2 2ª Fase

O instrumento de coleta de dados definitivo (fichas, questionários etc.) deverá ser discutido com os entrevistadores para evitar qualquer dúvida em seu conteúdo. Em seguida, deverá ser descrito o procedimento de sua aplicação definitiva, definindo-se a ordem de aplicação deles e determinando-se o prazo de coleta geral da pesquisa. Outro aspecto que poderá ser determinado é a época e/ou o momento apropriados para as entrevistas.

Um passo importante na coleta é a checagem aleatória dentro das cotas estabelecidas para cada entrevistador, com a finalidade de verificar se realmente foi aplicado o instrumento de coleta ou se foi forjada pelo mesmo. Deverão ser selecionadas algumas pessoas para que se realize essa checagem com aqueles indivíduos que já foram entrevistados.

Por último, deverá ser feita a revisão final dos instrumentos aplicados, com a finalidade de evitar que erros e vieses ocorridos na aplicação cheguem à fase de análise. Cada instrumento deve ser revisado imediatamente após sua aplicação pelo entrevistador e, em seguida, por um membro da equipe técnica de pesquisa.

9.12 Coleta de dados

Nessa etapa, o pesquisador informa o período da coleta de informações e a possível colaboração de entrevistadores.

9.13 Análise dos resultados

No caso de análise quantitativa, especificar o tratamento dos dados: tabelas, gráficos e testes estatísticos.

No caso de análise qualitativa, especificar as técnicas utilizadas: tipo de análise (documentário, de conteúdo ou histórico).

9.14 Referências bibliográficas

Constitui um conjunto de documentos que permitem identificar os textos utilizados no todo ou em parte, para a elaboração do trabalho. Para mais informações sobre a apresentação das referências bibliográficas, recomenda-se consultar a NBR-6023 da ABNT.

9.15 Cronograma e orçamento

1. Preparar a pauta de trabalho mensal ou semanal, incluindo:
   – Planejamento de pesquisa.
   – Elaboração de instrumentos.
   – Pré-teste dos instrumentos.
   – Seleção da amostra.
   – Elaboração dos instrumentos definitivos.
   – Seleção e treinamento de entrevistadores.
   – Coleta de dados.
   – Processamento da informação.
   – Preparação do relatório de pesquisa.
2. Estimar recursos humanos, materiais e financeiros necessários para assegurar o êxito da pesquisa. É conveniente fazer uma estimativa mensal desses recursos, considerando possíveis diferenças de preço durante o período de execução do trabalho.

PARTE IV

BASES DA MEDIÇÃO E ESCALAS

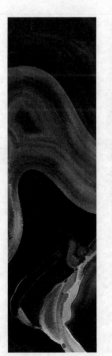

PARTE IV

BASES DA MEDIÇÃO E ESCALAS

10

BASES DA MEDIÇÃO DE ESCALAS

10.1 O que é 'medir'?

Historicamente, o progresso do conhecimento científico, sobretudo nas ciências exatas, depende de medições dos fenômenos. Mas também nas ciências humanas medições estão onipresentes hoje em dia: rendimento escolar, crescimento econômico, preferências do consumidor, atitudes, satisfação com o trabalho, taxa de aprovação do presidente são apenas alguns poucos exemplos. E na vida cotidiana das pessoas as medições são uma rotina permanente, muitas vezes sem que elas sejam percebidas como tais: velocidade nas estradas, salário mensal, peso dos ingredientes na hora de preparar uma comida, pressão arterial, tempo livre. Em resumo: "Vivemos em um mundo de medições" (HAND, 2005).

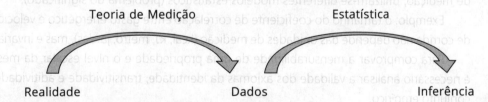

Figura 10.1 Diferença entre teorias de medição e estatística.

Mas o que significa "medir" e como podemos saber se um fenômeno é realmente mensurável? Esta e outras interrogações são objeto da(s) teoria(s) de medição. É importante enfatizar que questões em torno de medição não são simplesmente de ordem técnica, mas de caráter epistemológico. A teoria de medição relaciona a realidade com os dados, enquanto a estatística se dedica somente à relação dos dados com a inferência sem questionar a origem deles. Portanto, ambas as disciplinas são necessárias no processo da geração de conhecimentos (FELBINGER, 2010, p. 4).

Entre as diferentes teorias de medição (HAND, 1996), a mais aceita é a *teoria* representacional, que concebe a medição como uma atribuição de números a propriedades de objetos ou eventos de tal maneira que as estruturas dos objetos (conjunto empírico: A) se refletem através dos números (conjunto numérico: Z), o que se denomina "homomorfismo".

> Medição é (ou deveria ser) um processo de atribuição de números a objetos de tal forma que diversas relações empíricas qualitativas entre os objetos são refletidas nos próprios números, bem como em importantes propriedades do sistema numérico (TOWNSEND; ASHBY, 1984).

O processo de atribuição de números aos objetos forma uma escala de medição. Sua expressão formal é:

f: A → Z

O **teorema da representação** é fundamental para justificar a designação de números aos objetos ou eventos.

As transformações que uma escala permite sem que as relações definidas sejam afetadas formam a base da taxonomia de escalas de Stevens (1946). Ex.: A conversão de centímetros em polegadas não afeta as relações entre os objetos medidos (= ≠; > <; + -; x ÷).

Nesse sentido, o conceito "medir" significa uma representação holomórfica de propriedades empíricas em números expostos de forma exemplar na Figura 10.2.

A função da teoria de medição consiste em: (a) verificar a mensurabilidade de uma propriedade (problema da representação); (b) mostrar que transformações são permitidas sem mudar a veracidade dos enunciados (problema da unicidade). De acordo com o nível de medição, utilizam-se diferentes modelos estatísticos (problema do significado).

Exemplo: o tamanho do coeficiente de correlação entre gasto energético e velocidade de corrida não depende das unidades de medição (kcal, kJ, metro, jardas), mas é invariante.

Para comprovar a mensurabilidade de uma propriedade e o nível escalar da mesma, é necessário analisar a validade dos axiomas da identidade, transitividade e aditividade no conjunto empírico.

Exemplo: em um torneio o time A vence o time B, o time B vence o time C e o time A vence o time C. Então existe transitividade e é possível ordenar (escala ordinal) os times de acordo com o seu nível: A(1) – B(2) – C(3). Porém, não é possível comprovar o axioma da aditividade. Sendo assim, não se sabe se as diferenças entre os objetos A-B e B-C são iguais, o que é um pré-requisito para uma escala intervalar.

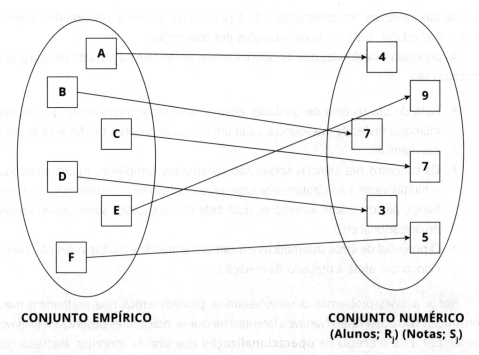

CONJUNTO EMPÍRICO   **CONJUNTO NUMÉRICO**
                                                            (Alunos; R_j) (Notas; S_j)

Figura 10.2 Representação holomórfica da relação entre alunos e notas de um exercício.

Na teoria de medição se distingue entre (a) **medições diretas** (comprimento de um objeto, volume de um cilindro) e (b) **medições indiretas**, nas quais se vinculam duas ou mais medidas diretas, p. ex.: densidade de um corpo = massa/volume.

Enquanto ninguém duvida da necessidade e utilidade das medições nas ciências exatas, em certas linhas de pesquisa nas ciências humanas (Sociologia, Psicologia, Pedagogia), especificamente de cunho qualitativo, existe um certo distanciamento em relação ao processo de medir.

Além das discordâncias ontológicas e epistemológicas, a diferença básica entre o paradigma quantitativo e o qualitativo consiste em sua posição referente à questão de medição dos fenômenos sociais e individuais. Enquanto no modelo empírico-analítico se insiste na necessidade e na viabilidade de medições de constructos tais como clima organizacional, aptidões, atitudes, inteligência, entre outros, algumas correntes do paradigma qualitativo negam ou pelo menos duvidam que a quantificação corresponda à natureza dos fenômenos que são objetos das ciências humanas. Medição nesse contexto implica a existência de uma métrica, pressupõe uma escala intervalar ou de razão. Medições nas ciências sociais que satisfazem as exigências axiomáticas estabelecidas pela teoria representacional de medição são raras nas ciências sociais e se limitam a conceitos oriundos de outras ciências (idade, renda, estado de nutrição, velocidade de reação, anos de escolaridade etc.). Para a maioria das medições dos constructos não é possível comprovar a validade dos axiomas, nem o nível escalar. Trata-se de mensurações por convenção.

As principais dificuldades que as ciências sociais enfrentam na hora de mensurar seus conceitos são:

- Falta de um sistema de unidades internacionalmente reconhecido. Ex.: existem inúmeros testes de inteligência, cada um com suas próprias tarefas e características métricas.
- Os conceitos nas ciências sociais são constructos complexos, multidimensionais e muitas vezes não diretamente observáveis (inteligência, extroversão, autoconfiança, personalidade autoritária, qualidade de vida, justiça social, aprendizagem organizacional etc.).
- O potencial de erros sistemáticos e aleatórios é grande e muitas vezes não conhecido, o que afeta a precisão da medição.

Frente a esses problemas desenvolveram-se procedimentos que pretendem medir constructos não observáveis (variáveis latentes) mediante indicadores observáveis (variáveis manifestas). Esse processo de **operacionalização** que vincula conceitos abstratos com indicadores empíricos se efetua em uma série de etapas (seleção de indicadores ou itens, medição e transformação).

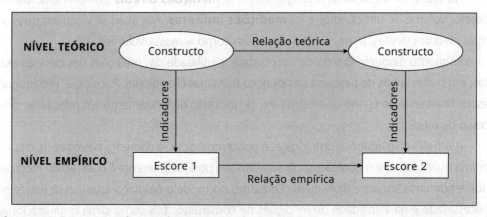

Figura 10.3 Operacionalização dos conceitos abstratos.

Em termos gerais, a operacionalização é um conjunto de procedimentos e atividades a serem realizados para indicar a existência de um conceito e desenvolver um instrumento (escala) para medir uma variável.

A questão central é como definir e escolher os indicadores possíveis e como transformá-los em uma escala que consiga representar a estrutura teórica do constructo (problema da correspondência).

10.2 Procedimentos de medição

Existe uma variedade de procedimentos e de modelos de escalares para medir propriedades de fenômenos econômicos, sociais e psicológicos: índices, *rankings*, testes, *ratings*, comparação aos pares, entre outros. Em continuação, analisar-se-ão em três áreas de pesquisa a construção de índices e as técnicas mais difundidas:

- Características psicométricas (atitudes, interesses, personalidade).
- Desempenho pessoal (aptidões, conhecimentos, competências).
- Características sociais (desenvolvimento, *status* social, equidade).

Atualmente, quando se trata de medir características sociais e individuais, há duas vertentes: o modelo determinístico (teoria clássica) e o probabilístico (modelo de traços latentes). O mais divulgado destes é o modelo de Rasch baseado na "Teoria da Resposta ao Item" – TRI (PASQUALI, 2009), uma ferramenta indispensável na psicometria e na avaliação de conhecimentos. Não obstante, a grande maioria das pesquisas realizadas no âmbito social e psicológico recorre ao modelo clássico que postula uma relação determinística entre as respostas de uma pessoa em um teste e sua atitudes ou aptidões verdadeiras.

10.2.1 Índices

O conceito do "índice" tem significados múltiplos. Na pesquisa social é definido como a medição de um conceito que se baseia em vários indicadores, mas que postula uma variável subjacente comum. Os indicadores são as variáveis manifestas, e o índice, a variável latente. Exemplos internacionalmente conhecidos são:

- *Índice de Desenvolvimento Humano (IDH)*, usado pelo Programa das Nações Unidas para o Desenvolvimento (PNUD). É composto pelos indicadores: PIB *per capita*, expectativa de vida e educação com dois subindicadores (anos médios de estudo, anos esperados de estudo).
- *Índice de* Status *Econômico, Social e Cultural (Isec)*, usado pela Organização para a Cooperação e Desenvolvimento Econômico (OECD) em estudos comparativos. É composto pelos indicadores: *status* ocupacional, anos de escolaridade e recursos domésticos.
- *Índice de Competividade Mundial (ICM)*, usado pelo Fórum Econômico Mundial (FEM). É composto por 116 indicadores agrupados em 12 dimensões, chamadas pilares.

Entre os índices de abrangência nacional que servem para orientar e monitorar políticas sociais no Brasil, destacam-se:

- *Índice de Vulnerabilidade Social (IVS)* usado pelo Instituto de Pesquisa Econômica Aplicada (Ipea). É composto de 16 indicadores agrupados em 3 dimensões.
- *Índice de Desenvolvimento da Educação Básica (Ideb)* usado pelo Ministério da Educação/Instituto Nacional de Estudos e Pesquisas Educacionais Anísio Teixeira (MEC/Inep). É calculado através do rendimento escolar no Sistema de Avaliação da Educação Básica (Saeb) e na Prova Brasil.

De acordo com os objetivos da pesquisa, cada pesquisador pode construir um índice que ele considera adequado.

Exemplo: para construir um índice simples, por exemplo, de "Uso de meios de informação e comunicação digitais de jovens de 13 a 21 anos", é possível escolher os seguintes indicadores e escores:

Quadro 10.1 Uso de meios de informação e comunicação digitais de jovens de 13 a 21 anos

1	Tempo de uso do *smartphone* por dia	0-50 min Escore 1	50-100 min Escore 2	100-150 min Escore 3	> 150 min Escore 4
2	Tempo de uso da internet por dia	0-50 Escore 1	50-100 min Escore 2	100-150 min Escore 3	>150 min Escore 4
3	Tempo de uso da TV digital por dia	0-50 min Escore 1	50-100 min Escore 2	0-150 min Escore 3	> 150 min Escore 4

Nesse exemplo as escalas para os três indicadores são iguais de 1 a 3, portanto, é possível calcular diretamente o índice final de forma linear-aditiva, ou seja:

Índice = Escore Indicador 1 + Escore Indicador 2 + Escore Indicador 3

Nota-se que o valor mínimo do índice é de 3 pontos e o valor máximo é de 12 pontos.

Esse exemplo simples revela os problemas que o pesquisador enfrenta no processo da construção de um índice:

- Quais indicadores devem ser escolhidos como correlatos empíricos do constructo teórico? Uma seleção criteriosa é fundamental e "exige do investigador muita argúcia e experiência" (GIL, 2006, p. 80). O critério fundamental nesse processo é a correspondência dos indicadores com o conteúdo teórico do conceito.
- Como os valores dos indicadores são transformados e padronizados? Entre as diversas opções se destacam: (1) agrupar os valores de cada indicador em um número igual de categorias. Assim procedem Alves e Soares (2009) quando divide os indicadores ocupação, renda e escolaridade em cinco categorias para construir um índice de "Nível Socioeconômico (NSE)"; (2) transformar o valor original em um intervalo percentil (GIL, 2006, p. 84), um método simples e eficiente se os valores escalares de cada indicador são do mesmo dimensionamento; (3) estandardizar os

valores originais em valores z da distribuição normal N (0,1); (4) normalizar os valores mediante valores máximos e mínimos, uma metodologia usada no cálculo do IDH.
- Finalmente se levanta a questão de como proceder para chegar dos valores dos indicadores aos escores do índice. O procedimento mais simples é o modelo aditivo sem ponderação, no qual se divide a soma dos escores padronizados dos indicadores pelo número dos indicadores (média aritmética):

$$\text{Índice} = \frac{(I_1 + I_2 + I_3 + \ldots + I_n)}{n}$$

Cada indicador entra com o mesmo peso no cálculo do escore do índice. Desse modo é calculado o IVS. Em certos casos uma ponderação é indicada, p. ex., na prova do Enem, na qual se atribui um peso diferente às cinco provas de acordo com o curso escolhido pelo candidato. Para um candidato que quer estudar Física, o resultado da prova de Matemática é mais importante do que para um candidato que quer estudar Letras. O peso atribuído a cada indicador pode ser decidido por critérios subjetivos, teóricos ou modelos matemáticos, p. ex., análise de regressão, análise fatorial.

Assim o IDH calcula o escore médio para cada país como média geométrica dos três indicadores: expectativa de vida, escolaridade e renda:

$$IDH = \sqrt[3]{EV * IE * IR}$$

Na construção de um índice é importante estar consciente do fato de que a efetividade e a utilidade dele depende da época e do tempo (SOLIGO, 2012, p. 12).

10.2.2 Escala Likert

A técnica escalar mais difundida nas ciências sociais foi elaborada pelo estatístico norte-americano Rensis Likert (1932). Um instrumento construído de acordo com os princípios elaborados por esse autor é denominado "Escala Likert". É composto por um conjunto de frases denominados "itens", a cada qual a pessoa deve expressar seu grau de concordância. A construção de uma escala desse tipo segue os próximos passos:

(1) Formulação de um conjunto de itens afirmativos referentes à atitude a ser medida. Exemplo: em uma escala de atitude face à igualdade dos gêneros, um dos itens poderia ser: "Mulheres devem ficar em casa cuidando do lar e das crianças."

Preferencialmente, cada item é formulado em um contínuo de cinco pontos que variam de totalmente de acordo (5), de acordo (4), indeciso (3), discordo (2) até discordo totalmente (1). Em determinados casos a utilização de sete pontos ou um número par de pontos (4 ou 6) também é possível e até recomendável para evitar o valor médio.

Na atribuição de escores de cada indivíduo é importante tomar em conta se o item é formulado em forma positiva ou negativa. Para itens de forma negativa, os escores se invertem.

O escore total para cada indivíduo é obtido somando seus escores em cada item sem ponderação (linear-aditivo).

(2) O conjunto de itens elaborados pelo pesquisador é apresentado a uma amostra aleatória da população-alvo para determinar sua pertinência (pré-teste). O critério de inclusão ou exclusão de itens da escala final é determinado pela correlação r_{it} entre cada item (i) e o escore total (t) que indica a consistência do item com o escore total. Somente itens com um $r_{it} \geq 0,3$ são mantidos para compor a escala final. Existem aplicativos estatísticos que calculam esses coeficientes. Cabe mencionar que itens extremos respondidos por todos os sujeitos com 1 ou 5 são excluídos por falta de poder discriminante.

No caso em que o pré-teste não seja viável por falta de tempo ou recursos financeiros, a escolha final dos itens é feita com base nos resultados dos sujeitos que compõem a amostra da pesquisa.

(3) Uma vez construída a escala, recomenda-se testar sua unidimensionalidade por meio de uma análise fatorial e determinar sua consistência interna.

Como exemplo de uma escala do tipo Likert apresenta-se a "Escala de atitudes frente à escola" adaptada ao contexto brasileiro e testada por Fonseca et al. (2007). O instrumento é composto por nove itens de 5 pontos, variando de 1 (discordo totalmente) a 5 (concordo totalmente). Observa-se que os itens 4, 5, 8 são formulados de forma inversa.

Quadro 10.2 Escala de atitudes frente à escola

1) Acredito que a escola pode me ajudar a ser uma pessoa madura.
2) O colégio tem me dado um sentido de realização pessoal.
3) Empenho-me bastante para aprender muitas coisas.
4) Considero sem importância as coisas que tenho feito na escola.
5) A vida escolar é chata e desinteressante.
6) Participo ativamente da vida escolar.
7) Vale a pena ir à escola, mesmo que isso não me ajude a conseguir um emprego.
8) Se tivesse oportunidade de escolher, deixaria a escola e conseguiria um emprego.
9) Sinto que sou parte da escola.

BASES DA MEDIÇÃO DE ESCALAS 183

Na prática, as escalas de tipo Likert são usadas sobretudo na medição de atitudes, mas também são aplicáveis para medir caraterísticas de personalidade.

10.2.3 Escala Guttman

O objetivo é provar diretamente se um grupo de itens pode ser escalado em um contínuo atitudinal. O critério de escalabilidade estabelece que, se um sujeito responde a um item mais extremo, deverá também responder aos itens menos extremos. Um exemplo amplamente conhecido de uma escala tipo Guttman é a "Escala de Distância Social", de Bogardus (1933). O desafio da construção de uma escala tipo Guttman é "a ordenação dos itens que garanta um *crescendum* na atitude desde a mais desfavorável até a mais favorável" (CUNHA, 2007, p. 27).

O critério escalar aplica-se aos escores obtidos por um grupo de indivíduos que têm a função de um grupo de prova. Se uma escala é subjacente a todos os itens, estes apresentarão uma matriz de respostas triangular como se mostra na figura a seguir.

		A	B	C	D	E	F
I	1	1	0	0	0	0	0
T	2	1	1	0	0	0	0
E	3	1	1	1	0	0	0
N	4	1	1	1	1	0	0
S	5	1	1	1	1	1	0
	6	1	1	1	1	1	1
		A	B	C	D	E	F
				Pessoas			

Figura 10.5 Pauta de respostas de seis pessoas em seis itens para uma escala Guttman perfeita (o valor 1 indica que a pessoa está de acordo com o item e o valor 0 indica que a pessoa está em desacordo com o item).

Neste caso, simplificou-se a escala de Guttman para ilustrar o princípio no qual se baseia. Geralmente existem o dobro de itens e o dobro de pessoas. Além disso, tem-se suposto que só uma pessoa tem cada uma das diferentes pautas de respostas. O item 1 tem a atitude mais extrema, supondo-se extremamente negativa. Somente a pessoa *A* está de acordo com esse item, e como é verdadeira em uma escala perfeita, a pessoa *A* está de acordo com o segundo item mais forte (2), terceiro (3), até chegar ao menos forte (6). A pessoa *B* apresenta a segunda atitude mais negativa e está de acordo com itens compreendidos entre 2 e 6. Assim sucessivamente até chegar à pessoa *F*, que mostra a atitude menos negativa, estando de acordo com o item menos forte ou intenso (6).

A pauta de respostas que se encontra em uma escala Guttman perfeita é exatamente a que se obtém quando se ordena um grupo de pessoas em um contínuo de tipo físico. Por exemplo, pergunta-se a diversas pessoas sua estatura e supõe-se que todas essas pessoas sabem quanto medem. A pessoa que responde "sim" à pergunta "você mede mais de

1,80 metro?" responderá que "sim" à pergunta "você mede mais de 1,25 metro?", e assim até chegar a uma estatura mínima. Nesse caso, se se conhece a resposta mais extrema de uma pessoa, pode-se perfeitamente predizer suas outras respostas.

Exemplo: para medir o grau de participação política se apresentam aos entrevistados quatro itens, pedindo para marcar em caso de concordância. A codificação é (0) "não marcado" e (1) "marcado". Uma escala perfeita de Guttman com quatro itens apresentaria a seguinte matriz de respostas possíveis:

Quadro 10.3 Grau de participação política

Na próxima eleição eu vou:					
Votar para um candidato	0	1	1	1	1
Pedir votos para um candidato	0	0	1	1	1
Apoiar financeiramente um candidato	0	0	0	1	1
Ser candidato	0	0	0	0	1

As frases são ordenadas da mais negativa (fraca) até a mais positiva (forte). Se há realmente um *continuum* de atitude cumulativa, uma pessoa que concorda com o item 2 também concorda com o item 1, e quem concorda com o item 3 concorda também com 1 e 2, e assim por diante.

A fim de analisar o grau de consistência interna, os dados são organizados em forma de matriz denominada escalograma, com os sujeitos (S) nas linhas e os itens (I) nas colunas. Suponhamos que, no exemplo anterior, em um conjunto de 5 sujeitos resulte a seguinte matriz:

Quadro 10.4 Matriz de escalograma

	I1	I2	I3	I4	Escore
S1	1	0	0	0	1
S2	1	1	0	0	2
S3	1	0	1	0	2
S4	0	0	0	0	0
S5	1	1	1	1	4

Nesse exemplo aparecem respostas desajustadas no caso do sujeito S3. Para testar o grau de consistência interna da escala se calcula o coeficiente de reprodutibilidade:

$$R = 1 - \frac{n^{\circ} \text{ de erros}}{n^{\circ} \text{ de sujeitos} \times n^{\circ} \text{ itens}} = 1 - \frac{2}{5 \times 4} = 0,9$$

BASES DA MEDIÇÃO DE ESCALAS 185

Às vezes é possível otimizar a escala excluindo itens não ordenáveis e/ou estabelecer uma outra ordem dos mesmos.

Se a escala apresenta uma consistência interna aceitável, existe uma medição representacional pelo menos em nível ordinal.

Vale mencionar ainda que uma escala tipo Guttman é aplicável não apenas para escalar atitudes, mas também para características cognitivas. Nesse caso, os itens assumem uma forma dicotômica, sendo (1) resposta correta e (0) resposta errada. As perguntas são organizadas de acordo com a sua dificuldade, e se assume que uma pessoa que sabe responder a uma pergunta de dificuldade média também sabe responder às perguntas anteriores de nível mais fácil.

Existem algumas desvantagens no uso do método escalar de Guttman. A principal delas é a dificuldade de encontrar um grupo de itens que responda estritamente ao critério de escalabilidade. O critério insiste que cada item por separado seja quase totalmente confiável, mas na prática cada item apresenta erros de medição. Têm-se feito sugestões para utilizar um grupo de itens aproximadamente escaláveis, mas frequentemente essa aproximação é difícil de encontrar. Em muitos casos, em que o critério de escalabilidade tem sido cumprido, os itens estão tão relacionados entre si que se podem considerar reformulações de um mesmo item. Não existe muito sentido em pensar que um grupo de itens que formam uma escala de acordo com o método Likert tenha sentido com um método Guttman. Sem embargo, o conceito de unidimensionalidade da escala é algo importante que se deve ter em conta na construção de escalas, de acordo com os diferentes métodos conhecidos. Geralmente, os requisitos exigidos pelo método de Guttman são cumpridos por escalas de tipo cognitivo, por exemplo, escalas de QI, em lugar de itens destinados a medir atitudes.

10.2.4 Diferencial semântico

De acordo com Cunha (2007), uma escala tipo diferenciador semântico é composta por um conjunto de pares de adjetivos com significados o mais opostos possível, entre os quais se estabelece uma escala de sete pontos.

O sujeito deve assinalar em cada um dos pares o que sente em relação ao objeto, visando avaliar o significado conotativo do mesmo.

Em muitas pesquisas, mediante análise fatorial, identificaram-se três dimensões do espaço semântico culturalmente estáveis:

- AVALIAÇÃO, p. ex.: bom – mal; agradável – desagradável;
- POTÊNCIA, p. ex.: forte – fraco, grande – pequeno;
- ATIVIDADE, p. ex.: eficiente – ineficiente; rápido – lento.

Porém, não existe um diferenciador semântico padronizado. O pesquisador deve elaborar itens adequados de acordo com o objeto da pesquisa. Nota-se que os pares bipolares têm muitas vezes somente uma relação metafórica com o objeto pesquisado.

Para cada par de adjetivos se calcula a média de todos os sujeitos a qual se apresenta preferencialmente em forma de um diagrama de linha. Quando se trata de comparar imagens de diferentes objetos, mais que uma linha aparece no diagrama. A diferença entre os dois perfis é calculada pela soma das distâncias "euclidianas" entre os pares.

Exemplo: em um estudo de marketing, se comparam as imagens de duas marcas de carros A e B. Os resultados se apresentam no diagrama a seguir:

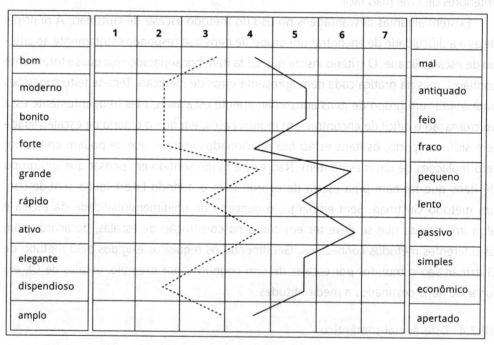

Figura 10.6 Representação gráfica do diferencial semântico

10.2.5 Características de uma escala de atitude

Em geral, uma escala de atitude bem construída é tão confiável como um teste de aptidões, da mesma forma que para outras medidas a confiabilidade de uma escala está diretamente relacionada ao número de itens que a integra e à correlação existente entre os itens. Quando se utilizam escalas pequenas, que não têm mais de cinco ou seis itens, é difícil obter uma confiabilidade que permita fazer predições em relação às respostas dos indivíduos. Não obstante, frequentemente escalas com poucos itens servem para diferenciar atitudes entre grupos, por exemplo, atitudes de estudantes e professores.

Outra característica importante que se exige a uma escala é sua validez. Se se pretende que uma escala seja considerada uma medida de certas atitudes, essa escala deve medir na melhor forma possível a atitude que se deseja mensurar. Portanto, os itens devem ser selecionados fazendo-se uma tentativa para considerar o maior número deles que se referem à atitude em questão. Deve-se evitar itens estranhos às atitudes medidas.

Como guia para o leitor, na continuação se mencionam treze pontos que se devem considerar ao escrever os itens que formarão uma escala.

1. Evite afirmações de fato. Ex.: – Minha professora castiga os meninos que se comportam mal.
2. Evite referências ao passado. Ex.: – Tive boas notas quando quis.
3. Evite interpretações múltiplas. Ex.: – Minha professora exige altos níveis de rendimento.
4. Evite irrelevâncias. Ex.: – O diretor deste colégio, bem planejado, apoia consideravelmente os professores.
5. Evite afirmações que não discriminem. Ex.: – As Nações Unidas têm um papel importante a cumprir.
6. Os itens devem tentar cobrir todo o fenômeno em questão e não só uma faceta deste.
7. Escreva em termos simples, claros e diretos.
8. Escreva itens curtos.
9. Escreva apenas um pensamento por item.
10. Evite palavras como *sempre, todos, nunca, nenhum*.
11. Não convém usar palavras como *somente, justo, meramente*.
12. Use frases simples.
13. Evite duplas negações. Ex.: – Nenhum professor neste colégio não respeita os alunos.

11

PARÂMETROS DE QUALIDADE DA MEDIÇÃO E VALIDADE

Diante das dificuldades das Ciências Sociais em cumprir os axiomas da teoria representacional de medição, os pesquisadores recorrem a diversas técnicas para comprovar que um instrumento é válido, ou seja, que "de fato mede o que supostamente deve medir" (PASQUALI, 2009, p. 995). Nas Ciências Exatas esse problema não existe, exceto em ocasiões específicas (Id. Ibid., p. 995).

Exemplo: ninguém duvida de que o tacômetro no carro mede, provavelmente com um pequeno erro, a velocidade (km/h) do carro. Mas o que exatamente mede um teste de inteligência e o que significa que uma pessoa tenha um QI = 102 e outra QI = 97?

A objetividade e a precisão da medição constituem uma preocupação permanente na hora de construir um instrumento (escala, teste) e na interpretação dos resultados. A seguir apresentam-se as técnicas mais comuns utilizadas para assegurar a qualidade dos parâmetros.

11.1 Objetividade

Antes de mais nada, uma medição deve ser objetiva, o que significa simplesmente que os resultados não dependem da pessoa que aplica o instrumento de medição. Exemplo: se duas pessoas A e B medem independentemente o tamanho de uma pessoa C mediante uma fita métrica, o resultado deve ser idêntico, com exceção de um pequeno erro de medição.

A objetividade é indispensável, porém nem sempre fácil de assegurar. Em *testes estandardizados* psicométricos, escalas de atitude ou de habilidades, a objetividade está assegurada, portanto, não ocupa muita atenção. Porém, em determinados contextos, especificamente na área educacional, "certas habilidades como expressão escrita e verbal, interpretação, análise crítica, criatividade, numa palavra: habilidades mais complexas, precisam ser medidas por respostas livres" (PFEIFFER, 1981, p. 35). Nesse caso, a *objetividade avaliativa*, ou melhor dito, a intersubjetividade dos avaliadores é questionável. O que um professor considera uma redação excelente, outro a julga apenas como medíocre. Somente mediante o uso de instruções detalhadas e um controle permanente do grau de concordância entre os avaliadores se pode minimizar as discordâncias a fim de garantir um grau de objetividade aceitável.

Outro fator importante no que se refere à objetividade é a constância das condições e das situações nas quais se aplica o instrumento.

11.2 Confiabilidade

O conceito da confiabilidade (fiabilidade, fidedignidade, exatidão) de uma medição faz referência à **precisão do instrumento** de medição, que pode ser investigada através da análise da estabilidade dos seus resultados. Exemplo: quando se põe um produto em uma balança calibrada, resulta um escore X. Se repetirmos o processo no outro dia, o escore obtido deve ser o mesmo (estabilidade). Da mesma forma, o escore X obtido pelo sujeito Y em um teste deveria ser igual ou pelo menos similar caso se aplicasse o teste no dia seguinte. Em palavras simples: confiabilidade significa medir sem erros.

Entretanto, erros são inevitáveis e sempre estão presentes em uma medição. A teoria clássica de teste (TCT) proporciona um modelo que permite determinar o tamanho do erro ou, ao inverso, determinar a confiabilidade da medição. Não podemos entrar em detalhes quanto à axiomática da TCT (PASQUALI, 2011), mas somente delinear de forma muito sucinta as ideias básicas referentes à determinação do erro de medição.

1. Cada escore X de um sujeito possui dois componentes: um valor "verdadeiro" da característica a ser medida (T) e um erro de medição (E):

$$X = T + E$$

2. O valor "verdadeiro" é desconhecido e somente pode ser averiguado após muitas repetições da medição como média (M) dos escores:

$$M(X) = T$$

Esse procedimento é obviamente inviável na prática e, portanto, o valor verdadeiro do sujeito, assim como a precisão da medição e o tamanho do erro, ficam desconhecidos.

3. Entretanto, para uma amostra de sujeitos é possível decompor a variância dos escores *VAR (X)* em uma parte que se origina das verdadeiras diferenças entre os sujeitos *VAR (T)* e uma parte que se deve aos erros de medição *VAR (E)*:

$$VAR(X) = VAR(T) + VAR(E)$$

4. Evidentemente, quanto menor o erro, maior a confiabilidade (*R*) da medição. Sendo assim, a confiabilidade (*R*) de uma medição se define como proporção entre a variância verdadeira e a observada:

$$R = \frac{VAR(T)}{VAR(T) + VAR(E)} = \frac{VAR(T)}{VAR(X)}$$

Essa definição formal é coerente, mas ainda não responde à pergunta sobre como definir na prática a confiabilidade de uma medição, sendo que a variância verdadeira é desconhecida. De acordo com Pasquali (2009, p. 998), "existem duas grandes técnicas estatísticas para decidir a precisão de um teste, a correlação e a consistência interna". As duas técnicas se apresentam resumidamente a seguir:

1. *Repetição da medição (test-reteste)*. Nesse caso, os sujeitos são submetidos ao teste em duas ocasiões diferentes. Exemplo: aplica-se um teste para medir o grau de extroversão de um grupo de indivíduos. Uma semana depois, o mesmo teste é aplicado mais uma vez. A correlação entre os escores das duas medidas Y_1 e Y_2 é o coeficiente de confiabilidade.

$$R = r(Y_1, Y_2)$$

Essa técnica é o padrão nas ciências exatas. O problema nas ciências humanas é que o modelo tem o pressuposto de que o valor verdadeiro entre as duas medições não muda. No caso de constructos relativamente estáveis, como, p. ex., características de personalidade, esse pressuposto tem uma certa plausibilidade. No entanto, quando se trata de atitudes ou conhecimentos, é possível que aconteçam processos de recordação ou aprendizagem, ou seja, os valores verdadeiros não são mais idênticos.

2. *Medições paralelas*. Nessa técnica se aplicam dois instrumentos supostamente equivalentes aos sujeitos. Mais uma vez, a correlação entre os resultados das duas medições representa o coeficiente de confiabilidade. Embora não haja os efeitos de recordação ou aprendizagem, permanecem dúvidas se os dois testes realmente são equivalentes, ou seja, se eles têm o mesmo valor verdadeiro.

3. *Técnica de subdivisão do instrumento*. Uma das técnicas mais aplicadas para calcular a consistência interna de um instrumento subdivide os itens de forma aleatória em duas partes, calculando a correlação entre as duas. Essa técnica é indicada em escalas do tipo multi-item. O resultado obtido é corrigido de acordo com a fórmula de Spearman-Brown para receber uma estimação da confiabilidade do instrumento inteiro:

$$R = \frac{2 * r(Y_1, Y_2)}{1 + r(Y_1, Y_2)}$$

Exemplo: Se a correlação entre as duas partes é de $r=0,6$, resulta um coeficiente de confiabilidade de $R=0,75$.

4. *Alfa de Cronbach*. Uma generalização da técnica anterior para o cálculo da consistência interna de um instrumento é o coeficiente alfa (α) de Cronbach. Os itens não são divididos apenas em duas partes, mas também em itens e, portanto, o resultado a estimação de R é mais estável. Em termos concretos, o coeficiente estandardizado α é calculado como a média dos coeficientes de correlação entre todos os itens, levando em consideração o número de itens:

$$R_{es} = \alpha = \frac{k * \bar{r}}{1 + (k - 1)^{\bar{r}}}$$

Sendo:

k = número de itens
$\bar{r}$ = média das correlações entre os itens

Exemplo: Suponhamos que na escala de atitudes frente à escola com 7 itens se encontrou uma média de $\bar{r} = 0,4$. O coeficiente de consistência α neste exemplo é $\alpha = 7 * 0,4/1 + 2,4 = 0,82$, o que é considerado um valor bom.

Teoricamente, o coeficiente pode variar de 0 a 1 ($0 \leq \alpha \leq 1$). Como regra geral para avaliar a qualidade da consistência interna, servem os seguintes valores:

> 0,9   excelente
> 0,8   bom
> 0,7   aceitável

Valores de $\alpha < 0,7$ são insatisfatórios e indicam que o instrumento não fornece resultados suficientemente confiáveis. Nesse contexto é importante frisar que uma alta consistência interna não garante necessariamente a unidimensionalidade da escala. Esta tem que ser testada mediante uma análise fatorial.

Uma vez calculado um coeficiente para determinar a confiabilidade (precisão) da medição, existe a possibilidade de calcular para cada sujeito um intervalo de confiança para

PARÂMETROS DE QUALIDADE DA MEDIÇÃO E VALIDADE   193

seu valor obtido, o que é uma ferramenta importante no contexto do diagnóstico educacional e psicológico.

Todos os softwares estatísticos importantes (SPSS, SAS, R) dispõem hoje em dia das funcionalidades para calcular diversos tipos de coeficientes de confiabilidade. Porém, isso não substitui conhecimentos sobre como interpretar e usar os resultados obtidos.

11.3 Validade

A validade de uma medição se refere à questão se o instrumento realmente mede a variável que pretende medir, ou seja, a congruência entre medida e propriedade a ser medida. Essa questão, se a operacionalização realmente foi bem-sucedida, parece ser simples, mas, como já foi dito, nas ciências humanas ela é complicada e controvertida. Os problemas têm seu início no nível teórico, onde existe uma pluralidade de conceitos e teorias contraditórias (PASQUALI, 2009, p. 996).

Outro problema mencionado acima se refere à legitimidade da representação numérica. O que significam os escores obtidos em um teste de inteligência, em uma escala que mede a consciência ambiental ou em uma prova Enem? O que eles representam?

Frente a essas dificuldades foram desenvolvidos procedimentos com o intuito de demonstrar a validade do instrumento. As três mais importantes são explicadas a seguir.

1. *Validade de conteúdo.* A validade de conteúdo é a forma básica para avaliar a qualidade de instrumentos voltados para identificar o rendimento escolar (testes, provas) em seus diversos níveis. Para tal finalidade, as questões (tarefas) devem estar em relação estreita com as habilidades definidas e requeridas por parte dos sujeitos.

    Exemplo: um teste que pretende medir os conhecimentos das quatro operações aritméticas básicas deve incluir itens de um espaço numérico definido *a priori* e tarefas de adição, subtração, divisão e multiplicação. Testes com tarefas que se referem a outros assuntos ou somente apresentam tarefas de um tipo não têm validade de conteúdo.

    Não é possível determinar a validade de conteúdo objetiva e quantitativamente. A partir de uma base teórica sólida, o próprio pesquisador tem que avaliá-la. Um indicador útil é a concordância do julgamento entre vários especialistas referente à relevância dos itens escolhidos (LAWSHE, 1975).

    Para constructos mais complexos e amplos (inteligência, capacidades de transferência de conhecimentos) é difícil ou talvez impossível definir um universo de itens, e, portanto, a validade de conteúdo do instrumento fica duvidosa.

2. *Validade de critério.* Qualquer medição útil deve possibilitar a predição, pelo menos de modo probabilístico, do futuro comportamento de um indivíduo ou sua situação com respeito a uma determinada variável de importância. Essa *validade*

preditiva é um critério eficaz, porém requer em muitos casos um prazo temporal relativamente extenso para ser verificado. Especificamente em casos de diagnóstico pedagógico a validade preditiva é indispensável.

Exemplo: o desempenho (escore) dos candidatos na prova Enem pode se correlacionar com o desempenho acadêmico deles (notas, evasão), levando em consideração o curso escolhido. Uma alta correlação da prova com o rendimento acadêmico é um indicador para sua validade preditiva.

Como critério também podem servir outros testes disponíveis. Nesse caso se trata de *validade concorrente,* quer dizer, a validação acontece mediante a correlação entre os escores de ambos os instrumentos.

Exemplo: a construção de um novo instrumento para medir a inteligência é aplicado juntamente com um instrumento de validade reconhecida ao mesmo grupo de pessoas. Uma alta correlação entre os escores de ambos os instrumentos se interpreta como validade concorrente.

Tanto a validade concorrente como a preditiva caracterizam-se pela predição sobre um critério externo ao instrumento. Porém, em caso da validade concorrente surge a pergunta: para que se deve desenvolver um novo instrumento se já existe outro válido? Como aponta Pasquali (2011, p. 997), a única justificativa se encontra no aspecto da eficiência, ou seja, que a aplicação do novo instrumento gasta menos tempo. Entretanto, se na validação utiliza-se como critério um teste de validade duvidosa, como acontece muitas vezes na prática, o novo instrumento é inútil.

3. *Validade de constructo.* Essa forma de validação é, metodologicamente, a mais sofisticada, complexa e trabalhosa. Ela está vinculada essencialmente a um esquema teórico subjacente que permite relacionar de forma consistente a medição do constructo a ser validado com as medições de outros constructos. "A validade de constructo se refere ao grau em que um instrumento de medidas se relacione consistentemente com outras medições assemelhadas derivadas da mesma teoria e conceitos que estão sendo medidos" (MARTINS, 2006, p. 7). Se não se relacionam de forma esperada, os itens e/ou a teoria devem ser reexaminados.

11.3.1 Parâmetros de qualidade na pesquisa qualitativa

A preocupação metodológica referente aos parâmetros pelos quais se pode assegurar a qualidade científica dos resultados de pesquisa não concerne somente à pesquisa quantitativa, mas também à qualitativa. Enquanto os critérios de objetividade, confiabilidade e validade adotados na pesquisa empírica-quantitativa são matematicamente definidos e controlados de forma rígida, nota-se na pesquisa qualitativa uma falta de consenso a respeito da necessidade e da forma de critérios de confiabilidade e validade dos resultados. Encontramos na literatura três posições quanto a esse problema (PFEIFFER; RIEK, 2015, p. 29): (1) a rejeição completa de predeterminados critérios de qualidade defendendo uma

PARÂMETROS DE QUALIDADE DA MEDIÇÃO E VALIDADE 195

posição do "vale tudo"; (2) a tentativa de estabelecer critérios específicos correspondentes à natureza paradigmática da pesquisa qualitativa; e (3) a adaptação aos conhecidos critérios da pesquisa quantitativa.

Na atualidade, a posição predominante é a de que "tanto pesquisas quantitativas quanto pesquisas qualitativas [...] procuram demonstrar que seus estudos são confiáveis e válidos" (OLLAIK; ZILLER, 2012, p. 233), no entanto, usando diferentes concepções. Segundo essa perspectiva, na pesquisa qualitativa se encontram adaptações de concepções clássicas, mas também inovações específicas, que introduzem novos sentidos do conceito de validade, sentidos estes considerados epistemologicamente mais coerentes com o caráter e os objetivos desse enfoque. Falar desse contexto de validade também inclui a confiabilidade, porque ambos são estreitamente interligados.

O que se procura é uma definição operacional de validade, flexível, útil e apoiada por uma vasta gama de pesquisadores qualitativos para o equilíbrio entre o que Richardson (apud CHO; TRENT, 2006) denomina substância e variedade. Além disso, procura-se um marco de validade que reforce a credibilidade da pesquisa qualitativa que, apesar de fazer parte integral do espectro metodológico, ainda é muitas vezes vítima de uma imagem de subjetivismo e exotismo.

11.3.2 Concepções de validade na pesquisa qualitativa

De acordo com Ollaik e Ziller (2012, p. 237), no âmbito da pesquisa qualitativa existem diversas concepções sobre validade, podendo ser agrupadas em três blocos:

- Concepções relacionadas à fase de formulação da pesquisa (validade prévia);
- Concepções relacionadas à fase de desenvolvimento da pesquisa (validade interna);
- Concepções relacionadas à fase de resultados da pesquisa (validade externa).

> As concepções de validade próxima às origens positivistas preocupam-se mais com a validade na formulação e nos resultados, enquanto as concepções de validade mais interpretativas dão ênfase ao desenvolvimento da pesquisa, sem desconsiderar, porém, preocupações com a formulação e com os resultados (OLLAIK; ZILLER, 2012, p. 229).

O pesquisador qualitativo deve preocupar-se com a validade nas três fases da pesquisa: formulação, desenvolvimento e resultados. Assim, a validade em pesquisas qualitativas é mais ampla e pormenorizada, embora menos quantificável.

Segundo Kvale (apud OLIVEIRA; PICCININI, 2009), na pesquisa social atual o conhecimento válido emerge como conflito de interpretações e ações que são discutidas e negociadas entre o pesquisador e os membros da comunidade pesquisada. Em termos de validade, não apenas o que o pesquisador produz se torna importante, mas também suas próprias ações, com destaque para sua integridade ética na coleta, análise e resultados apresentados em seus estudos e as possíveis consequências para os sujeitos envolvidos na pesquisa. O pesquisador torna-se crítico do seu modo de interagir com a comunidade e da qualidade do conhecimento científico produzido.

Para o autor, a validade na pesquisa qualitativa é expressa em todos os momentos em que o pesquisador desenvolve a pesquisa:

- na problematização do assunto, por meio da coerência da base teórica utilizada com o enfoque dado;
- na estruturação da pesquisa, a validade envolve a adequação do desenho de pesquisa e os métodos usados para cada tópico, além dos objetivos que dão o direcionamento do estudo;
- na coleta de dados, está no cuidado ao checar os dados informados e no respeito ao que está sendo expresso pelos participantes;
- na interpretação, refere-se à forma como as questões são colocadas no texto e à lógica das interpretações realizadas;
- na verificação, está relacionada tanto com a validade do conhecimento produzido como para quais formas de validação são relevantes um estudo específico, e a decisão de que é relevante para a comunidade no diálogo da validade.

Guba e Lincoln (apud OLIVEIRA; PICCININI, 2009) destacam que a validade na pesquisa social não é algo apresentado objetivamente. Existem várias forças teóricas, filosóficas e pragmáticas racionais para examinar o conceito de objetividade e encontrar o que se busca. Mesmo dentro das estruturas positivistas ela é vista como conceitualmente problemática. A validade não pode ser dispensada simplesmente porque aponta para a questão que precisa ser respondida por um caminho ou outro.

Uma das principais questões envolvidas na validade da pesquisa qualitativa está em como, enquanto pesquisador, pode-se justificar que interpretações pessoais são válidas para a experiência vivida dentro de uma dada perspectiva teórica e metodológica. No entanto, deve-se considerar que os pesquisadores que buscam exercer essa subjetividade são mais conscientes de como suas próprias interpretações são influenciadas pelas suas perspectivas teóricas e metodológicas. Dessa forma, a interpretação transforma-se numa força ao invés de ameaça para a confiabilidade dos resultados (SANDBERG, 2005).

Tendo em conta o crescimento de trabalhos de orientação qualitativa de múltiplas orientações, a ideia de validade tem assumido várias interpretações na comunidade científica. De acordo com Cho e Trent (2006), tradicionalmente, a validade na pesquisa qualitativa tem envolvido a determinação do grau pelo qual os apontamentos do pesquisador sobre o conhecimento correspondem à realidade (ou construções da realidade dos participantes) que está sendo estudada. Nos últimos anos, emergiram duas vertentes bastante distintas, buscando responder ao que seria a validade na pesquisa qualitativa: a *transacional* e a *transformacional* (OLIVEIRA; PICCININI, 2009).

PARÂMETROS DE QUALIDADE DA MEDIÇÃO E VALIDADE   197

A validade transacional na pesquisa qualitativa consiste num processo interativo entre o investigador e os dados pesquisados e coletados que são conferidos e alcançam um nível relativamente mais elevado da exatidão e consenso por meio dos fatos, sentimentos, experiências e valores ou opiniões coletados e interpretados.

A validade, como um processo transacional, consiste em técnicas ou métodos pelos quais os "enganos" do pesquisador podem ser ajustados e assim reparados. As técnicas são vistas como um meio para segurar uma reflexão exata da realidade (ou, ao menos, construções dos participantes da realidade) (CHO; TRENT, 2006).

A validade transformacional vem atender a uma necessidade de validação destacada por alguns investigadores qualitativos preocupados em explicitar o valor particular de significados sociais, culturais e políticos em diferentes contextos. Nessa perspectiva, os significados são construções sociais e as diversas perspectivas de um tópico rendem sentidos múltiplos. Dessa forma, a pergunta da validade está relacionada com a maneira de o investigador autorrefletir, explícita e implicitamente, sobre as múltiplas dimensões em que a pesquisa é conduzida (CHO; TRENT, 2006).

11.3.2.1 Validade pelos pares

Quando se trata de interpretar conteúdos verbais (textos, entrevistas abertas, discursos, protocolos de interação etc.), surge o problema da validade (legitimidade) da reconstrução dos significados intencionais e latentes (inconscientes) por parte do pesquisador. A qualidade das inferências se torna melhor (porém, isso não é garantido) se as interpretações de diferentes pesquisadores estão condizentes (consistência interpretativa).

Essa estratégia se aplica, p. ex., na hermenêutica objetiva (OVERMANN et al. apud POHLMANN; BÄR; VALARINI, 2014), a qual trabalha com até oito interpretadores com o intuito de decifrar as estruturas de reprodução social contidas em um texto.

Também outras linhas qualitativas, como a análise de conteúdo (MAYRING, 2010), a teoria fundamentada (GLASER; STRAUSS, 1967) e a etnografia (DENZIN apud YAGI; KLEINBERG, 2011), aplicam na fase da análise procedimentos categorizantes que objetivam no decurso de um processo iterativo desenvolver categorias que permitam estruturar e ordenar o material (textos, observações, filmes etc.). Nesse contexto, o grau de consistência entre as categorizações de diferentes codificadores (*intercoder reliabilty*) é um critério destacado para avaliar a qualidade dos resultados. Existem diferentes coeficientes para medir a concordância interavaliador, sendo o coeficiente Kappa o mais usado.

11.3.2.2 Validade comunicativa

Um dos traços principais da pesquisa qualitativa durante o processo da coleta de dados é o enfoque participativo, a comunicação aberta entre pesquisador e pesquisado e o diálogo interativo entre ambos. Essa perspectiva de interação não está limitada à fase da coleta dos dados, mas pode ser estendida à fase da validação. Sendo assim, o *feedback* dos informantes durante ou após o processo da entrevista é uma técnica essencial para a validação das interpretações. Retornar a questões anteriores, esclarecer contradições ou inconsistências nas respostas e finalmente iniciar a apresentação e discussão aberta se os resultados forem adequados são técnicas fundamentais para dar credibilidade às interpretações do pesquisador. Sem significados compartilhados ou sem um grau suficiente de entendimento entre o pesquisador e o sujeito, torna-se difícil alcançar a validade das interpretações.

Nessa perspectiva os pesquisados não são somente fornecedores de dados, mas atuam como sujeitos competentes, capazes de refletir a sua situação dentro de um contexto social mais amplo, uma perspectiva que corresponde à "ética" do enfoque qualitativo.

11.3.3 Aferição de validade

Durante décadas foram operacionalizadas "diferentes técnicas para aferição da validade de uma pesquisa científica, conforme a concepção de validade que esteja sendo utilizada" (OLLAIK; ZILLER, 2012, p. 233).

Entre as principais técnicas destacam-se a consulta aos pesquisados e a triangulação.

Na consulta aos pesquisados, os participantes da pesquisa leem e confirmam ou ajustam os dados coletados pelo investigador, buscando dar credibilidade a suas interpretações. Para alguns pesquisadores, a triangulação, assim como a confirmação dos pesquisados, conduz a um retrato mais consistente, mais objetivo da realidade. Enquanto a verificação do pesquisado busca a credibilidade das construções dos participantes, estando relacionada com a totalidade da construção da pesquisa, a triangulação – que verifica as origens dos fatos com dados de múltiplas origens – serve para reforçar os resultados encontrados (CHO; TRENT, 2006).

11.3.4 Triangulação

A triangulação refere-se ao uso de múltiplos métodos, técnicas de coleta ou fontes de dados, na tentativa de superar parcialmente as deficiências e incoerências que decorrem de uma investigação de um método só (AZEVEDO et al., 2013). O intuito dessa técnica é conduzir a um retrato mais consistente e mais objetivo da realidade, verificando e reforçando os resultados encontrados com dados de múltiplas origens (CHO; TRENT, 2006).

De acordo com Denzin (1978), existem vários tipos de triangulação. O tipo mais importante no contexto da pesquisa qualitativa se refere ao uso de distintas *fontes de dados e informações* (entrevistas, observações, documentos, grupos focais, vídeos). Em determinados casos, também o uso de dados quantitativos pode completar e enriquecer a compreensão do campo estudado. O uso de dados de origem múltipla pode fornecer uma maior precisão e validade dos resultados e das conclusões da pesquisa. Não cabe dúvida de que o cruzamento de dados de diferentes fontes é uma ferramenta eficaz para

PARÂMETROS DE QUALIDADE DA MEDIÇÃO E VALIDADE   199

confirmar a validez. No entanto, um problema pouco abordado na literatura ocorre caso os resultados das diferentes fontes não sejam compatíveis.

Outro tipo de triangulação se refere à *combinação de métodos quantitativos e qualitativos* (métodos mistos) dentro de uma pesquisa. Porém, entre os pesquisadores não existe consenso em relação ao potencial e à legitimidade de um modelo integrativo de pesquisa. Incompatibilidades epistemológicas e ontológicas, diferentes interesses e objetivos de pesquisa e culturas contraditórias são os argumentos para descartar modelos mistos de pesquisa. Por outro lado, autores como Wilson (1982), Johnson e Onwuegbuzie (2004) e Pfeiffer e Püttmann (2011) defendem o modelo da complementaridade dos métodos quantitativos e qualitativos, enfatizando que esta possibilita integrar diferentes perspectivas e tematizar diferentes aspectos do fenômeno pesquisado. A pesquisa social precisa mais do que nunca do diálogo e do intercâmbio entre os distintos enfoques.

11.3.5 Validade de métodos mistos

A investigação mista possui grandes vantagens, no entanto, enfrenta importantes desafios de validade. Onwuegbuzie e Johnson (2006) apontam três problemas fundamentais que enfrentam os planos híbridos de pesquisa:

1. *O desafio da representação*. Refere-se à dificuldade de obter "autenticamente" as experiências vividas pelos sujeitos, seja mediante textos, palavras e números.
2. *O desafio da legitimação*, ou seja, a dificuldade de obtenção de resultados, conclusões e inferências que sejam confiáveis e que tenham possibilidades de confirmação.
3. *O desafio da integração*. Em muitos casos, os problemas mencionados são exacerbados na investigação mista, porque ambos os componentes quantitativos e qualitativos de estudos trazem seus próprios problemas de representação e legitimação.

Para Sampieri e Mendoza (2008), os mencionados desafios podem ser contornados dependendo do cumprimento dos objetivos básicos dos métodos mistos: triangulação (convergência ou confirmação das conclusões), complementação (elaboração, ilustração, aperfeiçoamento e clarificação das inferências), desenvolvimento (uso dos resultados de um método para informar os outros), iniciação (descobrir paradoxos e contradições que levem a repensar determinadas questões de uma pesquisa, ou à reformulação do problema de pesquisa) e ampliação (nível e escopo da investigação).

Além disso, os desafios do método misto podem ser enfrentados com:

a) *o enriquecimento da amostra*. Otimizar a variedade e o número de participantes considerados para garantir que cada participante esteja adequado às características da amostra;

b) *a confiabilidade dos instrumentos de coleta de dados.* Avaliar a adequação e a utilidade dos instrumentos existentes, bem como criar novas ferramentas mais adequadas e válidas e confiáveis;

c) *a integridade dos tratamentos.* Consolidar a confiabilidade da intervenção;

d) *o aumento da relevância e riqueza dos dados.* Assim como a capacidade de interpretação ("enxugar" as descobertas) (SAMPIERI; MENDOZA, 2008).

Onwuegbuzie e Johnson (2006) mencionam três questões da validez dos métodos mistos, ainda não resolvidas:

1. Conceitos utilizados para avaliar as pesquisas de métodos mistos.
2. Conceituação da legitimação nas pesquisas de métodos mistos.
3. Identificação de alguns tipos de legitimidade a serem utilizados pelas pesquisas de métodos mistos.

11.3.6 Conceitos utilizados para avaliar as pesquisas de métodos mistos

Entre os pesquisadores que trabalham com a abordagem qualitativa, não existe consenso em relação ao significado do conceito validez ou validade. Para alguns, o conceito faz referência "à realidade", no entanto, não existe apenas uma realidade, são múltiplas, pois dependem da percepção que o sujeito tem do mundo. Para outros, o conceito é relativo a um contexto, situação, cultura ou visão do mundo (SCHWANDT, 2001). Esses autores utilizam o termo "contextualização", que representa o conjunto de normas de uma comunidade em um lugar e tempo específicos (ONWUEGBUZIE; JOHNSON, 2006). Também existem autores que consideram que o conceito de validez representa uma perspectiva pós-moderna desacreditada que procura a racionalidade, a ordem e a lógica no universo e nos fenômenos estudados. Assim, para Onwuegbuzie et al. (2010) e Tashakkori e Teddlie (2008), o uso do termo "validade" nos estudos mistos seria contraproducente. Por esse motivo, propõem o termo legitimidade, que tem uma melhor aceitação entre pesquisadores "quantitativos" e "qualitativos". Isso não implica o abandono do uso do conceito validade (para os quantitativos), nem dos termos credibilidade, confirmação ou dependência (para os qualitativos).

11.3.7 Conceituação da legitimação nas pesquisas de métodos mistos

Sampieri e Mendoza (2008), seguindo as ideias de Onwuegbuzie e Johnson (2006), consideram a legitimação um resultado e um processo que devem ser avaliados em cada etapa de investigação. A legitimidade está relacionada com a qualidade das inferências, a qualidade do plano de pesquisa, o rigor interpretativo e a transferência de inferências. Cabe destacar que alguns critérios ou fatores contribuem para mais de uma dimensão dessa legitimidade.

PARÂMETROS DE QUALIDADE DA MEDIÇÃO E VALIDADE   201

Com relação à qualidade das inferências, Teddlie e Tashakkori (2003) incluem os seguintes critérios:

1. Consistência interna do plano (consistência entre procedimentos e plano de pesquisa).
2. Consistência conceitual ou interpretativa (grau em que as inferências são coerentes entre si).
3. Consistência teórica (grau em que inferências são coerentes em matéria de conhecimento e as teorias existentes).
4. Acordo interpretativo (na equipe de trabalho como resultado da triangulação das informações).
5. Interpretação diferencial (grau em que as inferências são diferentes de outras possíveis interpretações dos resultados) (SAMPIERI; MENDOZA, 2008).

Em um trabalho mais recente, Tashakkori e Teddlie (2006) propõem um modelo de qualidade que integra duas dimensões: a qualidade do plano de pesquisa e o rigor na interpretação.

A qualidade do plano de pesquisa refere-se às normas utilizadas na avaliação do rigor metodológico da pesquisa. Inclui os seguintes fatores:

1. Consistência interna do plano de pesquisa. Os componentes do plano se integram de forma coesiva e congruente.
2. Adequação do plano (está adequado para responder às questões de pesquisa? É coerente com a abordagem do problema?).
3. Fidelidade do plano (os procedimentos de amostragem, de coleta de dados etc. devem conformar-se às características do plano de pesquisa e os métodos devem estar em condições de obter significados, associações e/ou efeitos).
4. Adequação analítica (as técnicas de análise estão adequadas à abordagem teórica) (SAMPIERI; MENDOZA, 2008).

O rigor interpretativo considera os seguintes critérios:

1. consistência interpretativa (congruência entre as diversas inferências e entre elas e os resultados da análise dos dados);
2. acordo interpretativo entre pesquisadores (mencionado anteriormente);
3. interpretação diferencial (mencionada anteriormente);
4. consistência interpretativa (as inferências se depreendem dos resultados mais significativos e as inferências múltiplas são consistentes entre si);
5. consistência teórica; e
6. integração eficaz (as metainferências incorporam adequadamente inferências quantitativas e qualitativas). Para Tashakkori e Teddlie (2008), esse critério está

destinado exclusivamente aos métodos mistos. Alcança-se quando os investigadores integram os resultados, as conclusões e as recomendações obtidas em ambas as abordagens.

Com relação à generalização dos resultados, Tashakkori e Teddlie (2006) sugerem o termo de transferência de inferências para referir-se à generalização dos resultados quantitativos e qualitativos, o que compreende vários aspectos:

- Transferência de população (para outros indivíduos, grupos ou entidades).
- Transferência ecológica (para outros ambientes ou contextos).
- Transferência temporal (para outros períodos de tempo).
- Transferência operacional (para outros métodos de coleta de dados).

Por outro lado, Onwuegbuzie e Johnson (2006) fazem referência a vários tipos de legitimidade, entre os quais podemos mencionar:

1. Legitimidade da integração da amostra (legitimação da amostra): o grau no qual a relação entre a amostragem qualitativa e quantitativa produz metainferências.
2. Legitimidade interna-externa: o grau em que os pesquisadores apresentam com precisão e profundidade a visão interna dos participantes e a visão externa do(s) próprio(s) investigador(es) para fins de descrição e explicação.
3. Legitimidade dirigida a minimizar as fragilidades potenciais: o grau em que as fragilidades de um método são compensadas pela robustez do outro método.
4. Legitimidade da combinação paradigmática: a medida em que as crenças epistemológicas, ontológicas, axiológicas e metodológicas do pesquisador, derivadas das abordagens quantitativa e qualitativa, sejam combinadas com sucesso e possam ser incorporadas adequadamente.
5. Legitimidade da compatibilidade entre visões: o grau no qual as metainferências refletem uma visão do mundo baseada em processos cognitivos holísticos e "gestálticos" que implicam mudança e integração.
6. Legitimidade por validações múltiplas: relevância e extensão em que diversas técnicas são utilizadas para validar os procedimentos, análise e inferências quantitativas e qualitativas.
7. Legitimidade "política": o grau em que os usuários dos métodos mistos valorizam o conjunto de inferências quantitativas e qualitativas de um determinado estudo, bem como as suas metainferências.

Para concluir, os métodos mistos estão em pleno desenvolvimento, e os pesquisadores que os utilizam devem ter em mente que a legitimação representa um processo analítico, social, estético, ético e político que deve incorporar-se à comunidade de pesquisadores quantitativos e qualitativos empenhados em resolver os diversos problemas que podem

PARÂMETROS DE QUALIDADE DA MEDIÇÃO E VALIDADE 203

acontecer na investigação mista. Esse é o único caminho pelo qual uma pesquisa mista pode ser cumprida na prática.

11.4 O futuro?

As concepções, as estratégias e os métodos, todos contribuem para um projeto de pesquisa que tende a ser quantitativo, qualitativo ou misto. O quadro a seguir cria distinções que podem ser úteis na escolha de uma abordagem.

Quadro 11.1 Abordagens qualitativas, quantitativas e de métodos mistos

TENDE A OU TIPICAMENTE...	ABORDAGENS QUALITATIVAS	ABORDAGENS QUANTITATIVAS	ABORDAGENS DE MÉTODOS MISTOS
Usa essas suposições filosóficas	Declarações de conhecimento construtivistas/ reivindicatórias/ participativas	Declarações de conhecimento pós--positivistas	Declarações de conhecimento pragmáticas
Emprega essas estratégias de investigação	Fenomenologia, teoria fundamentada, etnografia, estudo de caso e narrativa	Levantamentos e experimentos	Sequenciais, concomitantes e transformativas
Emprega esses métodos	Questões abertas, abordagens emergentes, dados de texto ou imagem	Questões fechadas, abordagens predeterminadas, dados numéricos	Tanto questões abertas quanto fechadas, tanto abordagens emergentes quanto predeterminadas e tanto dados e análises quantitativos quanto qualitativos
Usa essas práticas de pesquisa à medida que o pesquisador	• Posiciona-se • Coleta significados dos participantes • Concentra-se em um conceito ou fenômeno único • Traz valores pessoais para o estudo • Estuda o contexto ou o ambiente dos participantes • Valida a prescrição dos resultados • Faz interpretações dos dados • Cria uma agenda para mudança ou reforma • Colabora com os participantes	• Testa ou verifica teorias ou explicações • Identifica variáveis para o estudo • Relaciona as variáveis em questões ou hipóteses • Observa e avalia as informações numericamente • Usa abordagens não tendenciosas • Emprega procedimentos estatísticos	• Coleta tanto dados quantitativos quanto qualitativos • Desenvolve uma justificativa para a combinação • Integra os dados de diferentes estágios da investigação • Apresenta quadros visuais dos procedimentos do estudo • Emprega as práticas tanto da pesquisa quantitativa quanto da qualitativa

Fonte: CRESWELL, 2007, p. 36.

Os cenários típicos da pesquisa podem ilustrar como esses três elementos são combinados em um projeto de pesquisa.

1. Abordagem quantitativa – **concepção positivista**, estratégia de investigação experimental e avaliações pré e pós-teste das atitudes. Nesse cenário, o pesquisador testa uma teoria, especificando hipóteses estritas e a coleta de dados para corroborar ou para refutar as hipóteses. É utilizado um projeto experimental em que as atitudes são avaliadas tanto antes quanto depois de um tratamento experimental. Os dados são coletados em um instrumento que mede atitudes, e as informações são analisadas por meio de procedimentos estatísticos e da testagem de hipóteses.
2. Abordagem qualitativa – **concepção construtivista**, modelo etnográfico e observação do comportamento. Nessa situação, o pesquisador procura estabelecer o significado de um fenômeno a partir dos pontos de vista dos participantes. Isso significa identificar o grupo que compartilha uma cultura e estudar como ele desenvolve padrões compartilhados de comportamento no decorrer do tempo (isto é, etnografia). Um dos principais elementos da coleta de dados dessa maneira é observar os comportamentos dos participantes, engajando-se em suas atividades.
3. Abordagem qualitativa – **concepção participativa**, modelo narrativo e entrevista aberta. Para esse estudo, o investigador procura examinar uma questão relacionada à opressão dos indivíduos. São coletadas histórias sobre a opressão do indivíduo, usando uma abordagem narrativa. Os indivíduos são entrevistados com certa profundidade para determinar como experimentaram a opressão pessoalmente.
4. Abordagem de métodos mistos – **concepção pragmática**, coleta sequencial de dados quantitativos e qualitativos. O pesquisador baseia a investigação na suposição de que a coleta de diversos tipos de dados proporciona um melhor entendimento do problema da pesquisa. O estudo começa com um levantamento amplo para generalizar os resultados para uma população e depois, em uma segunda fase, concentra-se em entrevistas qualitativas abertas visando coletar pontos de vista detalhados dos participantes.

A escolha das abordagens vai depender de a intenção especificar o tipo de informação a ser coletado antes do estudo ou permitir que surja dos participantes do projeto. Além disso, o tipo de dados analisados pode abranger informações numéricas reunidas em escalas de instrumentos ou informações de texto registrando e relatando a voz dos participantes. Os pesquisadores fazem interpretações dos resultados estatísticos ou interpretam os temas ou os padrões que emergem dos dados. Em algumas formas de pesquisa são coletados, analisados e interpretados tanto dados quantitativos quanto qualitativos. Os dados coletados por instrumento podem ser ampliados com observações abertas, ou os dados de censo podem ser acompanhados de entrevistas exploratórias detalhadas. Nesse caso dos métodos mistos, o pesquisador faz inferências tanto sobre os bancos de dados quantitativos quanto sobre os bancos de dados qualitativos.

PARÂMETROS DE QUALIDADE DA MEDIÇÃO E VALIDADE   205

Em geral, os pesquisadores coletam dados sobre um instrumento ou teste (p. ex., um conjunto de questões sobre atitudes com relação à autoestima) ou reúnem informações sobre uma lista de controle comportamental (p. ex., observação de um trabalhador engajado em uma habilidade complexa). Na outra extremidade do contínuo, a coleta de dados pode envolver visitar um local de pesquisa e observar o comportamento dos indivíduos sem questões predeterminadas ou conduzir uma entrevista em que seja permitido ao indivíduo falar abertamente sobre um tópico, em grande parte sem o uso de perguntas específicas.

Elementos muito importantes da estrutura de uma pesquisa são os **métodos utilizados** que envolvem as formas de coleta, análise e interpretação dos dados que os pesquisadores propõem para seus estudos. Convém considerar toda a série de possibilidades da coleta de dados e organizar esses métodos, por exemplo, por seu grau de natureza predeterminada, seu uso de questionamento fechado *versus* aberto e seu enfoque na análise de dados numéricos *versus* dados não numéricos (CRESWELL, 2008).

A forma que essa preocupação irá assumir varia de pesquisador para pesquisador, conforme suas orientações filosóficas, epistemológicas e científicas, sendo de fundamental importância, no entanto, manter coerência ao longo de toda a pesquisa.

Em suma, há várias concepções de validade; tal conceito surge no âmbito de pesquisas quantitativas e é adaptado para pesquisas qualitativas. Sugere-se investigar acerca de **justiça social** e **ética** como valores subjacentes aos objetivos de pesquisa, o que talvez possa sinalizar um novo e mais adequado caminho para a validade em pesquisas com epistemologia interpretativa (OLLAIK; ZILLER, 2012).

Nesse sentido, a validade não pode ser alcançada unicamente por meio de técnicas predeterminadas. Os pesquisadores que defendem essa perspectiva apontam que, uma vez que a pesquisa tradicional (ou positivista) deixa de ser vista como meios de absoluta verdade no reino da ciência humana, as noções alternativas da validade devem ser consideradas para conseguir justiça social, compreensões mais profundas, visões mais detalhadas e outros objetivos que legitimam a pesquisa qualitativa. A validade é determinada pelas ações de transformação da realidade social que são alertadas pelo esforço da pesquisa. Metodologicamente, propõe uma aproximação transgressiva à validade que enfatiza um grau mais elevado de autorreflexividade (CHO; TRENT, 2006).

Concordando plenamente com as observações de Cho e Trent, muitos pesquisadores estão interessados na criação de novos sentidos de validade na pesquisa qualitativa. Alguns argumentam que os métodos e estratégias de validade na pesquisa qualitativa deveriam seguir os processos da pesquisa quantitativa ou convencional, pela semelhança de ambas as abordagens. Pensamos que é uma visão equivocada.

Durante muito tempo, a ciência esteve dominada por um método rígido apoiado na Matemática e Física, utilizado para verificar os resultados com parâmetros newton-cartesianos de tempo, espaço e massa. A partir desses resultados se formulariam leis universais que caracterizariam a pesquisa positivista e empírica. No entanto, houve momentos no período da modernidade em que os resultados obtidos pelo método científico não conseguiram satisfazer as expectativas dos pesquisadores e da população em geral (FARIAS, 2010).

Assim, entre meados do século XIX e o XX surgem teorias antropológicas que serviram de base sistemática para a abordagem qualitativa, como forma de estudar fatos sociais, através da descrição e interpretação do fenômeno em estudo. Cabe destacar o polonês Bronislaw Malinowski (1884-1942) e o francês Claude Lévi-Strauss (1908-2009) como pais da Antropologia moderna.

Como já mencionamos, a pesquisa qualitativa procura a subjetividade, e a quantitativa, a objetividade. Por outro lado, a validade do conhecimento ocorre através de triangulação e não na confiabilidade estatística da pesquisa empírica. A pesquisa qualitativa teve altos e baixos em sua evolução, enfatizando sua sistematização na escola de Chicago (1910). A pesquisa qualitativa conseguiu revalorizar a capacidade autorreflexiva para construir através da experiência hermenêutica a racionalidade humana através da interpretação e compreensão da realidade social histórica (FARIAS, 2010).

Recentemente têm ressurgido questionamentos sobre o valor científico da pesquisa qualitativa. Algumas diferenças fundamentais têm gerado o pluralismo metodológico característico da pesquisa qualitativa atual. Isso tem consequências importantes na tentativa de estabelecer um conjunto único de orientações ontológicas e metodológicas desse tipo de pesquisa. Não devemos reforçar esse pluralismo tratando cada abordagem qualitativa como se tivesse seus próprios critérios de qualidade. O futuro da pesquisa social precisa do diálogo entre os diversos enfoques, incluindo a divisão qualitativa-quantitativa (HAMMERSLEY; ATKINSON, 2007).

Concordamos com Maria Lúcia Magalhães Bosi (2014, p. 5) quando sustenta:

> que a pesquisa qualitativa de qualidade será aquela que apresentar coerência e consistência simultaneamente em três níveis: ontológico, metodológico e ético. Tal tríade significa, antes de tudo, delimitar claramente um objeto cuja natureza se coadune com o enfoque, empregando conceitos adequados às vertentes eleitas, reconhecendo vínculos ante as distintas tradições, adotando modelos abertos de pesquisa e procedimentos indutivos, mantendo a reflexividade (GREEN; THOROGOOD, 2009) como princípio orientador.

PARTE V

COLETA E ANÁLISE DE DADOS

PARTE V

COLETA E ANÁLISE DE DADOS

12

QUESTIONÁRIO

O questionário pode ser definido como um instrumento de coleta de dados que inclui diversas questões escritas apresentadas a entrevistados com o propósito de obter informações sobre conhecimentos, atitudes, aspectos sociodemográficos etc.

Existem diversos instrumentos de coleta de dados que podem ser utilizados para obter informações acerca de grupos sociais. O mais comum entre esses instrumentos talvez seja o questionário.

O presente capítulo examinará as funções e características dos questionários, maneiras de construí-los e, finalmente, suas principais vantagens e desvantagens.

12.1 Funções e características do questionário

Geralmente, os questionários cumprem pelo menos duas funções: descrever as características e medir determinadas variáveis de um grupo social.

A informação obtida por meio de questionário permite observar as características de um indivíduo ou grupo. Por exemplo: sexo, idade, estado civil, nível de escolaridade, preferência política etc.

A descrição dessas características pode cumprir diversos objetivos. Exemplo: é importante conhecer a idade de um grupo de mulheres, alvo de uma campanha de controle de natalidade, pois a idade influi na aceitação de promoções desse tipo. As características educacionais de um grupo podem contribuir para explicar determinadas atitudes políticas desse grupo. A distribuição salarial de uma população pode dar uma visão bastante clara dos efeitos de determinada política econômica. Portanto, uma descrição adequada das características de um grupo não apenas beneficia a análise a ser feita por um pesquisador, mas também pode ajudar outros especialistas, tais como planejadores, administradores e outros.

Outra importante função dos questionários é a medição de variáveis individuais ou grupais. Tais questionários podem incluir perguntas unidimensionais. Por exemplo: "Qual é a sua opinião sobre os atuais partidos políticos brasileiros?", ou perguntas múltiplas: vários itens estreitamente ligados à problemática estudada, geralmente constituídos em forma de escalas. Esse último tipo de questionário é utilizado para medir diversos fenômenos atitudinais, tais como alienação, autoritarismo, religiosidade etc.

12.2 Objetivos de um questionário

Os questionários devem ter um objetivo muito claro relacionado com os objetivos da pesquisa. Em geral, destinam-se a:

- coletar informações que permitam classificar pessoas e suas circunstâncias;
- coletar informações relacionadas com o comportamento das pessoas;
- coletar informações sobre as atitudes ou opiniões de um grupo relacionadas com um assunto específico;
- medir a satisfação de clientes relacionada com um produto ou serviço;
- coletar informação de base que possa ser rastreada no tempo para examinar possíveis mudanças.

12.3 Tipos de questionários

Os questionários não estão restritos a uma quantidade determinada de perguntas nem a um tópico específico. Existem aqueles que incluem apenas duas ou três perguntas, ou ainda outros que possuem mais de 100 páginas, dependendo da complexidade das informações a serem coletadas. Por um lado, a idade de uma pessoa pode ser conhecida fazendo-se apenas uma pergunta: "Gostaríamos de saber a sua idade: ___ anos". Por outro lado, se se deseja conhecer as atitudes de uma pessoa em relação ao ensino superior, evidentemente são necessárias várias perguntas visando abranger a multidimensionalidade da problemática.

Atualmente, não existem normas claras para avaliar a adequação de determinados questionários a clientelas específicas. É responsabilidade do pesquisador determinar o tamanho, a natureza e o conteúdo do questionário, de acordo com o problema pesquisado e respeitar o entrevistado como ser humano que pode possuir interesses e necessidades divergentes das do pesquisador (esse ponto será tratado em páginas a seguir.)

QUESTIONÁRIO   211

Em geral, recomenda-se que o questionário, para ser aplicado, não ultrapasse uma hora de duração e que inclua diferentes aspectos de um problema, ainda que não sejam analisados em determinado momento. Como afirma Cláudio de Moura Castro (1978), é mais fácil obter informações sobre temas diversos em um só questionário que aplicar vários questionários que abordam temas específicos.

Em geral, os questionários podem ser utilizados em diversas situações de pesquisa. Por exemplo, via correios, eletrônicos, cara a cara e telefone. Os primeiros dois são também conhecidos como questionários autoaplicados: as pessoas decidem quando responder. Os questionários cara a cara e por telefone são utilizados por entrevistadores no caso de um conjunto de perguntas-padrão. Por exemplo, questionários para medir preferências eleitorais.

Escalas cognitivas, condutuais e afetivas são instrumentos estruturados (questionários) que localizam cada pessoa em algum ponto de um contínuo ou escala, cujo campo de variação oscila entre muito positivo e muito negativo. Exemplo:

A matemática é fascinante.
( ) Muito de acordo
( ) De acordo
( ) Indiferente
( )Descordo
( ) Muito em desacordo

Duas das classificações de questionários mais utilizadas são aquelas que distinguem os instrumentos:

- pelo tipo de pergunta feita aos entrevistados; e
- pelo modo de aplicação do questionário.

12.3.1 Tipo de pergunta

De acordo com o tipo de pergunta, os questionários podem ser classificados em três categorias: questionários de perguntas fechadas; questionários de perguntas abertas; e questionários que combinam ambos os tipos de perguntas.

12.3.1.1 Questionários de perguntas fechadas

São aqueles instrumentos em que as perguntas ou afirmações apresentam categorias ou alternativas de respostas fixas e preestabelecidas. O entrevistado deve responder à alternativa que mais se ajusta às suas características, ideias ou sentimentos.

Existem diversos tipos de perguntas fechadas. As mais utilizadas são as seguintes:

- Perguntas com alternativas dicotômicas. Exemplos:

Sim – Não

Verdadeira – Falsa

Certo – Errado

- Perguntas com respostas múltiplas.
  - Aquelas que permitem marcar uma ou mais alternativas. Exemplo: Em que turno você assiste à aula na universidade?
    1. (   ) De manhã.
    2. (   ) De tarde.
    3. (   ) De noite.
  - Aquelas que apresentam alternativas hierarquizadas. Exemplo: Com que frequência você usa a biblioteca central da universidade?
    1. (   ) Nunca.
    2. (   ) Ocasionalmente.
    3. (   ) Frequentemente.

Na elaboração de perguntas fechadas, devem ser considerados dois aspectos importantes:

1. As alternativas de resposta devem ser exaustivas, isto é, devem incluir todas as possibilidades que se podem esperar.
2. As alternativas devem ser excludentes. O entrevistado não deve duvidar entre duas ou mais alternativas que podem ter o mesmo significado. Exemplo:
   Você se considera da classe:
   1. (   ) Acomodada.   3. (   ) Média.
   2. (   ) Alta.   4. (   ) Baixa.

Nesse caso, o entrevistado pode duvidar entre classe " alta" e " acomodada", que podem ter o mesmo significado.

A utilização de um questionário com perguntas fechadas depende de diversos aspectos. Primeiro, supõe-se que os entrevistados conheçam a temática tratada no questionário. Segundo, supõe-se que o entrevistador conheça suficientemente bem o grupo a ser entrevistado, de modo que possa antecipar o tipo de respostas a serem dadas. Por exemplo, um pesquisador pode estar interessado em identificar atitudes regionalistas em uma amostra de trabalhadores; é lógico supor que as respostas dos entrevistados incluirão algumas das cinco regiões do país (Norte, Nordeste, Centro-Oeste, Sudeste e Sul). A grande maioria dos questionários é elaborada com base em perguntas fechadas. Exemplo:

1. Sexo:
   (   ) Masculino
   (   ) Feminino

2. Idade:

( ) Menos de 15 anos

( ) 15 – 20 anos

( ) 21 – 25 anos

( ) 26 – 30 anos

( ) 31 – 35 anos

( ) 36 – 40 anos

( ) 41 e mais anos

3. Gosto do meu trabalho:

( ) Muito ( ) Pouco

( ) Mais ou menos ( ) Nada

4. A guerra é um mal necessário:

( ) Totalmente de acordo ( ) Em desacordo

( ) De acordo ( ) Totalmente em desacordo

O leitor deve lembrar que existem variáveis que possuem categorias naturais ou universalmente aceitas, tais como sexo, cor dos olhos e outras. Nesse caso, recomenda-se o uso de perguntas fechadas. Também existem perguntas com respostas dicotômicas (sim – não; tem – não tem etc.) ou respostas tricotômicas (sim – não – não sabe; alto – médio – baixo; gosto – gosto mais ou menos – não gosto) que se podem formular com alternativas fixas. Mas, em geral, as perguntas que medem opiniões, motivos, fatores não devem fechar-se, pois incluem uma variedade muito ampla de respostas possíveis.

12.3.1.2 Questionários de perguntas abertas

Os questionários de perguntas abertas caracterizam-se por perguntas ou afirmações que levam o entrevistado a responder com frases ou orações. O pesquisador não está interessado em antecipar as respostas, mas deseja uma maior elaboração das opiniões do entrevistado. Exemplo:

1. Qual é a sua ocupação principal? . . . .

2. Você gosta das telenovelas? Por favor, justifique. . . . .

3. De acordo com seu ponto de vista, como deveria ser o relacionamento entre professor e aluno no 2º grau? . . . .

12.3.1.3 Questionários que combinam perguntas abertas e fechadas

Frequentemente, os pesquisadores elaboram os questionários com ambos os tipos de perguntas – as perguntas fechadas, destinadas a obter informação sociodemográfica do entrevistado (sexo, escolaridade, idade etc.) e respostas de identificação de opiniões (sim – não, conheço – não conheço etc.), e as perguntas abertas, destinadas a aprofundar as opiniões do entrevistador. Exemplo: Por que não gosta? Por que gostaria de conhecer? etc.

Geralmente, o pesquisador, visando não fechar totalmente uma pergunta, inclui entre suas alternativas uma categoria *outros*, aberta. Exemplo:

Que programas de televisão o(a) sr.(sra.) prefere?

(   ) Noticiários
(   ) Esportivos
(   ) Telenovelas
(   ) Policiais
(   ) Humorísticos
(   ) Outros: . . . .

Outros permite que o entrevistado tenha mais liberdade de resposta, o que, na realidade, é difícil de ocorrer (ver desvantagens adiante.) Tal categoria cumpre um papel importante no pré-teste ou na aplicação prévia do questionário. Contribui para determinar, reformular e esclarecer as alternativas das perguntas fechadas. Em outras palavras, se no pré-teste essa categoria, em uma pergunta específica, recebe muitas respostas (mais de 25% do total de pessoas que responderam à pergunta), as demais alternativas devem ser reformuladas e completadas. Por exemplo, suponha-se que se aplique um pré-teste a 50 pessoas e a pergunta "nível de escolaridade" apresente os seguintes resultados:

		Frequência
1.	Ensino Fundamental	20
2.	Ensino Médio	10
3.	Ensino Superior	5
4.	Outros – Analfabetos	15

Logo, no texto definitivo, a pergunta deve incluir mais uma alternativa:

Nível de instrução:

(   ) Não tem
(   ) Ensino Fundamental
(   ) Ensino Médio
(   ) Ensino Superior
(   ) Outros: . . . .

12.3.1.4 Comparação entre perguntas fechadas e perguntas abertas

Como já vimos, existem temas que podem ser abordados facilmente mediante perguntas fechadas (sexo, nível de escolaridade, estado civil, idade) porque estão, quase sempre, limitados a apenas algumas alternativas. Aspectos como religião, raça, filiação política podem ser classificados em uma quantidade limitada de categorias, sempre que previamente se tenha uma ideia relativamente clara das características da grande maioria de determinada população. Por exemplo, no Brasil, em uma pergunta sobre religião, as categorias Católica, Protestante, Afro-brasileira incluem a grande maioria da população e poucos responderiam a alternativa *Outros*.

As atitudes são, geralmente, medidas por meio de afirmações com respostas fixas (concordo – indeciso – discordo) a um conjunto de itens que forma uma escala atitudinal fácil de computar e que permite comparações entre pessoas ou grupos.

A pergunta aberta deve ser utilizada quando o pesquisador deseja realizar determinado assunto, mas não está familiarizado com a população a ser entrevistada e não pode, portanto, antecipar possíveis respostas. Por exemplo, um estudo sobre os efeitos da transposição das águas do rio São Francisco nas comunidades rurais do litoral nordestino, realizado por alguém que não conhece as características dessas comunidades.

12.3.1.5 Vantagens das perguntas fechadas

1. As respostas a perguntas fechadas são fáceis de codificar; o pesquisador pode transferir as informações ao computador, sem maiores problemas.
2. O entrevistado não precisa escrever; apenas marca com um (*X*) a alternativa que melhor se lhe aplica. Isso é uma vantagem em caso de pessoas com dificuldades de escrever.
3. As perguntas fechadas facilitam o preenchimento total do questionário. Um instrumento com muitas perguntas abertas é cansativo de responder.
4. No caso de utilizar um questionário por correio, não recomendável, é mais provável que seja devolvido preenchido se as perguntas forem fechadas.

12.3.1.6 Desvantagens das perguntas fechadas

1. Uma das maiores desvantagens das perguntas fechadas é a incapacidade potencial de um pesquisador de proporcionar ao entrevistado todas as alternativas possíveis de respostas. O entrevistado está forçado a escolher entre alternativas que podem não ajustar-se à sua maneira de pensar. Assim, a informação obtida pelo pesquisador pode ser absolutamente deturpada, prejudicar a pesquisa e sobretudo desrespeitar a verdadeira opinião do entrevistado. É importante que o pesquisador tenha consciência de que, à medida que analisar as respostas, estará refletindo sua posição e não a do entrevistado.
2. Em questionários como as escalas de atitudes, os entrevistados podem cair em uma pauta de respostas. Isto é, responder à primeira alternativa de cada pergunta,

CAPÍTULO 12

com objetivo de terminar o mais cedo possível, sem verificar se se ajustam ou não à sua opinião. Para diminuir os efeitos negativos dessas situações e eliminar os questionários duvidosos, alguns incluem mecanismos para controlar a consistência das respostas do entrevistado.

12.3.1.7 Vantagens das perguntas abertas

Uma das grandes vantagens das perguntas abertas é a possibilidade de o entrevistado responder com mais liberdade, não estando restrito a marcar uma ou outra alternativa. Isso ajuda muito o pesquisador quando ele tem pouca informação ou quer saber um assunto.

12.3.1.8 Desvantagens das perguntas abertas

1. Uma desvantagem importante das perguntas abertas é a dificuldade de classificação e codificação. Diversas pessoas podem dar respostas aparentemente semelhantes, mas o significado pode ser totalmente diferente. Isso dificulta a codificação, pois se o pesquisador colocar tais pessoas em uma mesma categoria, sua análise poderá ficar seriamente viesada. No entanto, o pesquisador não pode trabalhar com inúmeras alternativas, pois a análise se torna quase impossível de realizar. Portanto, o pesquisador deve ter cuidado e bom critério para trabalhar com perguntas abertas.
2. Existem pessoas que têm mais facilidade para escrever que outras. Isso evidentemente pode afetar a análise de determinado assunto. O problema torna-se mais sério quando os entrevistados pertencem a classes sociais diferentes do pesquisador, pois em geral possuem uma visão e um vocabulário distintos em relação àquilo que o pesquisador conhece. Assim, o pesquisador que trabalha com determinado tipo de população deve estar familiarizado com seus costumes, condições de vida e vocabulário utilizado. Só assim poderá evitar uma interpretação que possa comprometer gravemente os resultados da pesquisa.
3. A terceira desvantagem é que as perguntas abertas demandam tempo para serem respondidas. Portanto, o pesquisador não deve exagerar no uso desse tipo de perguntas sob ameaça de cansaço do entrevistado.

Em resumo, as perguntas de um questionário podem ser abertas ou fechadas. As duas apresentam vantagens e desvantagens que devem ser constantemente lembradas pelo pesquisador, para evitar análises erradas que prejudiquem a pesquisa.

12.3.2 Aplicação dos questionários

Existem dois métodos para aplicar questionários a uma população:

*   contato direto; e
*   questionários por correio.

12.3.2.1 Contato direto

O próprio pesquisador ou pessoas especialmente treinadas por ele aplicam o questionário diretamente. Dessa maneira, há menos possibilidades de os entrevistados não responderem ao questionário ou de deixarem algumas perguntas em branco. No contato direto, o pesquisador pode explicar e discutir os objetivos da pesquisa e do questionário, além de responder a dúvidas que os entrevistados tenham em certas perguntas.

O contato direto pode ser individual ou coletivo. No primeiro caso, as pessoas são entrevistadas individualmente, seja em casa, no trabalho ou na rua. Exemplo: o censo demográfico. No segundo caso, as pessoas são entrevistadas em grupos. Por exemplo, um questionário aplicado a uma turma em sala de aula. O pesquisador deve analisar e discutir com colegas qual dos dois contatos é o mais recomendável para o trabalho em execução.

12.3.2.2 Questionário por correio

O questionário e todas as instruções são enviadas pelo correio a pessoas previamente escolhidas. O pesquisador espera duas ou três semanas para que os instrumentos sejam devolvidos. A partir daí, inicia a etapa de recuperação dos questionários não devolvidos: envia cartas ou telefona às pessoas que não responderam, tentando convencê-las para que os preencham.

A aplicação por correio permite incluir grande número de pessoas e pontos geográficos diferentes. Apresenta, porém, várias desvantagens, tais como a baixa taxa de devolução, normalmente não superior a 70%, e o viés nas respostas dos questionários, pois, geralmente, os formulários são devolvidos pelas pessoas mais interessadas em colaborar. Portanto, a amostra não é aleatória, o que prejudica a análise dos resultados. O pesquisador que utilize esse meio de aplicação deve usar questionários breves, perguntas fechadas e analisar as características dos que responderam imediatamente, comparando-os com aqueles que responderam após a insistência. Isso permitirá controlar possíveis diferenças que possam afetar os resultados da pesquisa.

Outra desvantagem do questionário por correio é que não é possível estar seguro em relação a quem o responde. Foi a esposa com ajuda do esposo? A mãe foi ajudada pelos filhos? Nesses casos, a quem se atribuem as opiniões? Não podem ser consideradas opiniões individuais. Devem ser atribuídas ao grupo familiar.

12.4 Construção dos questionários

Goode e Hatt (1973) apresentam algumas observações que devem ser consideradas antes da elaboração do questionário.

> Todo questionário deve ter uma extensão e um escopo limitados. Toda entrevista não deve prolongar-se muito além de meia hora, inclusive essa duração é difícil de se obter

sem cansar o informante. Os questionários, que a pessoa responde por si mesma, não devem exigir mais de 30 minutos, e são de exigir um tempo mais curto. (p. 166)

[...]

Todo aspecto incluído no questionário constitui uma hipótese, isto é, a inclusão de todos e cada um dos pontos deve ser possível de defender que está trabalhando. (p. 196)

A hora para a elaboração do questionário é a revisão da literatura sobre o tema e a própria experiência do pesquisador. É recomendável fazer uma relação do aspecto necessário de abordar e pedir a especialistas que a revise. De acordo com as novas posições ante a pesquisa social, é importante discutir os aspectos a incluir, no questionário, com pessoas-chave – líderes da população-alvo. Isso permitirá a participação dessa população no processo de pesquisa e, evidentemente, melhor conhecimento do pesquisador sobre suas características e interesses, como também um melhor entrosamento entre ambos. A participação da comunidade garante, talvez melhor que os especialistas, os aspectos a serem incluídos no questionário.

Da relação elaborada, surgem perguntas que devem ser cuidadosamente analisadas e discutidas para conseguir ambiguidades controladas à ordem e à extensão do questionário.

Ao planejar o questionário deve-se considerar o tipo de análise que será realizado com os dados obtidos. O pesquisador deve estabelecer as possibilidades de medição de determinada variável, de maneira tal que possa realizar a análise estatística desejada. Por exemplo, se o problema de pesquisa requerer uma análise de regressão, o pesquisador não deverá incluir, no questionário, perguntas que apenas proporcionem dados dicotômicos.

12.4.1 Preparação do questionário

Em geral, a preparação de um questionário deve incluir as seguintes operações:

1. Determinação dos aspectos de interesse para a pesquisa (relação de assunto).
2. Revisão das hipóteses ou dos questionários que se desejam constatar com as perguntas.

   Assim, cada item do questionário deve ter um sentido preciso e responder a uma necessidade relacionada com os objetivos da pesquisa. Portanto, devem-se evitar perguntas não diretamente ligadas aos fins do trabalho.
3. Estabelecimento de um plano de perguntas a ser incluído nos questionários, ordenadamente, e localização nos instrumentos.
4. Redação das perguntas.
5. Preparação dos elementos complementários ao questionário.

Esses elementos incluem a *apresentação do questionário*, que solicita a colaboração do entrevistado e agradece a sua participação, e as instruções suplementares. Estas se referem à forma de preenchimento do questionário e incluem indicações sobre a maneira de responder a determinadas perguntas.

12.4.2 Recomendações para a redação das perguntas

1. Não incluir jamais uma pergunta sem ter uma ideia clara da forma de utilizar a sua informação e quanto contribuirá aos objetivos da pesquisa.
2. Utilizar vocabulário preciso para perguntar o que realmente se deseja saber. Evitar palavras confusas e termos técnicos que não sejam do conhecimento da população a ser entrevistada.
3. Evitar formular duas perguntas em uma. Exemplo:

   O Sr.(a) está de acordo ou em desacordo com a seguinte afirmação: "Os alunos superdotados deveriam ser colocados em grupos separados dos outros alunos e em escolas especiais"?

   Os entrevistados que respondem a essa pergunta podem ter uma opinião favorável em relação à separação dos alunos superdotados para dar-lhes uma instrução mais adequada, mas podem não estar de acordo com a sua inscrição em escolas especiais.
4. As perguntas devem ajustar-se às possibilidades de resposta dos sujeitos. Não devem ser feitas perguntas difíceis de serem respondidas de forma precisa. Exemplo:

   Em que idade teve sarampo?

   É possível que o entrevistado não lembre a idade.
5. É preferível usar itens curtos. O entrevistado deve ler a pergunta sem dificuldade, compreendê-la rapidamente e responder ou escolher a alternativa adequada, da maneira mais fácil possível. Os itens devem ser precisos e claros, evitando a possibilidade de serem mal interpretados. Exemplo:

   A vida na cidade é ruim?

       1. ( ) Sim.   2. ( ) Não.

   A que cidade se refere? A uma pequena (João Pessoa) ou a uma grande (São Paulo)? À cidade em que mora ou a outra? Assim, a pergunta pode ser mal interpretada.
6. Evitar perguntas negativas. Geralmente esse tipo de pergunta leva facilmente ao erro. Exemplo:

   Você é partidário de não controlar a natalidade?

       1. ( ) Sim.   2. ( ) Não.
7. As perguntas não devem estar direcionadas, nem refletir a posição do pesquisador em relação a determinado assunto. Devem ser objetivamente formuladas de tal forma que o entrevistado não se considere pressionado a dar uma resposta que acredita ser a opinião do pesquisador. As alternativas de resposta não devem ser muito categóricas, como para que o entrevistado tenha que se decidir por alguma, ainda que esteja totalmente em desacordo com elas.

Em geral, deve-se ter muito cuidado com a redação das perguntas. Por exemplo, suponhamos que um pesquisador faça a seguinte pergunta: Quantas vezes por mês você briga com sua esposa? A pergunta está mal formulada, pois, por um lado, supõe que o entrevistador esteja casado e, por outro, se casado, que briga com a mulher.

A forma mais adequada de formular a pergunta é a seguinte:

O Sr. está casado?

1. ( ) Sim. 2. ( ) Não.

Em caso de resposta positiva:

O Sr. briga com a sua esposa?

1. ( ) Sim. 2. ( ) Não.

Em caso de responder sim:

Com que frequência se dão as brigas com a sua esposa?

1. ( ) Frequentemente. 2. ( ) Ocasionalmente. 3. ( ) Raras vezes.

Por último, o pesquisador deve ter cuidado com a interpretação que ele faz das respostas dos entrevistados. Por exemplo, na seguinte pergunta:

Com que frequência o Sr. assiste à missa?

1. ( ) Não assisto.

2. ( ) Uma ou duas vezes por mês.

3. ( ) Três ou quatro vezes por mês.

4. ( ) Mais de quatro vezes por mês.

A assistência à missa não reflete a religiosidade ou crença de uma pessoa. Fazer inferência de um fato (assistir à missa) às atividades ou à crença de uma pessoa é um assunto difícil e cuidadoso.

A seguir apresentam-se as recomendações elaboradas pela Office of Educational Assessment da Universidade de Washington (EUA) com relação à redação das perguntas de um questionário (2006):

1. Seja relevante

Antes de começar o levantamento dos dados, o pesquisador deverá especificar uma ou mais questões "âncoras" que deseja estabelecer (perguntas de pesquisa ou de avaliação). O questionário estará orientado por essas perguntas. Exemplo:

Dimensões diferentes de perguntas: Comportamento, crenças e avaliação.

Pergunta de pesquisa: Na minha disciplina, as provas optativas contribuem para a aprendizagem?

Quadro 12.1 Exemplo de dimensões diferentes de perguntas

COMPORTAMENTO	Das quatro provas optativas quantas completou?	0	1	2	3	4
CRENÇAS	Completar as provas me ajudou na aprendizagem da matéria.	Totalmente em desacordo	Em desacordo	Indiferente	De acordo	Totalmente de acordo
AVALIAÇÃO	O quão satisfeito estava com as provas optativas?	Totalmente insatisfeito	Insatisfeito	Indiferente	Satisfeito	Totalmente insatisfeito

2. *Seja específico:* evite termos abstratos e jargões.

Quadro 12.2 Exemplo de emprego de termos abstratos e jargões

POBRE	As atividades dentro da sala de aula facilitam a aprendizagem ativa desta disciplina.	Totalmente em desacordo	Em desacordo	Indiferente	De acordo	Totalmente de acordo
BOA	As atividades (p. ex.: discussão em grupo, sociodramas, palestras) contribuem para minha concentração na sala de aula.	Totalmente em desacordo	Em desacordo	Indiferente	De acordo	Totalmente de acordo

Revisão: O termo "atividades dentro da sala de aula" foi especificado e o termo "aprendizagem ativa" foi trocado por "concentração".

3. *Forneça detalhes clarificadores.*

Quadro 12.3 Exemplo de emprego de detalhes clarificadores

POBRE	Quantas vezes você visitou o CE/UFPB?
BOA	Quantas vezes você visitou o Centro de Educação da Universidade Federal da Paraíba?

Revisão: A primeira vez que apresentar acrônimos ou abreviações, forneça descritores adequados.

CAPÍTULO 12

4. *Evite confusões.*

Quadro 12.4 Exemplo de pergunta com mais de uma característica

POBRE	Neste curso os professores são responsáveis e solidários.	Totalmente em desacordo	Em desacordo	Indiferente	De acordo	Totalmente de acordo
BOA	Avalie o comportamento dos professores deste curso.					
	Os professores assumem suas responsabilidades acadêmicas.	Nunca 1	2	3	4	Sempre 5
	Os professores ajudam os alunos com dificuldades de aprendizagem.	Nunca 1	2	3	4	Sempre 5

Revisão: Evite perguntas com mais de uma dimensão ou característica (não utilize a conjunção "e").

5. *Evite frases duplamente negativas.*

Quadro 12.5 Exemplo de frase negativa *versus* positiva

POBRE	O professor da disciplina não esclarece as dúvidas dos alunos.	Totalmente em desacordo	Em desacordo	Indiferente	De acordo	Totalmente de acordo
BOA	O professor da disciplina esclarece as dúvidas dos alunos.	Totalmente em desacordo	Desacordo	Indiferente	De acordo	Totalmente de acordo

No primeiro caso, alunos que acreditam que o professor ajuda aos alunos (aspecto positivo) deveriam responder "totalmente em desacordo" (um aspecto negativo). Cuidado!

6. *Utilize escalas adequadas.* Proporcione um espectro de opções.

Quadro 12.6 Exemplo de escalas adequadas

POBRE	Gostou da atividade "on-line" para explicar o crescimento econômico?	Não	Sim		
BOA	Em que medida você gostou de atividade "on-line" para explicar o crescimento econômico?	Nada	Um pouco	Mais ou menos	Muito

QUESTIONÁRIO 223

7. Escalas mais utilizadas

Quadro 12.7 Exemplo de escalas mais utilizadas

CONCORDÂNCIA	Totalmente em desacordo	Em desacordo	Indiferente	De acordo	Totalmente de acordo
SATISFAÇÃO	Totalmente insatisfeito	Insatisfeito	Mais ou menos insatisfeito	Mais ou menos insatisfeito	Satisfeito	Totalmente satisfeito
AVALIAÇÃO	Pobre	Regular	Bom	Muito bom	Excelente
	Muito injusto	Injusto	Justo	Muito justo	
	Nada importante	Pouco importante	Importante	Muito importante	
CONHECIMENTO	Nada familiar	Pouco familiar	Familiar	Muito familiar	

a) Inclua um ponto médio (neutro)

Quadro 12.8 Exemplo de inclusão de um ponto médio

COM PONTO MÉDIO	Extremamente negativo	Muito negativo	Nem negativo, nem positivo	Muito positivo	Extremamente positivo
SEM PONTO MÉDIO	Extremamente negativo	Muito negativo	Mais ou menos negativo	Mais ou menos positivo	Muito positivo	Extremamente positivo

8. Evite a categoria "Sem Resposta" (S/R).

Quadro 12.9 Exemplo de categoria S/R

NÃO	Teria completado as provas on-line mesmo que não fossem para nota.	Totalmente em desacordo	Em desacordo	De acordo	Totalmente de acordo	S/R
SIM	As provas opcionais on-line melhoraram as minhas notas.	Totalmente em desacordo	Em desacordo	De acordo	Totalmente de acordo	

Nota: Em itens de opinião ou atitudes, evite "Não se aplica" e "Não sabe".

9. Evite perguntas dirigidas.

Quadro 12.10 Exemplo de pergunta dirigida

POBRE	A UFPB está considerando instalar rede sem fio no *campus* de João Pessoa. Considerando o impacto no comportamento dos alunos em sala de aula, o que você acha dessa proposta?
BOA	Você acredita que a rede sem fio no *campus* de João Pessoa influenciará o comportamento dos alunos em sala de aula? ( ) Não ( ) Talvez ( ) Sim Em caso de resposta "Sim": De que maneira isso afetará o comportamento dos alunos?

CAPÍTULO 12

No primeiro exemplo: Existe o suposto de que a rede sem fio afetará o comportamento dos alunos.

12.4.3 Disposição das perguntas

A preocupação básica nessa etapa da pesquisa é montar o questionário de tal forma que constitua um instrumento facilmente aplicável. Para isso, existem normas precisas que podem ajudar muito na coleta de dados e, posteriormente, na análise da informação.

No questionário existem dois aspectos importantes a serem considerados:

- a distinção entre instruções, perguntas e respostas; e
- a ordem das perguntas.

Em relação ao primeiro aspecto, recomenda-se a seguinte distinção tipográfica:

- perguntas: letras maiúsculas;
- respostas: letras minúsculas;
- instruções: (entre parênteses).

O segundo aspecto é um problema de ordem dinâmica. Toda coleta de dados, escrita ou oral, é um processo de interação entre pessoas. Portanto, deve-se procurar uma ordem de perguntas que facilite a interação. Assim, não convém passar bruscamente de um tema a outro; não convém fazer e refazer a pergunta em diferentes partes do questionário etc. O leitor deve lembrar que a coleta de dados é uma conversa entre duas ou mais pessoas que visam solucionar um problema; portanto, devem ser respeitadas as normas de uma conversa desse tipo.

De acordo com essas colocações, pode-se utilizar a seguinte ordem nas perguntas:

1º) Introduzir o questionário com perguntas que não formulam problema. Por exemplo, itens sociodemográficos: idade, sexo, estado civil etc.

2º) Em continuação, incluir perguntas referidas à problemática, mas em termos gerais. Por exemplo, se o questionário se refere a fatores que intervêm no aproveitamento escolar, incluem-se perguntas de opinião sobre a escola, os professores, os estudos etc.

3º) Como passo seguinte, incluir perguntas que formam o núcleo do questionário, as mais complexas ou emocionais, pois se supõe que o entrevistado esteja em um estado de ânimo que compreenda esse tipo de perguntas.

4º) Na última parte do questionário incluem-se perguntas mais fáceis que possam proporcionar ao entrevistador e entrevistado uma situação de comportabilidade. É importante incluir, como última pergunta, uma que permita ao entrevistado expressar seus sentimentos relacionados ao processo de coleta de dados. Esse tipo de pergunta permite analisar o questionário e o processo de entrevista.

Tal como ocorre em um diálogo, primeiro se produz a aproximação gradual ao tema; depois, fala-se sobre o tema central e, quando este tiver sido discutido suficientemente, não se diz "até logo" de imediato, mas se relaxa a tensão com uma conversa genérica para após se despedir.

Em geral, as perguntas não devem apenas estar em uma ordem que facilite a coleta de dados, mas também em uma ordem que facilite o tratamento estatístico. Supõe-se que esse tratamento é basicamente um problema de transferência dos dados do questionário ao computador. Nesse sentido, duas observações a fazer: primeira, a transferência deve ser a mais direta e fácil possível; segunda, o questionário não deve aparecer sobrecarregado de números ou símbolos.

Algumas sugestões para a disposição de perguntas:

1. É recomendável pré-codificar o questionário. Isto é, incluir no questionário o número da coluna e o número de perfuração correspondente. Assim, o primeiro é escrito na margem direita da pergunta (semelhante ao número de pergunta) e o segundo à esquerda das alternativas de resposta. Exemplo:

Pergunta 32.   Qual é a sua renda mensal? 32 3
1. (   ) Menos de R$ 1.000
2. (   ) 1.000 – 2.000
3. (x) 2.000 – 3.000
4. (   ) 3.000 – 4.000
5. (   ) Mais de R$ 4.000

2. Em caso de respostas, tais como "não sabe", "não se aplica" ou "não responde", recomenda-se aplicar normas simples e já padronizadas:

– Não sabe – "0".

– Não se aplica – "9".

– Sem resposta – "99".

Assim, ao concluir a codificação de um questionário, tem-se, na margem das folhas, colunas consecutivas com as perfurações codificadas.

O que fazer com as informações na margem das folhas, para transferi-las ao computador? As duas possibilidades utilizadas são as seguintes:

1. Transferir para folhas especiais a codificação feita no questionário. Mas, ao mesmo tempo, pode produzir novos erros.
2. Transferir diretamente do questionário ao computador. Esse método evita os possíveis erros cometidos ao transferir às folhas de codificação, mas exige perfuristas capacitados e acarreta o risco de distorção com o texto escrito.

CAPÍTULO 12

A utilização de um ou outro método depende da qualificação das pessoas que formam a equipe de pesquisadores e do pessoal de perfuração.

12.4.4 Pré-teste

Refere-se à aplicação prévia do questionário a um grupo que apresente as mesmas características da população incluída na pesquisa. Tem por objetivo revisar e direcionar aspectos da investigação.

Em primeiro lugar, o pré-teste não deve ser entendido apenas como uma revisão do instrumento, mas como um teste do processo de coleta e tratamento dos dados. Por isso, o instrumento deve ser testado em sujeitos com as mesmas características da população-alvo da pesquisa.

Em segundo lugar, o pré-teste serve para treinar e analisar os problemas apresentados pelos entrevistadores. É recomendável que eles sejam selecionados entre pessoas com experiência no assunto pesquisado. Isso permite aos entrevistadores detectar as dificuldades práticas do questionário e prepara-os para as dificuldades que podem surgir durante a aplicação do questionário definitivo.

Em terceiro lugar, ele é um importante meio para se obter informações sobre o assunto estudado. É por isso que recomenda a utilização, nessa etapa, de perguntas abertas, que permitirão ao pesquisador aprofundar o conhecimento no tema pesquisado.

Em quarto lugar, é um excelente momento para analisar o comportamento das variáveis: deve-se assegurar que elas *variem*. Em outras palavras, e como já foi visto, deve-se evitar perguntas tão óbvias que mais de 80% dos entrevistados respondam em uma mesma categoria, por exemplo:

– Nível de escolaridade do pai.

	Frequência
• Ensino Fundamental	10%
• Ensino Médio	5%
• Ensino Superior	85%
	100%

No caso anterior, não existe uma variável, pois a grande maioria dos casos respondeu a alternativa "ensino superior". O que se tem, nesse exemplo, é uma constante. O que fazer para se obter uma informação mais útil e que permita comparação entre grupos? Uma solução radical é suprimir a pergunta, pois a informação não aponta nada novo. Outra solução, menos radical, é reformular a pergunta, desdobrando-a:

– Nível de escolaridade do pai.

Frequência

• Ensino Fundamental	10%
• Ensino Médio	5%
• Ensino Superior	40%
• Mestrado	30%
• Doutorado	15%
	100%

O exemplo anterior demonstra que a utilização das categorias numa pergunta fechada supõe um conhecimento das características gerais da população indicada na pesquisa. Um trabalho relacionado com atitudes dos alunos de Pedagogia, por exemplo, deve considerar que o número de mulheres que procura esse curso é muito maior do que o número de homens. Situação constatada pelo Censo da Eduacação Superior 2012 (INEP, 2014).

Em quinto lugar, o pré-teste é um momento oportuno para analisar as categorias *Outros* e *Não sabe*, das perguntas fechadas. Se muitos responderem a essas categorias, a pergunta deve ser reformulada ou as alternativas mudadas. Exemplo:

– Que programas de televisão o Sr.(a) prefere?

Frequência

• Noticiários	10%
• Esportivos	15%
• Humorísticos	20%
• Outros	55%
	100%

Evidentemente, devem acrescentar-se categorias, tais como telenovelas, policiais, filmes etc.

No questionário definitivo, a categoria *Outros* deve estar reduzida a uma frequência mínima:

Quais são os planos que o Sr.(a) tem para os próximos cinco anos?

Frequência

1. Ficar neste lugar	20%
2. Sair deste lugar	10%
3. Não sabe	70%
	100%

A pergunta deve ser reformulada, pois em geral a pessoa não sabe ainda o que vai fazer daqui a alguns anos.

Em geral, o pré-teste é um momento muito útil para revisar o processo de pesquisa, que não deve ser aproveitado para fazer do questionário um instrumento de monopolização do saber. Existem pesquisadores que, acreditando conhecer muito bem as características de uma população, planejam todo o trabalho, inclusive os instrumentos de coleta, sem uma discussão *inicial* com representantes dessa população. Assim, utilizam o pré-teste para "traduzir" na linguagem da população suas ideias, sem se preocuparem com os interesses e as necessidades das pessoas. É uma posição que não contribui em nada ao diálogo entre pesquisador e "pesquisado". Indubitavelmente, à medida que se reforça esse diálogo, o pré-teste do instrumento servirá para uma discussão mais aprofundada dos temas pesquisados. Assim, tanto pesquisador quanto "pesquisado" experimentam nesse conjunto um processo de aprendizagem. Isso é muito importante de considerar quando se fazem pesquisas com populações de nível cultural e social diferente do pesquisador.

12.5 Vantagens e limitações do questionário

Como todo instrumento de pesquisa, o questionário apresenta vantagens e limitações.

12.5.1 Vantagens

1. O questionário permite obter informações de um grande número de pessoas simultaneamente ou em um tempo relativamente curto.
2. Permite abranger uma área geográfica ampla, sem ter necessidade de um treinamento demorado do pessoal que aplica o questionário.
3. Apresenta relativa uniformidade de uma medição a outra, pelo fato de que o vocabulário, a ordem das perguntas e as instruções são iguais para todos os entrevistados. "No entanto, de um ponto de vista psicológico, essa uniformidade pode ser mais aparente que real; uma pergunta com frase padronizada pode ter diferentes sentidos para diferentes pessoas, pode ser compreensível para algumas e incompreensível para outras" (SELLTIZ et al., 1987). Essa dificuldade é resolvida com a aplicação do pré-teste do instrumento.
4. No caso do questionário anônimo (que não inclui o nome do entrevistado), as pessoas podem sentir-se com maior liberdade para expressar suas opiniões. O anonimato, porém, nem sempre é a melhor forma de obter respostas honestas.
5. O fato de ter tempo suficiente para responder ao questionário pode proporcionar respostas mais refletidas que as obtidas em uma primeira aproximação com o tema pesquisado.
6. A tabulação de dados pode ser feita com maior facilidade e rapidez que outros instrumentos (por exemplo, a entrevista).

12.5.2 Limitações

1. Muitas vezes não se obtêm os 100% de respostas aos questionários, podendo-se produzir vieses importantes na amostra, que afetam a representatividade dos resultados.

   Por exemplo, produz-se viés na pesquisa quando se escolhe uma amostra com a mesma quantidade de pessoas em três níveis econômicos (alto, médio, baixo) e, devido a problemas não controlados, obtêm-se muitas respostas no nível alto, algumas no nível médio e poucas no nível baixo.

2. Problema de validade. Nem sempre é possível ter certeza de que a informação proporcionada pelos entrevistados corresponde à realidade. Isso varia segundo o tema tratado, por exemplo, opiniões, interesses, características pessoais, situação econômica do indivíduo etc.

3. Problema de confiabilidade. As respostas dos indivíduos variam em diferentes períodos de tempo. Por exemplo, as atitudes e opiniões podem variar de acordo com a situação emocional de uma pessoa.

12.5.3 Imposição da problemática

Como diz Michel Thiollent (1980, p. 48): "Consiste no fato de colocar o entrevistado frente a uma estruturação dos problemas que não é a sua". Segundo as colocações desse autor, um exemplo de imposição de problemática seria o caso de estudar sociedades "tradicionais", transportando categorias das sociedades "avançadas", ou estudar grupos sociais "desfavorecidos" (operários, camponeses), aplicando categorias de classe "média".

12.5.4 Imposição de informação

Em muitos casos, as perguntas fechadas ou pré-formuladas, como já foi visto, facilitam a aplicação do questionário. No entanto, canalizam as escolhas dos entrevistados pelo fato de se referirem a problemáticas cuja relevância não é igual para todos os indivíduos e forçam, assim, a informação do entrevistado.

12.6 Conclusão

Em termos gerais, o questionário é uma ferramenta muito útil para coletar dados, mas pode transformar-se em um instrumento de alienação quando o pesquisador não tem uma problemática teórica clara e a utiliza como um fim e não como um meio de captação de informação. Além disso, o pesquisador deve ter clara consciência de que a relação com o entrevistado precisa ser de sujeito a sujeito e não de sujeito a objeto. Nenhum ser humano pode desenvolver-se com a existência de relações instrumentais.

13

ENTREVISTA

13.1 Considerações gerais

Na pesquisa qualitativa existem diferentes técnicas de coleta de dados, cujo objetivo principal é obter informações dos participantes baseadas nas suas percepções, crenças, percepções, significados e atitudes. Entre essas técnicas, a entrevista é uma das formas que permite uma maior interação entre o pesquisador e o sujeito da pesquisa.

Em todas as ações que envolvem indivíduos, é importante que as pessoas compreendam o que ocorre com os outros. A grande maioria tenta colocar-se no lugar das outras pessoas, imaginar e analisar como os demais pensam, agem e reagem.

A melhor situação para participar da mente de outro ser humano é a interação face a face, pois tem o caráter, inquestionável, de proximidade entre as pessoas, que proporciona as melhores possibilidades de penetrar na mente, vida e definição dos indivíduos. Esse tipo de interação entre pessoas é um elemento fundamental na pesquisa em Ciências Sociais que não é obtido satisfatoriamente, como já foi visto, no caso da aplicação de questionários.

A entrevista é uma técnica importante que permite o desenvolvimento de uma estreita relação entre as pessoas. É um modo de comunicação no qual determinada informação é transmitida de uma pessoa *A* para uma pessoa *B*.

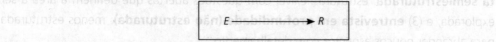

A primeira pessoa representa o emissor.

A segunda pessoa representa o receptor.

O processo de comunicação pode ser unilateral, mas, frequentemente, é produzido em ambos os sentidos:

Existe, assim, a lateralidade da comunicação, que pode variar de uma comunicação plenamente bilateral a uma unilateral. Por definição, a entrevista é uma comunicação bilateral.

O termo *entrevista* é construído a partir de duas palavras, *entre* e *vista*. *Vista* refere-se ao ato de ver, ter preocupação de algo. *Entre* indica a relação de lugar ou estado no espaço que separa duas pessoas ou coisas. Portanto, o termo *entrevista* refere-se ao *ato de perceber realizado entre duas pessoas*.

Para os cientistas sociais, a entrevista tem-se restringido a circunstâncias nas quais uma pessoa – o entrevistador –, com um conjunto de perguntas preestabelecidas, leva a outra a responder a tais perguntas. A pessoa que responde recebe o nome de entrevistado ou respondente. Na pesquisa quantitativa, o ato de entrevistar tem-se reduzido a forçar uma escolha entre alternativas de respostas predeterminadas a perguntas rigidamente formuladas. Por exemplo: No mundo de hoje, é importante manter-se informado do que está ocorrendo. O Sr.(a) lê ou escuta noticiários frequentemente, alguma vez ou nunca?

Uma entrevista construída com tais perguntas e respostas pré-formuladas denomina-se *entrevista estruturada*, usualmente chamada *questionário*. Como já foi visto, um instrumento de coleta de dados desse tipo necessariamente pressupõe o conhecimento das perguntas mais relevantes e, o que é mais importante, o conhecimento das principais respostas fornecidas pelas pessoas. Deve estar claro que, na medida em que o pesquisador deseje impor suas perguntas a outras pessoas e/ou conheça bem a população que será entrevistada, o questionário é uma estratégia legítima. Quando, todavia, não deseja impor sua visão da realidade, ou pressupõe que não conhece bem a população que será entrevistada, ele precisa de uma estratégia diferente, mais flexível, que não apresente a rigidez de formulação da entrevista estruturada ou do questionário.

Para Pope e Mays (2009), a entrevista é a técnica qualitativa mais comumente utilizada e que possui três tipos principais: (1) **entrevista estruturada**: questionário estruturado e entrevistadores treinados para fazer perguntas de maneira padronizada; (2) **entrevista semiestruturada**: estrutura flexível com questões abertas que definem a área a ser explorada; e (3) **entrevista em profundidade (não estruturada)**: menos estruturada para abranger poucos aspectos com detalhamento.

ENTREVISTA   233

Outra técnica destacada por esses autores é a entrevista de **grupos focais**, que valorizam a comunicação entre os participantes da pesquisa.

13.2   Entrevista estruturada

As entrevistas estruturadas são, essencialmente, questionários administrados verbalmente que incluem uma lista de perguntas predeterminadas, com pouca ou nenhuma variação e sem intenções de perguntas que possibilitem aprofundamento do assunto em questão. Consequentemente, são relativamente rápidas e fáceis de administrar e podem ser muito importantes no esclarecimento de certas questões ou quando existem problemas de alfabetização entre os entrevistados. Pela sua própria natureza, existe uma participação muito limitada dos sujeitos e, portanto, são de pouca utilidade no aprofundamento do fenômeno (BURNARD et al., 2008).

13.3   Entrevista semiestruturada

Para Santos (2008), a entrevista semiestruturada aproxima-se mais de uma conversação (diálogo), focada em determinados assuntos, do que de uma entrevista formal. Baseia-se num guião de entrevista adaptável e não rígido ou predeterminado. A vantagem dessa técnica é a sua flexibilidade e a possibilidade de rápida adaptação. A entrevista pode ser ajustada, quer ao indivíduo, quer às circunstâncias. Ao mesmo tempo, a utilização dum plano ou guião contribui para a reunião sistemática dos dados recolhidos.

O guião da entrevista semiestruturada tem como finalidades: possibilitar a coleta de dados qualitativos comparáveis de confiança; e permitir compreender, de forma mais profunda, tópicos de interesse para o desenvolvimento de questões relevantes e significantes. Normalmente, a entrevista inicia-se com tópicos gerais, a que se seguem perguntas utilizando "O quê?", "Por quê?", "Quando?", "Como?" e "Quem", devendo a conversação decorrer de modo fluido. O entrevistador pode ter as perguntas previamente preparadas. No entanto, a maioria delas é gerada à medida que a entrevista vai decorrendo, permitindo, quer ao entrevistador, quer à pessoa entrevistada, a flexibilidade para aprofundar ou confirmar, se necessário.

13.3.1   Guia da entrevista semiestruturada

Para a elaboração das partes ou do "guia" da entrevista, o pesquisador pode formular uma quantidade de perguntas em pedaços de papel ou cartões separados. Posteriormente, pode empilhar os cartões de acordo com os temas que está interessado em pesquisar. Por último, faz uma seleção, definitiva, e formula os temas que serão tratados. É conveniente que a formulação seja simples e direta, para lograr uma melhor comunicação com o entrevistador.

A seguir, apresentam-se alguns pontos que podem orientar o leitor na preparação de uma entrevista guiada:

Exemplo 1: Problemas diários dos portadores de deficiência física (guia utilizada por Fred Davis, pesquisador estadunidense).

I – Antecedentes.

II – Situação atual.

III – Atitudes das pessoas com relação aos portadores de deficiência física.

IV – Aspectos gerais de um encontro entre um portador de deficiência física e um não portador:

a. formas de tratamento; e

b. comportamento da pessoa não portadora de deficiência.

V – Facilidades ou dificuldades com determinadas pessoas e situações.

VI – Percepção dos efeitos da deficiência na habilidade de observar e compreender as pessoas e a forma de ver a vida.

VII – Relações com outros portadores de deficiência física e organizações voltadas para tais indivíduos.

VIII – Problemas e soluções relativos aos portadores de deficiência física.

IX – Experiências e pessoas que têm colaborado para um melhor relacionamento com os não portadores de deficiência física.

Exemplo 2: Guia para entrevistar estudantes universitários visando conhecer sua opinião em relação à greve dos professores das IES Autárquicas, realizada em 2015.

I – Participação na greve.

II – Motivos para participar.

III – Motivos para não participar.

IV – Sentimentos com relação ao movimento docente durante a greve.

V – Estado de ânimo imediatamente após o término da greve.

VI – Opinião sobre atitudes e comportamentos dos professores após a greve.

VII – Opinião sobre os efeitos da greve na situação da universidade, dos professores e dos alunos.

VIII – Opinião sobre o futuro da universidade e do ensino superior.

No momento de elaborar a guia de entrevista, o pesquisador deve tentar colocar-se na situação do entrevistado. Se existem temas delicados para tratar, devem ser formulados ao final da entrevista, supondo-se que exista melhor comunicação entre o entrevistador e o entrevistado no transcurso da entrevista.

Uma vez elaborado o plano geral da guia da entrevista, o pesquisador pode detalhar aspectos dos temas que deseja tratar. Por exemplo, no caso da greve (Exemplo 2), o ponto I (participação na greve) pode ser detalhado, preparando-se as seguintes perguntas:

1. Quando começou a participar?
2. Qual foi a sua participação?
3. Foi pressionado para participar ou não participar?

13.3.1.1 Lembretes

Como se pode perceber, a entrevista guiada é igual à entrevista não dirigida: pretende-se obter relatos nas próprias palavras do entrevistado. O entrevistador pode ter uma ideia geral do tema da entrevista, mas o que interessa é o aprofundamento do entrevistado.

Frequentemente, as guias de entrevistas são elaboradas com uma série de pontos (lembretes) vinculados a cada pergunta. Eles servem para lembrar ao entrevistador aspectos específicos a serem tratados, os quais podem deixar de ser mencionados pela espontaneidade da entrevista.

Exemplo:
– Que trabalho a Sra. faz?
Lembretes:
– Conceito de trabalho.
– Tipos de trabalho.
– Diferenças entre trabalho do homem e da mulher.
– Conflitos pessoais.

Nem todas as perguntas de uma guia de entrevista devem ter lembretes. Na maioria dos casos, os lembretes são utilizados, espontaneamente, no decorrer da entrevista para classificar ou aprofundar algum tema. Em geral, o pesquisador não deve elaborar lembretes para todas as perguntas, pois corre o perigo de transformar a entrevista guiada em uma entrevista dirigida e muito estruturada.

O objetivo básico dos lembretes e dos temas incluídos na guia de entrevista é proporcionar ao pesquisador uma lista de aspectos que devem ser enfocados durante a entrevista. Não se pretende estabelecer uma relação estruturada de perguntas e respostas.

Como foi visto, a entrevista guiada visa que o entrevistado possa discorrer livremente, nas suas próprias palavras, em relação a temas que o entrevistador coloca para iniciar a interação. Habitualmente, as pessoas variam muito na capacidade de comunicar-se. Existem aqueles que podem pouco e que sentem dificuldade de se comunicar. Nesses casos, o entrevistador utilizará a guia de entrevista para orientar o processo, pois o entrevistado falará pouco em resposta a cada pergunta, não dando muitas possibilidades de retomar aspectos por ele mencionados. Na maioria dos casos, e dependendo do entrevistador, as pessoas gostam de falar e levantarão muitos aspectos relacionados com determinado tema. Corresponde ao entrevistador aprofundar os temas de interesse no momento em que são colocados pelo entrevistado. Nesses casos, a guia de entrevista passa a ser uma ajuda (memória) para o entrevistador, que, afinal, revisa o tema abordado durante a entrevista.

13.3.2 Formulação das perguntas em entrevistas semiestruturadas

A formulação das perguntas é um aspecto crucial da entrevista semiestruturada. Deve--se evitar fazer perguntas que dirijam a resposta do entrevistado ao que o entrevistador considera desejável. Em outras palavras, deve-se evitar perguntas dirigidas. Por exemplo, em lugar de perguntar "O Sr. não pensa que ...?", é melhor perguntar "O que o Sr. pensa de ...?"; em lugar de perguntar "Não é possível que ...?", é melhor "O que o Sr. acha da possibilidade de ...?".

Em continuação, apresentam-se dois exemplos que mostram, por uma parte, a neutralidade na formulação das perguntas, e, por outra, a fluidez da entrevista guiada.

Exemplo 1: Entrevista feita por Carl Werthaman (1963) a um aluno de uma escola em um subúrbio norte-americano em 1963.

Como sabe a maneira que o professor está analisando você? Você não sabe se o ... está comprando-o com o conceito, se o reprova porque você não "puxa-saco", ou é direito. Ou talvez é como o professor de ginástica, que bota conceitos à toa.

Mas como você procura saber a maneira utilizada pelo professor?

Tem que perguntar à turma – saber os conceitos dos outros colegas. Quando eu recebo a caderneta, pergunto a meus amigos os conceitos que receberam. Logo, pergunto aos "puxa-sacos".

Eles deixam que você veja as suas cadernetas?

Têm de fazê-lo. Têm de voltar para casa em algum momento. Se não mostram a caderneta, aplicamo-lhes uma esquerda e uma direita. Esta... de conceitos é importante. Deve-se saber o que ocorre.

Por quê?

Pela... como se pode saber as características do professor? Isto é, se é direito ou não.

Exemplo 2: Entrevista feita a um trabalhador da cana-de-açúcar de Pernambuco, por Lygia Sigaud (1979, p. 98-99).

(Trecho da entrevista referido ao roçado do trabalhador, antes de sair à cidade. Respondem a mãe e o trabalhador.)

P: Lá o senhor tinha roçado, podia plantar mandioca, podia lá no engenho?

Mãe: Nada, besteirinha.

P:<u>Vocês não tinham terra, não?</u>

Mãe: Tínhamos, pouquinha.

J. A.: Tinha um pouquinho, um negocinho assim.

Mãe: A agricultura lá, a terrinha lá em roda da casa era pouquinha.

J. A.: A usina do jeito que foi, foi tocando até na porta de cada assim.

Mãe: Saíram plantando assim, no terreiro que a gente varre toda tarde.

P: Plantaram cana?

J. A. e Mãe: Plantaram.

Mãe: Lá plantaram, só deixou mesmo a portinha mesmo de entrar.

P: Lá no engenho vocês tinham uma terra maior, depois foi diminuindo, como foi?

Mãe: É pois!

Observe-se que foram marcadas duas perguntas consideradas relativamente dirigidas:

1. *Vocês não tinham terra, não?* Teria sido melhor perguntar: *Vocês tinham terra?*
2. *Plantaram cana?* Teria sido melhor: *O que vocês plantaram?*

13.4 Entrevista em profundidade (não estruturada)

A entrevista em profundidade (não estruturada) é um recurso metodológico que busca, com base em teorias e pressupostos definidos pelo investigador, recolher respostas a partir da experiência subjetiva de uma fonte, selecionada por deter informações que se deseja conhecer (DUARTE, 2008). Geralmente é utilizada direta e individualmente para obter informações sobre crenças, motivações, atitudes etc. de um entrevistado.

A entrevista em profundidade pode proporcionar uma maior amplitude de recursos em relação a outros tipos de entrevista de natureza qualitativa. O esquema de perguntas é mais flexível e permite uma maior adaptação para as necessidades de pesquisa e as características dos sujeitos, embora exija mais experiência do entrevistador. Destaca-se a interação entrevistador-entrevistado, que está ligada por uma relação de pessoa para pessoa. Por isso, recomenda-se fazer perguntas abertas, claramente enunciadas, simples e que incorporem a ideia principal da pesquisa (JIMÉNEZ, 2012).

Nesse processo o entrevistador inicia com uma pergunta genérica e posteriormente incentiva o entrevistado a falar livremente sobre o tema (p. ex., "O senhor poderia falar sobre fazer compras no Supermercado X?"). Por sua vez, a duração pode variar de 30 a 60 minutos, embora existam casos especiais que podem demandar até mesmo horas, dada a natureza do problema (CHAUVEL, 2000).

Para Duarte (2008), a entrevista em profundidade não procura testar hipóteses, dar tratamento estatístico às informações, definir a amplitude ou a quantidade de um fenômeno. Seu objetivo está relacionado ao fornecimento de elementos para compreensão de uma situação ou estrutura de um problema. Por isso, a noção de *hipótese*, típica da pesquisa quantitativa experimental, é substituída pelo conceito de *pressupostos* (um conjunto de conjeturas antecipadas que orientam o trabalho de campo). Em geral, a entrevista pode ser um instrumento muito importante para compreender problemas complexos ao

permitir uma construção baseada em relatos da interpretação e experiências, assumindo-
-se que não será obtida uma visão objetiva do tema de pesquisa.

13.4.1 Objetivos da entrevista em profundidade não estruturada

Seguindo as colocações de diversos autores, os objetivos desse tipo de entrevista são os seguintes:

1. Obter informações do entrevistado, seja de fatos que ele conhece, seja de seu comportamento.
2. Conhecer a opinião do entrevistado, explorar suas atividades e motivações.
3. Mudar opiniões ou atitudes, modificar comportamentos. Por exemplo, o caso de uma criança difícil.
4. Tratar de um problema comum: discutir uma decisão a ser tomada conjuntamen- te, estabelecer um plano de trabalho ou resolver um problema pessoal pendente entre duas pessoas.
5. Avaliar as capacidades do entrevistado, visando à sua orientação ou seleção. Por exemplo, um exame oral.
6. Favorecer o ajuste da personalidade, no caso de uma entrevista psicanalítica ou psicoterapêutica.

De acordo com esses objetivos, pode-se constatar que existem, pelo menos, três tipos de entrevistas: as de pesquisas (objetivos 1, 2 e 3); as de seleção (objetivo 5); e as de aconselhamento (objetivo 4 e, particularmente, 6). É de interesse discutir as características e os procedimentos das entrevistas de pesquisa.

13.4.2 Princípios da entrevista em profundidade não diretiva

Na entrevista em profundidade, o entrevistador não formula perguntas predeterminadas, faz uma pergunta inicial ampla e leva o entrevistado a um processo de reflexão sobre esse tema. Por exemplo: "O Sr. deseja falar de uma experiência como aluno de Pedagogia?"; "Gostaria que falássemos sobre os partidos políticos".

De acordo com Maisonneuve e Margot-Duclot (1964), existem diversos princípios que devem ser rejeitados durante o transcurso de uma entrevista não diretiva:

1º) Não dirigir o entrevistado, apenas guiá-lo e manter-se interessado no que ele fala.

O entrevistado deve ter liberdade de falar, deve poder abordar o tema da forma que ele quiser. O entrevistador não deve fazer perguntas específicas, deve permitir análise detalhada, manifestar interesse e prestar atenção do começo ao fim. Diferentes maneiras de mostrar-se interessado podem ser expressas por frases como: é, sim, veja, entendo etc., além de olhares e assentimentos com a cabeça. Essas manifestações de interesse não devem estar acompanhadas de reações pessoais avaliativas ou interpretativas, as quais podem levar o entrevistado a se defender ou a discutir a ideia do entrevistador.

Um problema particular da entrevista não diretiva reside nos silêncios difíceis de suportar, mas não se deve tentar interrompê-los, salvo em casos excepcionais. Durante o silêncio, o entrevistador deve mostrar-se absolutamente interessado na situação do entrevistado, pois, geralmente, este se detém a refletir.

Existem diversos tipos de silêncios. Aqueles que se produzem quando o entrevistador tem muito o que dizer, mas está pensando em como dizê-lo; aqueles que se produzem quando o indivíduo quer dizer algo, mas não sabe como dizê-lo; e aqueles que se produzem quando o entrevistado não tem nada para dizer. O último tipo de silêncio é totalmente improdutivo; o entrevistador deve intervir para continuar com a conversa.

2º) Levar o entrevistado a precisar, desenvolver e aprofundar os pontos que coloca espontaneamente.

Geralmente, o entrevistado coloca outros temas relacionados com o tema central da entrevista. Nesse sentido, se a pessoa se dedica a desenvolver esses temas, o entrevistador não deve detê-la, pelo contrário, deve escutá-la. No caso em que o entrevistado só mencione os temas, sem maior explicação, o entrevistador deve voltar a eles, aproveitando alguma pausa na entrevista. Para isso, pode utilizar as mesmas palavras empregadas pelo entrevistado.

3º) Facilitar o processo de entrevista.

Muitas vezes, o entrevistador repete coisas já ditas, cai em contradições ou se detém quando ainda não chega aos aspectos centrais da entrevista. Nesses casos, o entrevistador deve retornar às colocações feitas pelo sujeito, seja resumindo a entrevista toda ou a última parte dela. A vantagem de retomar o tema reside na possibilidade de esclarecer ou aprofundar as ideias do entrevistado.

4º) Esclarecer a importância do problema para o entrevistador.

Em outras palavras, o entrevistador não apenas deve registrar a fala do entrevistado, mas o que ele quer dizer, suas atitudes implícitas, o que realmente interessa ao sujeito. Para isso, o entrevistador deve seguir atentamente a entrevista e estudar se o entrevistado está realmente internalizando o processo ou emitindo opiniões superficiais. Existem diversos sintomas que ajudam a detectar problemas no transcurso da entrevista: as repetições, as discordâncias, as alusões evasivas, fazendo crer que podem ser importantes. Todos esses sintomas o entrevistador deve analisar para determinar a necessidade de intervir, retomando aspectos já colocados pelo entrevistado.

Para retornar a um tema já colocado pelo indivíduo, o entrevistador pode formular a seguinte pergunta: "Você menciona tal assunto, poderia me explicar algo mais sobre ele?". Às vezes, o entrevistador deseja retornar a um tema para enfocar algum aspecto não mencionado. Para isso, pode formular uma pergunta como "Em relação a tal assunto, qual foi a sua reação?".

Em geral, a entrevista não diretiva é uma técnica muito poderosa, particularmente para detectar atitudes, motivações e opiniões dos entrevistados. Exige, todavia, muita atenção e preocupação do entrevistador para evitar que se transforme em algo tedioso e frustrante. Deve-se evitar atitudes autoritárias ou paternalistas; o entrevistador deve manifestar-se cooperador e disposto a esclarecer dúvidas. Jamais deve manipular o entrevistado.

13.5 Entrevista em grupos focais

Segundo Powell e Single (apud GATTI, 2015), um grupo focal é um conjunto de pessoas selecionadas e reunidas por pesquisadores para discutir e comentar um tema, que é objeto de pesquisa, a partir de sua experiência pessoal.

A pesquisa com grupos focais tem por objetivo captar, a partir das trocas realizadas no grupo, conceitos, sentimentos, atitudes e representações que não podem ser obtidos por técnicas como questionários, entrevistas individuais ou observações. "O grupo focal, conduzido de forma apropriada, permite fazer emergir uma multiplicidade de pontos de vista e processos emocionais, pelo próprio contexto de interação criado, permitindo a captação de significados que com outros meios poderiam ser difíceis de se manifestar" (GATTI, 2015, p. 234).

Cabe destacar que a entrevista em grupos focais é uma **entrevista**, não um **debate.**

Segundo Pope e Mays (2009), os grupos focais costumam ser usados para:

1. avaliar mensagens de algum assunto ou fenômeno;
2. examinar a compreensão do público sobre o assunto;
3. examinar as experiências das pessoas;
4. explorar as atitudes e necessidades pessoais;
5. avaliar a atitude das pessoas em relação ao assunto;
6. descobrir maneiras de aperfeiçoar um serviço ou programa;
7. estudar valores culturais dominantes;
8. examinar culturas nos locais de trabalho;
9. realizar pesquisa-ação;
10. garantir poder aos participantes da pesquisa, os quais podem se tornar uma parte ativa do desenvolvimento desta; e
11. gerar comentários mais críticos do que as entrevistas.

Diferentemente das demais técnicas, esse tipo de entrevista pressupõe que a atividade seja realizada em grupo, o que, de acordo com Pope e Mays (2009), compõe-se de 8 a 12 pessoas que, guiadas por um entrevistador, discutem o(s) tópico(s) em pauta. Percebe-se que é uma técnica que não permite facilmente que o pesquisador utilize diversos entre-vistadores, mesmo porque deve-se ter um bom domínio sobre o assunto pesquisado para poder conduzir o processo. Pode-se constatar que, na maior parte da vida, as pessoas passam em interação com os outros, ou seja, não é nenhuma surpresa que suas opiniões e concepções sejam modificadas de acordo com a situação social na qual se encontram.

A aplicação da técnica de grupos focais nas Ciências Sociais tem demonstrado ser muito útil, por sua sensibilidade para investigar o conhecimento, normas e valores de determinados grupos, além de ser uma importante fonte de informação. Por exemplo, na Medicina, permite conhecer as maneiras que têm os entrevistados de lidar com uma doen-ça terminal. Além disso, o grupo focal permite investigar como diferentes fenômenos ou situações afetam as percepções, sentimentos e pensamentos das pessoas envolvidas em situações problemáticas. No campo da educação podem contribuir para o desenvolvimen-to didático, curricular, avaliação de programas e outros (SUTTON; RUIZ, 2013).

Segundo Pizzol (apud GATTI, 2015), o grupo focal deve ter um **moderador** (peça--chave do sucesso de uma pesquisa de grupos focais), cuja função inclui, entre outras ações: manter a discussão produtiva, garantir que todos os participantes exponham suas ideias, impedir a dispersão da questão em foco e evitar a monopolização da discussão por um dos participantes. O moderador nunca deve expor suas opiniões ou criticar os comen-tários dos participantes. A ele cabe um controle relativo quanto ao tempo de tratamento de cada tópico que venha a ser abordado, além do tempo geral de discussão em grupo. As metas da pesquisa deverão ser constantemente consideradas pelo moderador, orien-tando-o em suas eventuais intervenções.

Em Gatti (2015), importante pesquisadora brasileira de grupos focais, encontramos algumas indicações sobre os procedimentos envolvidos com a realização de grupos focais:

1. O tempo de duração de cada reunião grupal e o número de sessões a serem reali-zadas dependem da natureza do problema em pauta, do estilo de funcionamento que o grupo construirá e da avaliação do pesquisador sobre a suficiência da dis-cussão quanto aos seus objetivos.
2. A abertura do grupo é um momento crucial para a criação de condições favoráveis à participação de todos os componentes. Precisa-se criar uma situação de confor-to, gerando uma atmosfera permissiva.
3. É importante uma breve autoapresentação do moderador e a solicitação aos de-mais participantes que façam o mesmo.
4. Os objetivos do encontro devem ser explicados, como também o porquê da esco-lha dos participantes.
5. A abertura do trabalho com o grupo deve ser bem planejada. É preciso procurar passar as informações necessárias e básicas e não se estender em demasia, porque se pode criar expectativa no grupo de que o moderador estará dizendo o tempo todo o que deve ser feito.

CAPÍTULO 13

6. A passagem da abertura ao tema pode requerer um certo aquecimento do grupo; um modo interessante é propor que cada um dos participantes faça um comentário geral sobre o assunto, a partir do qual a troca entre os membros do grupo passa a se efetivar.
7. A forma de registro do trabalho conjunto deve ser deixada clara e a obtenção da anuência dos participantes quanto à forma de registro é imprescindível.
8. O local dos encontros deve favorecer a interação entre os participantes.
9. Quando, em função dos objetivos da pesquisa, o grupo vai se aproximando de seu final, é importante que o moderador sinalize isso ao grupo, pois ajuda os membros a equacionar suas últimas participações, podendo o moderador também solicitar que cada um faça uma observação final, caso julgue necessário ou conveniente em função do processo grupal.

Mais recentemente tem-se observado trabalhos que passam a realizar o que chamam de grupo focal "on-line", utilizando a internet. Embora haja algumas facilidades com esse uso, há limitações que devem ser consideradas.

13.6 Realização de uma entrevista

A seguir, apresentam-se algumas instruções que podem ajudar quem não tem experiência no processo de entrevista:

1. Explicar o objetivo e a natureza do trabalho, dizendo ao entrevistado como foi escolhido.
2. Assegurar o anonimato do entrevistado e o sigilo das respostas.
3. Indicar que ele pode considerar algumas perguntas sem sentido e outras difíceis de responder, mas que, considerando que algumas perguntas são adequadas a certas pessoas e não a outras, solicita-se a colaboração nas respostas. Suas opiniões e experiências são interessantes.
4. O entrevistado deve sentir-se livre para interromper, pedir esclarecimentos e criticar os tipos de perguntas.
5. O entrevistado deve falar algo da sua própria formação, experiência e áreas de interesse.
6. O entrevistador deve solicitar autorização para gravar a entrevista, explicando o motivo da gravação.

Essas instruções não são ordens a serem cumpridas pelo entrevistador; são apenas alguns pontos que podem ajudar a iniciar um diálogo construtivo e aspectos que o entrevistado tem direito a conhecer.

Ezequiel Ander-Egg (1972, p. 118), citando Hsim-Pao Yang, resume as seguintes normas na realização de uma entrevista:

1. Tente criar com o entrevistado ambiente de amizade, identificação e cordialidade.
2. Ajude o entrevistado a adquirir confiança.
3. Permita ao entrevistado concluir seu relato e ajude a completá-lo, comparando datas e fatos.
4. Procure formular perguntas com frases compreensíveis, evite formulações de caráter pessoal ou privado.
5. Atue com espontaneidade e franqueza, não com rodeios.
6. Escute o entrevistado com tranquilidade e compreensão, mas desenvolva uma crítica interna inteligente.
7. Evite a atitude de "protagonista" e o autoritarismo.
8. Não dê conselhos nem faça considerações moralistas.
9. Não discuta com o entrevistado.
10. Não preste atenção apenas ao que o entrevistado deseja esclarecer, mas também ao que não deseja ou não pode manifestar, sem a sua ajuda.
11. Evite toda discussão relacionada com as consequências das respostas.
12. Não apresse o entrevistado, dê o tempo necessário para que conclua o relato e considere os seus questionamentos.

O Center for Refugee and Disaster Studies (Centro de Estudos de Refugiados e Desastres) da Escola de Saúde Pública da Universidade John Hopkins (EUA) recomenda as seguintes medidas na realização de uma entrevista qualitativa (WEISS; BOLTON, 2000):

- Usar perguntas abertas.
- Evitar perguntas dirigidas.
- Deixar que o entrevistado "lidere" a entrevista.
- Sondar problemas em profundidade.

13.6.1 Utilizar perguntas abertas

- **Perguntas fechadas**: perguntas nas quais as opções de resposta são dadas ou implícitas.
  Exemplos: O seu cabelo é preto, marrom ou vermelho? (Alternativas determinadas); Você está interessado em pesquisa? (Alternativas implícitas: sim/não).
  Perguntas fechadas limitam o possível detalhamento das respostas do entrevistado.

- **Perguntas abertas:** Perguntas que deixam o entrevistado mais à vontade para dar suas respostas.
  Exemplos: Qual é a cor do seu cabelo? Quais são seus interesses?
  Palavras importantes das perguntas abertas: Quê? Onde? Quem? Quando? Como? Por quê?

CAPÍTULO 13

Restringir o uso de perguntas que utilizem "Por quê?", pois implica a existência de uma resposta correta.

13.6.2 Evitar perguntas dirigidas (HERMAN; BENTLEY, 1993)

- Permitir que as pessoas respondam a seus próprios termos para expressar suas próprias opiniões, valores e experiências.
- As perguntas dirigidas sugerem uma resposta específica ou implicam uma resposta esperada ou mais adequada:

Exemplos dirigidos:
– Que temores você tem quando a diarreia do seu bebê não para?
– Que ações você faz para deter a diarreia?
– Foi satisfatório o tratamento dado ao seu bebê no ambulatório?

Essas perguntas foram formuladas para suscitar respostas relacionadas aos medos, ações e tratamentos, respectivamente.

- Perguntas não dirigidas sobre os mesmos temas:

Exemplo:
– Como se sente quando a diarreia do seu bebê não para?
– O que você faz quando a diarreia do bebê não para?
– O que você opina sobre o tratamento dado ao seu bebê no ambulatório?

13.6.3 Entrevistado lidera a entrevista

- Não comece de imediato com a entrevista:
  - o Faça uma saudação amigável e explique o que deseja fazer.
  - o Estabeleça uma "ignorância cultural": o entrevistador é um aprendiz.
- Preste atenção e manifeste interesse nas colocações do entrevistado:
  - o Estabeleça uma conversa amigável.
  - o Não é um interrogatório, nem troca de respostas.
  - o Mantenha-se neutro: não aprove nem reprove.
- Procure incentivar o informante para expandir suas respostas e dar tantos detalhes quanto possível:
  - o Usualmente a tendência do entrevistado é abreviar as respostas.
  - o Use "descreva", "fale-me de".
  - o Não passe para outro assunto até que você sinta que tem explorado o conhecimento do informante sobre a questão em apreço.

ENTREVISTA 245

- Permita que as respostas dos entrevistados determinem a direção da entrevista (mantendo-a dentro de temas de interesse da pesquisa).
- Use a linguagem própria do entrevistado ao fazer novas perguntas:
  - o Faça isso à medida que aprende a linguagem do entrevistado.
  - o Isso incentiva o entrevistado a falar na sua própria linguagem.
  - o A maioria dos problemas de uma entrevista deve-se ao entrevistador.
  - o Aprenda a reformular ou repensar as perguntas.
- Evite a utilização de perguntas "por quê":
  - o Implicam respostas certas.
  - o O entrevistado tentará a resposta certa.
  - o Não recomendável: Por que aconteceu isso? Melhor perguntar: Nesse momento, o que estava acontecendo?

Em entrevistas não estruturadas, mantenha a conversa focada em um tópico, dando ao entrevistado a possibilidade de definir o conteúdo da discussão.

A regra é: **Oriente ao entrevistado ao assunto de interesse e "saia da frente".** Deixe o entrevistado fornecer as informações que ele(a) considere importantes.

13.6.4 Sondagem

A chave para o sucesso da entrevista é aprender a sondar (examinar) efetivamente. Significa estimular um entrevistado a produzir mais informações sem se intrometer muito na interação para evitar que as informações sejam um espelho do que você pensa.

13.6.4.1 Técnicas de sondagem

1. Perguntas "O quê?":
– Um estímulo sem entrar na discussão.

2. Silêncio:
– Ficar calado esperando o entrevistado continuar.
– Frequentemente acontece enquanto você está escrevendo o que o informante acaba de dizer.
– Repetir o último assunto que o entrevistado falou e pedir que continue.
Exemplo: "Vejo. A criança tem fezes moles, cansa e não come. Então o que acontece?"

3. O "Hum" ou "Aha"
– Incentive o participante para continuar com uma narrativa utilizando expressões tais como "hum" ou "aha" e outros.

13.6.5 Início da entrevista

Usualmente, antes de começar a gravação, o entrevistador solicita ao entrevistado alguns dados que lhe permitam identificá-lo e conhecer algumas características sociodemográficas. Assim, em um folha anotam-se informações, tais como:

1. Nome do entrevistado e número da entrevista.
2. Data da entrevista.
3. Lugar da entrevista.
4. Sexo do entrevistado.
5. Idade.
6. Nível de escolaridade.
7. Endereço.
8. Local de nascimento.
9. Ocupação (no caso de estar trabalhando).

Mais uma vez, são apenas sugestões que podem ser acrescentadas, reduzidas ou alteradas. Não se exige, também, que sejam feitas no início da entrevista; podem ser formuladas ao fim da conversa. No entanto, para facilidade de identificação posterior, essa folha deve ser colocada no começo da transcrição da entrevista.

13.7 Transcrição da entrevista

Uma vez feita a entrevista, esta deve ser transcrita e analisada. Recomenda-se não deixar as fitas acumularem, nem as transcrições empilharem, nem estudá-las à medida que estão disponíveis. O pesquisador deve dedicar, pelo menos, o mesmo tempo que foi demandado no processo da entrevista ao estudo e à análise do material, imediatamente após a entrevista ter sido realizada. Isso é necessário pois podem surgir aspectos não compreensíveis ou, ainda, uma gravação estragada que exija uma nova entrevista com determinada pessoa.

Transcrever fitas é um trabalho cansativo e tedioso, mas enormemente útil. Permite estudar cada entrevista e fazer uma análise preliminar dos resultados alcançados. Em vista da importância da transcrição, o pesquisador deve calcular que nessa fase demorará, pelo menos, duas vezes o tempo dedicado à realização da entrevista.

Cada entrevista em profundidade proporciona um riquíssimo material de análise. O pesquisador, portanto, deve estar preparado para passar um tempo considerável fazendo essa análise. Assim, recomenda-se que, para uma pesquisa que utiliza entrevista em profundidade, não se entrevistem mais de 20 pessoas.

13.8 Advertência ao leitor

Ultimamente, têm surgido importantes críticas aos métodos "tradicionais" de pesquisa: a enquete, os métodos quantitativos, os estudos baseados em questionários e entrevistas.

Os pesquisadores sociais começam a procurar novos métodos que permitam melhorar as condições de vida da grande maioria da população: operários, camponeses e outros. Durante muitos anos, os métodos "tradicionais" de pesquisa social, baseados em uma falsa neutralidade científica, foram utilizados para privilegiar só uns poucos. Contudo, deve-se esclarecer que não foram os métodos, questionários e entrevistas em si que levaram a essa situação. Foram os pesquisadores que utilizaram os métodos ou que esqueceram que a pesquisa social tem um objeto social: o homem, e este não pode ser tratado como uma planta ou um metal. As técnicas de pesquisa não podem ser utilizadas como receitas ou instrumentos neutros, mas como meios de obtenção de informação cujas qualidades e limitações devem ser controladas.

Todo pesquisador tem a sua ideologia que influirá em seu trabalho de pesquisa. É importante que ela seja assumida, para que no momento de elaborar instrumentos de coleta de dados se compreenda a relação que deve existir entre "pesquisador" e "pesquisado", pois ambos são sujeitos de um processo de desenvolvimento. Em ciências humanas, não existe objeto de pesquisa.

Tanto os questionários quanto a entrevista não são um fim em si, são valiosos *instrumentos de coleta*. As consequências do mau uso dependem exclusivamente do pesquisador. Um médico que utiliza de forma inadequada o bisturi pode aleijar ou matar um paciente. Um pesquisador social que utiliza inadequadamente um instrumento pode destruir uma comunidade.

14

ANÁLISE DE CONTEÚDO

14.1 Considerações preliminares

A análise qualitativa de conteúdo (AC) é um dos diversos métodos de pesquisa utilizados para análise e interpretação de textos. Como já foi mencionado, outros métodos incluem a etnografia, teoria fundamentada, fenomenologia e pesquisa histórica. A AC centra-se sobre as características da linguagem como comunicação, com ênfase no significado contextual ou conteúdo do texto (HSIEH; SHANNON, 2005). Geralmente, alguns aspectos do processo podem ser facilmente descritos, mas isso também depende da intuição do pesquisador. Na perspectiva da validade, é importante explicar como se obtiveram os resultados. Os leitores não devem ter problemas na compreensão do relatório e das consequentes conclusões (SCHREIER, 2012).

Tradicionalmente considerada uma técnica, a definição de análise de conteúdo tem mudado ao longo dos anos, a partir de abordagens centradas na quantificação dos resultados, chegando a enfoques que enfatizam a incorporação de dados qualitativos (BARDIN, 1996; MAYRING, 2000). Nesse contexto, alguns dos procedimentos de investigação assumidos como quantitativos desde suas origens e, portanto, supostamente objetivos com relação à sua aplicabilidade e resultados, são considerados como ferramentas úteis e adaptáveis aos objetivos da abordagem qualitativa. O que importa é que os métodos e técnicas tradicionais podem ser integrados a paradigmas qualitativos (e vice-versa), como uma contribuição efetiva ao trabalho científico, particularmente, no enfrentamento de desafios de validade e confiabilidade (CÁCERES, 2003).

14.2 Histórico

Fazer um retrospecto histórico da análise de conteúdo significa, basicamente, estudar o que foi feito nos Estados Unidos da América para desenvolver um instrumento de análise das comunicações de acordo com técnicas modernas.

O interesse por interpretar textos é uma prática bastante antiga. Já antes da Idade Média existiam pessoas interessadas em interpretar escritos sagrados ou políticos indubitavelmente sem um grande rigor científico. De 1640 data um trabalho feito na Suécia, que pode ser considerado uma análise de conteúdo, e que se refere a um estudo da autenticidade de 90 hinos religiosos e seus possíveis efeitos sobre os luteranos. Foram abordados temas religiosos, valores e manifestações favoráveis ou desfavoráveis (BARDIN, 1979, p. 14).

O século XIX marca o início do uso da análise de conteúdo como método para interpretar hinos, jornais, revistas, propaganda e discursos políticos (HARWOOD; GARRY apud ELO; KINGAS, 2008). Durante as primeiras quatro décadas do século XX são os pesquisadores norte-americanos que desenvolvem técnicas mais sofisticadas para a análise de conteúdo, particularmente, procedimentos de tipo quantitativo. Destacam-se os trabalhos feitos na Escola de Jornalismo da Universidade da Colúmbia.

Harold Laswell (1927) foi realmente o iniciador da história da análise de conteúdo, com seu estudo sobre a propaganda na Primeira Guerra Mundial. Naquela época, o behaviorismo era o fio condutor das Ciências Sociais e procurava descrever, o mais rigorosamente possível, a conduta dos indivíduos como resposta a determinados estímulos.

A linguística e a análise de conteúdo ignoravam-se mutuamente, desenvolvendo-se por caminhos separados, não obstante tivessem um objeto de estudo semelhante, a linguagem.

Entre 1940 e 1950, os cientistas políticos começam a se interessar pelos símbolos políticos e desempenham um papel importante no desenvolvimento da análise de conteúdo. A quantidade de especialistas aumenta gradualmente e o campo de aplicação vai-se diferenciando, incluindo, entre outros, a literatura e a análise da personalidade. Nesse último caso, cabe destacar o trabalho de A. Baldwin (1942) das "cartas de Jenny", em que fez uma análise da estrutura de personalidade dessa mulher, estudando 167 cartas que ela dirigiu a pessoas diversas. O mais importante desse trabalho foi o intento de análise de contingência que relacionava duas ou mais variáveis.

No aspecto metodológico, os trabalhos continuaram aplicando técnicas estatísticas simples (frequências absolutas ou relativas), sem uma definição clara do significado da análise de conteúdo.

O período 1950-60 está marcado por um forte desenvolvimento desse tipo de análise, estendendo-se a uma multiplicidade de áreas. Surgem definições, requisitos metodológicos e as primeiras controvérsias. Para Berelson (1954, p. 489), a análise de conteúdo "é uma técnica de pesquisa para a descrição objetiva, sistemática e quantitativa do conteúdo manifesto da comunicação".

Berelson fundamentou-se na ideia de que todas as mensagens escritas (jornais, livros, revistas, entrevistas etc.) são mensuráveis. A partir da codificação dos elementos da mensagem, podem-se calcular frequência e correlações que permitem explicar as características da comunicação escrita. Portanto, para Berelson, a análise de conteúdo é uma técnica essencialmente quantitativa. Tal definição, muito restrita e limitativa da análise de conteúdo, foi modificada por trabalhos posteriores.

Em termos metodológicos, surgiram as preocupações com a validez das técnicas utilizadas e a confiabilidade dos codificadores. Procurava-se uma objetividade quase obsessiva, ante as críticas de pesquisadores que trabalhavam com métodos mais tradicionais de pesquisa social.

Talvez uma das controvérsias mais interessantes refira-se à discussão entre os que defendiam a análise de conteúdo como técnica quantitativa e os que insistiam na análise de tipo qualitativa.

Para os primeiros, a análise de conteúdo só deveria estudar a frequência das características presentes na mensagem e com extrema rigorosidade científica. Para os que defendiam a análise de tipo qualitativo, também deveria analisar as características *ausentes* da mensagem.

Apesar de sua origem estar ligada à objetivação da comunicação interpessoal, na década de 1960, o uso da análise de conteúdo expande-se para outras disciplinas, tais como Sociologia, Psicologia, História, etc., ajustando os procedimentos a uma variedade de meios de comunicação. Também aumentam as críticas relacionadas com a aplicabilidade da análise, sobretudo, na questão de sua subutilização como ferramenta analítica de resultados numéricos, ignorando o conteúdo latente dos dados (CÁCERES, 2003).

Em consideração a essas críticas, procurou-se uma perspectiva mais profunda que não ficara apenas na dimensão descritiva, mas tenta-se interpretar uma dimensão latente das mensagens. Bardin propõe a seguinte definição: "um conjunto de técnicas de análise das comunicações usando procedimentos sistemáticos e objetivos de descrição do conteúdo das mensagens" (BARDIN, 1996, p. 29). Mais adiante, afirma que: "o objetivo da análise de conteúdo é a 'inferência de conhecimentos relativos às condições de produção (ou eventualmente de recepção), com a ajuda de indicadores (quantitativos ou não)'" (BARDIN, 1979, p. 31).

A partir de 1960, as pesquisas que utilizam a análise de conteúdo podem ser classificadas em três áreas. Primeira, as pesquisas quantitativas tradicionais que estudam a presença de certas características na mensagem escrita. Segunda, as pesquisas cuja atenção está voltada para o estudo da comunicação não verbal e a semiologia. Terceira, os trabalhos de índole linguística. As últimas duas áreas surgem, particularmente, pelo trabalho de especialistas, como Rolland Barthes, S. Moscovici, P. Giraud e J. Maisonneuve, entre outros.

Na atualidade, a tendência francesa está relacionada com o estudo das variações de aspectos formais de um discurso considerando elementos de níveis linguísticos diferentes (de um lado, o fragmento do discurso e, de outro lado, os elementos que o compõem). Enquanto isso, os trabalhos norte-americanos estudam relações entre elementos de um mesmo nível linguístico (termos, objetivos e atributos de um tema), aplicando técnicas quantitativas (D'UNRUG, 1974).

Em suma, o estudo dos símbolos e das características da comunicação é básico para compreender o homem, sua história, seu pensamento, sua arte e suas instituições. Portanto, a análise de conteúdo é um tema central para todas as ciências humanas e com o transcurso do tempo tem-se transformado em um instrumento importante para o estudo da interação entre os indivíduos.

Para Hsieh e Shannon (2005), em vez de ser um simples método, as aplicações atuais de análise de conteúdo mostram três abordagens distintas: convencional, dirigida ou somativa. As três abordagens são usadas para interpretar o significado do conteúdo dos dados de texto. As principais diferenças entre as abordagens são os esquemas de codificação, origens dos códigos e os desafios da confiabilidade. Nas análises de conteúdo **convencional** a codificação das categorias surge diretamente dos dados do texto. Na abordagem **dirigida** a análise começa com uma teoria ou resultados de pesquisas relevantes como orientação para a elaboração dos códigos iniciais. A análise de conteúdo somativa inclui contagem e comparações, geralmente de palavras-chave ou conteúdo, seguidos pela interpretação do contexto subjacente.

Um elemento importante para o desenvolvimento da análise qualitativa de conteúdo foi o surgimento da "Teoria Fundamentada" e os métodos de comparação constante (MCC) de Glaser e Strauss para programas de computação como o Atlas.ti, Maxqda, Kwalitan etc., e o apoio decidido de Anselm Strauss para os desenvolvedores desses programas, como Thomas Muhr, Udo Kuckartz, Vincent Peters, no uso da indução analítica para pesquisar códigos e categorias nos textos (ABELA, 2002).

Na atualidade a melhor análise do conteúdo utiliza a técnica de "triangulação", que combina técnicas estatísticas multivariadas (análise de correspondências múltiplas, análise fatorial etc.) com técnicas qualitativas mais elaboradas (análise de redes semânticas, análise de intensidade e árvores hierárquicas). Dessa forma, a tecnologia de análise de conteúdo combina diferentes técnicas quantitativas e qualitativas, antes condenadas.

14.3 Conceito de análise de conteúdo e sua aplicação

As definições de análise de conteúdo têm mudado através do tempo, à medida que se aperfeiçoa a técnica e se diversifica o campo de aplicação, com a formulação de novos problemas e novos materiais.

Entre as definições propostas, é possível mencionar as seguintes:

"A análise de conteúdo é a análise estatística do discurso político." (KAPLAN, 1943)
"Pode ser definida como qualquer técnica:

- Para classificação de símbolos;
- Que se baseia unicamente nos juízos (os quais teoricamente podem variar entre discriminações percebidas e adivinhação pura) de um analista ou grupo de analistas referentes à classificação dos símbolos em diversas categorias;

ANÁLISE DE CONTEÚDO 253

- Na base de regras explicitamente formuladas;
- Sempre quando os juízos do analista sejam considerados como relatórios de um observador científico." (IANIS et al., 1949, p. 55)

"É uma técnica de pesquisa para a descrição objetiva, sistemática e quantitativa do conteúdo manifesto da comunicação." (BERELSON, 1954, p. 18)

"A análise de conteúdo é um conjunto de técnicas de análise das comunicações visando obter, através de procedimentos sistemáticos e objetivos de descrição do conteúdo das mensagens, indicadores (quantitativos ou não) que permitam inferir conhecimentos relativos às condições de produção/recepção (variáveis inferidas) dessas mensagens." (BARDIN, 1979, p. 31)

Em suma, a análise de conteúdo é um conjunto de instrumentos metodológicos cada dia mais aperfeiçoados que se aplicam a discursos diversos.

14.4 Natureza da análise de conteúdo

As diversas definições coincidem no fato de que a análise de conteúdo é uma técnica de pesquisa e, como tal, tem determinadas características metodológicas: objetividade, sistematização e inferência.

14.4.1 Objetividade

Refere-se à explicitação das regras e dos procedimentos utilizados em cada etapa da análise de conteúdo. Em cada momento do processo, o pesquisador deve tomar decisões. Que categorias usar; como distinguir categorias; que critérios utilizar para registrar e codificar o conteúdo etc. A objetividade implica que essas descrições se baseiem em um conjunto de normas, para minimizar a possibilidade de que os resultados sejam mais um reflexo da subjetividade do pesquisador que uma análise de conteúdo de determinado documento.

Por exemplo, em uma análise de conteúdo categorial, as diversas categorias devem cumprir os seguintes requisitos:

- homogeneidade: não misturar critérios de classificação;
- exaustividade: classificar a totalidade do texto;
- exclusão: um mesmo elemento do conteúdo não pode ser classificado em mais de uma categoria;
- objetividade: codificadores diferentes devem chegar aos mesmos resultados.

14.4.2 Sistematização

Refere-se à inclusão ou exclusão do conteúdo ou categorias de um texto de acordo com regras consistentes e sistemáticas. Isso significa que para testar diversas hipóteses o

CAPÍTULO 14

pesquisador deve analisar todo o material disponível, tanto aquele que apoia as suas hipóteses quanto os que não as apoiam. O planejamento, a coleta e a análise devem respeitar as regras da metodologia científica.

14.4.3 Inferência

Refere-se à operação pela qual se aceita uma proposição em virtude de sua relação com outras proposições já aceitas como verdadeiras.

Se a descrição é uma primeira etapa da análise e a interpretação, a última etapa, a inferência é um procedimento intermediário que permite a passagem entre uma e outra (BARDIN, 1979, p. 39).

A inferência pode responder às seguintes perguntas:

– O que leva a formular determinada proposição?
– Quais são as causas ou antecedentes de uma mensagem?
– Quais são os possíveis efeitos da mensagem?

Em outras palavras, inferência pode ser resumida na formulação clássica: "quem diz que, a quem, como e com que efeito?" (LASWELL; LERNER; POOL, 1952, p. 12).

A leitura do analista de conteúdo, segundo Bardin (1979, p. 42), não é apenas uma leitura "ao pé da letra", mas um trabalho em nível mais aprofundado. Trata-se de obter significados de natureza psicológica, sociológica, histórica etc.

Assim, a análise de conteúdo é, particularmente, utilizada para estudar material de tipo qualitativo (aos quais não se podem aplicar técnicas aritméticas). Portanto, deve-se fazer uma primeira leitura para organizar as ideias incluídas a fim de, posteriormente, analisar os elementos e as regras que as determinam.

Pela sua natureza científica, a análise de conteúdo deve ser eficaz, rigorosa e precisa. Trata-se de compreender melhor um discurso, de aprofundar suas características (gramaticais, fonológicas, cognitivas, ideológicas etc.) e extrair os momentos mais importantes. Portanto, deve basear-se em teorias relevantes que sirvam de marco de explicação para as descobertas do pesquisador.

A leitura feita deve ser transmissível. Isto é, a forma de trabalho de um pesquisador deve ser exposta de maneira tal que possa ser repetida por outros pesquisadores.

Assim, em termos gerais, "a análise de conteúdo é a aplicação de métodos científicos a uma evidência documentária" (HOLSTI, 1969, p. 14).

14.5 Campo de aplicação da análise de conteúdo

Em consideração ao grande volume e à diversidade de formas que apresenta a comunicação entre as pessoas, o campo de aplicação da análise de conteúdo está limitado apenas pela imaginação do pesquisador que trabalha com esses materiais.

Alguns exemplos que comportam análise de conteúdo são os seguintes:

ANÁLISE DE CONTEÚDO   255

- Desmascaramento da ideologia subjacente nos textos didáticos;
- Diferenças culturais refletidas na literatura;
- Avaliação da importância do sinal "PARE" no trânsito urbano;
- Reação das pessoas a programas de rádio ou televisão;
- Levantamento do repertório semântico ou da sintaxe de jornais ou revistas;
- Levantamento do universo vocabular de uma população;
- Análise de estereótipos sociais, culturais ou raciais das fotonovelas; e
- Detecção de intenções em um discurso político.

Portanto, toda comunicação que implica a transferência de significados de um emissor a um receptor pode ser objeto de análise de conteúdo. Como afirmam P. Henry e S. Moscovici (apud BARDIN, 1979, p. 32), "tudo o que é dito ou escrito é susceptível de ser submetido a uma análise de conteúdo".

Na Quadro 14.1, mais adiante, esquematizam-se os possíveis campos de aplicação desse tipo de análise, tanto linguísticos (escritos e orais) quanto não linguísticos (iconográficos e semióticos, em geral), nas áreas de terapêutica, político-social e econômica.

Quadro 14.1 Possíveis campos de aplicação da análise de conteúdo

NÚMERO DE PESSOAS ENVOLVIDAS NA COMUNICAÇÃO			
	Uma Pessoa "Monólogo"	Comunicação Dual "Diálogo"	Grupo Restrito	Comunicação de Massas
Linguístico Escrito	Agendas diárias de vida.	Cartas, respostas a questionários, testes projetivos, trabalhos escolares.	Notas de serviço em uma empresa, toda comunicação feita dentro de um grupo.	Jornais, livros, cartazes, avisos publicitários, literatura, textos jurídicos.
Oral	Delírios em doenças mentais, sonhos.	Entrevistas e conversas diversas.	Discussões, entrevistas, conversas grupais.	Discursos, palestras, rádio, televisão, cinema, publicidade, discos.
Iconográficos (sinais, grafias, imagens, filmes, fotografias etc.)	Rabiscos, grafismos, sonhos.	Respostas a testes projetivos, comunicação entre duas pessoas utilizando imagens.	Toda comunicação iconográfica em grupo pequeno (p. ex.: símbolos de uma sociedade).	Sinais de trânsito, cartazes, cinema, publicidade, quadros, televisão.
Outros códigos semióticos (todo elemento não linguístico que pode ter algum significado. Ex.: música, objetos, comportamento, tempo, espaço, sinais patológicos etc.)	Manifestações histéricas em doenças mentais, gestos, tiques, danças, coleções de objetos.	Comunicações não verbais com outras pessoas (posturas, gestos, tiques, distância espacial, manifestações crônicas, vestuário, moradia, comportamentos diversos, tais como mito e regras de conduta).		Símbolos ambientais: sinais urbanos, monumentos, artes mitos, estereótipos, instituições, elementos culturais.

Fonte: BARDIN, 1979, p. 35.

CAPÍTULO 14

Com base na pergunta clássica – quem diz o que, a quem, como e com que efeito? – podem-se determinar os seguintes objetivos da análise de conteúdo:

1º) Analisar as características de um texto (mensagem) sem referência às intenções do emissor ou aos efeitos da mensagem sobre o receptor.

Nesse caso, o pesquisador pode fazer três tipos de comparações. Em primeiro lugar, uma análise de diversas mensagens elaboradas por uma mesma fonte. Por exemplo, comparar mensagens, através do tempo, geradas por uma mesma fonte:

Mensagem A Fonte A Tempo 1 X_{t_1} ————————	Mensagem B Fonte A Tempo 2 X_{t_2}

Em que:

X_{t_1} = análise em tempo 1 X_{t_2} = análise em tempo 2

- Comparar mensagens para receptores ou audiências distintas:

Mensagem A Fonte A XG_1 ————————	Mensagem B Fonte A XG_2

Em que:

XG_1 = análise grupo 1 XG_2 = análise grupo 2

- Comparar mensagens em situações distintas para os mesmos receptores:

Mensagem A Fonte A XA_1 ————————	Mensagem A Fonte A XB_1

Em que:

XA_1 = análise situação A, grupo 1 XB_1 = análise situação B, grupo 1

Em segundo lugar, o pesquisador pode comparar mensagens elaboradas por duas ou mais fontes. Por exemplo, análise de discursos feitos por membros de dois ou mais partidos políticos.

Mensagem A Fonte A A_x ————————	Mensagem B Fonte B B_x

ANÁLISE DE CONTEÚDO 257

Em que:

A_x = análise grupo A $\qquad$ B_x = análise grupo B

Em terceiro lugar, o pesquisador pode comparar as mensagens com categorias exógenas, por exemplo, conceitos sociológicos, para determinar o contexto ou significado que determinada fonte dá a esses conceitos.

```
Mensagem A                              Categoria
      Fonte A                           Exógena
      Aₓ  ──────────────────────────    Bₓ
```

Em que:

A_x = análise situação A $\qquad$ B_x = análise categorias exógenas

2º) Analisar as causas e antecedentes de uma mensagem, procurando conhecer as suas condições de produção.

Para obter inferências válidas baseadas nas mensagens, seu conteúdo deve ser comparado com evidências independentes das fontes que os produzem. Essa comparação pode ser feita direta ou indiretamente.

- *Comparação direta*
  Os dados obtidos mediante a análise de conteúdo são comparados com medidas de comportamento independentes do campo da linguística. Por exemplo, a utilização e dados biográficos de um autor para reforçar os resultados da análise de conteúdo de sua obra (KANSER, 1948).

- *Comparação indireta*
  Os dados também são comparados com medidas de comportamento, mas seguindo-se um esquema silogístico: se em uma situação X, indivíduos com determinadas pautas de conduta C_1, C_2 e C_3 produzem respectivamente mensagens X_1, X_2 e X_3, e se em outra situação similar X' produz uma mensagem com características X_3, pode-se inferir que o autor possui pautas de condutas identificadas com C_3.

3º) Analisar os efeitos da comunicação para estabelecer a influência social da mensagem.

Como no caso anterior, o impacto de uma mensagem pode ser medido utilizando-se dois tipos de comparações. Em primeiro lugar, o investigador pode estudar os efeitos da mensagem, analisando comportamentos subsequentes do receptor B.

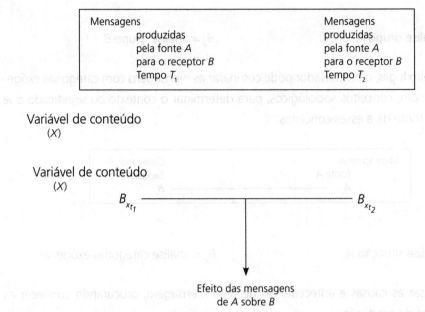

Figura 14.1 Impacto de uma mensagem utilizando dois tipos de comparações.

Por exemplo, a análise dos efeitos de discursos diplomáticos ofensivos de um país sobre outro que estude as reações posteriores do receptor B. Em segundo lugar, o pesquisador pode estudar os efeitos de comunicação e analisar outros aspectos do comportamento do receptor. Por exemplo, aplicar diversos testes para estabelecer a compreensão que um indivíduo tem de determinado texto (HOLSTI, 1964). Deve-se admitir que as possíveis inferências a serem feitas ao aplicar esses métodos para medir os efeitos da comunicação podem apresentar sérios problemas, à medida que não se controlam fatores externos que afetam a recepção da mensagem. Por exemplo, no caso das discussões diplomáticas, ações políticas independentes desses discursos podem afetar as nações do país B.

14.6 Análise documental e análise de conteúdo

Com o surgimento da escrita, as sociedades tiveram duas fontes para transmitir os fenômenos sociais: a comunicação oral e a comunicação escrita. A primeira permite observar os fenômenos e comunicá-los no momento em que se produzem e, até mesmo, depois. Por exemplo, os relatos das testemunhas de um acidente de trânsito. Não obstante, essa comunicação oral pode sofrer alterações à medida que o fenômeno seja transmitido de uma pessoa ou fonte a outra, perdendo a sua confiabilidade.

O surgimento da comunicação escrita permitiu que a observação de um fenômeno fosse registrada em diversos tipos de documentos, possibilitando a transmissão do fenômeno de uma pessoa a outra ou através de gerações, sem perder a confiabilidade da primeira observação. Por exemplo, o relato de um acidente de trânsito escrito em um jornal.

ANÁLISE DE CONTEÚDO 259

Nas sociedades contemporâneas, o registro escrito dos fatos sociais de ocorrência diária realiza-se por meios diversos como jornais, revistas etc. Também o homem utiliza a escrita para registrar em diários, memórias, autobiografias, romances, obras científicas e técnicas desde suas experiências mais íntimas até os conhecimentos científicos mais sofisticados.

Os órgãos públicos e privados mantêm um registro ordenado e regular dos acontecimentos mais importantes da vida social: demográficos, econômicos, educacionais, sanitários etc. Esse registro constitui a base das estatísticas de determinada sociedade.

Os documentos escritos e as estatísticas não são as únicas fontes que podem fornecer informações referentes a fenômenos sociais. Existe uma variedade de outros elementos que possuem um valor documental para as Ciências Sociais: objetos, elementos iconográficos, documentos fotográficos, cinematográficos, fonográficos, videocassetes etc.

Assim, pode-se comprovar a grande diversidade de documentos e a abrangência que oferece o estudo desses documentos. Todos os elementos mencionados constituem uma fonte, quase inesgotável, para a pesquisa social. Fonte que reúne e expressa, muitas vezes de maneira dispersa e fragmentária, as manifestações da vida social em seu conjunto e em cada um dos seus setores.

Todos os documentos referidos constituem a base da observação documental. Esta pode ser definida como a observação que tem como objeto não os fenômenos sociais, quando e como se produzem, mas as manifestações que registram esses fenômenos e as ideias elaboradas a partir deles.

Determinados procedimentos utilizados para medir a informação documental são tão semelhantes a algumas técnicas de análise de conteúdo que é conveniente referir-se a eles para poder diferenciá-los melhor.

Em termos gerais, a análise documental consiste em uma série de operações que visam estudar e analisar um ou vários documentos para descobrir as circunstâncias sociais e econômicas com as quais podem estar relacionados. O método mais conhecido de análise documental é o método histórico, que consiste em estudar os documentos visando investigar os fatos sociais e suas relações com o tempo sociocultural-cronológico.

Determinadas operações realizadas na análise documental, tais como a codificação de informação e os estabelecimentos de categorias, são semelhantes ao tratamento das mensagens em certos tipos de análise de conteúdo. Existem, todavia, diferenças importantes entre ambas as análises:

- a análise documental trabalha sobre os documentos, a análise de conteúdo, sobre as mensagens:
- a análise documental é essencialmente temática; esta é apenas uma das técnicas utilizadas pela análise de conteúdo;

260 CAPÍTULO 14

- o objetivo básico da análise documental é a determinação fiel dos fenômenos sociais; a análise de conteúdo visa manipular mensagens e testar indicadores que permitam inferir sobre uma realidade diferente daquela da mensagem.

14.7 Processo de análise de conteúdo: duas abordagens

Para Elo e Kyngas (2008), a análise de conteúdo é um método que pode ser usado com dados qualitativos ou quantitativos; Além disso, ele pode ser usado em uma maneira indutiva ou dedutiva.

O objetivo da pesquisa determinará a aproximação a ser utilizada. Se não houver suficiente conhecimento sobre o fenômeno, ou se este conhecimento é fragmentado, a abordagem indutiva é recomendada (LAURI; KYNGAS, apud ELO; KYNGAS, 2008). Na análise indutiva, as categorias são criadas a partir dos dados. A AC dedutiva é usada quando a estrutura de análise é operacionalizada com base nos conhecimentos existentes e a pesquisa procura testar uma teoria (KYNGAS; VANHANEN, apud ELO; KYNGAS, 2008). A abordagem baseada em dados indutivos vai do específico ao geral. Assim, observam-se aspectos particulares e, posteriormente, são combinados para integrar assuntos mais gerais ou totais. A abordagem dedutiva fundamenta-se em um modelo ou teoria existente e, portanto, vai do geral ao específico (BURNS; GROVE, 2005).

Ambos os processos devem cumprir as mesmas etapas na preparação do trabalho.

Quando o pesquisador opta por usar uma **análise de conteúdo indutiva**, o primeiro passo consiste em organizar os dados qualitativos. Esse processo inclui uma codificação aberta, a criação de categorias e abstração. Na codificação aberta escrevem-se anotações na margem do texto simultaneamente à sua leitura. Lê-se, novamente, o material escrito, acrescentando todas as anotações necessárias na tentativa de descrever todos os aspectos do conteúdo.

A **análise de conteúdo dedutivo** é frequentemente utilizada em casos em que o pesquisador deseja testar em um novo contexto dados existentes (CATANZARO, 1988). Isso pode incluir testar categorias, conceitos, modelos ou hipóteses (MARSHALL; ROSSMAN, 1995). Se o pesquisador escolhe a realização de uma análise de conteúdo dedutiva, o passo seguinte consiste em desenvolver uma matriz de categorização e codificar os dados de acordo com as categorias escolhidas. Geralmente é baseado em trabalhos anteriores como teorias, modelos, mapas mentais ou revisão da literatura existente.

14.8 Metodologia da análise de conteúdo

Toda análise de conteúdo deve basear-se em uma definição precisa dos objetivos da pesquisa. Por exemplo, na análise de obra literária de um autor, deve-se especificar se a pesquisa visa a uma análise temática da obra, a uma análise da estrutura gramatical, a uma análise ideológica etc. Tais objetivos variam em cada análise e condicionam a diferença das técnicas utilizadas.

Após a definição dos objetivos, convém delimitar o material com o qual se trabalha. Por exemplo, para uma análise da obra literária de Jorge Amado, deve-se decidir os títulos a serem analisados, de modo que abranjam as diferentes fases do autor, os temas a serem tratados, o número de páginas selecionadas (no caso de trabalhar com uma amostra do livro) etc. Para uma análise de jornais, convém selecionar, por exemplo, certo número de títulos, determinado número de exemplares, os temas a serem estudados (editorial, econômico, esportes etc.) e outros.

14.8.1 Fases da análise de conteúdo

De acordo com Laurence Bardin (1979, p. 95), as fases da análise de conteúdo organizam-se cronologicamente em:

- pré-análise;
- análise do material;
- tratamento dos resultados, inferência e interpretação.

14.8.1.1 Pré-análise

É a fase de organização propriamente dita. Visa operacionalizar e sistematizar as ideias, elaborando um esquema preciso de desenvolvimento do trabalho. A pré-análise é uma etapa bastante flexível que permite a eliminação, substituição e introdução de novos elementos que contribuam para uma melhor explicação do fenômeno estudado. Um bom trabalho nessa etapa é uma garantia importante para a análise posterior; portanto, é uma etapa indispensável. Geralmente, abrange três aspectos: a escolha do material, a formulação de hipóteses e objetivos e a elaboração de indicadores para a interpretação dos resultados.

Entre as atividades recomendadas por Bardin para serem realizadas nessa etapa, podem-se destacar as seguintes:

I – *Leitura superficial do material*

Consiste em uma leitura que permite um contato inicial com o material, para conhecer a estrutura da narrativa, ter as primeiras orientações e impressões em relação à mensagem dos documentos. Por exemplo, na análise ideológica de textos didáticos, a leitura superficial permite conhecer as orientações básicas do autor. Em geral, a pré-análise facilita reconhecer os conceitos mais utilizados, enseja uma primeira impressão da concepção que o autor ou os autores têm dos fenômenos sociais e do mundo. Assim, aos poucos, a leitura pode tornar-se mais precisa em função das questões básicas ou hipóteses do pesquisador.

CAPÍTULO 14

II – *Escolha dos documentos*

Basicamente, existem duas formas para estabelecer o universo de documentos a serem analisados. Em primeiro lugar, o trabalho encomendado, no qual a agência que solicita o trabalho determina os documentos a serem incluídos na análise. Por exemplo, uma Secretaria de Educação que solicita a análise de conteúdo de certos textos didáticos para determinar a sua adequação às características de uma população escolar. Em segundo lugar, o investigador formula um problema e os objetivos da pesquisa, devendo recolher os documentos susceptíveis de oferecer as informações necessárias. Por exemplo, o objetivo é analisar as características da linguagem utilizada nos horóscopos das revistas femininas. Para isso, deve-se recolher material semelhante, essencial e rico na informação necessária.

Como já foi visto, é tão grande a quantidade de jornais, revistas, livros, discursos, cartas e outros documentos que o pesquisador que deseje fazer uma análise de conteúdo deve recolher uma amostra representativa do material a ser utilizado.

Esse processo de amostragem deve seguir quatro princípios básicos:

1º) *Exaustividade*

Uma vez definido o tipo de documentos, deve-se fazer um levantamento de todo o material susceptível de utilização. Não se pode deixar de fora nenhum documento, seja por dificuldade de obtenção ou de compreensão, sem afetar o rigor científico.

No caso da análise de conteúdo das revistas femininas, o pesquisador deve fazer um levantamento completo de todas as revistas que circulam no país ou em determinada localidade, dependendo do escopo da pesquisa.

2º) *Representatividade*

A possibilidade de generalizar os resultados da análise ao conjunto ou universo (nesse caso, as revistas femininas) depende da representatividade da amostra. Em outras palavras, a amostra selecionada deve ser um fiel reflexo dos documentos que integram o conjunto. Um universo heterogêneo exige uma amostra mais sofisticada que um universo homogêneo.

Por exemplo, sabe-se que existem *n* títulos de revistas femininas. Umas mais lidas pelos jovens, outras mais lidas pela classe popular; umas de maior venda, outras que chegam mais a determinadas regiões. Todas essas características devem ser conhecidas, pelo pesquisador, para evitar erros na escolha da amostra. Assim, dito pesquisador pode optar por uma, duas ou mais revistas, dependendo do problema.

O importante é que o pesquisador decida trabalhar apenas com revistas lidas por moças; não escolha, por falta de conhecimento, revistas lidas por mulheres adultas.

3º) *Homogeneidade*

Os documentos incluídos na amostra devem obedecer a critérios precisos, evitando particularidades. Por exemplo, se os critérios estabelecidos, no caso das revistas, são os seguintes:

ANÁLISE DE CONTEÚDO 263

- revistas de modas;
- lidas, principalmente, por mulheres adultas; e
- mensais.

O pesquisador deverá escolher revistas tais como *Cláudia, Vogue* etc. Não deve incluir *Época, Contigo* etc., pois não cumprem os requisitos mencionados anteriormente.

A análise de entrevistas apresenta as mesmas exigências estabelecidas para revistas e outros documentos; todas as entrevistas devem referir-se ao mesmo tema; devem ter sido realizadas utilizando-se técnicas idênticas e entrevistando-se sujeitos que possam ser comparados.

4º) *Adequação*

Os documentos selecionados devem proporcionar a informação adequada para cumprir os objetivos da pesquisa.

Após selecionar o material, o pesquisador pode reduzir ainda mais os dados, fazendo uma amostragem nos documentos. Por exemplo, é possível restringir uma análise a apenas 30 páginas (selecionadas ao acaso) de um livro, à primeira página de jornais, ao segundo artigo de determinadas revistas etc. O problema da representatividade permanece invariável. Apresenta a amostra selecionada um conteúdo relevante aos objetivos da pesquisa? Por exemplo, a primeira página dos jornais pode ser uma amostra válida para um tipo de análise, mas não servirá para estudar as características da população que aparece nas colunas sociais do jornal.

Em geral, recomenda-se que o pesquisador discuta os problemas de amostragem com um especialista ou alguém com experiência na matéria.

14.8.1.2 *Análise do material*

Uma vez cumpridas, cuidadosamente, as operações mencionadas nas páginas anteriores, procede-se à análise propriamente dita. A fase em questão, longa e cansativa, consiste basicamente na codificação, categorização e quantificação da informação (ver capítulo referente aos questionários).

14.8.1.3 *Tratamento dos resultados*

Geralmente, a análise de conteúdo visa a um tratamento quantitativo que não exclui a interpretação qualitativa. Na atualidade, os procedimentos para esse tipo de tratamento são numerosos. O mais simples consiste no cálculo de frequências e percentagens que permitem estabelecer a importância dos elementos analisados, por exemplo, as palavras. Procedimentos mais complexos, tais como a análise fatorial, a análise de contingência e outros, possibilitam interpretações mais sofisticadas. O leitor, no entanto, deve lembrar de que a Estatística está a serviço do homem, e não o homem a serviço da Estatística. Em última instância, a melhor análise são as boas ideias.

Uma vez estabelecidas as características do problema da pesquisa, formulados os objetivos e escolhidos os documentos, o investigador está em condições de dar uma resposta bastante precisa às perguntas *por que* e o *que* analisar.

A base da metodologia da análise de conteúdo está na pergunta como analisar ou como tratar o material. Em outras palavras, como codificar. Segundo Holsti (1969, p. 94), "a codificação é um processo pelo qual os dados em bruto são sistematicamente transformados e agrupados em unidades que permitem uma descrição exata das características relevantes do conteúdo". Assim, a codificação é uma transformação – seguindo regras especificadas dos dados de um texto, procurando agrupá-los em unidades que permitam uma representação do conteúdo desse texto.

A dita codificação deve responder aos critérios da objetividade, sistematização e generalização. Objetividade em termos de não ambiguidade do código estabelecido. Sistematização e generalização dos resultados da análise de um ou mais documentos em relação ao conjunto de documentos semelhantes.

A organização da codificação inclui três etapas fundamentais:

- determinação das **unidades** de registro;
- escolha das regras de **numeração**; e
- definição das categorias de análise.

A primeira responde à pergunta: que unidades de conteúdo serão consideradas? A segunda responde a que sistema de quantificação dos dados será utilizado? A última responde a como se define o problema de pesquisa em termos de categorias? (HOLSTI, 1969, p. 94).

14.8.2 Unidade de registro e de conteúdo

14.8.2.1 Unidades de registro

Toda análise de conteúdo supõe a desagregação de uma mensagem em seus elementos constitutivos chamados unidades de registro. As ditas unidades correspondem ao segmento de conteúdo considerado unidade base da análise, visando à categorização e à quantificação da informação.

Em geral, é possível distinguir dois tipos de unidades de registro: aquelas com base gramatical e aquelas com base não gramatical.

Entre as unidades de registro com base gramatical, as mais utilizadas são as seguintes:

I – *Palavra ou símbolo*

Geralmente a menor unidade empregada nas pesquisas de análise de conteúdo. Pode-se trabalhar com todas as palavras de um texto ou apenas com algumas consideradas básicas (símbolos), por exemplo, palavras de cunho político, para analisar a orientação política de um ou vários anteriores.

Podem-se analisar categorias de palavras, tais como substantivos, adjetivos, verbos etc., visando estabelecer determinados coeficientes. Esse tipo de análise é bastante utilizado para determinar riqueza vocabular. Entre os coeficientes mais utilizados, é possível mencionar os seguintes:

1. *Coeficiente de variedade vocabular*

Calcula-se a relação entre o número de palavras diferentes e o número total de palavras encontradas em um texto, discurso, entrevista etc. Sua fórmula é:

$$\frac{\text{Léxico}}{\text{Ocorrências}} \quad \text{ou} \quad \frac{L}{O}$$

O maior coeficiente corresponde à maior variedade de vocabulário.

Exemplo: a contagem das palavras de uma entrevista proporcionou os seguintes resultados:

	PESSOA A	PESSOA B
Léxico (palavras diferentes)	1.600	4.000
Ocorrências (total de palavras)	8.000	10.000
$\dfrac{L}{O}$	0,20	0,40

A pessoa *B* apresenta maior variedade vocabular que a pessoa *A*.

2. *Coeficiente de tipo gramatical*

A relação numérica entre os tipos de categorias gramaticais (substantivos, verbos, adjetivos etc.) de um texto determinado tem sido utilizada em diversos campos. Por exemplo, a relação entre adjetivos e verbos (A/V) tem-se empregado para comparar a palavra esquizofrênica da "normal".

II – *A frase ou oração*

A análise de conteúdo também pode ser feita tomando como unidade de base a frase ou oração, para determinar, por exemplo, o sistema de valores de um texto. Ivor Wayne (1956) analisou uma amostra da revista norte-americana *Life* e da soviética *O Gariok*, para comparar a imagem ideal do cidadão comum.

Em geral, a frase ou oração não são muito adequadas pela pouca precisão que apresentam, além da dificuldade de interpretação.

As unidades de registro não gramaticais consistem em analisar documentos completos, ou partes deles, para determinar, entre outros, valores, atitudes e crenças do autor.

As unidades mais utilizadas são as seguintes:

III – O tema

Refere-se a uma afirmação sobre o sujeito da oração. Isto é, uma frase ou uma frase composta, a partir da qual podem-se formular diversas observações.

Como diz M. C. D'Unrug (1974, p. 56), o tema é uma unidade de significação complexa de dimensões variáveis; sua realidade é de ordem psicológica, não de ordem linguística: tanto uma afirmação quanto uma alusão podem constituir um tema.

O tema tem sido amplamente utilizado como unidade de registro para o estudo de motivações, opiniões, atitudes, crenças etc.

As respostas a perguntas abertas em um questionário, as entrevistas, reuniões de grupo etc. frequentemente são analisadas em base temática.

Uma análise desse tipo consiste em descobrir o "sentido" que o autor deseja dar a uma determinada mensagem. No Brasil, M. L. Chagas Nosella (1978) fez uma análise temática interessante para estudar valores e ideologias subjacentes aos textos didáticos.

Assim, análise temática não é mais que o reconhecimento que o pesquisador deve fazer dos temas de um discurso que pode não ser temático. Por exemplo, quando o codificador quer isolar o tema "liberdade" da seguinte oração: "levantou-se com a sensação de movimento perfeito, livre de todo obstáculo, como a espuma que o vento levanta nas ondas do mar", o que se faz é procurar o sentido de dita oração. Operação que consiste em reescrever um fragmento do discurso para extrair seu significado. Sem embargo, nada permite afirmar que este é o sentido do texto, apenas a experiência do pesquisador.

IV – O ator

O ator ou sujeito principal de uma ação, seja humano ou animal, pode ser escolhido como unidade de análise. Nesse caso, a codificação se faz em relação às características ou atributos do ator (características biológicas, *status*, idade etc.). Esse tipo de análise é muito comum em análises de romances, programas de rádio e televisão, filmes etc.

V – O documento ou item

O documento completo (artigo, filme, livro etc.) é considerado unidade de registro. Evidentemente, para a maioria das pesquisas essa unidade é muito ampla e pode apresentar problemas quando o documento pode ser classificado em mais de uma categoria. Por exemplo, um filme de guerra com um tema cômico classifica-se como "comédia" ou "guerra". O documento como unidade de registro é muito útil quando se trabalha em conjunto com outras unidades.

14.8.2.2 Unidades de contexto

A classificação das unidades de registro precisa de uma referência mais ampla do contexto no qual aparecem. Por exemplo, os valores "colonialistas" de um texto não podem apenas ser inferidos com base no número de vezes que aparecem certas expressões como "sociedades primitivas", "povos atrasados" ou "culturas inferiores"; deve-se procurar uma *unidade de contexto* mais ampla, que contribua para caracterizar a unidade de registro. Por exemplo, a frase para a palavra, o parágrafo para o tema etc.

A escolha das unidades de registro e de contexto depende da natureza do problema e dos dados. Uma seleção errada das unidades pode ter sérias consequências nos resultados da pesquisa. À medida que aumenta o tamanho da unidade, aumenta a possibilidade de viés produzido pela interpretação do investigador.

Usualmente, existem dois critérios para determinar o tamanho das unidades de contexto e de registro: o custo e a adequação. Uma unidade de contexto muito grande exige uma leitura mais demorada. As unidades não devem ser nem muito pequenas, nem muito grandes. Inquestionavelmente, o referencial teórico e o tipo de material serão determinantes na escolha e tamanho das unidades.

14.8.3 Regras de quantificação

A análise de conteúdo visa a um tratamento quantitativo que não exclui uma interpretação qualitativa. Atualmente são muitos os procedimentos utilizados, variando segundo o nível de complexidade, desde o cálculo de frequência até técnicas tais como a análise de contingência.

1. O tratamento mais simples refere-se à quantificação da presença ou ausência de determinados elementos. Suponha-se que, a partir de determinados textos e/ou uma certa teoria, estabelece-se uma relação de referência que inclui os seguintes elementos: *a, b, c, d, e, f*. Com base nessa relação analisa-se um documento, achando-se presentes: *a, c, d* e *f*. A dita presença pode ter um significado importante para o estudo das características de uma mensagem. Da mesma forma, a ausência dos elementos *b* e *e* pode ter implicações fundamentais e, se for o caso, reflete um bloqueio mental (entrevistas clínicas) e uma ocultação consciente ou inconsciente por parte do autor de um determinado documento.

Exemplo: após revisar diversos trabalhos e realizar alguns levantamentos do universo vocabular das crianças da zona rural paraibana, levantou-se uma relação de dez alimentos mais conhecidos por tais crianças: arroz, feijão, laranja, banana, farinha, macarrão, abacaxi, milho, caju e jaca.

Compare-se essa relação com o seguinte texto de uma cartilha de alfabetização, usada na zona rural da Paraíba:

"A cozinheira fez salada de batata e azeitona, mas pôs pouco azeite e muito limão."

Pode-se observar que nesse texto não existe referência alguma aos elementos incluídos na citada lista. Portanto, o texto não está adequado ao universo vocabular das crianças da zona rural paraibana.

2. O tratamento quantitativo mais utilizado é a *frequência* de cada elemento, quantidade de vezes que aparecem os elementos em determinado documento. A dita medição baseia-se no pressuposto (às vezes válido, outras vezes não válido) de que a importância de uma unidade de registro se reflete no número de vezes que esta aparece em um texto.

Seguindo com o exemplo dos alimentos nas cartilhas:

FREQUÊNCIA	
ovo	10
bala	5
pipoca	4
ameixa	3
abacaxi	1

Outro pressuposto do cálculo de frequência refere-se à importância de cada elemento, considerando-se que apresentem o mesmo valor. Esse suposto não é sempre válido.

3. Às vezes o pesquisador deseja dar mais importância à frequência de um ou alguns elementos. Nesse caso, pode usar o tratamento de *frequência ponderada*, pelo qual se pode dar peso 1, 5, 2 etc. aos diferentes elementos:

	FREQ.	POND.	FREQUÊNCIA TOTAL
a	10	1	10
b	5	2	10
c	4	1	4
d	3	2	6
e	1	3	3

Indubitavelmente, os resultados são diferentes daqueles obtidos com as frequências simples.

4. Para pesquisas relativas à análise de valores (ideologias, tendências e atitudes), a simples tabulação de frequência pode ser insuficiente, pois não considera a intensidade de cada elemento.

Em outras palavras, não se pode fazer inferências válidas em relação a valores, com base nas frequências simples dos elementos, sem considerar a intensidade da expressão.

Por exemplo, uma análise das atitudes de um grupo de pessoas em relação ao papel dos Estados Unidos na recente guerra das Malvinas, entre Argentina e Inglaterra.

Pessoa *A*: – Considero necessário discordar do secretário Alexander Haig.

Pessoa *B*: – Devemos denunciar ao mundo as atividades de Alexander Haig.

Pessoa *C*: – Às vezes discordo das colocações do secretário de Estado norte-americano.

Pessoa *D*: – O secretário de Estado norte-americano traiu o governo argentino.

As quatro colocações são desfavoráveis ao papel dos Estados Unidos, mas variam consideravelmente de intensidade.

Para facilitar a codificação do grau de intensidade, pode-se obedecer aos seguintes critérios: tempo do verbo (futuro, condicional, imperativo); semântica do verbo (intensidade); advérbios de modo; e adjetivos qualificativos.

Exemplo: seria necessário controlar os créditos externos.

– É necessário controlar os créditos externos.

5. Outro tratamento, geralmente ligado à análise da intensidade, é a direção da afirmação. Pode ser favorável, desfavorável ou neutra, no caso de estudar sobre atitudes ou valores que refletem aprovação/desaprovação. Mas os extremos do contínuo podem variar de acordo com a natureza do problema: bom/ruim (critério de qualidade); totalitário/democrático (critério de participação política).

A operacionalização do tratamento faz-se acrescentando o signo "+", "–", "±", "0" ao elemento. Por exemplo:

- a + (positivo)
- b – (negativo)
- c ± (ambivalente)
- d 0 (neutro)

Em termos gerais, o tratamento a utilizar: frequência, frequência ponderada, intensidade etc. deve estar relacionado diretamente ao problema pesquisado. O enfoque quantitativo baseia-se, particularmente, na frequência de determinados elementos da mensagem, analisando estatisticamente possíveis relações entre variáveis. O enfoque qualitativo baseia-se na presença/ausência do elemento, sem considerar a frequência. Evidentemente, a natureza do problema e do material utilizado influenciará no tipo de medição adotada.

14.8.4 Categorização

Uma vez feita a análise dos elementos, é necessário classificá-los. A operação de classificação dos elementos seguindo determinados critérios denomina-se *categorização*. Deve-se esclarecer que não é uma etapa obrigatória na análise de conteúdo, mas a maioria dos procedimentos inclui a categorização, pois facilita a análise da informação. De acordo com Laurence Bardin (1979, p. 118), os critérios de categorização podem ser:

- **semânticos** (categorias temáticas: por exemplo, os elementos que refletem ansiedade serão agrupados em uma categoria ansiedade, os elementos que refletem valores individualistas serão agrupados em uma categoria individualismos);

CAPÍTULO 14

- **sintáticos** (verbos, adjetivos, advérbios etc.).
- **léxicos** (ordenamento interno das orações).
- **expressivos** (por exemplo, categorias que classificam os problemas de linguagem).

A categorização pode ser realizada de duas maneiras. Na primeira, o sistema de categorias é estabelecido previamente e os elementos são distribuídos da melhor forma possível entre as categorias. Esse tipo de categorização exige do pesquisador sólidos fundamentos teóricos referentes ao problema em estudo. Na segunda, o sistema de categorias não é dado, resulta da classificação progressiva dos elementos.

As categorias devem apresentar as seguintes características:

- **exaustividade**: cada categoria estabelecida deve permitir a inclusão de todos os elementos levantados relativos a um determinado tema. Por exemplo, se se deseja analisar o vocabulário democrático de um discurso político, a categoria estabelecida deve conter todas as palavras dadas em um vocabulário democrático.
- **exclusividade**: nenhum elemento pode ser classificado em mais de uma categoria. Em outras palavras, as categorias devem estar definidas de maneira tal que não seja possível classificar um mesmo elemento em duas delas. Nenhum elemento deve ser codificado duas vezes.
- **concretude**: os termos abstratos são muito complexos, sempre terão diversos significados. Assim, a classificação corre o risco de mudar de pesquisador a pesquisador. É importante ter categorias concretas que permitam fácil classificação dos elementos. Por exemplo, a categoria "democracia" não é recomendável, pois é muito ambígua.
- **homogeneidade**: as categorias devem basear-se em um mesmo princípio de classificação. Não é possível analisar o conteúdo de uma mensagem, quando as categorias se fundamentam em mais de um princípio classificatório.
- **objetividade e fidelidade**: os vieses devidos à subjetividade dos codificadores, a diferença da interpretação, não se produzem quando as categorias são adequadas e bem definidas. O pesquisador deve definir claramente as variáveis e os indicadores que determinam a classificação de um elemento em uma determinada categoria.

Na ausência de esquemas padronizados de classificação, o pesquisador enfrenta a necessidade de estabelecer categorias adequadas e confronta a teoria com os fatos. Em um primeiro passo, elaboram-se as categorias com base na teoria, em seguida revisam-se essas categorias à luz dos dados, volta-se à teoria para análise da sua adequação com a teoria confrontada novamente com os dados. Assim se procede até que se obtenham categorias adequadas tanto para a teoria, quanto para os dados.

Exemplos de categorias:

1. *Padrões para análise da personalidade* (WHYTE, 1947)
   - *Moral*
     - Moralidade
     - Honestidade
     - Justiça
     - Obediência
     - Pureza
     - Religiosidade
   - *Social*
     - Personalidade agradável
     - Conformismo
     - Bons Costumes
     - Modéstia
     - Generosidade
     - Tolerância
     - Unidade grupal
   - *Individualidade*
     - Força
     - Determinação
     - Inteligência
     - Aparência
   - *Diversos*
     - Cuidadoso
     - Higiene
     - Cultura
     - Ajuste

2. *Análise de valores* (WHYTE, 1951)
   - *Valores fisiológicos*
     - Alimentação
     - Sexo
     - Lazer
     - Saúde
     - Segurança
     - Conforto
   - *Valores sociais*
     - Amor sexual
     - Amor familiar
     - Amizade
   - *Valores individualistas*
     - Independência
     - Logro
     - Autoestima
     - Reconhecimento
     - Dominação
     - Agressão
   - *Valores referentes ao temor* (insegurança emocional)
   - *Valores lúdicos e de felicidade*
     - Experiência nova
     - Emoção
     - Beleza

- Humor
- Expressão da criatividade
- *Valores práticos*
  - Senso prático
  - Possessão
  - Trabalho
- *Valores cognitivos*
  - Conhecimento
- *Diversos*
  - Felicidade
  - Valor em geral

3. *Análise de meios e fins* (BERELSON; SALTER, 1946)

   (Análise dos fins afetivos e racionais nas revistas populares de ficção.)
   - *Fins afetivos*
     - Amor romântico
     - Matrimônio sólido
     - Idealismo
     - Afeto e segurança emocional
     - Patriotismo
     - Aventura
     - Justiça
     - Independência
   - *Fins racionais*
     - Solução de problemas concretos
     - Desenvolvimento pessoal
     - Dinheiro e bens materiais
     - Segurança econômica e social
     - Poder e dominação

4. *Análise de objetivos* (LARSON et al., 1963)

   (Objetivos oferecidos pelos programas de televisão para crianças e meios para alcançá-los.)
   - *Categorias de fins*
     - Propriedade (êxito material)
     - Preservação de si (desejo de *"status quo"*)
     - Afeto
     - Poder e prestígio
     - Fins psicológicos (incluindo violência e educação)
     - Outros

- *Categorias de métodos*
    - Legais
    - Não legais (sem ferimentos)
    - Econômicos
    - Violência
    - Organização, negociação, compromisso
    - Evasão, fuga
    - Perigo
    - Outros

Em geral, a elaboração de categorias exige uma definição precisa do problema e dos elementos utilizados na análise de conteúdo.

14.9 Técnicas de análise de conteúdo

Entre as diversas técnicas de análise de conteúdo, a mais antiga e a mais utilizada é a análise por categoria. Como já foi visto, ela se baseia na decodificação de um texto em diversos elementos, os quais são classificados e formam agrupamentos analógicos. Entre as possibilidades de categorização, a mais utilizada, mais rápida e eficaz, sempre que se aplique a conteúdos diretos (manifestos) e simples, é a análise por temas ou análise *temática*. Consiste em isolar temas de um texto e extrair as partes utilizáveis, de acordo com o problema pesquisado, para permitir sua comparação com outros textos escolhidos da mesma maneira.

Geralmente, escolhem-se dois tipos de tema: – *principais e secundários*. O primeiro define o conteúdo da parte analisada de um texto; o segundo especifica diversos aspectos incluídos no primeiro. Por exemplo:

Quadro 14.2 Exemplo de temas principal e secundários

TEMA PRINCIPAL	TEMAS SECUNDÁRIOS	
Mudanças na educação brasileira	Década de 1970	A década de 70 marcará profunda revolução no setor educacional brasileiro.
	Mobilização de recursos	Foram definidos projetos prioritários e mobilizados recursos destinados a possibilitar a modernização e ampliação do sistema educativo nacional, incorporando-o ao conjunto de instrumentos de aceleração do desenvolvimento econômico
	Modernização/ ampliação do sistema	
	Instrumento de aceleração econômica	

Fonte: Apostila nº 10, Moral e Cívica. Projeto Minerva, 1973, apud LIMA, 1980, p. 95.

Existem outras técnicas de análise de conteúdo, tais como a análise de avaliação, de expressões, de relações (contingência) etc.

14.10 Precauções

A análise de conteúdo é uma técnica na qual resulta difícil predizer quanto trabalho se requer para chegar a um nível aceitável de confiabilidade. Por esse motivo, o pesquisador que planeja um projeto que utilize esse tipo de análise deve estar preparado para investir tempo considerável no desenvolvimento do código. Portanto, se o código não é elaborado previamente à coleta de dados, deve-se pensar muito bem no tempo disponível, pois o processo é lento e não se pode utilizar o código até alcançar certo nível de confiabilidade.

14.11 Confiabilidade na análise de conteúdo

O processo de análise e os resultados devem ser descritos com suficiente detalhamento para que os leitores tenham uma compreensão clara de como foi realizada a análise e seus pontos fortes e limitações (GAO, 1996). Isso significa analisar minuciosamente o processo de análise e a validade dos resultados. Os princípios da validade na análise de conteúdo são universais para qualquer projeto de pesquisa qualitativa. Existirão fatores adicionais a tomar em consideração ao relatar o processo de análise e resultados da pesquisa (ELO; KYNGAS, 2008).

Seguindo com a ideias das autoras acima mencionadas, a confiabilidade dos resultados da análise de conteúdo depende da disponibilidade de bons dados, adequados e bem saturados. Portanto, a sua coleta, análise e emissão de relatórios andam de mãos dadas. Melhorar a confiabilidade da análise de conteúdo começa com uma reconhecida experiência do pesquisador e requer conhecimentos avançados em coleta de dados, análise de conteúdo, confiabilidade e emissão de relatórios de investigação. A confiabilidade da coleta de dados pode ser verificada mediante uma descrição detalhada do processo de amostragem e opiniões dos participantes. Além disso, e considerando que muitos trabalhos de pesquisa qualitativa são publicados em diversos meios de comunicação, há uma necessidade de aprofundar conhecimentos, analisando, nesse caso, trabalhos que utilizem a análise de conteúdo. Existe muita informação à disposição dos pesquisadores (ELO et al., 2014).

O processo da análise de conteúdo inclui três etapas essenciais: preparação do trabalho, organização e relatório dos resultados. No caso da etapa de preparação do trabalho e com base em resultados de diversos estudos, é possível estabelecer os aspectos mais importantes relacionados com a confiabilidade do método: estratégia da coleta de dados, a amostragem e a seleção de uma unidade apropriada de análise. Elo et al. (2014) prepararam uma lista de verificação para ser utilizada por pesquisadores na tentativa de melhorar a confiabilidade em cada fase de um estudo de análise de conteúdo.

ANÁLISE DE CONTEÚDO 275

Quadro 14.3 *Checklist* para pesquisadores que procuram melhorar a confiabilidade de uma pesquisa que utilize análise de conteúdo

ETAPA DA ANÁLISE DE CONTEÚDO	ASPECTOS A REVISAR
ETAPA DE PREPARAÇÃO	*Método de coleta dos dados* Como consigo os dados mais adequados para o meu AC? O método a utilizar é a melhor resposta possível a minha pergunta de pesquisa? Utilizo perguntas abertas ou semiestruturadas? *Autocrítica* Qual é a minha experiência em pesquisa? Como faço o pré-teste do meu método de coleta de dados? *Amostragem* Qual é a melhor técnica de amostragem para a minha pesquisa? Quais podem ser os melhores entrevistados? Que critério utilizar para escolher participantes? Minha amostra é adequada? Os dados estão bem estruturados? *Escolha da unidade de análise* Qual é a unidade de análise? A unidade de análise é muito ampla ou muito restrita?
ETAPA DE ORGANIZAÇÃO	*Categorização e abstração* Como devo criar os conceitos e categorias? Tem muitos conceitos? Existe sobreposição entre as categorias? *Interpretação* Qual é o nível de interpretação da análise? Como asseguro que os dados representam a informação fornecida pelos participantes? *Representatividade* Como reviso a confiabilidade do processo analítico? Como reviso a representatividade dos dados?
ETAPA DO RELATÓRIO	*Relatando resultados* Os resultados são sistemáticos e lógicos? Como se relatam as relações entre dados e resultados? O conteúdo e a estrutura dos conceitos estão claramente expostos? O leitor está em condições de avaliar a réplica dos resultados (a técnicas de amostragem, os dados e a descrição dos participantes estão bem detalhados)? As citações são utilizadas sistematicamente? As categorias são exaustivas? Existem semelhanças dentro de cada categoria e diferenças entre as categorias? Utiliza linguagem científica para informar os resultados? *Relato do processo de análise* Existe uma descrição detalhada do processo de análise? Apresentam-se os critérios para estabelecer a confiabilidade da análise?

Fonte: Qualitative Content Analysis: A Focus on Trustworthiness (ELO et al., 2014)

14.12 Conclusão

Independentemente da "qualidade" dos dados qualitativos, sua quantidade pode ser assustadora, senão esmagadora. Dependendo do nível de detalhe, seis entrevistas podem facilmente chegar a 50 – 100 páginas em espaço simples de texto transcrito. Centenas de páginas de dados podem levar o pesquisador a desistir do trabalho. Além disso, ao longo das análises podem surgir muitos pontos interessantes que não estão relacionados ao tema em estudo. Nesse caso, é de extrema importância ter *em mente* a pergunta de pesquisa. No meio do caos, o pesquisador deve ser capaz de voltar para as atividades da pesquisa e só olhar as unidades de análise relevantes para o seu estudo. O relatório também pode ser um desafio (GLASER, 1978). No entanto, existem diversos programas de computador que facilitam a codificação dos dados qualitativos.

A análise de conteúdo é muito adequada para analisar fenômenos multifacetados, característicos das ciências sociais. Uma vantagem do método reside na possibilidade de trabalhar grandes quantidades de dados e diferentes fontes textuais. Especialmente na área da comunicação, a análise de conteúdo tem sido uma forma importante de proporcionar evidências para um fenômeno em que a abordagem qualitativa costuma ser a única maneira de tratar assuntos delicados. A desvantagem da AC refere-se às perguntas de pesquisa que sejam ambíguas ou muito extensas. Além disso, o excesso de interpretação por parte do pesquisador representa uma ameaça para o sucesso do trabalho. No entanto, isso se aplica a todos os métodos qualitativos de análise.

15

ANÁLISE DE DISCURSO

(A elaboração deste capítulo contou com a colaboração de Tanius Karam, por meio de seu artigo "Uma introducción al estúdio y al análisis del discurso", 2005)

15.1 Definição

Na necessidade de recorrer a diferentes marcos teóricos e metodológicos, as Ciências Sociais possuem na análise de discurso (AD) uma poderosa ferramenta de interpretação. No entanto, a maioria dos pesquisadores que utilizam a AD são especialistas de disciplinas de comunicação, retórica ou outras ligadas às ciências da linguagem. Muitos pesquisadores das outras ciências sociais confundem a análise de discurso com hermenêutica, análise de conteúdo etc. (GONZÁLEZ-DOMÍNGUEZ; MARTELL-GÁMEZ, 2013). Assim, a análise de discurso (AD) é uma prática de pesquisa que tem sido de grande utilidade no âmbito dos estudos de comunicação de massas. Ao mesmo tempo, em alguns casos, tornou-se um abuso, quer pela falsa crença de que a AD pode responder a todas as perguntas, quer, muitas vezes, pela falta de rigor na sua aplicação.

Para Medina, Muñoz e Peña (2013), o discurso não é apenas a língua oral e escrita, refere-se à forma como se utiliza a linguagem na realidade dos contextos sociais. A análise de discurso considera a linguagem um ato comunicativo produzido em uma realidade de interações humanas.

De acordo com Cobby (2009), a análise do discurso é uma técnica de pesquisa em Ciências Sociais que permite investigar o que disse o emissor. Do ponto de vista de Maingueneau (apud COBBY, 2009), é a análise do texto comum e do lugar social em que é produzido. Para Benveniste (1977), a AD é definida como "todo enunciado que supõe um locutor e um ouvinte, sendo a intenção do primeiro influenciar o segundo. De acordo com Henry Widdowson, a AD é "o uso de uma combinação de enunciados visando ações sociais (KRAMSCH, 1984, p. 10). Para Maingueneau (apud COBBY, 2009), "o discurso não é um objeto concreto a ser captado pela intuição, mas o resultado de uma construção [...], o resultado da articulação de uma variedade de estruturações transfrásticas, resultantes das condições de produção" (p. 16).

Essa grande diversidade de definições de discurso torna difícil a sua compreensão. Segundo Caregnato e Mutti (2006, p. 679-84), existem provavelmente ao menos 57 variedades de análise de discurso com enfoques variados, a partir de diversas tradições teóricas, porém todas reivindicando o mesmo nome. O que esses diferentes estilos parecem ter em comum, ao tomar como objeto o discurso, é que partilham de "uma rejeição da noção realista de que a linguagem é simplesmente um meio neutro de refletir, ou descrever o mundo, e uma convicção da importância central do discurso na construção da vida social." Além disso, para Bally, citado por Marinho (2004, p. 77): "**o discurso não pode ser definido como uma unidade linguística, pois resulta da uma combinação de informações linguísticas e situacionais**". Assim, o discurso inclui uma dimensão linguística (texto), uma dimensão sociológica (produção em contexto) e uma dimensão de comunicação (uma interação com início e fim) (COBBY, 2009).

As principais questões que a análise do discurso procura responder fazem referência ao "como" e ao "porquê" da atividade de linguagem, em oposição aos métodos analíticos tradicionais, que centram suas problemáticas em questões como: "Quem? O quê? Quando? Onde?".

Para Karam (2015), a AD é uma metodologia que inclui um conjunto de procedimentos sobre um corpo previamente delimitado e sobre o qual se experimentam aplicações conceituais, ferramentas de interpretação. Inicialmente, essa análise era basicamente linguística e supunha conhecimentos mais ou menos rigorosos sobre sintática, semântica e até fonologia; com a influência da pragmática (desdenhada por alguns linguistas), das condições e das instruções implícitas no texto-discurso dadas aos participantes no processo de comunicação (a que chamamos enunciadores e enunciatários), a AD se inscreve numa corrente de preocupação mais ampla com a linguagem, que Iñiguez (2003) nomeia de "percurso discursivo" e "linguístico", na apresentação do seu manual; esse fato se situa entre 1964 e 1974, sobretudo na Antropologia, Sociologia, Psicologia e Linguística; acrescentamos a História, a Política e os emergentes estudos de Comunicação na América Latina. O percurso teve como pressuposto o desvio de atenção ao estudo das estruturas sintáticas abstratas e de frases isoladas para o uso da língua no texto, para a conversação,

ANÁLISE DE DISCURSO 279

atos e práticas discursivas, interações e cognições. Esses aspectos fizeram que muitos estudiosos se interessassem pelos estudos da linguagem e das gramáticas formais, e, rapidamente, o tipo de problemas e perguntas substituiu aquilo a que o estudo mais abstrato e formal dava resposta.

Em geral, um dos objetivos mais importantes da AD consiste em desvelar, descrever e compreender os efeitos e modos da e na produção social do sentido (que não se dá, apenas, na materialidade ideológica). Tal produção não depende apenas de uma semântica linguística, mas também discursiva, isto é, processual, em que é necessário, ao mesmo tempo que se analisa um corpo de práticas textuais, detectar as relações com os processos de produção-distribuição e de interpretação.

15.2 História da análise de discurso

A análise do discurso é uma abordagem multidisciplinar que se desenvolveu na França, Grã-Bretanha e Estados Unidos a partir da década de 1960. Incorpora diversos conceitos da Sociologia, Filosofia, Psicologia, Ciência da Computação, Comunicação Científica, Linguística e Textuais Estatísticas ou História. Aplica-se a objetos variados, tais como o discurso político, religioso, científico e artístico. Ao contrário da análise de conteúdo, na sua definição tradicional, a partir da linguística, a análise de discurso estuda os conceitos e a organização narrativa dos discursos orais e escritos (SIGNIFICADOS, [s.d.]).

Os estudos de produção linguística começaram na França no século XVII. No entanto, foi Ferdinand de Saussure que no início do século XX em Genebra estabeleceu os primeiros parâmetros da Linguística como uma disciplina específica, com seu curso de Linguística geral. Foram os formalistas russos (Vladimir Propp, Boris Eichenbaum, Roman Jakobson) que, entre 1910 e 1930, trouxeram o texto para os estudos linguísticos, inaugurando o que décadas depois seria denominado discurso. É preciso ressalvar que os formalistas tinham intenções completamente diversas dos propósitos dos analistas do discurso porque nos trabalhos que realizavam não faziam nenhuma referência ao exterior do texto. Assim, os formalistas são precursores apenas na medida em que trazem o texto para o centro dos estudos. Em 1926, Roman Jakobson, figura central do formalismo russo, fundou o **Círculo Linguístico de Praga**, que, em oposição a Saussure, trata as formulações dicotômicas (língua/palavra, sincronia/diacronia) de uma forma dialética, insistindo na estreita relação entre forma e significado, em uma situação de sincronia dinâmica. Posteriormente, em 1943, o dinamarquês Louis Hjelmslev desenvolveu uma teoria da Linguística que possibilita a análise do plano do conteúdo em separado do plano da expressão; desse modo estruturou princípios e técnicas para o estudo do sentido. Para ele, há na linguagem uma relação intrínseca entre conteúdo e expressão, de tal modo que uma separação artificial entre essas funções seria impossível: uma expressão não é expressão senão porque ela é expressão de um conteúdo, e um conteúdo não é conteúdo senão porque é conteúdo de uma expressão (BURGOS, 1991).

CAPÍTULO 15

Entre 1920 e 1950, dentro da escola anglo-saxônica, ergue-se o Círculo de Viena e o positivismo lógico que contribui para o desenvolvimento da Filosofia analítica, cujos representantes principais incluem: Carnap, Russell e Wittgenstein.

Nos Estados Unidos, na metade do século XX, Zellig Harris desenvolveu a teoria distribucionalista e posteriormente Chomsky propôs sua Linguística gerativa. Z. Harris, nascido na Ucrânia, emigrou com sua família para os Estados Unidos em 1913. Foi o primeiro a usar o termo análise do discurso, em "Discourse analysis" (*Language* 28.1-30, 1952). Seu método consistia em descrever as estruturas subjacentes às frases utilizando a "descrição complementar" (campo da Fonologia). Foi, portanto, um método formal que recorria aos procedimentos da Linguística descritiva (RODRÍGUEZ, 2001).

Na França, o apogeu da Linguística foi na década de 1960, destacando-se a teoria da enunciação de Émile Benveniste, a análise quantitativa de Cotteret e Moreau, a semiologia de Roland Barthes, a tese do interdiscurso de Dominique Maingueneau e a análise materialista de Michel Pêcheux (BURGOS, 1991).

Um dos mais importantes analistas de discurso da França, M. Pêcheux (1938-1983), foi o fundador da escola francesa de análise de discurso que teoriza como a linguagem é materializada na ideologia e como esta se manifesta na linguagem. Concebe o discurso com um lugar particular onde essa relação ocorre e, pela análise do funcionamento discursivo, ele objetiva explicitar os mecanismos da determinação histórica dos processos de significação. Estabelece como central a relação entre o simbólico e o político. Com a análise de discurso podemos compreender como as relações de poder são significadas, são simbolizadas (ORLANDI, 2005).

A questão que se coloca nessa conjuntura teórica de então incide sobre a possibilidade de formalização dos diferentes objetos das ciências humanas e a que custo epistemológico. Não se trata apenas de uma aplicação periférica, mas de uma redefinição dos instrumentos de análise que retorna sobre a própria natureza do objeto, criticando-se o "conteudismo". A **análise automática do discurso** de M. Pêcheux procura concretizar essa proposta. Nela, a questão da informatização do modelo tem um papel heurístico e não se reduz apenas a uma aplicação.

Segundo Orlandi (1986), nos fins do século XX existiam duas direções que marcam duas maneiras diferentes de pensar a teoria do discurso: uma que a entende como uma extensão da Linguística (perspectiva estadunidense) e outra que considera o enveredar para a vertente do discurso, o sintoma de uma crise interna da Linguística, principalmente na área da Semântica (perspectiva europeia).

Conforme a visão estadunidense, encara-se o texto de uma forma redutora, analisando como os elementos que o constituem se organizam. Não há, portanto, uma ruptura fundamental. Contrapõe-se a essa concepção a perspectiva europeia, que considera condição necessária a relação entre discurso e as suas condições de produção. Ao recorrer a conceitos exteriores à Linguística, a análise do discurso provoca um deslocamento teórico

ANÁLISE DE DISCURSO 281

que exigirá filiações a outras correntes teóricas. Dessa forma, surge nos anos 1960, tendo como base a interdisciplinaridade entre três domínios disciplinares: a Linguística, o Marxismo e a Psicanálise, apesar de a todo instante deslocar, ou seja, questionar tais saberes. Assim, impõe-se desde o início uma primeira grande divisão entre a análise de discurso europeia e a estadunidense. Do lado estadunidense está a tendência de uma declinação linguístico-pragmática (empirista) da análise de discurso com um sujeito intencional, e do lado europeu a tendência (materialista) que desterritorializa a noção de língua e de sujeito (afetado pelo inconsciente e constituído pela ideologia) na sua relação com discurso em cuja análise não se procede pelo isomorfismo.

Seguindo com o pensamento de Orlandi (s/d), a proposta de M. Pêcheux interessa na medida em que não deixa intocada a região da reflexão sobre a linguagem. Não se apresenta apenas como algo "a mais" do ponto de vista metodológico, mas como uma iniciativa de reflexão que interroga as próprias teorias que constituem as relações contraditórias do campo de sua existência. É aí que a América do Sul entra nessa história com sua contribuição própria. Em termos de história da ciência, a análise de discurso não deixa tampouco intocada a relação já fixada e dominante que tem, de um lado, a tradição europeia e, de outro, a estadunidense (ou anglo-saxã). Ela vai colocar questões para essa forma de dicotomizar a história do pensamento sobre a linguagem.

De acordo com Karam (2015), a variedade de objetos aponta para uma diversidade de métodos, orientações, perspectivas e tendências para descrever, analisar e compreender os processos de construção de sentido nas distintas práticas sociais. Reconhecemos que é quase impossível fazer um recorte de todos eles porque aglutinam objetivos muito diferentes. Há aplicações que não tiveram praticamente uso no domínio acadêmico da comunicação na América Latina. De qualquer forma, isso não impede que, pelo menos, possamos recorrer a algumas orientações que ajudam o leitor a localizar tendências cuja argumentação aparece mesclada em alguns manuais.

15.3 A análise de discurso no Brasil

De acordo com Orlandi (s/d), no Brasil, existe uma relação híbrida entre o político e o teórico com os estadunidenses e os europeus, já que há forte dominância da Linguística americana (ou anglo-saxã) – a divisão tem a ver com o modo de relacionar a análise de discurso com a Linguística, com a pragmática. Os pontos de atrito, diferentemente da França, ocorrem menos com a Sociolinguística, mas continuam a se dar com a relação sujeito/língua/ideologia, e a formalização, em outra conjuntura teórica. Na França, pela provocação do formalismo dominante, o antagonismo tomou a forma do sociologismo e, aqui no Brasil, desde o início, tomou a forma do pragmatismo, nuançado, em alguns casos, por um estruturalismo tardio (a reboque da psicanálise). A questão era: ser ou não ser linguista. E a resposta era a pragmática. Puro equívoco.

Para a autora, a análise de discurso institucionaliza-se – não sem algumas resistências e alguns antagonismos – e configura-se como uma disciplina de solo fértil, com muitas consequências tanto para a teoria como para a prática do saber linguístico. Na contramão, há aqueles que, sem compreender a relação da análise de discurso com a Linguística (relação que é de "pressuposição"), pretendem "preservar", tal qual, a Linguística – e os formalismos dominantes –; e há os que, inscritos na filiação linguístico-discursiva, partindo da Linguística e reconhecendo/deslocando o corte epistemológico saussuriano (M. Pêcheux, apud ORLANDI, s/d), procuram compreender a relação entre a Linguística e a análise de discurso no quadro das relações de entremeio, elaborando suas contradições. Os que pretendiam/pretendem que a teoria do discurso não pode (não deve) produzir um deslocamento de terreno dos estudos linguísticos mantinham/mantêm as reflexões do campo da linguística tal qual e "acrescentam" componentes da reflexão que vêm de dois campos "afins": a pragmática (os atos de linguagem) e a teoria da enunciação (o sujeito).

Segundo Orlandi (s/d), a variedade de questões que a análise de discurso apresenta tem sua presença efetiva desenhada nesse campo. Tanto os que tentam "negá-la" como os que pretendem "desconhecê-la", ou os que a "integram" silenciando-a, deslocam-se, no entanto, ou têm de explicitar mais decisivamente suas posições, tanto em relação ao discurso como à língua. Esse lugar teórico posto no campo das teorias da linguagem pela análise de discurso produz sistematicamente seus efeitos.

15.4 Significados do conceito de discurso (Tanius Karam)

O discurso (D) converteu-se num termo que ultrapassa as fronteiras disciplinares. Não é redutível a um âmbito específico, mas a sua utilização pode servir para explicar fenômenos tão amplos tanto na materialidade discursiva em si quanto no comportamento dos seus utilizadores (produtores e intérpretes). A partir de diferentes perspectivas teóricas, que umas vezes diferem entre si e outras coincidem, existe uma pluralidade de definições. Esse fenômeno pode ser explicável a partir da convergência entre diferentes fatores: a) o próprio desenvolvimento da história do discurso; b) a pluralidade de perspectivas e acepções do próprio termo; c) a cada vez maior variedade de disciplinas que recorrem às teorias do discurso para explicar fenômenos; d) os distintos enfoques que se desenvolvem; e, finalmente e) o próprio fato de que, ao ser o discurso uma realidade que surge em todas as práticas sociais, o seu estudo e pesquisa não podem estar circunscritos apenas a uma área.

O termo "discurso" (D) é um conceito polissêmico; no que diz respeito ao termo no seu sentido comum, adquiriu uma certa ambiguidade ainda que utilizado com um certo grau de consenso por grupos especializados relativamente aos seus distintos significados e à amplitude de escolas de pensamento. Sem pretender esgotar a temática, parece-nos necessário fazer uma referência, ainda que mínima, a essas constelações. Tal operação se justifica, sobretudo, quando o estudante tem que realizar trabalhos mais amplos nos quais se tornam úteis a sua definição e operacionalização.

A palavra discurso costuma ser entendida como "texto". Genericamente se estabelecem algumas diferenças entre ambos: o "texto" como "a manifestação concreta do discurso", ou seja, "o produto em si" e o "discurso" se entende como "todo o processo de produção linguística que se põe em jogo para produzir algo" (GIMÉNEZ, 1983, p. 125; LOZANO, 1997, p. 15-16). Uma revisão de vários textos sobre análise de discurso (GUTIÉRREZ, 1988; HAIDAR, 1998, 1996; GIMÉNEZ 1983) nos permite identificar três grandes tendências na conceituação do discurso:

- Uma primeira abordagem formalista (intradiscursiva) que perspectiva o discurso como fonte de si mesmo, quer se trate de frases ou enunciados ou ainda de narrativas ou macroestruturas. Para compreender o texto é necessário que se faça uma aproximação ao seu marco interpretativo e, em tal aproximação, é possível acentuar apenas a dimensão sintática (HARRIS, 1952) ou uma dimensão narrativa enquanto construção da narração (GREIMAS, 1975). Essa perspectiva inclui uma visão do discurso como unidade linguística com uma dimensão superior à oração (transoracional), uma mensagem tomada na sua globalidade, um enunciado.
- Uma segunda perspectiva, enunciativa (BENVENISTE, 1977; JAKOBSON, 1971), considera o discurso parte de um modelo de comunicação. A partir desse ponto de vista, o discurso se define como uma determinada circunstância de lugar e de tempo em que um determinado sujeito de enunciação organiza a sua linguagem em função de um determinado destinatário (tu ou vós). Benveniste e Jakobson procuravam entender como se inscreve o sujeito falante nos enunciados que emite; ou seja, como o enunciador aparece no enunciado; como o usuário da língua se apropria dela, vincula-se a ela de modo específico e deixa os seus registros por meio de indicadores específicos.
- Finalmente, a perspectiva materialista do discurso de Pêcheux (1968) e Robin (1973) compreende o discurso como uma prática social vinculada às suas condições sociais de produção e ao seu marco de produção institucional, ideológica, cultural e histórico-conjuntural. Pêcheux pensa que o sujeito-emissor não está na origem do significado do discurso, mas este é determinado pelas posições ideológicas que são postas em jogo em cada momento histórico e social no qual se produzem as palavras e os respectivos significados.

15.5 Princípios da análise de discurso

Cabe destacar, mais uma vez, que o campo da análise do discurso (ou linguística do texto) é variado, e apresentar uma discussão abrangente das várias metodologias implicaria um manual específico para a análise dessas metodologias. No entanto, apresenta-se uma tentativa de formular os seus princípios fundamentais:

1. A análise do discurso não pode ser separada dos fins e funções do uso na intera-ção humana. A AD procura entender como tal linguagem é usada na comunicação humana para produzir um significado às intenções do falante e à compreensão do ouvinte, considerando o seu conhecimento do contexto do discurso (BECHTOLD III, [s.d.]).
2. O texto é um registro verbal de um ato comunicativo. Seja escrito ou oral (BROWN; YULE, 1983).
3. O sistema linguístico não é completamente autônomo, e entender a língua como sistema estritamente formal não é suficiente para explicitar as relações de sentido na língua. O sentido de uma sequência só é materialmente concebível na medida em que se concebe essa sequência como pertencente necessariamente a esta ou aquela formação discursiva (PÊCHEUX; FUCHS, 1968).
4. Como já foi dito anteriormente, todo discurso é ideológico, porque não há discur-so sem sujeito e não há sujeito sem ideologia.

15.6 Princípios metodológicos da análise de discurso interativo

Catherine Kerbrat-Orecchioni (2007) propõe os seguintes princípios metodológicos da análise de discurso interativo:

Primeiro princípio: a *necessidade de basear a análise em dados autênticos.*

Se a intenção é conhecer, realmente, como acontecem as coisas nas interações diárias, o único meio seguro é gravar a comunicação entre pessoas em situações concretas. Pos-teriormente fazer a sua transcrição o mais fielmente possível. Assim, o trabalho é formado pelo registro das informações (gravação) e sua transcrição, elemento fundamental para proceder à análise.

Segundo princípio: na *medida do possível considerar a totalidade do material se-miótico e todos os elementos do contexto.*

As interações orais são multicanais e plurissemióticas. O pesquisador deve considerar a importância que pode ter a interação **paraverbal** (entoação, tom de voz, ritmo do dis-curso etc.) e interação **não verbal** (movimentos da cabeça, expressão corporal, orientação do olhar, expressões faciais etc.). Essas duas dimensões estarão disponíveis quando existir uma gravação de vídeo do material produzido na interação verbal.

De acordo com a autora (2007), cabe definir a noção de contexto, motivo de debates entre interacionistas.

- A noção de contexto: definição e distinções

O contexto de um item (qualquer que seja sua natureza e dimensão), é tudo o que acompanha, rodeia e circunda o item em questão. Quando o item é de natureza linguís-tica, é necessário distinguir dois tipos de contextos, correspondentes aos dois sentidos da palavra "contexto" geralmente reconhecidos por dicionários: o contexto linguístico *vs.* o contexto extralinguístico, que em AD corresponde à seguinte oposição:

1. O **contexto discursivo**, endógeno ou sequencial: intrinsecamente o texto em si.
2. O **contexto externo** ou exógeno, que pode ir de uma situação imediata (nível micro) à sociedade como um todo (nível macro), passando por um nível intermediário (nível meso). É o contexto institucional (político, jurídico, acadêmico, médico etc.) de natureza heterogênea ao texto. Inclui diversos elementos (marco espaço-temporal, natureza do canal de comunicação, participantes, objetivo da interação...). Assim, o discurso não está inserido em um contexto imutável. Pelo contrário, ao longo da interação, o contexto está em incessante mudança.

- O contexto na análise de discurso interativo

No campo de linguística interacionista, podemos distinguir duas atitudes em relação à questão de saber até que ponto devemos incorporar as informações sobre o contexto externo (considerando que todo o mundo concorda sobre a necessidade de levar em conta o contexto sequencial):

1. Na etnografia da comunicação, existe consenso de que o pesquisador "precisa de uma análise preliminar do contexto" e deve obter o máximo possível de informações sobre o lugar em estudo (GUMPERZ EERDMANS; AL apud KERBRAT-ORECCHIONI, 2007).
2. Os adeptos da análise conversacional não concordam e acreditam que é melhor se concentrar nas informações "endógenas". Utilizam os seguintes argumentos: por exemplo, começar a análise dizendo que estamos em uma sala de aula ou em uma loja comercial pode levar a erro e pensar quaisquer outros assuntos que não sejam uma aula ou uma transação comercial.

Terceiro princípio*: ecletismo metodológico.*

O discurso interativo é um objeto complexo que integra diversos planos e dimensões. Assim, para efetivá-lo é necessário utilizar diversas ferramentas ou modelos que possibilitem captar da melhor forma possível as características da interação.

Quarto princípio*: A variação cultural.*

Elemento importante que precisa ser considerado é o **contexto cultural** em que se realiza a interação. Não é necessária a utilização de uma abordagem comparativa intercultural. Basta fazer o que muitos trabalhos realizam, uma descrição do tipo de interação em uma determinada língua e grupo social.

15.7 Percursos metodológicos (Tanius Karam)

Preliminarmente cabe afirmar que a análise de discurso é uma técnica, uma prática que pode funcionar em projetos de pesquisa como estratégia principal ou complementar. O grande desafio teórico e metodológico consiste em combinar a abertura e criatividade com o rigor que se exige, o que, certamente, não torna muito fácil a utilização dessa prática-técnica.

Para Jesús Ibáñez (apud RUBIO, 2005), a AD tem três níveis: o primeiro é o nível nuclear em que se captam as estruturas elementares e os elementos nucleares. Nesse nível se estabelece o tema por meio de quatro formas de verossimilhança mediante das quais o discurso tenta simular uma verdade. O segundo é o nível autônomo, que consiste em decompor o material discursivo nos seus diversos textos, no sentido de os relacionar com os diversos *"ethos"* de classe, idade, gênero, subcultura ou perspectiva política; é, por conseguinte, uma análise das propriedades internas do discurso. Assim, por exemplo, se o objeto de análise é sobre a imigração, obtemos todos os tipos de subdiscurso que existem: o radical, o permissivo, o conservador, o discurso da classe operária ou da classe média. Essa tipologização tem por finalidade desvelar o que há por trás do explícito para que não se permaneça nele.

Finalmente, no terceiro nível (ou global), recupera-se a unidade inicial, a totalidade. As situações concretas em que os discursos analisados são produzidos (sejam grupos de discussão, entrevistas, campanhas iniciadas pela imprensa escrita ou situações conversacionais) são concebidas como um reflexo, em nível microssocial, do que acontece no nível macrossocial. Essas situações devem ser consideradas momentos de um processo social de que fazem parte, de modo que nesse nível se pretende inter-relacionar esses momentos com o processo global que sobre eles atua.

15.7.1 Das primeiras perguntas ao nível nuclear

A elaboração de qualquer trabalho de pesquisa supõe uma série de decisões. Desde o senso comum e da informação que nos é oferecida pelos sentidos até a configuração do objeto de estudo e sua possibilidade. Os percursos dos refluxos do interior e do exterior dão forma à diversidade e à sensação do marco temporal em que o trabalho se desenvolve. Sublinhamos essa dimensão de êxodo e saída que supõe toda a pesquisa porque, inicialmente, há uma renúncia a qualquer fechamento da informação e, por isso, todo o processo de pesquisa é uma aventura, previsível em algumas fases do percurso, mas ainda não é o resultado final. Anteriormente, todo o modelo aparecia como um fim, o ponto culminante de uma jornada; na AD só se confirmam alguns aspectos, mas para que se atinjam certezas é necessário um percurso metodológico. As estratégias que se adotam tal como o método são importantes (GALINDO, 1998, p. 31-41).

Um aspecto não menos importante na pesquisa é o modo de perguntar. No caso do discurso não só perguntamos a partir de textos (escritos ou orais), mas também a partir de outros fenômenos da cultura que nos chamam a atenção e nos interpelam a partir de qualquer particularidade que possamos identificar. A pergunta, o objetivo e a hipótese

ANÁLISE DE DISCURSO 287

constituem um triângulo fundamental em qualquer projeto de pesquisa. Na pergunta intervém aquilo que Gadamer chama de o "horizonte de referencialidade", as próprias identidades e fobias que não são alheias à conceptualização que fazemos. O discurso é materialidade, mas também um processo; surge como a expressão de uma cadeia dos subsistemas do processo de comunicação-produção-interpretação. Esse processo ideal é referido pela Linguística de Benveniste (1977, p. 47-94) como "enunciação"; o discurso dá conta do processo no qual está inserido. Assim, o discurso oferece um tipo de reflexo do que acontece nos outros componentes do processo. Não podemos esquecer o contexto, de acordo com a divisão tripartite feita por Morris (1985), para o estudo do signo (sintática, semântica, pragmática), em que a principal opção seja pela pragmática no âmbito da qual se faz a análise dos signos, tal como dos processos de produção e interpretação.

Os objetivos fazem parte de um processo ao longo de todo o trabalho de pesquisa. Surgem de um conjunto de inquietações e intuições que se materializam numa pergunta e ajudam a guiar-nos no percurso e no processo de pesquisa. Em toda a AD se vão realizando operações simultâneas: não é um *continuum* diacrônico que vai do contexto à análise ou da categorização à aplicação do exercício analítico. É um ir e voltar (*sístole* e *diástole*) das categorias explicativas à análise em si e um retorno a essas categorias para as rever ou ajustar, para interpretá-las e torná-las mais funcionais. Uma das vantagens que oferece a AD em Ciências Sociais é a sua plasticidade; a AD não permite crenças, perguntas imaginadas e mundos possíveis. A AD – tal como um programa de internet – nos permite navegar em conjuntos textuais, reconhecer as suas diferenças e peculiaridades, identificar os seus processos de reprodução, os seus ciclos de existência.

Para iniciar o trabalho, é necessário submeter o discurso a processos de metaforização: vê-lo como um espaço, um organismo que palpita e vive de uma determinada maneira; o discurso ajuda a entrever esses processos e dinâmicas. Não é só porque a linguagem cotidiana está cheia de metáforas, como nos lembram Lakoff e Johnson (1980), mas também porque a metáfora deve ser potenciada como um instrumento heurístico que possibilita o percurso e "degustação" do discurso-texto, o reconhecimento dos seus modos de comportamento em contextos comunicativos específicos.

Nesse processo, a seleção de textos se vai fazendo, sendo que, em determinadas situações, os critérios de seleção constituem um problema. Todavia, a pergunta formulada, tal como a intuição do pesquisador, constitui referência importante no processo seletivo. Uma outra vantagem da AD, utilizada como técnica, é a análise de um texto como uma prática mais complexa de um sistema de discursos que se relacionam tal como é aplicada pela Associação Pró-Direitos Humanos (APDH, 1999) ao analisar, comparativamente, distintos tipos de discurso sobre violência familiar. Esta será outra operação no processo nuclear; nas primeiras trajetórias que o pesquisador realiza há de identificar núcleos de condensação, problemas em aspectos que nos chamem a atenção sobre o funcionamento do discurso.

15.7.2 O nível autônomo: decompor e associar; nomeação e percurso

As primeiras escolhas e seleções que se fazem constituem um componente que ajuda a colocar uma certa fronteira imaginária sobre essa *semiose* interminável que é a vida social. Das operações necessárias para estabelecer uma ruptura com o texto se encontra a Unidade de Análise (UA), que tem um certo grau de arbitrariedade na medida em que se relaciona com as perguntas, objetivos e hipóteses formuladas pelo pesquisador.

Nesse processo de fragmentação iniciam-se as primeiras decisões, os conceitos, as perguntas-chave que, nessa fase, ir-se-ão precisando e onde pomos à prova as primeiras suspeitas. A mesma indagação, a delimitação perceptual dos discursos que temos disponíveis, nos levará a precisões conceituais que são importantes e se ligam com outros percursos, como a construção de um marco teórico-conceitual (MTC) que não surge como algo imposto e, *a priori*, a partir de uma configuração prévia, mas em combinação com o primeiro triângulo (primeiras preocupações, objetivos gerais e respostas preliminares a essas perguntas) e com a funcionalidade que nos fornece um conjunto de juízos articulados sobre a realidade. Nesse processo é muito útil ter feito uma revisão de algumas das marcas de TD, que podem originar-se em diversas disciplinas, como referimos anteriormente.

O Marco Teórico Conceitual (MTC) se vai especificando e, contrariamente ao que algumas perspectivas teóricas sugerem, tem uma flexibilidade e plasticidade no âmbito das suas funções, dado que ajuda a tomar decisões metodológicas, a tornar mais rigoroso o olhar dentro dos discursos, textos ou práticas que analisamos. A arbitrariedade para combinar e articular conceitos não é absoluta, tal como a combinação conceitual que nos permite construir corpos teóricos deverá ter um critério de funcionalidade, de adaptação. Nunca se deverá incluir um autor se não cumprir esse princípio. Do ponto de vista teórico, não há modelos pré-configurados, E mesmo que uma determinada perspectiva seja citada não significa que se deva seguir o seu programa de trabalho de um modo absolutamente categórico. Cada pesquisador e usuário dos estudos do discurso e da análise do discurso deverá fazer as suas próprias escolhas e aproximações a partir do próprio processo de construção e descobertas e também de alguma intuição que, por vezes, ajuda a ultrapassar as incertezas.

15.7.3 A noção de modelo operativo: uma proposta para a análise da ideologia e do poder nas práticas discursivas

Uma das formas mais convencionais e, por vezes, didáticas de trabalhar com a análise de discurso é a partir de modelos. De uma forma caricatural é possível descrever como formular objetivos e perguntas, identificar algum modelo e fazer a submissão de algum texto ou corpo de textos para obter determinada informação ou visão específica sobre os seus componentes.

Neste capítulo, queremos resumir uma proposta de trabalho para o estudo do poder e da ideologia que constitui uma dimensão material importante no âmbito dos estudos das teorias do discurso e da análise do discurso. Todo o modelo destaca relações significativas e de definição de um fenômeno; dá uma imagem sintética, tendo em conta algumas variáveis dos fenômenos estudados; e facilita a tradução numa série de enunciados teóricos sobre as relações entre as variáveis que caracterizam um fenômeno. Essas linguagens baseiam-se em teorias. Assim, para se identificar e aplicar qualquer modelo é necessário ter um grupo de conceitos, nominalmente definidos; um princípio racional que explique a natureza dos fenômenos incluídos no modelo e que conduza às definições nominais dos conceitos; e um mecanismo de funcionamento entre os conceitos.

O modelo tem um valor operativo, ou seja, facilita o percurso da análise de discurso tal como as práticas que analisa; inclui não apenas a representação gráfica de um conjunto de fenômenos, mas também instruções que ajudam a desocultar núcleos de sentido dos discursos e práticas que se pretendem analisar. Haidar e Rodríguez (1996, p. 74) têm por objetivo a sua utilização na análise de práticas discursivas com a finalidade de estudar o seu funcionamento na mobilização do sentido.

O modelo contém os aspectos teórico-metodológicos necessários para fundamentar uma análise das práticas discursivas concretas e é operativo (mais do que exaustivo) porque possibilita a explicação do funcionamento do discurso como prática, tal como a sua materialidade. Na proposta de Haidar e Rodríguez, a análise da ideologia e do poder tem três núcleos fundamentais: (a) a tipologia dos discursos e seus critérios; (b) as condições de reprodução e recepção dos discursos; e (c) o funcionamento específico de práticas como partes assimétricas entre os interlocutores em que uma ação do enunciador pode influenciar, pela persuasão ou manipulação, o enunciatário.

a) O primeiro núcleo é constituído pela identificação e análise dos seguintes elementos: a identificação do objeto discursivo, suas funções discursivas, os dispositivos a partir dos quais o discurso é veiculado; os sujeitos coletivos que participam na produção; as macro-operações discursivas (demonstração, argumentação, narração e descrição); o tipo de significante (escrito, oral); e o grau de formalidade/informalidade. Esses componentes possibilitam a formação de uma tabela matricial em que se assinala a presença ou ausência das características em cada um deles, permitindo um somatório de recursos.

Quadro 15.1 Características dos discursos

TIPO DE DISCURSO	OBJETOS DISCURSIVOS	FUNÇÃO DOMINANTE	DISPOSITIVO IDEOLÓGICO	SUJEITOS DO DISCURSO	MACRO OPERAÇÕES	TIPO DE DISCURSO	TOM
Discurso sindical dos trabalhadores da indústria têxtil	Contratos coletivos de trabalho Crise e modernização	Expressiva Apelativa	Dispositivo Sindical	Central operária Coligação operário-têxtil nacional e estatal Líderes operários	Argumentação	Escrito	Formal

Fonte: Haidar; Rodríguez, 1996, apud Karam, 2015.

CAPÍTULO 15

b) Quanto ao segundo núcleo, as práticas discursivas, consideradas práticas sociais, só podem ser analisadas se forem tomadas em consideração as suas condições de produção-recepção, entendidas não só como elementos externos, mas como constitutivas dos discursos, uma vez que os impregnam, deixando as suas marcas, ainda que estas não sejam apreendidas diretamente e passem por uma série de mediações. Uma das propostas que interessa a essas autoras é a que faz Foucault a respeito das condições de possibilidade da emergência dos discursos; as formações imaginárias do emissor e do receptor, do seu interlocutor e do objeto (Pêcheux), a relação entre discurso e conjuntura política (Robin), as gramáticas de produção e recepção (Verón), os processos de interdiscursividade no discurso (Bajtin, Kristeva, Maingueneau), os estudos da situação comunicativa de Dell Hymes e Gumperz. Essas propostas teóricas não são excludentes, mas complementares, e a sua aplicação depende do objeto de estudo, tal como do tipo de discurso. Quando fazemos uma análise de discurso podemos tomar em consideração algumas dessas orientações de acordo com o grau de complexidade e dos objetivos da pesquisa.

A título de exemplo, pesquisamos a explicação na proposta de Foucault (1983), para quem as condições que tornam possível a emergência de determinados discursos são regidas por sistemas de exclusão e controlo, uma vez que o poder constituído numa determinada ordem social considera perigoso o surgimento aleatório de práticas discursivas não controladas. O discurso manifesto não é mais do que a presença repressiva do que se excluiu. Os sistemas de exclusão dos discursos incluem diversos procedimentos para controlar a circulação dos discursos. Os *procedimentos institucionalizados,* externos às práticas discursivas, partilham sistemas de exclusão, como a palavra proibida (tabus, rituais, o direito exclusivo ou os privilégios para dizer ou fazer), a separação entre a loucura e a razão, aspecto sobre o qual Foucault tanto insistiu; a vontade de verdade que não só estabelece o que é verdadeiro como separa aquilo que considera falso (o exemplo canônico é o juízo contra Galileu Galilei). Os *procedimentos internos* às práticas discursivas também se encontram socialmente institucionalizados, como o "comentário" (que rege a produção discursiva e deve seguir aquilo que é dito pelo discurso fundante), o "princípio do autor" ou o discurso da autoridade (cuja tendência é a de atribuir mais valor ao que é dito por uma autoridade importante), "a organização das disciplinas" que regulam o que pode ou não ser dito acerca de algo. Finalmente, Foucault fala dos procedimentos que determinam as condições de uso, segundo as quais se proíbe a palavra aos sujeitos quando não estão qualificados para emitir determinado discurso. Há rituais na hora de emitir um discurso (se estabelecem comportamentos para quem fala e escuta).

c) O terceiro núcleo desse modelo operativo é o estudo do funcionamento em si do poder e da ideologia. A complexidade na análise dos processos do poder e da

ANÁLISE DE DISCURSO 291

ideologia nos discursos se explica, em parte, pela ubiquidade e interação dos seus fundamentos para definir o grau em que tal funcionamento apoia o objeto de discurso, segundo defendam, critiquem ou ataquem o poder estabelecido e propiciem poderes alternativos dos movimentos sociais emergentes; analisar como a ideologia dominante se reproduz nos discursos, ocultando ou deformando a realidade e impedindo a consciência dos sujeitos relativamente à sua subordinação ou dominação. De acordo com a implicação mútua entre os tipos de discurso e as suas condições de produção-distribuição-consumo, os aspectos a estudar para desvelar os modos de funcionamento do poder e da ideologia são:

- as formas do que é *excluído* e do que é *imposto* nos discursos;
- os processos de interdiscursividade, os modos como se anulam diversos subtipos de discurso dentro da prática que se pretende pesquisar;
- as formações imaginárias: o modo como enunciadores-enunciatários imaginam a situação em relação ao outro e aos objetos de referência;
- as modalizações discursivas: ou seja, o grau de compromisso que o enunciador tem com o enunciado, as marcas subjetivas que imprime no discurso;
- os elementos estruturais e conjunturais, os atores do discurso e o poder, os estereótipos ideológicos, a *deixis* pessoal e a modalização do discurso, entendida como as marcas da subjetividade do enunciador num determinado discurso.

Resumimos alguns aspectos da AD referidos por Haidar (1990) de acordo com o Discurso Sindical dos Trabalhadores da Indústria Têxtil, (DSTIT) colocados no Quadro 7. Queremos mostrar o funcionamento de um tipo de discurso no qual a pesquisadora coloca alguns recursos.

Os sujeitos são representantes dos aparelhos sindicais e filiados num partido oficial que, no momento, é o partido oficial mexicano PRI (Partido Revolucionário Institucional); eles são os únicos autorizados pelo sistema para expressar esse tipo de discurso e a sua função é clara: controlar os operários para que não façam reivindicações aos seus patrões. Neste DSTIT não se fala de "lutas de classes" ou de "exploração operária"; no seu lugar, utilizam-se eufemismos como "conflito operário-patronal" que dissimulam o excluído; no discurso surge outro tipo de objetos, como a modernização da indústria têxtil e a sua crise. A essa imposição, segundo o que Foucault assinala, se acrescentam as regras exigidas pelo sistema gramatical, e tudo isso constitui os funcionamentos ideológico-políticos que agem em favor do poder, em vez de cumprirem as funções que dizem respeito aos sindicatos.

No DSTIT as formações imaginárias (as imagens que os sujeitos discursivos fazem de si mesmos, do objeto e do outro) estão implícitas no sujeito do discurso. A classe operária tem uma imagem de si mesma de acordo com um "trabalho saudável", "propósitos justos", "espírito solidário", "boa vontade"; e a opinião dos trabalhadores em relação à "classe dominante" inclui os seguintes aspectos: "resistência mal-intencionada", "má vontade notória", "atitude negativa", "postura soberba". Apesar de essas operações de identificação serem positivas nos operários e negativas na classe dominante, não há uma contribuição para superar a desigualdade social, uma vez que na estrutura profunda operam processos de fetichização impeditivos.

No que diz respeito às condições estruturais e conjunturais dos discursos, no DSTIT algumas formas que os analistas observaram foram: as condições de produção e de opção se referem à estrutura de cooptação e dominação do Estado mexicano exercido pelos aparelhos político-ideológicos. Essa situação específica do sindicalismo mexicano na zona onde decorreu o estudo (a província de Puebla) explica a existência de uma autonomia peculiar e própria da dominação ideológico-política sobre a dimensão estrutural econômica; para além disso permite entender, apesar da forte crise têxtil dos anos 1970, por que razão os discursos sindicais só na aparência são combativos e classistas, uma vez que eles são dominados por processos de fetichização que se manifestam em exclusões, eufemismos, estereótipos e neologismos. No momento histórico e sociopolítico atual, as condições estruturais de produção não se alteram, ainda que as conjunturas apresentem algumas variações: na dimensão extradiscursiva, mudam os contratos coletivos de trabalho; e na dimensão propriamente discursiva, apresenta-se uma diversidade de funcionamento ideológico-discursivo em relação aos objetos do discurso e sua construção.

Os pesquisadores ampliam a noção de atos de fala (Austin e Searle) para descrever o modo como funciona o principal ato de fala, o ilusionário. O ato macro de polemizar concretiza-se em três microatos discursivos: o polêmico reivindicativo, no qual o proletariado têxtil da região denuncia e reivindica perante a burguesia; o polêmico-diretivo, em que o proletariado denuncia a dissidência operária e impõe o poder; e o polêmico solidário, que serve ao proletariado para denunciar a burguesia e apoiar o Estado.

Nas análises de Haidar sobre os trabalhadores da indústria têxtil e algumas das suas práticas discursivas, é possível encontrar "estereótipos ideológicos" entendidos como uma amálgama e a conjunção de aspectos petrificados que servem para a identificação (positiva ou negativa) dos sujeitos e dos operários discursivos na sua relação com o poder e com a ideologia. Um exemplo é o lema do periódico sindical *Resurgimiento*: "A luta de classes é inevitável, enquanto existirem explorados e exploradores", que pode parecer um estereótipo positivo mas perde esse caráter porque não foi tematizado pelo periódico em toda a década de sessenta. Expressões como "as harmoniosas relações operário-patronais" que alguns líderes sindicais utilizam é um estereótipo positivo que oculta o antagonismo entre as classes sociais.

Para o estudo das modalizações discursivas, o pesquisador procura as marcas do sujeito que aparecem nos discursos analisados; para isso, observa a utilização do verbo "dizer" (dizer, afirmar, negar, assentir...) e de *verbos de opinião,* o modo como o enunciador se identifica ou relaciona com os seus enunciados (não é a mesma coisa dizer "eu penso que..." ou "te juro que..."), os vestígios do sujeito que nos fala de si próprio; para Reboul,

ANÁLISE DE DISCURSO   293

um discurso é tanto mais ideológico quanto o enunciador se oculta e não se mostra (uma estratégia é a utilização da primeira pessoa do plural ou de formas impessoais). No estudo da modalização se inclui também a forma de introduzir os argumentos de autoridade, as modalizações assumidas e utilizadas com frequência quando o enunciador diz " se diria que...", se pensa que....".

Em suma, o modelo é operativo quando se pode aplicar a diferentes práticas discursivas. Todos os núcleos de análise se encontram inter-relacionados, o que, nem sempre, torna fácil delimitá-los ou os separar com precisão; apesar dessa dificuldade a análise se enriquece ao corresponder melhor à realidade das práticas. Ainda que esse exemplo citado por Haidar possa parecer radical pelos seus atores, objetos e nível de confronto, existem muitas práticas no mundo social muito mais sutis do que o que esse tipo de análise pode desvelar, tal como as assimetrias entre enunciador e enunciatário ou até desagregar as operações que um ator social utiliza para transmitir uma determinada visão do mundo, para legitimar algum tipo de poder ou para se justificar. Como vimos também nesse exemplo, exposto de forma muito rápida e geral, pode tomar-se um conjunto de práticas e aplicar, com um certo grau de rigor, alguns conceitos. Da mesma forma, pode optar-se por uma análise mais microscópica que, em vez de considerar conjuntos e práticas, considere alguns enunciados ou até algum artigo de opinião de algum jornal.

15.8 Novas aberturas e totalidades

O que pode oferecer-nos os estudos de discurso, teoria do discurso e análise do discurso? Do código à inferência, do mal-entendido ao pressuposto, a interdependência entre semântica, sintática e pragmática, a lógica semântica e os níveis de sentido. Todo esse repertório, em princípio, é uma possibilidade que o analista vislumbra para regressar à principal atitude do pesquisador: fazer do mundo uma pergunta; nesse sentido, a atitude de maior rigor na análise deve ser capaz de balancear entre a criatividade e o erotismo analítico, tal como é sugerido por Roland Barthes; a imagem da polifonia não só foi utilizada pelo autor de *S/Z*, mas também, antes dele, por um ilustre e indispensável antecedente da estruturação musical de uma obra teórica, *O cru e o cozido*, de Lévi-Strauss: não só os títulos dos capítulos revelam essa intenção, mas na fundamentação do autor, na "Obertura", se percebe a marca musical na construção do seu objeto de estudo, algo semelhante às estruturas musicais dos mitos de alguns grupos indígenas do Brasil.

A análise e a submersão nos textos permitem uma conexão com a estrutura da composição musical; todo o sistema explicativo e compreensivo se torna uma polifonia, uma nova ordem de correlações. A identificação e o reconhecimento de estruturas ou significados, de sentidos ou regras (de acordo com a perspectiva utilizada), são separados pelo princípio dialético da pesquisa em novas ordens de questionamento num círculo interminável. Analisar é, também, pôr em funcionamento um sistema de vozes que opera no mundo da explicação e da ação.

Não foi nosso objetivo, nestas páginas, completar e esgotar a complexidade do mapa conceitual dos ED, AD e TD. Quisemos oferecer não apenas uma didática, mas também visualizar nela uma ética, uma forma de relação com o mundo. Também não pretendemos ensinar, mesmo quando esclarecemos a nossa intenção didática nas primeiras linhas do texto. Ibáñez afirmava que só se aprende, não se ensina. Assim, apresentamos pistas, sugestões e, em alguns aspectos, provocações. Não há receitas, como se refere, sabiamente, Abril (1995, p. 431), nem na análise de discurso, teoria do discurso e estudos do discurso, nem sequer na cozinha que não dispensa umas boas mãos e intuição para combinar os ingredientes. Assim, a análise de discurso e a culinária continuarão a ser ocupações artísticas que renunciarão a qualquer desenho ou consideração a priori e procurarão, como se faz na cozinha, conhecimento e medida, bom senso e atitude; os manuais e textos (como este) poderão ajudar, mas, tal como o livro de culinária, só se diz o quê e como combinar, o restante, será magia e sentido e poderão depender da alquimia ou do acaso.

16

PESQUISA HISTÓRICA

A compreensão dos fenômenos sociais dos nossos dias e a relação entre países pobres e ricos, a situação econômica do Brasil, o lugar do Nordeste no crescimento do país dependem do conhecimento que se tenha do passado. Assim, os acontecimentos atuais só têm significado com relação ao contexto dos fatos passados dos quais surgiram.

A pesquisa histórica ocupa-se do passado do homem, e a tarefa do historiador, definida por Borg (1974, p. 81), consiste em "localizar, avaliar e sintetizar sistemática e objetivamente as provas, para estabelecer os fatos e obter conclusões referentes aos acontecimentos do passado".

A pesquisa histórica, porém, não está interessada em todos os acontecimentos desde a aparição do homem no mundo; ela se preocupa, particularmente, com o registro escrito dos acontecimentos. Os fatos ocorridos antes da aparição da escrita compreendem a pré-história, a qual é campo de arqueólogos, antropólogos etc.

16.1 Objetivos da pesquisa histórica

Segundo Helmstadter (1970), a pesquisa histórica apresenta dois objetivos básicos:

1ª *Produzir um registro fiel do passado*

Neste caso, o pesquisador enfrenta um problema realmente histórico, sendo possível tratá-lo de duas maneiras: na primeira, coleta-se a informação e descreve-se o problema em um momento dado (estudo de corte transversal); na segunda, descreve-se o desenvolvimento de um acontecimento através do tempo (estudo longitudinal).

À medida que se acrescenta o período de tempo analisado, aumenta-se o risco de não se encontrar registros completos dos fenômenos tratados. Nesse caso, o pesquisador pode hipotetizar sobre os acontecimentos, baseado na informação disponível. Evidentemente, todavia, isso apresenta limitações para sua análise.

A falta de registros completos também pode-se dar no caso de se investigar acontecimentos de importância secundária. Por exemplo, é fácil encontrar registros completos sobre a vida do presidente Getúlio Vargas. No entanto, pode ser difícil encontrar registros sobre a vida de alguns de seus ministros. Voltaremos a esse problema ao tratar da escolha do tema de pesquisa.

2º Contribuir para a solução de problemas atuais

Em vez de produzir um registro do passado, outro objetivo da pesquisa histórica é contribuir para solucionar problemas através do exame de acontecimentos passados. Por exemplo, o êxito de uma campanha de erradicação do analfabetismo no Brasil exige um estudo sério da problemática atual, identificando áreas geográficas e características dos analfabetos. Para compreender a situação atual deve-se fazer uma análise histórica para determinar as origens do analfabetismo.

16.2 Aspectos específicos da pesquisa histórica

A pessoa que trabalha com pesquisa histórica deve conhecer alguns aspectos específicos desse tipo de enfoque. Em primeiro lugar, a pesquisa histórica baseia-se em observações que não podem ser repetidas, como é o caso de outros tipos de estudo, tais como a enquete, os estudos descritivos, as experiências de laboratório etc. Por esse motivo, e considerando que a informação não tem sido organizada nem registrada para solucionar problemas específicos, a pesquisa histórica demanda intenso trabalho bibliográfico-documental e grande paciência por parte do pesquisador. Portanto, o investigador que perde a calma porque não pode encontrar uma informação fundamental, ou não está disposto a procurar em documentos um dado importante para seu estudo, não se entusiasmará com a pesquisa histórica.

Em segundo lugar, a pesquisa histórica, geralmente, é realizada por um só pesquisador. Isso não quer dizer que nesse tipo de pesquisa não se pode trabalhar em equipe, mas que o trabalho individual exige grande esforço do pesquisador.

Em terceiro lugar, o relatório de pesquisa é menos rígido e mais normativo que os apresentados em outros tipos de pesquisa. A análise dos dados é mais qualitativa, sem muita utilização de métodos estatísticos.

16.3 Processo da pesquisa histórica

Como em toda pesquisa, no estudo histórico podem-se estabelecer as seguintes etapas:

1. Formulação do problema.
2. Especificação dos dados.
3. Determinação da adequação dos dados disponíveis.
4. Coleta de dados:
   a) análise dos dados conhecidos;
   b) busca de novos dados de fontes conhecidas:
      - fontes primárias;
      - fontes secundárias.
   c) busca de dados de fontes previamente desconhecidas:
      - na forma de dados;
      - na forma de fontes.
5. Preparação do relatório.
6. Interação entre preparação do relatório e análise dos dados.
7. Conclusão da fase descritiva da pesquisa.
8. Conclusão da fase interpretativa da pesquisa.
9. Aplicação da pesquisa aos problemas atuais e hipóteses futuras.

16.3.1 Escolha do tema e formulação do problema

O estudo histórico começa com a escolha de um tema. Além dos critérios já mencionados sobre a importância, originalidade e viabilidade do tema a ser investigado, a pesquisa histórica acrescenta alguns critérios. Para Gattschalk (apud TRAVERS, 1971), na identificação do tema devem-se formular quatro perguntas:

1. Onde ocorrem os acontecimentos?
2. Que pessoas estão envolvidas nesses acontecimentos?
3. Quando ocorrem os acontecimentos?
4. Que tipo de atividade humana abrange?

O escopo do tema da pesquisa histórica pode variar segundo os critérios estabelecidos nessa pergunta: a *área geográfica*, que pode incluir uma localidade, uma região, um país ou um continente; o *número de pessoas incluídas*, que pode variar de uma (biografia) a muitas pessoas (portugueses, índios etc.); o *tempo considerado*, um ano (a Revolução de 1932), alguns anos (a Segunda Guerra Mundial, 1939-1945) ou um século (o século XX); e o *tipo de atividade humana*, que pode variar entre atividades específicas (medicina, engenharia etc.) e mais gerais (indústria, agricultura, educação etc.). Exemplo de pesquisa histórica: a influência da política desenvolvimentista do Brasil (1969-1973) nas tendências atuais do ensino superior no Nordeste.

CAPÍTULO 16

De acordo com os critérios estabelecidos:

- a área geográfica: Nordeste;
- tempo considerado: 1969-1973 e o presente;
- atividade humana: ensino superior;
- pessoas envolvidas: planejadores governamentais, comunidade acadêmica universitária.

Em geral, no campo educacional, são muito comuns os estudos biográficos, talvez pela sua facilidade de realização em comparação com outras formas de pesquisa histórica. Mas existe grande necessidade de estudos sobre as ideias e movimentos que influenciam no desenvolvimento educacional do Brasil. Inquestionavelmente, essa necessidade se estende a outras áreas de conhecimento.

Uma vez escolhido o tema, deve-se formular o problema em termos precisos e objetivos. Geralmente, a pesquisa histórica, quando visa produzir um registro do passado, apresenta os verbos em tempo pretérito. Por exemplo, qual foi a influência dos jesuítas na educação brasileira? Como enfrentou o Governo de Getúlio Vargas o problema da seca no Nordeste?

Quando a pesquisa histórica visa contribuir para a solução de problemas atuais, os verbos podem estar conjugados em tempo presente. Exemplo: quais são as causas econômicas do subdesenvolvimento do Nordeste? Quais são as causas da crise no ensino profissionalizante brasileiro?

16.3.2 Especificação e adequação dos dados

Uma vez escolhido o tema e formulado o problema, a pesquisa histórica exige um passo adicional que, geralmente, não se inclui nos outros tipos de pesquisa: o exame dos dados disponíveis. Por um lado, existem muitos dados que não têm relevância direta com o problema de pesquisa. Por exemplo, em um estudo sobre a evolução das metodologias utilizadas no ensino rural em determinada comunidade, dados relevantes são descrições dos currículos, das metodologias dos professores, das características dos alunos, do aproveitamento escolar desses alunos etc. Dados interessantes, mas irrelevantes, seriam aqueles referentes às condições de vida da comunidade. Portanto, podem ser excluídos da pesquisa.

Por outro lado, o investigador deve fazer um exame detalhado dos dados, para determinar se existe suficiente informação disponível que permita a realização da pesquisa. No caso de não existirem dados suficientes, ou que o pesquisador não possa dispor deles, a pesquisa não pode ser realizada. Assim, é necessário fazer uma reunião exaustiva da literatura para ter confiança de que foi possível juntar todas as informações possíveis.

Geralmente, no começo de uma pesquisa histórica não é possível determinar, com exatidão, toda a informação requerida, pois muitos dados surgem da análise das partes documentais. O investigador, no entanto, deve planejar as formas de retorno às fontes a cada momento da análise dessa informação.

16.3.3 Avaliação dos dados

Hockett (1955) considerou que a revisão crítica dos dados reunidos é o passo mais importante na pesquisa histórica. Como destaca esse autor, os dados utilizados pelo historiador consistem em formulações escritas carregadas de interpretações. Portanto, o investigador deve ser capaz de reconhecer a objetividade do fato. Cada informação reunida deve ser examinada rigorosamente para poder-se dar uma opinião precisa sobre sua exatidão.

Exemplo: colonização portuguesa: O Brasil (*História*, Supletivo, 2º Grau, FEPLAN, p. 55).

"*Durante cerca de 30 anos, Portugal desinteressou-se de uma colonização efetiva do Brasil.* Isto é explicável quando sabemos que Portugal havia descoberto um caminho para as Índias que lhe oferecia maiores oportunidades de ganho imediato."

O fato é: durante cerca de 30 anos, Portugal desinteressou-se de uma colonização efetiva do Brasil. O restante do parágrafo é interpretação dos autores do texto.

Geralmente, o pesquisador em História se confronta com o problema de identificar os dados e decidir quais são confiáveis ou duvidosos. Suponha-se um historiador que, em 1992, deseja estudar os efeitos da recente Guerra das Malvinas no processo de democratização da Argentina.

Como se sabe, tanto as informações provenientes da Argentina quanto as provenientes da Inglaterra contavam sua versão dos acontecimentos. Em que fonte confiar?

Para tomar uma decisão sobre em que acreditar e em que duvidar, o pesquisador deve avaliar as fontes de informações, prevendo determinar sua confiabilidade e experiência na problemática em estudo. Para o exemplo acima referido, as declarações de políticos ingleses ou argentinos, logicamente, não seriam muito confiáveis.

Além de avaliar as fontes, o pesquisador deve analisar a informação produzida, procurando estabelecer sua consistência interna e externa e seriedade no momento que ocorrem os fatos, examinando opiniões sobre a capacidade, integridade e qualidade das informações produzidas. O pesquisador deve examinar, também, a respeitabilidade da fonte no transcurso dos anos, procurando referências existentes em relação à própria fonte e ao trabalho produzido por ela.

Uma vez avaliada a fonte, o pesquisador deve examinar os documentos. Nessa avaliação, deve considerar duas importantes fontes de erro: a falta de autenticidade dos documentos e a falta de precisão dos dados. Existem diversos meios para detectar esses erros, os quais podem ser agrupados em elementos de *evidência externa*, para avaliar a autenticidade dos documentos, e elementos de *evidência interna*, para avaliar a precisão dos dados.

16.3.3.1 Evidência externa

Como pode um documento histórico não ser autêntico? Em primeiro lugar, pode ser *fraudulento*. Há muitos escritos históricos falsos que levaram os pesquisadores a conclusões erradas.

Além da fraude, existem muitos documentos *anônimos*. Nesse caso, a autoria do escrito é questionada e se torna difícil estabelecer a data do documento. Isso não significa que o documento anônimo não possa ser utilizado na pesquisa histórica, mas que, previamente à determinação da exatidão dos dados, deve-se estabelecer a autoria e data aproximada da sua elaboração.

Existem ainda outros problemas que podem afetar a autenticidade da informação. Por exemplo, se o pesquisador deseja analisar o conteúdo dos discursos do ministro de Educação, em determinado período, para estudar a política educacional brasileira, pode enfrentar o problema de determinar quem realmente escrevia esses discursos. O mesmo tipo de problema pode surgir ao analisar a correspondência oficial, pois, frequentemente, quem assina não é o autor da carta.

Em geral, para tratar da consistência externa de um documento, compara-se o dito documento com a informação do mesmo acontecimento proporcionada por outras fontes. Se duas fontes de comprovada confiabilidade coincidem com a informação apresentada no documento em exame, pode-se aceitar essa informação como um fato histórico. Assim, para aceitar como fato um dado histórico precisa-se do seguinte:

1. corroboração do dado por duas fontes de reconhecida confiabilidade;
2. nenhuma fonte confiável deve apresentar uma visão contrária dos acontecimentos relatados.

Quando não se cumprem essas exigências não se pode falar de fato histórico, apenas refere-se a este como um *provável* fato histórico.

16.3.3.2 Evidência interna

Uma vez estabelecida a autenticidade do dado histórico, o pesquisador deve determinar a exatidão da informação. Para isso é importante avaliar as características dos autores ou informantes.

Robert Travers (1971) recomenda as seguintes perguntas que podem ajudar na avaliação do informante:

1. O autor de um determinado documento é um observador, é um experiente? Se um astrônomo relata a sua observação sobre a aparição de um óvni, seu relato terá mais confiabilidade que aquele feito por uma pessoa não especialista em

Astronomia. Geralmente, acredita-se mais nos relatos de especialistas que nos informes de amadores.

2. Qual é a relação do autor com o acontecimento? Quanto maior a proximidade, em tempo e espaço, do autor com o acontecimento referido, mais valor terá o documento como fonte. Em geral, as pessoas que aparecem após ocorrido um acontecimento, ou estão distantes dele, são menos confiáveis que as pessoas que presenciam dito acontecimento. Por exemplo, quem relata um acidente de carro após presenciá-lo é mais confiável que a pessoa que relata o mesmo acidente sem estar presente no momento da ocorrência.

3. Em que medida o autor sofria pressões distorcedoras?
Existem muitos casos em que os documentos apresentam uma visão distorcida da realidade. Por exemplo, o relatório que se apresenta à opinião pública, após uma reunião, a portas fechadas, de ministros, executivos, ou outras pessoas, geralmente não reflete o ocorrido durante a reunião. Outro exemplo apresenta-se em determinados países e momentos históricos, onde certos pensadores são censurados e os autores não podem referir-se a eles em seus trabalhos.
O historiador deve estar em condições de identificar as possíveis pressões sofridas pelos autores de um documento.

4. Qual foi a intenção do autor do documento?
Um relato escrito de um acontecimento pode ser elaborado com diversos propósitos: para informar (relatório anual de atividades de uma empresa); para dar ordens (as comunicações de dirigentes aos subalternos); para produzir determinados efeitos na população (diversas políticas) etc.
A intenção do autor é um importante elemento para avaliar os aspectos históricos de um documento. Por exemplo, as características do discurso de um parlamentar dependerão da posição política do autor.

5. Qual é o nível de especialização do autor no registro de determinados acontecimentos?
Um entrevistador não treinado pode transmitir impressões totalmente erradas. Um periodista experiente dará melhor informação que um turista. Portanto, o historiador deve conhecer a experiência do autor de um documento escrito.

6. Até que grau a forma de escrever de um autor pode interferir no registro exato de um acontecimento?
Um escritor renomado não é necessariamente um bom informante. Geralmente ele não pode fugir da tentação de estabelecer seu relato. Assim, o historiador deve ter muito cuidado em distinguir o que são fatos e o que são interpretações no relato de um escritor.
Uma vez determinadas a autenticidade do documento e a exatidão da informação registrada, o pesquisador está em condição de iniciar a sua interpretação. Deve-se advertir que, particularmente na pesquisa histórica, a revisão dos documentos se faz durante todas as etapas da pesquisa.

CAPÍTULO 16

16.3.4 Coleta dos dados

Esta etapa da pesquisa histórica exige as seguintes considerações:

1. A responsabilidade do pesquisador de conhecer toda a informação disponível sobre o acontecimento estudado.
2. Procurar novas fontes, já existentes, que lhe permitam descobrir novos dados.
3. Procurar novas fontes e dados, no momento desconhecidos, que possam contribuir para uma melhor análise dos acontecimentos. Por exemplo, o pesquisador que deseja estudar a influência da política econômica no desenvolvimento do ensino profissionalizante de 2º grau deverá, em primeiro lugar, procurar documentos que identifiquem a política econômica e educacional do governo; estudar ocorrências que relacionem ambos os aspectos; buscar análises das estatísticas educacionais e econômicas etc. Em segundo lugar, poderia procurar novos dados, em jornais, revistas, informações do Congresso Nacional e outros que possam enriquecer a sua análise. Pode ser que descubra um documento, desconhecido no momento, que altere radicalmente a interpretação usual do fenômeno em estudo.

16.3.5 Fontes de dados

Geralmente, as fontes dos dados históricos classificam-se em *fontes primárias* e *fontes secundárias*.

Uma fonte primária é aquela que teve uma relação física direta com os fatos analisados, existindo um relato ou registro da experiência vivenciada. Uma pessoa que observa um acontecimento é considerada uma fonte primária; uma fotografia ou gravação direta desse acontecimento também é uma fonte primária, como é uma reprodução dessa fotografia ou gravação. Os escritos de uma pessoa que relata a sua vida em termos históricos, ainda que o documento esteja elaborado na terceira pessoa, também constituem fontes primárias. Assim, as fontes podem ser de dois tipos: *animada* e *inanimada*. A primeira refere-se a uma pessoa que relata algum fato que ocorreu com ela ou um acontecimento do qual participou. Por exemplo, o relato de um prisioneiro de guerra ou o de um participante de um movimento político. A segunda refere-se a objetos físicos, tais como os que existem em um museu, materiais que reproduzem registros diretos de um acontecimento, discos, fotografias, fitas etc., e material escrito, tal como transcrições oficiais de uma reunião.

O que caracteriza as fontes primárias animadas ou inanimadas é a proximidade da fonte com o acontecimento e a minimização de interferência de pessoas que intervêm entre a experiência e o registro desse acontecimento. Por exemplo, um documento final de uma conferência, encontro ou seminário não se elabora imediatamente após a reunião. Uma ou mais pessoas são responsáveis pela elaboração desse documento. Tais pessoas participaram do evento, mas terão as suas próprias interpretações dos relatos de outras pessoas, que também participaram da reunião. Por isso e para evitar distorções, nesse tipo de reunião, antes de começar uma sessão, discute-se e submete-se à aprovação o documento elaborado após a sessão precedente. Assim, assegura-se a exatidão do documento final.

Isso não garante a veracidade e exatidão do registro em termos absolutos. Qualquer pessoa que relata um acontecimento não o faz imparcialmente; apresenta a versão pessoal com suas distorções conscientes ou inconscientes. Portanto, a fonte "primária" não se refere à exatidão ou veracidade do registro, mas à minimização de interferência entre o registro e o acontecimento.

Uma *fonte secundária* é aquela que não tem uma relação direta com o acontecimento registrado, senão através de algum elemento intermediário. Robert Travers (1971, p. 465) exemplifica, claramente, esse tipo de fonte:

> se um historiador está interessado na vida de uma pessoa, que chamaremos X, pode precisar estudar documentos produzidos por Z, que nunca conheceu X pessoalmente, Z pode ter conseguido a informação sobre X, através de uma entrevista com Y, amigo pessoal de X. Nesse caso, Y e Z introduzem distorções e, portanto, Z, como fonte secundária, constitui, precariamente, uma fonte de informação mais pobre que Y. Se a mente que intervém na transmissão de informação se amplia de X-Y-Z a um documento de quatro elementos, aumenta a inadequação da informação.

Por exemplo, um pesquisador está interessado na vida do ex-presidente João Figueiredo e estuda um documento escrito por uma pessoa que não conhece o presidente. Essa pessoa obteve a informação através de uma entrevista com o ex-presidente Ernesto Geisel. Não é difícil imaginar que a interferência de outras pessoas pode distorcer a informação original.

As fontes secundárias apresentam ampla variação em relação à proximidade do acontecimento. Entre aquelas próximas à fonte primária, admita-se, por exemplo, uma entrevista pessoal a uma participante de um evento, distanciada consideravelmente da fonte primária. Por exemplo, pesquisas históricas feitas anos ou gerações após a ocorrência de um fato.

Como se pode constatar, existem duas diferenças entre as fontes primárias e secundárias. A primeira refere-se à proximidade com o acontecimento: a fonte primária está relacionada diretamente com o evento; a fonte secundária, não. A segunda refere-se aos elementos que intervêm entre a fonte e o acontecimento.

Na fonte primária, pelo fato de existir uma relação direta com o evento, não existem elementos interventores. Na fonte secundária existe pelo menos outra pessoa que participa na geração da informação. Assim, surgem novas possibilidades de distorção, devido à percepção e interpretação seletiva dos fatos.

Cabe destacar que essas características das fontes secundárias não reduzem a sua importância. É provável que o relatório de terceiras pessoas sobre um acontecimento

CAPÍTULO 16

enriqueça o registro da fonte primária. Por exemplo, uma pessoa que escreve sobre as reações dos participantes em uma reunião política, da qual não participou, mas logrou excelente informação dos participantes, pode, evidentemente, contribuir para o aprofundamento da problemática estudada.

16.4 Amostragem

Talvez um dos problemas mais sérios da pesquisa histórica seja a falta de controle sobre os dados. Na pesquisa descritiva, exploratória, experimental etc., o pesquisador coleta os dados diretamente e qualquer problema que surja de informação ou falta de compreensão da temática pode ser controlado voltando a contatar as pessoas que serviram de fonte de informações. Pelo contrário, na pesquisa histórica, o pesquisador trabalha com dados já existentes e que, logicamente, não podem ser mudados. Por isso, este tipo de pesquisa exige especial cuidado na escolha da fonte.

Outro problema sério de pesquisa histórica é a *representatividade* de amostra. Os diversos estudos feitos demonstram que os dados coletados, em dado momento, são apenas uma amostra dos dados existentes. Mas como saber que essa informação é representativa? Na grande maioria dos casos, a informação disponível é apenas uma parte dos dados relevantes existentes e, muitas vezes no presente, resta só uma parte da informação previamente disponível.

A ação do fogo, da água etc. tem destruído importantes documentos que marcavam os acontecimentos do passado, impossíveis de reconstruir.

No Quadro 16.1 apresenta-se o processo de amostragem na pesquisa histórica. O leitor pode perceber que os elementos indicados são análogos aos da amostragem na pesquisa quantitativa: universo, população e amostra.

Quadro 16.1 Amostragem na pesquisa histórica

UNIVERSO DE INFORMAÇÃO	POPULAÇÃO DE INFORMAÇÃO	AMOSTRA DE INFORMAÇÃO
Informação, relevante ao problema, que existia originalmente	Informação que existe na atualidade.	Dados conhecidos em determinado ponto no tempo.

O pesquisador que trabalha com o método histórico, igual ao que utiliza outros métodos, deve preocupar-se com a consistência de sua análise em relação à informação disponível. Em outras palavras, as conclusões extraídas dos dados amostrais devem estar relacionadas com as informações que existem na atualidade (população). Além disso, o historiador deve preocupar-se com as possíveis conclusões inferidas dos dados que existiam no passado.

Assim, uma boa análise histórica consiste, por um lado, na interpretação dos dados existentes e, por outro, no exame dos fatores que podem ter contribuído para a sobrevivência dessas informações e desaparecimento de outras. Em termos amostrais, o pesquisador deve analisar a *representatividade* da amostra selecionada. Por exemplo, são muitos os casos de documentos que foram destruídos por grupos políticos, geralmente embaixadas, e outros, para evitar responsabilidades ou acusações comprometedoras. Portanto, um pesquisador que dirige estudos, por exemplo, da influência de um grupo, nas atividades de outro grupo, deve analisar a informação disponível e tentar descobrir por que faltam alguns dados. Essa situação torna-se mais crítica quando se retrocede no tempo. É muito provável que algum indivíduo ou grupo, consciente ou inconscientemente, tenha destruído o material elaborado. Famosos são os casos da destruição da Biblioteca de Alexandria e de valiosos documentos, na época da Inquisição.

Outro problema a considerar refere-se às características de instabilidade do universo da pesquisa histórica, particularmente no que se refere ao significado de determinados conceitos. Termos tais como "rural", "ensino profissionalizante", "desenvolvimento econômico" têm sido definidos de forma diferente através da história e, além disso, apresentam diversas interpretações. Assim, o historiador deve conhecer a definição do conceito utilizado em diferentes períodos históricos para elaborar um conceito que inclua elementos incorporados nessas diversas definições e seja capaz de entender o significado de um documento escrito em determinada época.

O Censo do Brasil de 1960, por exemplo, definia estado conjugal como a condição das pessoas em relação ao fato de viverem em companhia do cônjuge, em decorrência do casamento civil, religioso, civil e religioso ou da união conjugal estável. No Censo de 1950 não se incluíam as "uniões consensuais" e a situação de "separado". Portanto, o historiador que trabalha o conceito de estado conjugal em documento elaborado pelo IBGE deve conhecer a existência dessas importantes diferenças.

Outro exemplo: a Lei Orgânica do Ensino Primário (Decreto-lei nº 8.529) de janeiro de 1946 estabelece as seguintes finalidades para esse nível de ensino:

- proporcionar a iniciação cultural que a todos conduza ao conhecimento da vida nacional e ao exercício das virtudes morais e cívicas que a mantenham e a engrandeçam dentro de elevado espírito de fraternidade humana (COMENTÁRIO..., 1979);
- oferecer de modo especial, às crianças de sete a doze anos, as condições de equilíbrio, formação e desenvolvimento da personalidade;
- elevar o nível dos conhecimentos úteis à vida na família, à defesa da saúde e à iniciação do trabalho.

CAPÍTULO 16

A Lei nº 5.692, de 1971, modificou radicalmente as finalidades do ensino de 1º e 2º graus: "Art. 1º – O ensino de 1º e 2º Graus tem por objetivo geral proporcionar ao educando a formação necessária ao desenvolvimento de suas potencialidades como elemento de autorrealização, qualificação para o trabalho e preparo para o exercício consciente de cidadania" (Parecer nº 45/72, Rio de Janeiro, 1972, p. 9). Por último, a Lei nº 9.394, de 1996, mudou nomes e finalidades do ensino. Assim, o pesquisador que deseja fazer um estudo histórico do ensino primário brasileiro deve considerar essas e outras mudanças nos significados e casos dos conceitos.

Portanto, o historiador tem, pelo menos, duas tarefas complexas; procurar as fontes de informações adequadas e conhecer as definições, em uso nos diversos períodos históricos, dos conceitos básicos da problemática que interessa estudar.

16.5 Interpretação dos dados

A pesquisa histórica, bem como os outros tipos de pesquisa, propõe-se a produzir novos conhecimentos, criar novas formas de compreender os fenômenos e dar a conhecer a forma como estes têm-se desenvolvido. Portanto, o relatório de uma pesquisa histórica não é uma simples recopilação de fatos. Se o pesquisador apenas registra os acontecimentos, pouco contribui ao desenvolvimento desse tipo de pesquisa. Evidentemente, os fatos devem ser mencionados, pois constituem a matéria-prima da pesquisa, mas, por si mesmos, não explicam nada. O pesquisador deve interpretá-los, sintetizar a informação recopilada, determinar tendências e generalizar seus significados.

No processo de interpretação, o historiador deve evitar uma extrapolação exagerada da informação reunida, pois pode cair em uma inexatidão que prejudique o trabalho realizado. Como afirma Travers (1971, p. 473), a reconstrução histórica da conduta humana pode realizar-se de diversas maneiras. Os historiadores tentam reconstruir as pessoas com os seus motivos, valores, temores, conflitos íntimos, lutas com a consciência, amores e riqueza dos processos internos que levam o homem a ser mais que um simples marco vazio. Tal processo implica muitas respostas relacionadas à natureza humana, que devem ser consideradas para evitar a inexatidão da pesquisa.

O pesquisador que trabalha com o método histórico deve compreender que a pesquisa, nesse campo, é semelhante a outras pesquisas e jamais se alcançam resultados definitivos ou respostas fáceis. Os dados e as conclusões inferidos são provisórios e sujeitos a mudanças, dependendo de descobertas posteriores. Deve-se lembrar que são subjetivos e refletem o ponto de vista do autor. Nesse respeito é conveniente insistir na opinião de Hayman (1974, p. 88) de que "... é impossível uma recuperação completa do passado, quem confia na história como registro absolutamente *verdadeiro* dos acontecimentos pretéritos se enfrentará com dificuldades".

A impossibilidade de alcançar resultados ou respostas definitivas não deve servir de base para descartar a pesquisa histórica ou outras pesquisas. O problema não radica na ausência de erros, mas na falta de rigor e realidade científica ao pesquisar fenômenos históricos.

16.6 Limitações e vantagens da pesquisa histórica

Para os pesquisadores, particularmente, tratando-se de alunos de pós-graduação, a pesquisa histórica apresenta uma limitação muito séria: o tempo requerido para realizá-la. Não é possível estimar o tempo que demandará um projeto específico. Isso se aplica, especialmente, no caso de problemas de pesquisa que precisam de dados novos, pois é impossível determinar quanto tempo será necessário para obter esses dados. Esse problema também se apresenta nas pesquisas históricas mais simples que visam reorganizar ou reinterpretar os dados já existentes.

A dificuldade de predizer o tempo para concluir uma pesquisa histórica reside na interação complexa entre os dados e as ideias, situação que só se apresenta nesse tipo de pesquisa. Não são os dados que estruturam a pesquisa histórica, mas as ideias e palpites do pesquisador. Sendo impossível enquadrar, no tempo, tais palpites, o historiador pode passar semanas, meses e até anos revisando dados e mais dados, procurando juntá-los e produzir um trabalho válido que passa a ser definido em termos da sua contribuição ao conhecimento científico.

Evidentemente, essa limitação explica a escassez de pesquisas históricas, particularmente na área educacional, onde predominam os estudos aplicados que procuram respostas imediatas aos problemas analisados.

Outra desvantagem importante da pesquisa histórica refere-se à falta de controle rigoroso nas relações estabelecidas entre os fatos passados e presentes. Por isso, apenas se podem considerar efeitos gerais, e, poucas vezes, as causas deixam efeitos que podem ser atribuídos diretamente a determinadas variáveis. Isso não é uma debilidade do método, mas uma advertência para não generalizar além dos limites estabelecidos.

Uma última desvantagem da pesquisa histórica refere-se à quantidade de dados a coletar para chegar a determinadas conclusões. Em outros tipos de pesquisa, o tamanho da amostra determina a informação necessária para realizar uma análise com determinados níveis de detalhamento. Isso não é possível na pesquisa histórica. Cada historiador deve decidir se dedica a vida toda a um problema ou se se dá por satisfeito com a análise feita até um momento dado. Não existem pautas que indiquem quando o acréscimo da informação deixa de apresentar utilidade para o problema estudado.

Entre as vantagens, a mais importante refere-se ao tipos de problemas abordados pela pesquisa histórica. Existem temas que não podem ser enfrentados com outro tipo de pesquisa. Por exemplo, os efeitos da Lei nº 5.692 na estrutura curricular do ensino profissionalizante. Além disso, existem experiências que não são possíveis, nem desejáveis, de repetir. Ninguém tentaria produzir outra guerra mundial para estudar seus efeitos na estrutura social de uma determinada comunidade.

16.7 Sugestões finais

John Hayman (1974, p. 89-90) sugere as seguintes atividades:

1. Leia manuais referentes à pesquisa histórica (CARR, 1974), e em português, particularmente, as obras de José Honório Rodrigues (1978a, 1978b, 1970). Em que medida se insiste no desenvolvimento teórico e na formulação de hipóteses? Que sugestões são feitas para determinar a aceitação ou rejeição das hipóteses?
2. Após completar a atividade nº 1, planeje um estudo histórico sobre algum tema de seu interesse. Escreva o plano completo do projeto.
3. Leia o projeto e o relatório de alguma pesquisa histórica. Examine se os objetivos foram formulados claramente. Analise em que medida se esclarecem os pressupostos, as hipóteses e os critérios para a sua aceitação ou rejeição. Tente determinar se o autor excede a informação disponível, na interpretação e generalização dos resultados.

17

TEORIA FUNDAMENTADA

(Com a colaboração do Professor Bob Dick – Brisbane, Austrália)

Nas páginas seguintes apresenta-se uma breve visão geral do processo de teoria fundamentada (em dados). A referida teoria é um processo de pesquisa relativamente recente com algumas semelhanças à pesquisa-ação.

O artigo pretende dar uma visão geral da teoria fundamentada, fornecendo alguns detalhes que sirvam como marco geral do assunto. A intenção é apoiar as pessoas que utilizam a teoria fundamentada, principalmente para fins de dissertações de mestrado ou teses de doutorado.

Ao trabalhar uma dissertação ou tese baseada na teoria fundamentada, seria uma vantagem ter um orientador que conheça o tema. Além disso, é importante estudar os conceitos-chave sobre teoria fundamentada. Em outras palavras, recomendamos ao leitor que utilize este livro como um guia inicial. Posteriormente, leia a bibliografia relevante e a literatura metodológica, para estar em condições de justificar aos leitores (e examinadores) a escolha do uso da teoria fundamentada.

17.1 Considerações gerais

Em geral, existem muitos problemas na compreensão sobre a natureza da pesquisa qualitativa. A dita confusão torna-se mais clara quando pesquisadores afirmam estar utilizando teoria fundamentada. Para Suddaby (2006, p. 633), frequentemente, "a teoria fundamentada é utilizada como um artifício retórico por autores que não estão familiarizados com a pesquisa qualitativa e que desejam evitar uma descrição detalhada das metodologias utilizadas nos seus trabalhos".

O referido autor menciona seis ideias errôneas comuns em pesquisadores que afirmam utilizar a teoria fundamentada. Mas, antes de mencioná-las, ele explica brevemente o que é a teoria fundamentada.

Tal como acontece com temas mais difíceis, a teoria fundamentada é melhor compreendida historicamente. A metodologia foi desenvolvida por Glaser e Strauss (1967) como uma reação contra o positivismo extremo que permeava a pesquisa social. Os autores questionavam a forma como as ciências sociais eram tratadas seguindo os princípios das ciências naturais. Glaser e Strauss (1967) propõem a teoria fundamentada como um método prático para a realização de pesquisas que enfoquem processos interpretativos, analisando a produção efetiva de significados e conceitos utilizados por atores sociais em situações reais.

De acordo com Suddaby (2006), o aspecto mais importante de Glaser e Strauss é a tentativa de procurar um paradigma entre o empirismo extremo e o relativismo total, articulando um meio-campo no qual a coleta sistemática de dados pudesse ser utilizada para desenvolver teorias orientadas à intepretação da realidade dos sujeitos inseridos nos seus contextos sociais.

Segundo Benjumea (apud MURRAY, 2012), pode-se afirmar que as origens da teoria fundamentada se encontram na Escola de Chicago e no desenvolvimento do interacionismo simbólico no início do século XX, sendo seus principais representantes os sociólogos Barney Glaser e Anselm Strauss, influenciados pelo interacionismo e pragmatismo, derivados de pensadores como John Dewey (1859-1952) e George H. Mead (1863-1931). Glaser também foi influenciado por Paul Felix Lazarsfeld (1901-1976), destacando a necessidade de realizar comparações com os dados para identificar, construir e relacionar conceitos.

Para Santos e Luz (2011), enquanto Glaser manteve a sua visão positivista e pragmática da técnica, Strauss associou-se a Juliet Corbin (doutora em Enfermagem) e publicaram a sua versão da teoria fundamentada na obra *Basics of Qualitative Research: Techniques and Procedures for Developing Grounded Theory* (1990). No livro, os autores apresentam o método de análise e um conjunto de técnicas para desenvolver a sensibilidade teórica e verificação da teoria emergente com uma aproximação construtivista.

Segundo Mills, Bonner e Francis (2006), a teoria fundamentada construtivista pode ser considerada a partir da obra de Strauss (1987) e Strauss e Corbin (1990, 1994, 1998) sustentada por suas posições relativistas e comprovada nas suas opiniões de que o pesquisador constrói a teoria como um resultado da sua interpretação das histórias dos participantes. A preocupação principal de Strauss e Corbin na procura de ferramentas para usar nesse processo confirma sua concepção construtivista.

Kathy Charmaz é a primeira pesquisadora em manifestar claramente sua aproximação construtivista à teoria fundamentada: "seus métodos baseiam-se em diretrizes sistemáticas, ainda que flexíveis, para coletar e analisar os dados visando à construção de teorias 'fundamentadas' nos próprios dados. Essas diretrizes fornecem um conjunto de princípios gerais" (CHARMAZ, 2009, p. 15). A autora enfatiza a necessidade de manter o pesquisador perto dos participantes, reproduzindo fielmente na análise das informações as palavras dos participantes. Um ponto-chave é a participação permanente dos sujeitos no processo de pesquisa. Assim, o relatório tem o potencial de comunicar a forma como os participantes de processo constroem o seu mundo.

Para Santos e Luz (2011), na sua evolução do método da teoria fundamentada, numa orientação epistemológica marcadamente construtivista, Charmaz caracteriza os seus elementos principais: atenção ao contexto; o posicionamento dos atores, situações em estudo e ações; o suposto de múltiplas realidades; e a subjetividade do investigador, a qual, devidamente explicitada e objetivada, constitui um recurso a mobilizar.

Após essa rápida história da teoria fundamentada, consideramos importante retomar a opinião de Suddaby (2006) sobre seis ideias erradas que aparecem na literatura da TF:

1. A teoria fundamentada não é uma justificativa para ignorar o que tem sido escrito sobre um tema.
2. A teoria fundamentada não é uma simples apresentação de dados.
3. A teoria fundamentada não é um teste de uma teoria, análise de conteúdo ou contagem de palavras.
4. A teoria fundamentada não é uma simples técnica rotineira de coleta de dados.
5. A teoria fundamentada não é perfeita nem fácil.
6. A teoria fundamentada não é uma escusa para a ausência de uma metodologia.

17.2 Como fazer teoria fundamentada

É recomendável ler este capítulo com as anotações de um par de entrevistas já feitas ou com documentos analisados preliminarmente. Recomendamos, posteriormente, estudar Glaser e Strauss (1967), os pais da teoria fundamentada, e continuar com Glaser (1992). Este livro foi escrito em resposta a Strauss e Corbin (1990) e mostra claramente as diferenças entre Strauss e Glaser (ver Quadro 17.1). Também explica claramente que a teoria fundamentada, estilo Glaser, é uma metodologia emergente, e indica alguns argumentos para apoiar essa abordagem. Por último, Glaser (1998) pode ser considerado um manual para iniciantes na teoria fundamentada.

Quadro 17.1 Divergências Glaser e Strauss

ELEMENTOS	BARNEY G. GLASER	STRAUSS E CORBIN
Procedimentos	Conjunto de princípios e práticas flexíveis geradas pelas realidades sociais dos informantes.	Conjunto de regras e procedimentos que descrevem em detalhes o cenário social.
Método	Contrário às normas estabelecidas pela ciência sobre o método utilizado.	Cânones tradicionais da ciência: replicar, generalizar, exatidão, relevância e verificação.
Dados	São obtidos sem esquemas preconcebidos que têm como resultado uma teoria substantiva.	São obtidos através de um paradigma de codificação que implica condição causal.
Projeto de pesquisa	A situação-problema é estabelecida como produto natural da codificação e frequente comparação.	A situação-problema é estabelecida por um enunciado que identifica o fenômeno a ser analisado.
Validação	Enfatiza a utilização da comparação através do método comparativo contínuo.	Enfatiza o confronto da teoria gerada com as teorias existentes.
Fundamentos originais	Em sentido estrito devem ser conhecidos num sentido amplo, obtidos de outras pesquisas e adaptados.	Focalizam o fenômeno em estudo.
Pesquisas realizadas	Grande importância a pesquisas que tenham utilizado essa metodologia.	A importância das pesquisas que têm utilizado essa metodologia como contribuição à teoria fundamentada.
Teoria	Enfatiza a necessidade de formular claramente o que esteja relacionado com a formulação de teorias através da conceptualização.	Explica de maneira prática o que esteja relacionado com a conceptualização.

Fonte: Hernández; Sánchez, 2008.

Quadro 17.2 Convergências

ELEMENTOS	GLASER E STRAUSS
Lineamentos	Ambos coincidem com a metodologia desde a sua origem em 1967, com a existência de lineamentos e procedimentos que têm evoluído com o transcurso do tempo e que devem ser considerados pelo pesquisador.
Memorandos	Enfatizam a importância dos memorandos na metodologia, pois essa técnica eleva a descrição a um nível teórico, através da interpretação conceptual dos dados.

Fonte: Hernández; Sánchez, 2008.

O quadro seguinte apresenta uma adaptação da sistematização feita por Santos e Luz (2011, p. 7 e 8) de diversos autores (MILLS; BONNER; FRANCIS, 2006; STERN, 2007; LOPES, 2003; CHARMAZ, 2009; STRAUSS; CORBIN, 2008), incluindo as características destacadas por Charmaz.

Seguindo a opinião dos principais representantes de teoria fundamentada, a Figura 1 sintetiza os componentes básicos da pesquisa qualitativa mediante a teoria fundamentada: o uso de dados ou informações de qualquer tipo de fonte; o processo de codificação; os processos de codificação em que os conceitos preliminares se transformam em categorias mais elaboradas; os processos analíticos onde os "memos" ou memorandos ajudam a estabelecer relações entre as categorias; e o teste das hipóteses, as quais constituem o caminho para chegar às conclusões teóricas (saturação teórica) (ABELA; CORBACHO, 2009).

Quadro 17.3 Diferenças entre as versões da teoria fundamentada (atualizada)

VERSÃO AUTOR / CARACTERÍSTICAS	TRADICIONAL (GLASER, 1978)	EVOLUÍDA (STRAUSS; CORBIN, 1994, 1998)	CONSTRUTIVISTA (CHARMAZ, 2006, 2008)
Sensibilidade teórica	Entrada no campo com poucos pensamentos predeterminados ou, idealmente, como *tabula rasa*; não revisão da literatura sobre o assunto para não contaminar a análise.	Aceita a revisão da literatura para estimular o pensamento analítico; recurso a técnicas de análise para estimular a reflexão e desenvolver a sensibilidade do investigador.	A relatividade epistemológica e a reflexividade do investigador são princípios fundamentais da pesquisa. As representações das construções sociais fazem parte do processo de investigação.
Codificação e Diagramação	Os dados são vistos como uma entidade separada – do investigador e dos participantes; codificação: ferramenta analítica fundamental; tipos: inicial, teórica e comparativa; considera 18 famílias de códigos.	Desenvolve métodos complexos, rigorosos de codificação; tipos de codificação: aberta, axial e seletiva; *paradigma de análise*: condições, ações/interações e consequências; considera o uso de diagramas fundamental para a análise.	Diversos níveis de codificação através dos quais propõe a operacionalização do método de comparação. São eles: código inicial, focalizado e teórico.
Identificação da categoria central	Dicotomia entre emergência e construção: uma categoria emerge entre várias, formando um núcleo distinto, dotado de coerência própria.	Identificada através da codificação seletiva; tem um papel central na "história"; a teoria é a conceptualização final da categoria central.	Não precisa de uma categoria central. Pode existir mais de uma categoria focal.

Fontes: Santos e Luz (2011), Mills; Bonner; Francis (2006), Charmaz (2008).

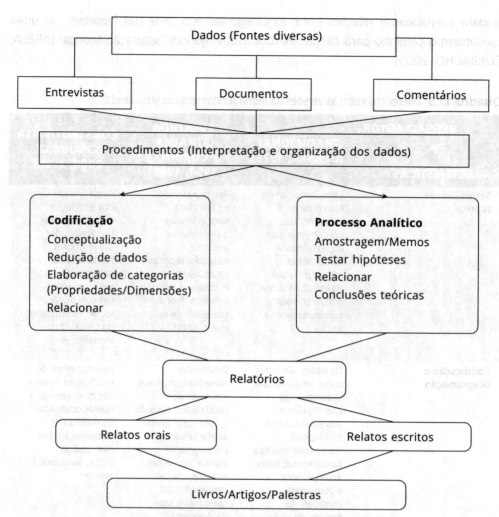

Figura 17.1 Componentes básicos da pesquisa qualitativa utilizando a teoria fundamentada (ABELA; CORBACHO, 2009 com base em Strauss e Corbin, 2002). Traduzido por Roberto Jarry Richardson.

17.3 Visão geral

A teoria fundamentada começa com uma situação de pesquisa. Nessa situação, a tarefa do pesquisador é compreender o que está acontecendo e como os participantes administram seus *roles* ou papéis. Como fazer isso? Através da observação, conversa e entrevista. Após cada fase de coleta de dados, devem-se anotar as questões-chave, o que chamamos de "anotações" (Dick, 2005 *"note-taking"* em inglês).

O processo de comparação é o coração da teoria fundamentada. Em primeiro lugar comparam-se os resultados das entrevistas (ou outros dados) entre si. Rapidamente a teoria começa a surgir. Nesse momento, comparam-se os dados com a teoria.

Os resultados das comparações são escritos na margem das anotações (*note-taking*) como codificação. A tarefa do pesquisador é identificar categorias (equivalentes a temas ou variáveis) e suas propriedades (suas subcategorias).

O presente texto apresenta, posteriormente, alguns exemplos desse processo.

Conforme avança o processo de codificação, o pesquisador identificará algumas proposições teóricas. Elas podem apresentar relações entre categoria ou aspectos de uma categoria fundamental para a pesquisa. À medida que emergem categorias, propriedades e relações, avança a fundamentação de uma teoria. As anotações que se façam desse processo são identificadas como **memoing** (teorização de ideias que surgem das categorias). Enquanto avança o processo de coleta de dados e codificação, os memos vão acumulando.

O uso de uma amostragem teórica permite acrescentar o tamanho da amostra. Essa amostragem intencionada aumenta a diversidade da amostra na procura de propriedades diversas. Se satura a categoria de base e aquelas relacionadas com ela, já não é necessário acrescentar mais dados. É o momento da classificação. Agrupam-se os memos por semelhança, organizando-os de maneira que permitam uma melhor clareza da teoria.

A bibliografia é procurada quando se faz necessária. Não tem tratamento especial. Para Glaser quase toda investigação, incluindo a pesquisa qualitativa, visa testar alguma hipótese.

A ordem dos memos proporciona o esqueleto do trabalho e muitos conceitos da investigação. É o começo do relatório.

Para resumir graficamente a operacionalização de uma pesquisa baseada nas propriedades da teoria fundamentada, seguem as próximas etapas. Quase todas elas podem se sobrepor.

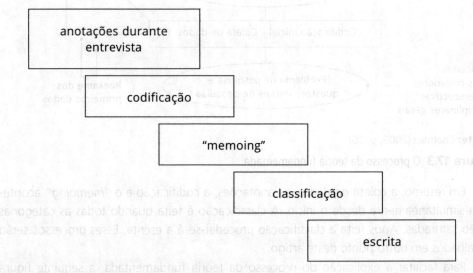

Figura 17.2 Etapas da pesquisa de teoria fundamentada.

CAPÍTULO 17

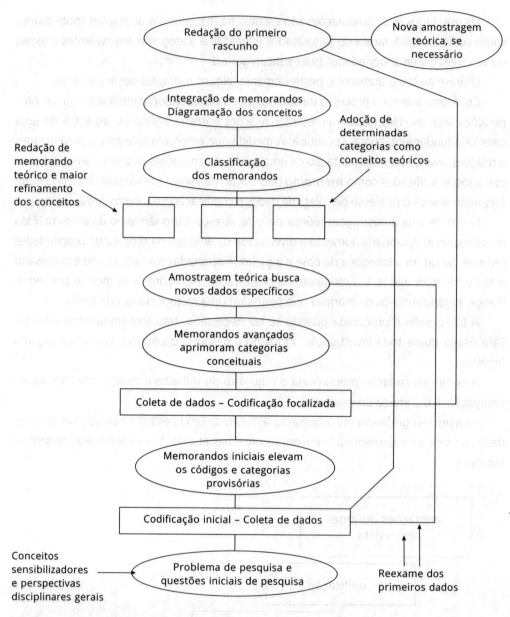

Fonte: Charmaz (2009, p. 26)

Figura 17.3 O processo da teoria fundamentada.

Em resumo, a coleta de dados, as anotações, a codificação e o *"memoing"* acontecem simultaneamente desde o início. A classificação é feita quando todas as categorias estão saturadas. Após feita a classificação proceder-se-á à escrita. Esses processos serão detalhados em outro ponto deste artigo.

Para facilitar a explicação do processo da teoria fundamentada, a seguinte figura pode parecer algo prescritivo. O leitor pode experimentar utilizá-la até encontrar algo que

TEORIA FUNDAMENTADA 317

melhor se ajuste ao seu processo de pesquisa. Cabe lembrar que a teoria é **emergente** – descoberta a partir dos dados. A metodologia, também, pode ser emergente.

O processo esquematizado por Charmaz (2009) é muito importante. Vale a pena analisá-lo com cuidado.

17.4 Teste de hipóteses *vs* surgimento de dados

A maior diferença entre a pesquisa de teoria fundamentada e muitas outras pesquisas é que a primeira é absolutamente emergente. Não testa uma hipótese. Procura encontrar qual teoria explica melhor a situação de pesquisa tal como se apresenta. Nesse sentido, é semelhante à pesquisa-ação: o objetivo é compreender a situação de pesquisa. O alvo, como Glaser afirma, é descobrir a teoria implícita nos dados.

De acordo com Glaser, essa distinção entre "surgimento e forçamento" é fundamental para compreender a teoria fundamentada. A maioria dos investigadores, qualquer que seja a sua especialidade, tem sido mais expostos a pesquisas que procuram testes de hipóteses. Os processos de investigação que você, leitor, aprendeu e as estruturas de dissertações de mestrado ou teses doutorais que você tem internalizado são aqueles testes de hipóteses, não de emergência. Realizar teoria fundamentada integra um processo de desaprender ou descontruir um pouco do que foi ensinado ou adquirido através da formação acadêmica.

Se julgar a teoria fundamentada utilizando os critérios aprendidos na pesquisa de teste de hipóteses, você vai errar, talvez, muito. Em particular, o lugar da literatura é bastante diferente. Também, a maneira em que tanto a metodologia quanto a teoria se desenvolvem gradualmente com o acúmulo de dados (informações) e interpretações.

Em geral, os juízos emitidos sobre o rigor da pesquisa baseiam-se, muitas vezes, em critérios estreitos que fazem sentido apenas para a metodologia para o qual foram desenvolvidos. A teoria fundamentada tem suas próprias fontes de rigor. Responde à situação em que a pesquisa é feita. Há uma busca contínua de evidências que invalidam a teoria emergente. Está de tal modo orientada pelos dados que possivelmente a forma final da teoria proporcionará uma boa explicação da situação encontrada.

Glaser sugere dois critérios importantes para avaliar a adequação da teoria emergente: que ela se encaixe à situação estudada; e que funcione – ajude as pessoas que vivem em uma determinada situação a dar sentido a sua experiência e gerenciar melhor a sua vivência. Dick (1999) apresenta argumentos semelhantes em favor da pesquisa-ação.

Em continuação, serão analisados com maiores detalhes os elementos que constituem a teoria fundamentada.

17.5 Coleta de dados

O pesquisador deve manter os olhos bem abertos. Tem muito para aprender apenas observando uma situação. Em muitos casos, após alguns minutos de observação, pode-se obter bastante informação.

Frequentemente, as entrevistas serão a fonte principal de informações para desenvolver a teoria. Mas pode-se utilizar qualquer técnica de coleta de dados. Os grupos focais são importantes em pesquisa qualitativa e, evidentemente, são adequados para serem utilizados na teoria fundamentada. O mesmo acontece com conversas informais, discussões de grupo ou qualquer atividade individual ou grupal que proporcione informações.

Sobre esse assunto, neste trabalho, incluem-se algumas referências bibliográficas. Para entrevistas, Minichiello et al. (1990), Kvale (1996) e Dick (1990); para grupos focais, Bader e Rossi (1998), Barbour e Kitzinger (1999); para a análise de informações grupais, Heller e Brown (1995).

Convém destacar dois aspectos importantes: Primeiro, supomos que o pesquisador acertará na literatura relacionada com a metodologia que escolha. Segundo, supomos que o pesquisador continuará afinando a metodologia à medida que desenvolve a sua experiência. Vale a pena experimentar!

17.6 Anotações

Glaser não recomenda o uso de gravação ou anotações durante uma entrevista ou algum outro tipo de sessão de coleta de informações, particularmente, ao considerar o tempo utilizado para transcrever uma entrevista. Mas, consideramos importante anotar aspectos-chave que possam ser utilizados em entrevistas posteriores. Além disso, é importante gravar as entrevistas para compará-las com as anotações feitas.

A codificação (ponto seguinte) será mais fácil quando feita ao lado das anotações da entrevista. Para isso, pode-se reservar um terço da largura de uma página.

17.7 Codificação

E agora? Seja na realidade ou na imaginação, o pesquisador tem à sua frente um conjunto de notas da entrevista. Suponhamos que estejam escritas à esquerda da página. O primeiro que faz é identificar, no início das anotações, algumas informações sociodemográficas da pessoa entrevistada (mais tarde, isso pode ajudar a identificar propriedades).

Quadro 17.4 Exemplo de ficha pautada

Anotações	Codificação
Memos	

Mantenha papel para rascunho, ou melhor, fichas pautadas, para elaborar memorandos (*memoing*). Posteriormente veremos os benefícios dessas fichas.

Começa a codificação: **examina-se uma frase por vez.**

- *Comparação Constante*

  Para a primeira entrevista o pesquisador se pergunta: O que está acontecendo aqui? Qual é a situação? Como a pessoa está enfrentando essa situação? Portanto, quais categorias (plurais) são sugeridas por essa frase?

  Codifica-se a segunda entrevista tendo em mente a primeira. O mesmo acontece com entrevistas subsequentes (ou dados provenientes de outras fontes), que se codificam com a teoria emergente em mente. É uma comparação constante: inicialmente comparando o conjunto de dados a outro conjunto de dados, e mais tarde o conjunto de dados à teoria.

  Por exemplo, suponhamos que você pergunte a 5 alunos do Programa de Doutorado em Educação da UFPB o que pensam sobre o referido curso. As duas primeiras pessoas podem mencionar a necessidade de organizar o tempo ou organizar o trabalho. Você pode codificar, provisoriamente, essas frases como "organização" (talvez entre outros códigos).

  À medida que efetua essa operação, preste atenção a ideias teóricas que podem surgir na sua cabeça. Se isso acontecer, anote imediatamente. Essa é uma das funções importantes das fichas pautadas.

- *Categorias e propriedades*

  Uma categoria é um assunto ou variável que dá sentido às informações do entrevistado. Interpreta-se à luz da situação estudada, de outras entrevistas e da teoria emergente.

  Nas duas frases acima consideradas, mencionou-se "organização" como uma categoria provisória. Qual é a diferença entre as duas frases? Uma faz referência a organizar o tempo, enquanto a outra, a organizar o trabalho. Tanto tempo quanto trabalho podem chegar a constituir uma propriedade ou uma subcategoria, da ação.

- *Categoria principal ou de base*

  Após algum tempo, uma categoria (às vezes mais) poderá aparecer com muita frequência e, talvez, ligada a outras categorias emergentes. Esta é categoria principal. É pouco recomendável escolher muito cedo uma categoria de base. No entanto, quando resulta evidente que uma categoria é mencionada muitas vezes e está bem ligada a outras categorias, pode-se adotar como a categoria principal. (Se surge mais de uma categoria principal, Glaser e outros autores recomendam trabalhar uma por vez. Se o pesquisador desejar, a outra pode ser analisada posteriormente.)

Voltando ao exemplo anterior, suponhamos que os 5 alunos entrevistados mencionem o uso que eles fariam do que estão aprendendo. Isso se constitui em uma categoria que pode ser identificada como "aplicação", adequando-se aos dois critérios de frequência e ligação.

Quando se identifica uma categoria principal, o pesquisador deixa de codificar frases que não façam referência a essa categoria. Assim, no decorrer do estudo a codificação torna-se mais rápida e eficiente. Codifica-se a categoria principal, categorias relacionadas a ela e as propriedades de ambas.

Os "memos" são utilizados para registrar as relações identificadas entre categorias. É importante fazer isso, acrescentando à amostra quando necessário (ver ponto sobre amostragem), até conseguir a **saturação**.

- *Saturação*
Na coleta e interpretação dos dados relacionados à determinada categoria, no transcurso do tempo, chega-se a um ponto no qual as descobertas começam a diminuir. Eventualmente, as entrevistas ou fontes não acrescentam mais nada ao que o pesquisador sabe sobre a categoria, suas propriedades e relações com a categoria principal. Quando isso acontecer, termina a codificação dessa categoria.

17.8 Amostragem

Em geral, a amostra inicial será definida pela escolha que o pesquisador faça da situação de pesquisa. Se houver muitas pessoas associadas com a situação, pode começar organizando uma amostra o mais diversa possível.

Cabe lembrar que as categorias surgem dos dados coletados. Portanto, é importante procurar obter uma amostra diversa. A finalidade da pesquisa é fortalecer a teoria fundamentada, definindo as propriedades das categorias e como elas medeiam a relação entre categorias.

Glaser e Strauss consideram esse processo uma amostragem teórica. A amostra surge da situação real. O mesmo acontece com a teoria e a metodologia.

O pequeno grupo de pós-graduandos, já referidos, estudava e trabalhava, ou havia trabalhado em algum momento. Portanto, poderíamos pensar uma categoria "estudo" a ser influenciada pela experiência de trabalho. Assim, acrescentaríamos a essa amostra de alunos aqueles pertencentes ao programa que nunca tivessem trabalhado.

17.9 Elaboração de memos (*memoing*)

Como já foi acima colocado, a elaboração de "memos" é feita paralelamente à coleta de informações, anotações e codificação. Em poucas palavras, um "memo" é uma anotação sobre alguma hipótese levantada pelo pesquisador sobre uma categoria ou propriedade, e, particularmente, relações entre categorias. Cabe recomendar o uso de fichas pautadas para a elaboração de cada memo.

A elaboração de memos é muito importante. À medida que lhe surja uma ideia, o pesquisador deve pensar no que está fazendo e "envia um memo".

No transcurso do tempo, a categoria principal e as categorias a ela relacionadas estarão saturadas. Nesse momento, o pesquisador terá acumulado um grande número de memorandos. A partir deles surgirão os diversos aspectos da teoria emergente (fundamentada).

No exemplo dos pós-graduandos, os primeiros "memos" podem contribuir para a elaboração de hipóteses que incluam as categorias "organização" e "aplicação". Outros memorandos podem questionar se "a dedicação atual ao trabalho" e "a dedicação futura ao trabalho" podem ser propriedades da dedicação ao trabalho. Outro memo pode hipotetizar que a "dedicação" é uma categoria principal ou fundamental. Por último, outro memorando pode indagar se a "organização" é importante, pelo menos em parte, porque pode levar a uma melhor dedicação ao trabalho.

Em suma, ao utilizar a metodologia da teoria fundamentada o pesquisador assume que a teoria está implícita em seus dados, o que ele pode explicitar. A codificação torna visíveis alguns de seus componentes. A elaboração de memos acrescenta as relações que ligam as categorias entre si.

A próxima tarefa é decidir como estruturar o relatório para tornar pública a teoria emergente. Esse é o objetivo da classificação.

17.10 Classificação

O uso de fichas pautadas tem duas vantagens. Em primeiro lugar, são fáceis de transportar e, em segundo lugar, são mais fáceis de classificar.

Para classificar os memos é recomendável utilizar uma mesa. Primeiro, agrupam-se em uma base à semelhança das categorias ou propriedades referidas nesses memos. Em seguida, organizam-se procurando as relações implícitas ou explícitas. A intenção é representar em um grande espaço bidimensional a estrutura do relatório de pesquisa. Posteriormente, agrupam-se as fichas em uma sequência que permita a descrição da estrutura. Isso proporciona as bases para a elaboração do relatório.

Em geral, a análise dos dados parte da interpretação do investigador, com base em "sua" concepção do fenômeno, o que implica acrescentar ao conhecimento teórico existente o olhar do pesquisador. Assim, o pesquisador analisa os dados a partir da sua própria visão sobre a situação, integrando ao trabalho suas posições, perspectivas e interações com os participantes. Charmaz (2009) considera que os diversos elementos da teoria fundamentada, nomeadamente: os vários níveis de codificação, os memorandos e a amostragem teórica, são neutros; estes fornecem aos investigadores "linhas orientadoras" que direcionam os seus estudos, caracterizadas pela flexibilidade.

Concordando com Santos e Luz (2011), a relação entre investigador e participantes informa o próprio processo de investigação. A forma como cada investigador se posiciona com relação ao objeto de pesquisa, as decisões que toma, a forma como pensa o próprio *design* de investigação têm repercussões na investigação como um todo. Portanto, é necessário tomar consciência do caráter dinâmico, flexível e contínuo do processo investigativo. Isso implica um questionamento constante sobre o papel do investigador, os métodos utilizados e o conhecimento produzido.

Uma das atividades mais importantes no processo de análise dos dados é o processo de codificação. Para Charmaz (2009),

> a codificação é o elo fundamental entre a coleta de dados e o desenvolvimento de uma teoria emergente para explicar esses dados. Pela codificação, você define o que ocorre nos dados e começa a debater-se com o que isso significa [...]. Pela realização cautelosa da codificação, você começa a tecer dois dos principais fios da teoria fundamentada: os enunciados teóricos passíveis de generalização que transcendem épocas e lugar específicos e as análises contextuais das ações e dos eventos (p.72).

A respeito da codificação de dados, Strauss e Corbin (2008) a consideram um dos momentos mais importantes da teoria fundamentada e propõem decompor esse processo em uma variedade de atividades que permitirão ao investigador compreender a lógica subjacente à utilização dessa metodologia. Assim, distinguem três tipos de codificação: aberta, axial e seletiva.

- **Codificação aberta**: o processo por meio do qual se identificam os conceitos e nos dados se descobrem as suas propriedades e dimensões.
  - **Fenômenos**: ideias centrais nos dados, representados como conceitos.
  - **Conceitos**: bases fundamentais da teoria.
  - **Categorias**: conceitos que representam fenômenos.
  - **Propriedades**: características de uma categoria.
  - **Dimensões**: escala em que variam as propriedades gerais de uma categoria e que permitem obter as especificidades da categoria e mudanças da teoria.
  - **Subcategorias**: conceitos que pertencem a uma categoria e lhe proporcionam clareza e especificidade.

Segundo Pinto (2012), a codificação aberta inclui as atividades de quebrar, examinar, comparar, conceituar e categorizar os dados que serão resumidos em uma linha ou códigos e categorias. De acordo com Fragoso, Recuero e Amaral (2011), citados por essa autora, "o pesquisador deve fazer comparações e perguntas que vão guiá-lo no campo empírico como, por exemplo: O que está acontecendo? Em quais categorias esses dados se enquadram? O que os dados expressam?".

TEORIA FUNDAMENTADA

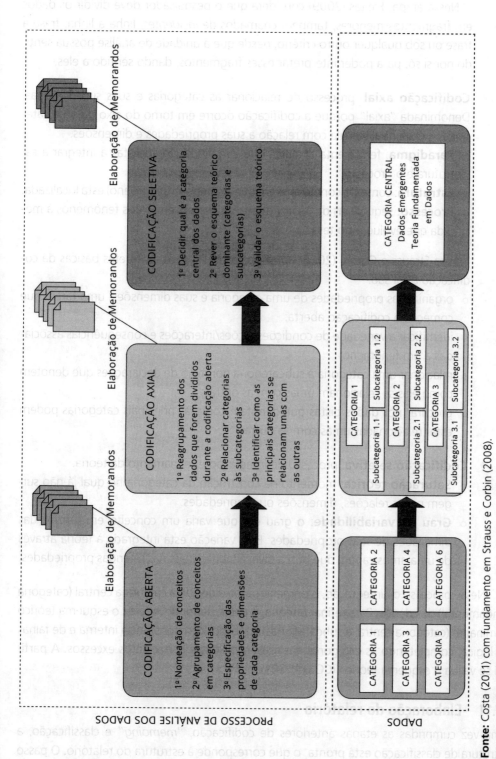

Fonte: Costa (2011) com fundamento em Strauss e Corbin (2008).

Figura 17.4 Representação do processo de análise dos dados na teoria fundamentada.

Nessa etapa, Freitas (2009) considera que o pesquisador deve dividir os dados em fragmentos menores, também chamados de *incidentes*, linha a linha, frase a frase ou sob qualquer outro critério, desde que a unidade de análise possua sentido por si só, para poder interpretar esses fragmentos, dando sentido a eles.

- **Codificação axial**: processo de relacionar as categorias e suas subcategorias. Denominada "axial" porque a codificação ocorre em torno do eixo de uma categoria, a cada qual vincula com relação a suas propriedades e dimensões.
  - o **Paradigma**: ferramenta analítica que visa ajudar os analistas a integrar a estrutura e o processo.
  - o **Estrutura**: contexto condicional em que a categoria (fenômeno) está localizada.
  - o **Processo:** sequências de ações/interações pertencentes aos fenômenos à medida que evoluem no tempo.

  Para Strauss e Corbin (2008) apud Costa (2011, p. 5), as tarefas básicas da codificação axial são:
  - o organizar as propriedades de uma categoria e suas dimensões, uma tarefa que começa na codificação aberta;
  - o identificar a variedade de condições, ações/interações e consequências associadas a um fenômeno;
  - o relacionar uma categoria à subcategoria por meio de declarações que denotem como elas se relacionam umas com as outras;
  - o procurar nos dados pistas que denotem como as principais categorias podem estar relacionadas umas com as outras.

- **Codificação seletiva**: processo de integração e refinamento da teoria.
  - o **Saturação teórica**: momento na construção da categoria no qual já não surgem novas relações, dimensões ou propriedades.
  - o **Grau de variabilidade**: o grau em que varia um conceito em termos das dimensões de suas propriedades: Essa variação está integrada à teoria através de uma amostragem que busca diversidade e graus nas referidas propriedades.

Nesse processo de integração, o primeiro passo é decidir a categoria central (categoria fundamental) dos dados. Para refinar a teoria, o pesquisador deve rever o esquema teórico dominante (categoria central e subcategorias) em busca de consistência interna e de falhas na lógica, completando as categorias mal desenvolvidas e cortando os excessos. A partir daí se valida o esquema teórico (COSTA, 2011).

17.11 Elaboração do relatório

Uma vez cumpridas as etapas anteriores de codificação, "*memoing*" e classificação, a estrutura de classificação está pronta, o que corresponde à estrutura do relatório. O passo seguinte consiste em preparar um primeiro rascunho, escrevendo as fichas sequencialmente e integrando-as a um argumento coerente.

- *O lugar da revisão da literatura*
  Existem dois aspectos importantes que devem ser colocados com relação à revisão da literatura. Em primeiro lugar, em um estudo emergente, provavelmente, o pesquisador não saberá no início que determinada literatura pode ser relevante no transcurso da pesquisa. Isso tem implicações para o lugar da revisão da literatura no seu próprio processo de investigação e para o seu relatório. Em segundo lugar, a literatura não está em uma posição de privilégio ante os dados. É tratada como dado, com o mesmo estatuto que outros dados.
- *A literatura como elemento emergente*
  A maioria dos pesquisadores que enfrentam um projeto de investigação primeiramente examina a literatura relevante. Geralmente, os professores de pesquisa social recomendam aos alunos a não iniciar a coleta de dados até concluir a revisão da literatura. Em um estudo baseado na teoria fundamentada, pode-se começar a coleta de informações no momento em que se tenha uma situação de pesquisa. A literatura pode ser revisada à medida que se torne relevante. Assim, esse processo pode formar parte dos procedimentos de coleta dos dados.
- *A literatura como dados*
  A comparação constante continua sendo o processo mais importante. À medida que o pesquisador lê, deve comparar a literatura à teoria emergente, da mesma forma que compara os dados à teoria emergente. Por exemplo, pode-se utilizar o mesmo procedimento da coleta de dados (neste caso, leitura) sobrepondo com anotações, codificação e *"memoing"*.
  Seguindo ou não o que foi colocado anteriormente, a questão-chave é como tratar o aparente desacordo entre a literatura e teoria emergente. O pesquisador não deve assumir que sua teoria está errada. Em todo momento deve se preocupar com a congruência de sua teoria em relação aos dados e a capacidade desses dados de dar sentido à experiência real. Assim, procura-se ampliar a teoria para que faça sentido com os dados coletados e as informações da literatura.
- *Uma variante baseada na pesquisa-ação – Experiência de Bob Dick*
  Pesquisei a minha própria prática como consultor, facilitador e educador. Os métodos utilizados foram desenvolvidos, até pouco tempo atrás, inteiramente independentes da teoria fundamentada. Não estava familiarizado com essa literatura. Quando finalmente comecei a ler, fiquei muito satisfeito com o paralelismo entre as duas abordagens.
  Ilustraremos isso descrevendo como eu me aproximaria, por exemplo, de um diagnóstico organizacional utilizando entrevistas. Eu o faria de maneira tal que

as semelhanças ficassem evidentes. Acredito que o paralelismo é tão claro que elementos de uma aproximação podem ser substituídos por elementos da outra.

- *Entrevista convergente*
Na entrevista de "diagnóstico", começo de uma forma muito aberta. Por exemplo, "fale-me sobre esta organização" ou qualquer tema em estudo. Deixo a pessoa falar aproximadamente 45 minutos, sem fazer perguntas específicas. Isso aumenta a probabilidade de que as informações provenham da experiência do entrevistado, não das perguntas. Decoro os temas que eles mencionam (alguns dos meus colegas, em vez disso, tomam notas de palavras-chave. Têm o mesmo objetivo).

Prefiro trabalhar com um colega que, ao mesmo tempo, entrevista um informante diferente. Após cada par de entrevistas comparamos as anotações e identificamos os temas que ambos os informantes mencionam. Às vezes os temas são mencionados da mesma forma pelos dois entrevistados. Às vezes eles mencionam o mesmo tema, mas com certa discordância.

Eu estava avaliando com Karyn Healy (colega) uma pesquisa-ação de aprendizagem. Muitos informantes mencionaram que não recebiam recursos que lhes permitissem pagar a alguém para fazer o trabalho e ter mais tempo livre para a sua ação de aprendizagem.

Um exemplo de concordância poderia ser o caso de dois informantes afirmarem que a sua ação de aprendizagem foi feita por conta própria, o que afetou o trabalho. Um desentendimento seria quando ambos mencionam ter feito a ação por conta própria, mas um deles não mostrou insatisfação.

Ao identificar concordância, formulamos outras perguntas para procurar exceções a essa concordância.

- Por exemplo, poderíamos perguntar se havia pessoas que não se preocupavam com intrusões no seu próprio tempo. Poderíamos perguntar se existiam vantagens na possibilidade de dedicar seu próprio tempo a projetos de ação de aprendizagem.

Ao identificar discordâncias, formulamos perguntas que procurem explicar essas diferenças.

- Por exemplo, poderíamos fazer as seguintes perguntas: "Muitas pessoas têm mencionado que utilizam seu próprio tempo para participar dos projetos de ação-aprendizagem. Foi essa a sua experiência? Como se sentiu com isso? Alguns já mencionaram essa situação com bastante ressentimento. Outros parecem não se importar. Pode ajudar-nos a compreender essa diferença?".

Assim, as explicações emergem gradualmente a partir das informações obtidas no transcurso da pesquisa. Todas as entrevistas começam em aberto. À medida que avança o trabalho, as perguntas são mais específicas, procurando uma melhor explicação do assunto investigado. Cabe lembrar que a teoria surge a partir dos dados dos informantes. Assim, na fase inicial, essa teoria consiste principalmente de temas que se tornam mais elaborados com o desenvolvimento do estudo.

Figura 17.5 Processo de uma pesquisa-ação baseada na teoria fundamentada.

17.13 Contribuição da teoria fundamentada ao conhecimento

Não temos dúvidas de que, ao utilizar a teoria fundamentada, o pesquisador contribuirá para aprofundar o conhecimento na área de estudo. A teoria vai surgir mais rapidamente do que é possível imaginar. Além disso, o pesquisador descobrirá o que realmente acontece na realidade. Pode acontecer que "descubra" uma teoria já desenvolvida por métodos tradicionais. Nesse caso, a contribuição é muito mais importante, pois valida-se uma teoria, utilizando uma metodologia muito diferente.

Concordando com Hernández e Sánchez (2008), a teoria fundamentada oferece um potencial científico para o desenvolvimento de teorias em diversas áreas do saber, geradas a partir de informações obtidas em situações reais. Cabe destacar que o uso da teoria fundamentada requer, por parte do pesquisador, um conhecimento amplo de pesquisa social, particularmente das diferenças entre as metodologias utilizadas no planejamento, na coleta de informações, na análise dos dados e em relatórios de pesquisa.

18

PESQUISA-AÇÃO

As origens do conceito de pesquisa-ação remontam à década de trinta. Kurt Lewin, professor alemão que em 1933 teve de abandonar a Universidade de Berlim para instalar-se nos Estados Unidos, elaborou a pesquisa-ação. Como disse Lewin,

> Quando falamos de pesquisa, estamos pensando em pesquisa-ação, isto é, uma ação em nível realista, sempre acompanhada de uma reflexão autocrítica objetiva e de uma avaliação dos resultados. Como o objetivo é aprender, não devemos ter medo de enfrentar as próprias insuficiências. Não queremos ação sem pesquisa, nem pesquisa sem ação (BARBIER, 1985, p. 38).

Desde o seu início a pesquisa-ação se orientou para a solução dos problemas decorrentes do crescimento industrial, da modernização e de outros fatos. No caso de Lewin, a preocupação concentrou-se nos problemas da inserção de fábricas em zonas rurais, cuja mão de obra era incapaz de atingir os altos padrões de produção das regiões industriais do norte dos EUA. Mas o seu propósito não era conscientizar os operários com relação à situação de vida, porém adaptá-los às condições de trabalho das fábricas.

Os estudos de pesquisa-ação multiplicaram-se durante e após a Segunda Guerra Mundial, procurando alternativas de pesquisa que valorizassem a ação humana. No entanto, é preciso reconhecer que Kurt Lewin praticamente ignorou outro tipo de intervenção cujo objetivo é transformar as estruturas sociais e políticas da sociedade de classe. Enquanto Lewin procurava influenciar os operários para fazê-los produzir mais através do mecanismo de estimulação e de competição, o outro tipo de intervenção procura as classes populares porque somente elas podem transformar a situação de exploração produzida pelo capitalismo.

Na América Latina, a pesquisa-ação adquire força em fins da década de sessenta, contextualizada por uma forte crítica à suposta unidade do método entre Ciências Sociais e Naturais, à visão parcial e unidimensional da realidade social, à separação entre o científico e o político e à marginalização de grupos do desenvolvimento econômico e social latino-americano.

Sendo assim, a trajetória de educador de Paulo Freire vai traçar um dos princípios básicos de uma concepção educacional libertadora, a qual iria subsidiar a investigação-ação. "Foi nessa prática de mais de dez anos que ele [Freire] aprendeu a ser educador e desvelou um princípio básico de sua teoria e prática educacional, ao qual permaneceu fiel – 'pensar sempre na prática'" (GRABAUSKA; BASTOS, 2003).

Daí que o diálogo no pensamento de Freire (1983) merece uma atenção maior, uma vez que requer conhecimento sobre o que se discute. "Diálogo tem como premissa o conhecimento sobre o objeto em questão; não é possível, desta forma, dialogar sobre o que não se conhece, o que configura invasão cultural" (Idem, p. 71).

Além das contribuições de Lewin e Freire, outro destaque vai para Elliot (1978), que localiza a pesquisa-ação como uma atitude capaz de gerar novos conhecimentos: "a partir da compreensão que os sujeitos (no caso, os professores) têm de sua situação, refletindo sobre ela, com a finalidade de transformá-la".

18.1 Conceito de pesquisa-ação

Segundo O'Brien (2003), a pesquisa-ação é conhecida por vários nomes, incluindo pesquisa participativa, investigação colaborativa, pesquisa emancipatória, ensino-ação e pesquisa-ação contextual. Mas todas são variações de um mesmo tema. Dito de forma simples, pesquisa-ação é "aprender fazendo". Outra definição mais precisa é: "a pesquisa-ação é um tipo de pesquisa que procura contribuir tanto nas preocupações práticas das pessoas numa situação-problema imediata quanto para atingir as metas das ciências sociais" (p. 194).

O'Brien insiste em enfatizar que o que separa essa forma de pesquisa da prática profissional geral, consultando ou resolvendo problemas no cotidiano, é a ênfase no estudo científico, que exige que o pesquisador estude o problema sistematicamente, além de assegurar que a intervenção esteja baseada em aportes teóricos.

Para a execução de uma pesquisa-ação se faz necessário considerar que o tempo é um componente importantíssimo, porque o pesquisador gasta boa parte do mesmo para "encaixar" as ferramentas metodológicas, os aportes teóricos e o processo que engloba coletar e analisar os dados de forma cíclica (THIOLLENT, 1986).

A pesquisa-ação visa produzir mudanças (ação) e compreensão (pesquisa) sobre o(s) conhecimento(s). Como o próprio nome indica, a pesquisa-ação é um trabalho científico que possui dois objetivos: a ação e a pesquisa.

A consideração das duas dimensões, mudanças e compreensão, pode dar uma importante contribuição na elaboração do projeto de pesquisa. Assim, as possibilidades de uso são muito grandes, desde um professor em uma pequena escola numa região afastada dos centros urbanos até um estudo sofisticado de mudança organizacional com uma grande equipe de pesquisadores financiada por importantes organizações. Nesse sentido, a pesquisa-ação é uma forma de pesquisa que tem como objetivo os benefícios da ação e da pesquisa.

Se refletirmos bem, a própria noção sobre o que vem a ser a "pesquisa" já nos leva a pensar sobre ter "ação", ou seja, ambas as noções – pesquisa e ação – caminham juntas. Mas necessitamos compreender a pesquisa-ação como uma abordagem metodológica que passou a ter um sentido, uma direção para uma intencionalidade sobre a reflexão da transformação de algo prático. Assim, passou a ter caracterização específica, fundamentos próprios e técnicas particulares para o propósito de uma pesquisa dessa natureza.

Existe de fato a pesquisa-ação cujo objetivo principal é a ação, sendo a pesquisa um benefício superficial. Assim, a "pesquisa" pode produzir uma melhor compreensão do tema tratado por parte daqueles diretamente envolvidos. Para essa forma de pesquisa-ação o resultado é a mudança e a aprendizagem dos que fazem parte. Essa é a forma que comumente é utilizada.

Em outras formas, a pesquisa é o principal objeto. A ação é normalmente um produto secundário. Tais aproximações buscam, tipicamente, publicações que alcancem maior número de pesquisadores. Nestas, mais atenção é dada ao planejamento da pesquisa do que a outros aspectos.

Cabe destacar que, ao falarmos de pesquisa-ação, estamos pressupondo uma pesquisa de **transformação, participativa e dialógica.** Isso pode ser um bom ponto de partida para uma pesquisa-ação.

Cohen e Manion (1990) apontam três possibilidades: o professor individual que trabalha em uma sala de aula para produzir determinadas mudanças ou melhorias no processo de ensino-aprendizagem; a pesquisa feita por um grupo que trabalha solidariamente, assessorado ou não por um pesquisador externo; e, em último lugar, um professor ou professores que trabalham com um pesquisador ou uma equipe de pesquisa com um relacionamento permanente.

Assim como em toda metodologia de pesquisa, as diversas tendências ideológicas do pesquisador ou do grupo influenciarão a escolha do marco teórico, a interpretação dos resultados e as conclusões do trabalho.

Consideremos a ideia de Bob Dick (1997a). Feche os olhos e imagine a seguinte situação: você tem alguma experiência em pesquisa, formado em Ciências Sociais e/ou Humanas. Foi contratado como consultor por uma associação de moradores da sua cidade,

CAPÍTULO 18

dentro de um programa que procura mudanças num determinado bairro. Desconhecem-se os problemas, portanto, é necessária uma quantidade de diagnóstico inicial. Sabe que o conhecimento sobre a situação da associação surgirá no transcurso da pesquisa. O tempo é limitado. Portanto, precisa de metodologias eficientes. Além disso, o grupo de associados espera participar do programa.

Você deseja que o programa seja adequado e que tenha um bom resultado. Portanto, deve procurar que os membros do grupo compreendam o que estão fazendo. Também espera melhorar a sua compreensão das pessoas, sistemas e mudanças. Em outras palavras, quer combinar pesquisa com consultoria.

Na sua graduação estudou uma ou outra disciplina de pesquisa social, e já formado participou de alguns projetos. Aprendeu a importância do empirismo, problemas bem definidos, variáveis conhecidas e controladas, instrumentos estruturados, técnicas estatísticas de análise de dados claramente estabelecidas etc. No entanto, tem constatado as dificuldades práticas de aplicar as metodologias e técnicas aprendidas. Nesse caso, não conhece o suficiente da situação, de tal maneira que não pode formular uma pergunta específica de pesquisa, não conhece o número de variáveis a incluir, não pode padronizar o processo de pesquisa, e o grupo deseja participar do processo.

O que fazer? Muitos "pesquisadores" diriam que não tem possibilidade de fazer pesquisa, pois não existem as condições metodológicas exigidas para um trabalho "confiável" e "científico".

18.2 Existe uma alternativa: usar a pesquisa-ação

Para alguns pesquisadores que utilizam métodos e metodologias convencionais, a pesquisa-ação é pobre. Mas aplicam critérios que são adequados para o seu estilo de pesquisar: quantificação, controle, objetividade etc.

Existem situações reais em que a pesquisa-ação pode lidar com determinadas dificuldades bem melhor que outras formas de pesquisa "mais tradicionais". O rigor, a validade e a confiabilidade são resultado da discussão e reflexão crítica com os participantes do grupo. Não é fácil, mas vale a pena. O método científico evoluiu, entre trancos e barrancos, para chegar a sua fase atual. A pesquisa-ação é recente, está evoluindo.

18.3 Objetivos da pesquisa-ação

Seguindo as ideias de diversos autores (KEMMIS; MCTAGGART, 1982; DICK, 1997a, 1998; ARELLANO, [s.d.]; O'BRIEN, 1988), a pesquisa-ação procura a mudança, mas uma mudança para melhorar. Assim, os seus principais objetivos são:

1. Melhorar:
   - a prática dos participantes;

- a sua compreensão dessa prática; e
- a situação onde se produz a prática.

2. Envolver:
   - assegurar a participação dos integrantes do processo.
   - assegurar a organização democrática da ação.
   - propiciar compromisso dos participantes com a mudança.

18.4 Etapas ou passos da pesquisa-ação

Lembrando que você é um consultor contratado pela associação de moradores, a primeira pergunta a se fazer pode ser formulada da seguinte maneira: *O que é que pode ser feito para melhorar a vida no bairro e incentivar a participação da comunidade na reflexão e solução dos problemas dessa comunidade?*

Sabemos que, pelas características da situação, você escolheu como aproximação e metodologia a pesquisa-ação.

Existem diversos modelos que apresentam fases da pesquisa-ação, dos quais quase todos coincidem na existência de quatro momentos. Neste livro apresentarei uma leve modificação do modelo de Susman e Evered (1978), graficamente apresentada na Figura 18.1.

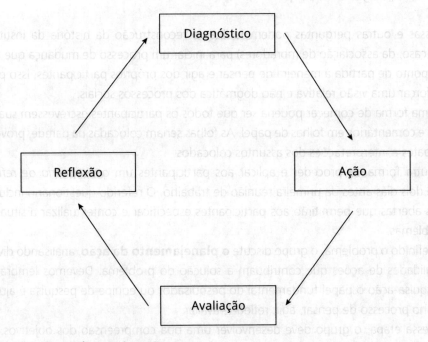

Figura 18.1 Etapas da pesquisa-ação.

CAPÍTULO 18

Na **primeira etapa, o diagnóstico**, o pesquisador identifica e define o problema, estabelecendo as possibilidades de diversas ações para solucioná-lo. Nessa etapa, o pesquisador determina os princípios epistemológicos que orientarão a ação, devendo saber como se produz o conhecimento e a posição dos sujeitos da pesquisa. Por isso, é importante perguntar, questionar, analisar e escrever o fenômeno investigado. Não podemos esquecer que os fatos sociais e as informações sobre esses fatos são influenciados por diversos aspectos do cotidiano das pessoas e das instituições. No caso de nosso consultor, é importante obter informações dos seguintes aspectos:

- Os motivos para a existência da associação de moradores, seus objetivos gerais e demandas dos associados.
- Sua evolução histórica. Que elementos originais sobrevivem? Que modificações? Que elementos novos foram acrescentados?
- Que conflitos (não pessoais) têm acontecido no seu desenvolvimento entre objetivos, ações e participantes?
- Existe participação da comunidade?
- Quem incentivou a participação da comunidade?
- Quando foi criada a associação?
- Quem foram seus primeiros dirigentes?
- Como chegou a associação à situação atual?
- Existiu alguma mudança?

Essas e outras perguntas podem facilitar a reconstrução da história da instituição (neste caso, da associação de moradores) para iniciar um processo de mudança que tenha como ponto de partida a maneira de pensar e agir dos próprios participantes. Isso permitirá reforçar uma visão relativa e não dogmática dos processos sociais.

Uma forma de começar poderia ser que todos os participantes escrevessem suas respostas e comentários em folhas de papel. As folhas seriam colocadas na parede, provocando debates e interpretações dos assuntos colocados.

Outra forma de proceder é aplicar aos participantes um *questionário de reflexão*, um ou dois dias antes da primeira reunião de trabalho. O referido questionário inclui perguntas abertas que permitirão aos participantes especificar e contextualizar a situação e os problemas.

Definido o problema, o grupo discute **o planejamento da ação**, analisando diversas possibilidades de ações que contribuam à solução do problema. Devemos lembrar que na pesquisa-ação o papel fundamental do pesquisador ou equipe de pesquisa é ajudar o grupo no processo de pensar, agir, refletir e avaliar.

Nessa etapa, o grupo deve desenvolver uma boa compreensão dos objetivos, interesses e possíveis obstáculos a enfrentar na execução do projeto. Devem-se estabelecer diversas alternativas a seguir e seus efeitos. Em geral, o objetivo dessa fase é produzir um acordo *substancial*, não necessariamente total, sobre uma única ação a realizar. Em nosso caso, uma mudança específica – esgoto sanitário, segurança pública, construção de uma escola, desenvolvimento de um polo turístico etc. Para chegar a tal acordo pode ser necessário incluir ações que não estejam estritamente ligadas ao projeto.

Decidida a ação, o grupo discutirá os meios para alcançá-la e possíveis mecanismos para solucionar conflitos. A informação obtida nesse processo passa a ser um recurso que pode guiar a ação, determinando as potencialidades da organização ou grupo (nesse caso, associação de moradores), seus pontos fortes ou aspectos positivos e suas possíveis limitações.

A **segunda etapa** inclui **a ação** propriamente dita. No caso da associação de moradores, *mudanças no bairro*. Segundo Arellano ([s.d.]), organizada a informação obtida na etapa anterior, inicia-se a ação através do processo de sensibilização. Nesse processo, aproveita-se toda ocasião para envolver a comunidade:

- Contatos informais, palestras com lideranças do bairro.
- Reuniões periódicas de informação e discussão do observado com o grupo.
- Reuniões com a comunidade para incentivar a sua participação no projeto.
- Se necessário e caso seja possível, formação de grupos de trabalho etc.

O pesquisador deve ajudar a criar um ambiente de confiança entre os integrantes da associação e a comunidade externa. Deve conscientizar os membros do grupo, no sentido de uma responsabilidade compartilhada por todos os integrantes.

Culminado esse processo, organiza-se a próxima etapa: **a avaliação**.

Usualmente os autores incluem nessa etapa uma avaliação do processo, dos resultados alcançados e da aprendizagem teórica. Neste trabalho, assim como Susman e Evered, prefiro deixar a aprendizagem para a etapa seguinte. Portanto, a avaliação integra o processo e os resultados alcançados.

Segundo Arellano [(s.d.)], partindo do que se tinha e dos logros alcançados, far-se-á uma reflexão do realizado, os acertos e desacertos, a percepção e expectativas dos participantes sobre as atividades, técnicas e resultados obtidos durante o processo.

Analisam-se, interpretam-se e extraem-se conclusões que permitem avaliar o cumprimento dos objetivos formulados através das estratégias de ação. Reconsideram-se as oportunidades e limitações da situação, revisam-se os logros e as consequências, discutem-se as contradições e as mudanças produzidas.

A partir dos objetivos e metas, respondem-se, entre outras, as seguintes perguntas:

- Que objetivos e metas não puderam ser alcançados?
- As pessoas e grupos participantes foram verdadeiros representantes da comunidade?

CAPÍTULO 18

- Aconteceram resultados não esperados?
- As técnicas estiveram adequadas aos resultados obtidos?
- Quais foram os efeitos do processo, as potencialidades e limitações?
- O que deve ser aprofundado?
- O que deve ser reorientado?
- Quem deve ser incorporado na continuação do processo?
- Com quem se pode contar?
- Que aspectos devem ser reforçados?

De acordo com Snyder (apud DICK, 1997d), existem três etapas no processo de avaliação. Cada uma oferece uma forma diferente de avaliar e cada fase baseia-se na anterior. A *avaliação do processo* ajuda os participantes do projeto a compreender o processo, a relação entre os elementos do modelo e a importância dos recursos e atividades desenvolvidas para alcançar as metas e ideais. Inclui desenvolver ideais, definir metas, comparar metas e ideais, definir atividades e efeitos imediatos, comparar metas e efeitos imediatos, definir recursos, comparar atividades e recursos e planejar atividades ou mudanças nas atuais.

A *avaliação dos resultados* refere-se à sua medição. Com base na avaliação do processo, os participantes podem identificar *indicadores válidos e objetivos* para medir os resultados alcançados. Além disso, a avaliação dos resultados é uma maneira de revisar a avaliação do processo e mostrar a eficiência do projeto. Inclui destacar metas, efeitos imediatos, atividades e recursos, todos mensuráveis, como também desenvolver atividades de monitoração.

A *avaliação cíclica* utiliza os indicadores da avaliação dos resultados para desenvolver uma efetiva realimentação. Em outras palavras, a avaliação cíclica contribui para que o projeto se transforme em um sistema autodesenvolvido com um aperfeiçoamento contínuo. Inclui a identificação de critérios de avaliação, informações para a avaliação, fontes de informação, criação de sistemas de informação, revisão das avaliações de processo e dos resultados e a criação de mecanismos de revisão.

Assim, as três fases são as seguintes:

ETAPAS	1	2	3
Avaliação	Processo	Resultados	Cíclica
Análise	Processo	Medição dos resultados	Desenvolvimento contínuo

Para Dick (1998), os *indicadores de desempenho* devem ser capazes de mostrar progressos em direção às metas e poderem ser utilizados por qualquer participante do projeto. Na prática existem quatro condições que se aplicam ao desempenho dos indicadores:

- devem ser uma amostra adequada dos elementos que compõem a visão do projeto (o que se espera do futuro);

- para cada elemento, deve-se incluir os recursos utilizados e os efeitos imediatos, tanto intencionais quanto não intencionais;
- são utilizados e periodicamente revisados pelas pessoas que estão mais envolvidas com o projeto. No entanto, podem ser utilizados por outros participantes;
- são indicadores e não medidas. Assim, se um indicador não "resulta", deve-se procurar os motivos. Não significa, necessariamente, que o desempenho caiu.

No caso de não existir acordo na avaliação, o grupo pode utilizar as formas convencionais de atividade grupal, como fazer uma votação. No entanto, raramente é necessário. Geralmente, após um debate demorado é relativamente fácil alcançar um acordo razoável e justo sobre o êxito e os resultados do projeto coletivo. Durante o projeto, os participantes aprenderam a compreender o ponto de vista dos outros e, portanto, raramente porfiam na manutenção de suas opiniões originais. Pelo contrário, com o transcurso do tempo, a atmosfera do grupo tende a ser mais entusiasta, e a avaliação dos resultados pode chegar a ser muito positiva pelo clima existente. Para comprovar a solidez da avaliação, o pesquisador pode ter uma segunda avaliação, aplicando, posteriormente, um questionário ou entrevista aos participantes.

Em todo caso, a prática usual em pesquisa-ação é que o grupo avalie os resultados do processo. Uma avaliação desse tipo está consoante com o ritmo normal da metodologia, sendo o único modo eficiente pelo qual o grupo pode finalizar o trabalho, um acordo coletivo no qual os resultados do trabalho serão confirmados como positivos.

Desenvolvido esse processo, passamos à quarta e última etapa: **a reflexão.**

Nesse momento procede-se à avaliação do aprendizado dos participantes e os resultados teóricos. Participar de um projeto de pesquisa-ação é interessante e gratificante, particularmente, pelo desenvolvimento das formas de pensar e trabalhar dos membros do grupo, suas habilidades, atitudes e comportamento. Outrossim, durante o desenvolvimento da ação, o grupo pode estabelecer a capacidade da comunidade de sustentar o projeto, ou outras ações a serem desenvolvidas.

Nessa etapa, o grupo, como um todo, faz uma análise crítica do processo. Possíveis problemas de comunicação, relacionamento entre pesquisador e outros membros do projeto, avanços, obstáculos, potencialidades e outros. Geralmente, a análise começa com o cumprimento das metas.

A reflexão é o momento de tornar público o aprendido. Inicia-se discutindo e analisando, com os membros do grupo, o nível de compreensão da realidade, retomando as colocações feitas em reuniões, assembleias e contatos diretos. É necessário lembrar que a análise deve ser feita considerando a confluência dos elementos em uma perspectiva de totalidade. Pode-se iniciar a discussão com a seguinte pergunta: Sabemos o que somos? Se sabemos, então, aonde queremos chegar? Lembremos que o que foi colocado no início deste livro queremos melhorar e envolver. Portanto, devemos vincular a reflexão e a ação.

CAPÍTULO 18

Ao concluir esse processo, o grupo apresenta à comunidade em geral a sistematização do projeto, destacando os principais resultados, análise e interpretação. Esses resultados são objeto de amplas discussões tanto no grupo, quanto na comunidade. Dessas discussões surge o planejamento de novas ações comunitárias, constituindo-se na melhor forma de validação dos resultados.

18.5 Coleta de informações

Se esta fosse uma pesquisa convencional, as recomendações levariam o pesquisador a coletar todos os "dados". Após os dados serem coletados, ele começaria a codificação. Posteriormente, faria a interpretação dos resultados e o relatório.

Na pesquisa-ação, pode-se melhorar substancialmente o rigor do trabalho combinando a coleta de informações, a interpretação e a revisão da literatura e do relatório. O desenvolvimento da interpretação das informações desde o primeiro momento permite dispor de mais tempo e mais ciclos para testar essas informações. Nesse sentido, apenas um projeto de pesquisa-ação é semelhante a um programa de pesquisa convencional. Em outras palavras, um ciclo de pesquisa-ação é semelhante a um experimento completo. Cada ciclo da pesquisa-ação é menor, pois em cada projeto existe uma quantidade de ciclos.

De acordo com Dick (1998), outra vantagem de fazer a interpretação à medida que se avança no projeto é economizar na quantidade de informação normalmente acumulada em uma pesquisa qualitativa. É necessário apenas registrar a interpretação feita e as informações que a confirmam ou rejeitam. Além disso, considerando a natureza convergente do processo, a informação, mais detalhada, coletada em ciclos posteriores pode substituir informações coletadas anteriormente.

Uma outra vantagem desse processo refere-se à revisão da literatura. Na investigação convencional, o pesquisador tem que procurar uma vasta literatura sobre o fenômeno estudado, sob pena de deixar de lado informações que podem ser importantes. No caso da pesquisa-ação, a leitura está mais dirigida aos resultados do projeto. É necessário procurar conscientemente para achar trabalhos relevantes, que contribuam na análise das informações. O resultado será uma revisão de literatura estabelecida pela relevância e não por disciplinas ou matérias. Além disso, esse processo permite a realização de mudanças no projeto, se as informações apontam para revisão das metas, novos objetivos, estratégias ou metodologias de ação. Isso pode ser muito importante para os participantes e as ações futuras a serem desenvolvidas.

A seguir indicam-se algumas técnicas de coleta de informações utilizadas na pesquisa-ação:

- Resumos de reuniões administrativas ou de aprendizagem.
- Anotações feitas pelo pesquisador.
- Entrevistas com pessoas que não participam do projeto.
- Opiniões do grupo.

- Registros (relatos) anteriores do grupo ou da comunidade-alvo do projeto.
- Documentos anteriores elaborados pelo grupo ou comunidade.
- Relatórios de conferências de busca.
- Relatórios de oficinas.

Para evitar os efeitos do excesso de subjetividade do pesquisador, é absolutamente necessário combinar essas técnicas de coleta de informação com outras, tradicionalmente, mais objetivas: questionários, discussões grupais e entrevistas semiestruturadas. Esta triangulação entre opiniões do pesquisador, do grupo e informações mais objetivas é cansativa, mas contribui para o rigor da pesquisa e confiabilidade dos resultados.

18.6 O diário de pesquisa

Instrumento importante na realização da pesquisa-ação é o diário de pesquisa. Trata-se do registro diário que o investigador faz do desenvolvimento do projeto. Em geral, as anotações no diário podem ser utilizadas como dados. No entanto, são diferentes das informações, observações, registros ou outros dados coletados com a intenção de obter informações para o fenômeno estudado. O diário contém informações sobre o pesquisador, o que ele faz e o processo da pesquisa. Complementa os dados obtidos pela metodologia da investigação. De acordo com Hughes (2000a), os principais motivos para manter um diário de pesquisa são os seguintes:

- Gerar a história do projeto, o pensamento do pesquisador e o processo de pesquisa.
- Fornecer material para reflexão.
- Proporcionar dados para a pesquisa.
- Registrar o desenvolvimento dos conhecimentos de pesquisa adquiridos pelo investigador.

Os investigadores utilizam o diário como uma ferramenta de reflexão da prática de pesquisa. É uma importante ferramenta da pesquisa-ação participativa, que pode ser utilizada pelos participantes para suas próprias pesquisas ou interesses profissionais. Além disso, escrever um diário é importante para que o pesquisador desenvolva e ganhe confiança no registro de pesquisas e na preparação de relatórios, seja reconhecido como pesquisador compartilhando a experiência com seus colegas e se envolva em uma ação de apoio crítica entre colegas e participantes do projeto.

Como manter o diário? É importante escrever regularmente. É recomendável anotar alguma coisa a cada momento em que se faz algum trabalho no projeto e em intervalos de tempo (por exemplo, semanalmente). Vale a pena dividir o diário com diversas chamadas: reflexão, planejamento, ação, observação etc. Não existem normas de estilo ou linguagem. O diário deve ser escrito de uma forma que o pesquisador considere a mais prática.

CAPÍTULO 18

No caso de trabalhar com um grupo de pesquisa-ação, deve-se utilizar um estilo e forma discutidos e aprovados no grupo.

De acordo com Hughes (2000a), o diário pode incluir um resumo dos acontecimentos do dia, conversações, discussões, questões a serem aprofundadas, observações, pensamentos, planos etc. Assim, o conteúdo do diário inclui as ideias do pesquisador e o seu desenvolvimento.

18.7 Pesquisa-ação e participação

Tal como foi colocado anteriormente, a diferença fundamental entre a pesquisa-ação e as formas convencionais de investigar está nos objetivos da primeira: melhorar e envolver para produzir mudanças operacionais, justas e sustentáveis. Portanto, um aspecto crucial da pesquisa-ação é a participação das pessoas que vivem na situação pesquisada ou que podem ser afetadas pelos resultados da ação. Por exemplo, uma associação de moradores que procura a instalação de um posto policial. A pesquisa-ação a ser desenvolvida deve incluir como participantes os membros da associação e da comunidade.

Assim, antes de começar o trabalho propriamente como tal, é necessário considerar os graus de participação das pessoas. Duas perguntas podem ajudar nessa decisão: Quem pediu ajuda? Quais são as mudanças esperadas? Em uma pesquisa em que a colaboração leal entre os participantes é fundamental, não podem existir lacunas na comunicação. Assim:

- Deve ser possível a participação de todos os envolvidos.
- Todos devem ser ativos. Cada participante deve colocar a sua opinião e ajudar os outros a colocar as deles.
- A participação não pode estar apenas no papel.
- Os graus de participação devem ser amplamente discutidos pelo grupo. Ninguém está isento das responsabilidades estabelecidas.

Nesse sentido, o papel do pesquisador é muito importante, uma vez que ele deve ser mediador e facilitador de um diálogo que permita chegar a decisões quase consensuais. Neste momento, cabe destacar que uma maior participação produz um compromisso maior com a ação planejada. Assim, os participantes que cumprem o papel de copesquisadores são essenciais, informantes e intérpretes. **Lembremos, saber é poder**.

Seguindo as ideias de Dick (1997b), a participação não é um assunto de tudo ou nada. Pode variar em diversas dimensões e, em cada uma dessas, existir ao longo de um contínuo. O autor distingue **sete dimensões**. Quatro fazem referência ao conteúdo da situação:

- fornecimento de dados: os participantes são informantes;
- interpretação de dados: os participantes são intérpretes;
- planejamento de mudanças: os participantes são planejadores ou tomam decisões;
- implementação: os participantes são executores.

PESQUISA-AÇÃO 341

Duas fazem referência ao processo de pesquisa:

- gerenciamento do processo de coleta de dados e interpretação: os participantes são facilitadores;
- planejamento da pesquisa: os participantes são pesquisadores ou copesquisadores.

A sétima dimensão pode se aplicar tanto ao conteúdo quanto ao processo, ou a ambos:

- manter-se informado sobre o projeto e suas implicações: os participantes são receptores.

Em cada uma dessas dimensões existe uma escolha a ser feita:

- Quem deve participar?
- Até onde chega a sua participação?

A primeira pergunta tem duas partes. Primeiro, existem pessoas que podem contribuir. Por exemplo, pessoas que conhecem a situação e possuem informações importantes. Segundo, pode não ser possível integrar ao projeto todos os possíveis participantes. Talvez seja necessário que o pesquisador ou equipe de pesquisa tenha de escolher uma quantidade menor de pessoas. Em outras palavras, quando a participação plena não é possível, podem-se escolher *representantes*.

No caso da segunda pergunta, é muito possível que as pessoas tenham diversos graus de participação. Por exemplo, pode-se entrevistar um grupo pequeno de pessoas, em diversas oportunidades, para aprofundar as informações obtidas. Outros podem ser entrevistados só em uma oportunidade. Além disso, outro grupo pode responder a um questionário. As informações podem ser interpretadas pelo grupo responsável do projeto, incluindo ou não representantes da comunidade etc. As possibilidades são múltiplas. Cabe insistir que, se o interesse é a realização de uma ação acompanhada de uma pesquisa, é de grande vantagem a inclusão de todos.

18.8 Participação dos *stakeholders* (pessoas ou grupos estratégicos)

Existem pessoas que não podem deixar de participar de uma pesquisa-ação: são os chamados *stakeholders*. Para qualquer decisão ou ação, o *stakeholder* é alguém que pode ser influenciado ou pode influenciar essa decisão ou ação. De acordo com Uhlmann (1995), sua participação é fundamental, pois:

- estão familiarizados com a situação e podem identificar, claramente, os principais elementos;

CAPÍTULO 18

- conhecem a história, podem dizer o que foi feito e o que pode ser culturalmente problemático;
- são capazes de avaliar a adequação de possíveis soluções a determinados problemas;
- continuaram no grupo ou comunidade após concluída a pesquisa-ação;
- o seu relacionamento contribuirá para a implementação das ações.
- duas cabeças pensam melhor que uma.

Os *stakeholders* podem ser pessoas, grupos ou a combinação de ambos. As estratégias utilizadas para obter sua participação dependerão do tipo de informação de que o pesquisador ou equipe de pesquisa precisar:

- Informações para a comunidade. Por exemplo: o líder do projeto pode desejar transmitir um plano de ação para a comunidade.
- Informações da comunidade. Por exemplo: o grupo precisa saber os problemas mais importantes da comunidade.
- Intercâmbio de informações. Por exemplo: propostas que procuram respostas a determinado assunto.
- Procura de consenso nas decisões. Por exemplo: pode ser que alguma decisão tomada agrade a um grupo de *stakeholders* e desagrade a outro; ou, podem surgir problemas no interior da comunidade por mal-entendidos ou desconfiança.

As categorias indicadas são relativamente artificiais. Por exemplo: é difícil obter ou dar informações sem produzir algum tipo de influência nas atitudes pessoais ou alguma reação. Mas servem como ponto inicial na escolha dos *stakeholders*.

18.9 O relatório da pesquisa-ação

Seguindo as ideais de Hughes (2000), em continuação apresentam-se algumas orientações para escrever o relatório de uma pesquisa-ação. Não é necessário segui-las ao pé da letra, mas todo relatório inclui a informação apresentada. O uso da sequência, aceita consensualmente, permite uma melhor localização das informações e análise do projeto.

18.9.1 Relatório de pesquisa tradicional

Cabe lembrar que, de acordo com as recomendações feitas por diversos autores, conselhos editoriais ou órgãos de financiamento, um *relatório tradicional de pesquisa* inclui cinco partes:

1. *Introdução.*

   Parte inicial do relatório. O autor responde, brevemente, o que fez em sua pesquisa. Por que fez? Como fez? A que resultados chegou? Qual é a contribuição do trabalho?

2. *Revisão da literatura.*

O autor deve analisar resultados de pesquisas anteriores e apresentar argumentos para mostrar a relação entre esses resultados e o fenômeno que está sendo estudado.

3. *Considerações metodológicas.*

A partir da formulação dos objetivos, deve-se indicar ao leitor as variáveis utilizadas, o universo e a amostra, os instrumentos de coleta de dados, quando e como foram coletados esses dados e o tratamento estatístico utilizado.

4. *Resultados e discussão deles.*

Os resultados devem ser apresentados clara e objetivamente. A discussão deve relacionar esses resultados com aqueles encontrados em trabalhos anteriores (revisão da literatura).

5. *Conclusão.*

O autor conclui os argumentos apresentados no trabalho, recapitulando os resultados obtidos. Opina em relação à contribuição do trabalho para resolver o problema formulado e avanço do conhecimento na área.

18.9.2 Relatório de pesquisa-ação

Assim como na pesquisa tradicional, o relatório de pesquisa-ação apresenta cinco partes. As diferenças estão na organização e no conteúdo dessas partes. Baseado nas sugestões de Hughes (2000b), o relatório deve incluir:

1. *Introdução.*
   - Apresentam-se os objetivos do projeto de pesquisa-ação (a pesquisa e a ação); as questões da pesquisa e objetivos; os participantes e tipos de participação; o contexto e a importância do projeto, com indicação dos *stakeholders* (organizações ou indivíduos); e a relação do projeto com seus interesses;
   - definição ou clarificação dos conceitos-chave;
   - pressupostos e escopo do projeto;
   - breve resumo do projeto e dos resultados.

2. *Revisão da literatura.*

O relatório deve incluir uma revisão dos trabalhos, teoria e pesquisas sobre o assunto, para situar o projeto no campo de conhecimento, e mostrar o que acrescentou à teoria, conhecimento prático ou à nossa compreensão do fenômeno. Essa revisão deve apresentar uma linha clara de pensamento que oriente ao leitor desde o que está bem desenvolvido na teoria até as lacunas que o projeto procura preencher no conhecimento e/ou na prática.

3. *Processo de pesquisa-ação e metodologia.*

Nesta parte, justifica-se e descreve-se o processo de pesquisa-ação e coleta de informações; explica-se o processo de participação do grupo ou comunidade;

explica-se como a ação foi utilizada para gerar conhecimento; descreve-se o universo do trabalho, os instrumentos e técnicas de coleta de informações, a análise dos dados e as formas de discussão dos resultados. É importante incluir procedimentos utilizados para aumentar a validade dos resultados.

4. *Discussão dos resultados.*

Os resultados devem ser apresentados clara e objetivamente. O pesquisador deve descrevê-los de tal maneira que o leitor apreenda da sua experiência e possa estabelecer o apoio, rejeição ou dúvidas que os resultados levantam em relação a trabalhos anteriores, teoria ou prática no assunto da pesquisa. Gráficos e tabelas ajudam a compreender os resultados alcançados. A discussão deve incluir as implicações teóricas e práticas (ações futuras) dos resultados.

5. *Conclusão*

Na última parte do relatório, o pesquisador deve incluir um resumo do projeto, o problema ou questão objeto da pesquisa-ação, os principais resultados, as possíveis mudanças nas ações da organização ou da comunidade participante. Todos esses aspectos devem estar relacionados à meta inicial da pesquisa. Considerando que os objetivos da pesquisa-ação são: melhorar a participação das pessoas ou da comunidade e produzir mudanças, a conclusão do relatório deve enfatizar os resultados e conclusões nesses dois aspectos. É muito importante a discussão do relatório com os participantes do projeto.

Em geral, existem os seguintes critérios para avaliar um relatório de pesquisa-ação:

1. A utilidade do relatório para alunos ou interessados na realização de pesquisa-ação.
2. A contribuição do relatório para a melhoria dos programas, ações ou condições sociais.
3. A contribuição do relatório para o aprofundamento do conhecimento.
4. A clareza do relatório. A ação e o problema de pesquisa estão claramente determinados.
5. A revisão da literatura está adequada.
6. Existe um argumento lógico baseado em evidência empírica.
7. O relatório está bem apresentado, conforme as normas de apresentação de trabalhos científicos.

18.10 Avaliação da pesquisa-ação

De acordo com Bermejo (2000), durante as décadas iniciais da pesquisa-ação existia uma tendência de avaliá-la aplicando métodos e critérios da pesquisa convencional. Considerava-se a pesquisa-ação um modelo de experimentação em que a ação era submetida à prova. Isso exigia definir um grupo a ser testado e outro "grupo de controle" ao qual não se aplicava a ação. Felizmente, essa prática ficou obsoleta e a pesquisa-ação começou a consolidar um tipo determinado de pesquisa que enfatiza a participação e a mudança. Assim, a pesquisa-ação não deve ser avaliada com os mesmos critérios da pesquisa empírica tradicional.

Se os objetivos são melhorar a participação e produzir mudanças, a avaliação deve incluir pelo menos três momentos:

- solução ou controle do problema que motivou o projeto;
- melhoria da democracia no grupo e na comunidade e aprendizagem dos participantes;
- desenvolvimento de resultados teóricos que apontem a mudanças no grupo.

1810.1 Avaliação do processo de solução ou controle do problema

No início de um projeto coletivo, a meta está relativamente clara, com a eliminação de um determinado problema. Nessa base, no fim do processo pode-se avaliar se essa meta foi alcançada ou não. Embora o objetivo inicial possa mudar, fruto das reuniões posteriores, sempre se conserva o fundamento do problema.

Prática habitual da pesquisa-ação é que o grupo estime os resultados do projeto. Esse tipo de avaliação está em concordância com o espírito desse tipo de pesquisa, sendo o único meio eficiente para que o grupo determine o fim do projeto com um consenso sobre os resultados positivos e negativos do trabalho.

18.10.2 Avaliação da aprendizagem dos participantes

Tal como foi colocado em páginas anteriores, participar de um projeto de pesquisa-ação pode ser interessante e gratificante pelas novas formas de trabalhar e pensar desenvolvidas pelos participantes. Aparentemente correspondem com as expectativas das pessoas em relação à vida em sociedade.

Durante o projeto, o pesquisador tem aprendido gradualmente a conhecer os membros do grupo. Isso lhe permitirá avaliar o desenvolvimento do pensamento, habilidades e atitudes do grupo.

Além disso, é possível avaliar o desenvolvimento da comunidade. Terá desenvolvido uma capacidade suficiente para enfrentar, por conta própria, problemas semelhantes? A resposta só poderá ser conhecida em ações posteriores.

18.10.3 Avaliação de resultados teóricos

Não obstante os problemas de grupos diversos possam ser diferentes em cada processo de pesquisa-ação, existem aspectos invariáveis que podem ser generalizados e aplicados em outras situações. Essas possibilidades devem ser colocadas no relatório.

Convencionalmente, a validade dos fatos apresentados em determinado relatório deve ser avaliada antes de sua publicação. Se o relatório inclui fatos descritivos referentes aos objetivos ou interpretações que os expliquem, sua validade deve ser julgada da mesma forma que os resultados teóricos em geral. A *validade pragmática* dos resultados, em outras palavras, a sua aplicação em situações semelhantes que apareçam em outros momentos, só será conhecida quando alguém tente aplicá-los. Assim, será difícil considerar esse tipo de avaliação no momento de escrever o relatório do projeto. Uma possibilidade existe com a organização de um seminário que discuta diversas experiências relacionadas com a problemática em questão.

18.11 O rigor na pesquisa-ação

Antes de concluir é necessário fazer algumas referências ao rigor na pesquisa-ação.

Cabe destacar que *o rigor dela não se baseia nos princípios da pesquisa empírica e experimental tradicional*. A pesquisa-ação utiliza diversas fontes de rigor, característicos da pesquisa qualitativa. Por exemplo, o uso de metodologias, técnicas múltiplas, diversidade de fontes de informação e processos para a coleta e análise das informações. A sua natureza cíclica permite uma revisão constante das informações e interpretações realizadas.

Assim, podemos identificar quatro elementos que contribuem para o rigor científico da pesquisa-ação:

- *Participação*

  Ainda na sua forma mais elementar (os informantes), é possível o uso de diversas fontes para melhor compreensão de um fenômeno. As discussões em grupo podem resultar em um desafio para os participantes e os pesquisadores, o que, por sua vez, pode ter grandes benefícios para o processo.

- *Qualitativa*

  As informações obtidas através do diálogo, desenvolvidas em um clima apropriado, podem contribuir para o aprofundamento do conhecimento acumulado. A qualidade permite chegar à essência do fenômeno.

- *A ação*

  Considerando que a pesquisa está orientada para uma ação, os planos são testados imediatamente. Também os pressupostos podem ser testados. Se você quer conhecer um sistema, tente mudá-lo. A ação e a pesquisa informam-se mutuamente.

- *Emergente*

  De acordo com Dick (1999b), este é um aspecto fundamental da pesquisa-ação. À medida que aumenta o conhecimento, a ação está mais bem informada. O mesmo acontece com a metodologia utilizada. É essa sensibilidade às informações, à situação, às pessoas que dá à pesquisa-ação a possibilidade de mudar programas.

Em suma, a pesquisa-ação não é fácil, é um pouco confusa, problemática e, às vezes, inconclusa. Exige bastante tempo e pode exacerbar os ânimos dos participantes. No entanto, os depoimentos das pessoas que têm participado e realizado pesquisa-ação são extremamente favoráveis, pois contribuem para melhorar a participação das pessoas e produzir mudanças nas condições sociais.

18.12 Desafios

Como já foi colocado, a pesquisa-ação é mais complexa que uma pesquisa empírica quantitativa. Ao menos quando o propósito for uma dissertação ou tese. Se você se mantiver na pesquisa empírica não vai ter que aturar a mesma dor para justificar o que faz. Para a pesquisa-ação, você tem que justificar sua aproximação em termos gerais. Tem que ser muito bem-feita para que os críticos que não concordarem com a aproximação teórica metodológica passem a aceitar que lhes foi fornecido um raciocínio adequado (isso pode ser verdade para outras metodologias além da pesquisa "tradicional").

Em geral, uma dissertação ou tese feita com uma pesquisa-ação é normalmente maior que uma tese convencional. Como já foi mencionado, o autor de uma P.A. tem de proporcionar uma justificativa mais convincente pelo que fez. De fato, você terá de escrever duas teses. Uma relata seu método, resultados e interpretações. A outra explica por que estes foram apropriados para a situação pesquisada. Em suma, se você usar informações qualitativas (o que você provavelmente fará), isso também deve tomar mais espaço para relatar.

Para muitas pessoas essas desvantagens superam as vantagens. Se você escolhe uma pesquisa-ação pensando ser uma opção mais fácil, está completamente errado. É mais desgastante e complicada.

Se pararmos para pensar, refletiremos que as desvantagens de se trabalhar com a pesquisa-ação, na verdade, são desafios! Na pesquisa-ação não há escolha, as expectativas em relação aos resultados e a flexibilidade requerem criatividade e deve-se aprender rapidamente a ser um bom pesquisador. Além disso, qualquer método ou metodologia de pesquisa deve ser rigoroso. Ou seja, o pesquisador deve ter uma maneira de assegurar a qualidade dos dados coletados e de sua interpretação. Deve ter a capacidade de convencer a si próprio e aos outros que a informação oferecida é consistente com os dados. Mais importante ainda, deve ser capaz de demonstrar que a aproximação utilizada é melhor que outra interpretação alternativa.

18.13 Cuidados

O'Brien (2003) recomenda ter as seguintes precauções: em todo momento, obtenha e interprete seus dados em forma defensiva. Em particular, conheça sua metodologia geral antes de começar. Pelo menos, saiba como pretende iniciar, e tenha certeza de que ela é defensiva. Você vai mudar sua forma de pensar sobre a metodologia à luz de sua experiência.

Use sempre técnicas de coleta e interpretação de dados que testem e desafiem suas interpretações emergentes. Ou seja, procure evidências que não confirmem os fatos. Integre sua bibliografia de pesquisa com sua coleta de dados e interpretação. Além disso, busque a negação de seus argumentos.

Justifique sua metodologia cuidadosamente. Explique suas razões para o uso da pesquisa– ação, coleta de dados, metodologia e técnicas específicas. Tenha o cuidado de fazê-lo sem soar como uma pregação e também sem envolver críticas, por mais suaves que sejam a outros paradigmas de pesquisa.

Depois de ter em conta as preocupações colocadas, você terá como resultado a segurança científica.

19

ETNOMETODOLOGIA

19.1 Definição e origens

A etnometodologia é uma corrente sociológica surgida nos anos sessenta através dos trabalhos de Harold Garfinkel (1967), discípulo de Talcott Parsons, criador do estrutural--funcionalismo. Aparece, principalmente, como uma ruptura com as ideias de Parsons, que, segundo Garfinkel, considerava o sujeito um "idiota cultural" que apenas "agia" em conformidade com as regras que lhe foram impostas. No entanto, inspirou-se também na obra do fenomenologista A. Schutz (2010), na tradição pragmatista e na filosofia analítica (L. Wittgenstein, em particular).

Seguindo essa linha de raciocínio, para entender o que configura o projeto etnometodológico, percebe-se que este absorve os avanços da filosofia ocidental do início do século XX – em particular, da fenomenologia alemã, bem como do empiriocriticismo-pragmatismo inglês e norte-americano –, contrapondo-os ao padrão positivista de ciência que vigorava na sociologia da época.

Segundo Boudon (1990), o termo etnometodologia foi inventado em 1954, por analogia com o de etnobotânica, para designar os métodos habituais que servem para gerir os assuntos da vida cotidiana, como manter uma conversação ou esclarecer um assunto criminal quando se é jurado num tribunal. Não é, portanto, uma metodologia sociológica, mas um estudo das modalidades práticas (rotinas, encenações, glosas ou explicações) da conduta social.

A etnometodologia substituiu o funcionalismo de T. Parsons na ideia de que a ordem social é uma criação concertada e mantida em permanência pela atividade cotidiana dos "membros" (por exemplo, membros de uma comunidade de linguagem). Mais do que procurar estabelecer as normas sociais que dirigiriam a conduta dos membros, a etnometodologia prefere estudar a maneira como eles próprios constroem essa ordem normativa, experimentando com os seus estudantes rupturas da ordem cotidiana (BOUDON, 1990).

Também tem semelhanças com o interacionismo simbólico, que estuda as formas como as pessoas definem e compartilham por meio da interação os significados do mundo social. Assim como o interacionismo simbólico, a etnometodologia também se preocupa com as interações, mas concentra sua atenção nos métodos que utilizam as pessoas para dar sentido aos conceitos sociais.

A etnometodologia baseia-se no pressuposto de que todos os seres humanos têm uma praticidade com a qual ajustam as regras de acordo com uma racionalidade usada na vida cotidiana. Em termos mais simples, é uma perspectiva sociológica que estuda os métodos utilizados pelos seres humanos em suas vidas diárias para levantar-se, ir ao trabalho, tomar decisões, participar de uma conversa com os outros.

Harold Garfinkel (2006) afirma que sua pesquisa (e a correspondente disciplina) orienta-se à tarefa de aprender como as atividades cotidianas das pessoas consistem em métodos que permitam analisar as ações práticas, as circunstâncias práticas, o conhecimento do senso comum das estruturas sociais e o raciocínio sociológico prático. Para o autor, a etnometodologia estuda a maneira como os participantes de uma determinada atividade lhe dão sua própria percepção. Assim, a disciplina não procura observar os fenômenos, exteriormente, com base em determinados conceitos, mas o interesse radica na procura das principais características observáveis de um fenômeno de forma endógena. Em termos mais simples, se considerarmos que as disciplinas convencionais analisam o mundo social com categorias ou características "apropriadas", a etnometodologia visa estudar as categorias que um grupo estabelece para incluir as atividades do mundo social. Por essa razão, a etnometodologia procura ser uma sociologia sem indução.

A etnometodologia está ligada à Sociologia do Conhecimento e às perspectivas pós-modernas na pesquisa em Ciências Sociais que usam o não conhecimento e a vantagem do emergente para trabalhar sem noções preconcebidas do significado da ação social que deve ser compreendida em um contexto social mais amplo. Nesse sentido, a construção social de "fatos sociais" passa a ser mais importante que os "fatos reais sociais" em um sentido objetivo. É na criação da descrição que os "fatos sociais" assumem uma vida própria (HAVE, 2004).

Para Oliveira e Montenegro (2012, p. 133), na etnometodologia,

> a realidade é percebida como socialmente construída por meio das interações sociais dos sujeitos que subjetivamente percebem essa realidade como dotada de uma realidade

objetiva e intersubjetivamente a legitimam, dotando-a de uma quase materialidade que possibilita o convívio humano em uma rede de significados comuns, pautados nos estoques de conhecimento do sujeito e nas tipificações que permeiam o mundo social e possibilitam a interação intersubjetiva entre os sujeitos [...].

Segundo Psathas (apud OLIVEIRA; MONTENEGRO, 2012), a abordagem etnometodológica estuda os **métodos efetivamente** praticados (usados) pelos **membros** da sociedade a fim de alcançar os seus objetivos (incluindo as formas de falar a respeito das atividades em execução). Um estudo dos métodos usados pelos membros para alcançar ações práticas no mundo da vida cotidiana resulta em descrições e análises da **metodologia de todo dia** ou da etnometodologia (etno = membro de um grupo ou do próprio grupo em si), ou dos métodos dos membros. A parte referente à metodologia do termo etnometodologia deve ser entendida como uma referência a "como" as **efetivas práticas situadas, os métodos pelos quais as atividades de todo dia são alcançadas** (OLIVEIRA; MONTENEGRO, 2012, p. 135).

Em geral, há duas maneiras principais de aplicação da etnometodologia. A primeira se relaciona com a ordem (e desorganização) da vida diária. Uma técnica bastante utilizada entre etnometodólogos consiste na interrupção temporária do mundo das pessoas e em analisar como elas reagem. Por exemplo, Garfinkel pediu a seus alunos que em casa se comportassem como hóspedes e observassem a reação dos membros da família. A consequente resposta: primeiro, surpresa seguida por hostilidade foi um exemplo da fragilidade da ordem social diária. O segundo tipo de investigação etnometodológica: a análise conversacional estuda a organização social da conversação (BLOOR; WOOD, 2006).

19.2 Diferenças entre etnografia e etnometodologia

Tanto a etnografia quanto a etnometodologia são termos encontrados na Sociologia e Antropologia e podem se referir a métodos de pesquisa. A etnometodologia é uma subdivisão da Sociologia focada na forma com que os seres humanos constroem suas ordens sociais em diferentes sociedades. Já a etnografia é um método de pesquisa (SMITH, [s.d.])

19.2.1 Conceitos

19.2.1.1 Etnografia

A palavra "etnografia" deriva da união de dois vocábulos gregos: *ethnos* (que significa "povo") e *graphein* (que significa "grafia", "escrita", "descrição", ou melhor, "estudo descrito"). Logo, etimologicamente, a etnografia é o estudo descrito de um povo. Note-se que dizemos " de um povo " e não " do povo", pois aqui o termo "povo" não é usado no seu significado social (isto é, não se refere a uma camada social, a uma classe social), mas sim como um conjunto de indivíduos unidos entre si por laços comuns de ordem rácica, histórica, cultural, religiosa, social etc.: o povo português, o povo espanhol, o povo brasileiro etc.

352 **CAPÍTULO 19**

Mais particularmente poderemos dizer que a etnografia é a ciência que estuda e descreve os agregados populacionais. E, sendo assim, a etnografia descreve e estuda o povo de um dado país, de uma dada província, de uma dada região, de uma dada comunidade etc. (VIDAL, 2009).

Para Wolcott (1999), em termos etimológicos, "etnografia" significa "escrever sobre as pessoas", ou "escrever um relato sobre o modo de vida de um determinado povo". Nos primórdios da Antropologia, o objetivo era um relato descritivo de particularidades sociais e culturais de uma determinada sociedade. Às vezes, a etnografia era contrastada com a etnologia, preocupada com a análise comparativa de culturas, muitas vezes em termos de esquemas evolutivos. A etnologia baseava-se nos relatos de viajantes ou missionários, e posteriormente os antropólogos começaram a gerar, cientificamente, dados etnográficos. No transcurso do tempo, o termo "etnologia" foi abandonado e substituído pelo conceito de "etnografia", referindo-se a uma combinação de relatos descritivos de culturas, realizada por cientistas sociais, e interpretação teórica dos dados obtidos. Em alguns casos distingue-se, equivocadamente, fazer uma etnografia de utilizar métodos etnográficos (WOLCOTT, 1999).

A etnografia é usada, principalmente, na Antropologia cultural para analisar o comportamento das pessoas. Permite que antropólogos e sociólogos estudem a ligação entre comportamento e cultura e as mudanças no transcurso do tempo. Uma etnografia é uma descrição altamente detalhada da vida social de determinados grupos.

19.2.1.2 Etnometodologia

Para Smith ([s.d.]), a etnometodologia é uma abordagem alternativa, introduzida por Harold Garfinkel, para as pesquisas sociológicas. Ela se concentra nos métodos cotidianos realizados pelas pessoas. Assim, a etnometodologia estuda o conhecimento e raciocínio de uma sociedade e como ela responde ao seu meio ambiente, e tem como objetivo descrever as estratégias usadas na criação de uma ordem social.

A palavra etimologia pode ser dividida em três partes constituintes: etno – método – logos. A linguagem grega pode ajudar na definição:

- etno – *ethno*: denota uma ideia de etnia, de povo, de indivíduos.
- método – *metodhos*: seguir um caminho (para chegar a um fim).
- logia – *logos*: palavra, estudo.

Assim, o foco da etnometodologia é o estudo dos "métodos" e estratégias utilizadas no cotidiano de um conjunto de indivíduos para construir, dar sentido e significado às práticas sociais cotidianas. Em essência, a etnometodologia tenta criar uma classificação das ações sociais de um grupo de indivíduos sobre a sua experiência sem impor na configuração as opiniões do pesquisador em relação à ordem social, como acontece na sociologia tradicional (LYNCH, 1993). Em outras palavras, a etnometodologia estuda a maneira ou o modo como as pessoas constroem ou reconstroem a realidade social.

19.2.2 Método de pesquisa

A maior diferença entre esses dois termos é que a etnografia apresenta um método de pesquisa estruturado, diferente da etnometodologia. A coleta de informações dos etnógrafos é feita através de um processo chamado de "observação participante", na qual os pesquisadores entram o máximo possível na vida da cultura estudada. De acordo com o Departamento de Antropologia da Universidade da Pensilvânia, nos Estados Unidos, os detalhes das observações dos pesquisadores são registrados "no ponto de vista de um nativo", sem impor as suas próprias interpretações. Por outro lado, a etnometodologia não apresenta um método formal de pesquisa (SMITH, [s.d.]).

19.2.3 Campo de pesquisa

Outra grande diferença se encontra no fato de que a etnometodologia é um campo de pesquisa. Ela é o estudo da metodologia, de como as pessoas fazem suas decisões e de como elas agem, além dos métodos que usam para criar uma ordem social. A etnografia não é um campo de pesquisa, mas sim uma metodologia usada na Sociologia. Por exemplo, um etnometodólogo usa a etnografia usada por sociólogos para estudar outras culturas (SMITH, [s.d.]).

19.3 Princípios

Coulon (apud BISPO; GODOY, 2012) aponta **cinco conceitos-chave** que são base para a etnometodologia; **prática** (no sentido de realização), **indicialidade**, **reflexividade**, *accountability* (passível de ser relatada) e a **noção de membro**.

O **conceito de prática**, preocupação central da etnometodologia, faz referência às atividades práticas, corriqueiras da vida cotidiana. Procura examinar, empiricamente, os métodos que os indivíduos empregam para atribuir sentido e, ao mesmo tempo, realizar suas ações cotidianas. Parte do senso comum para analisar as crenças e os comportamentos dos membros de um grupo, considerando que todo comportamento é socialmente organizado. A partir da concepção de que a realidade social é constantemente criada pelos atores que dela fazem parte, a etnometodologia não trabalha com a hipótese de que os atores sociais seguem regras, mas de que está preocupada em examinar os métodos que eles usam para mudar, atualizar e adaptar tais regras, interpretando e inventando, constantemente, a realidade social.

A **indicialidade**, um termo que tem origem na linguística, aponta que, ao mesmo tempo que uma palavra tem um significado, de certa forma "genérico", também possui significação distinta em situações particulares. Assim, para a sua compreensão, é preciso, em alguns casos, que as pessoas busquem informações adicionais que vão além do simples entendimento genérico da palavra (COULON, 2005). Essa ideia de indicialidade indica que uma palavra pode apresentar um sentido independentemente de suas condições de uso e enunciação, ou seja, a linguagem é uma produção coletiva que assume significados diversos dependendo de fatores contextuais, como a biografia de quem fala, sua intenção imediata, seu relacionamento com quem ouve e suas conversações passadas.

Para Garfinkel, de acordo com Coulon (2005), a linguagem natural e ordinária, por meio da qual as pessoas se expressam no dia a dia, é profundamente indicial, pois para cada ator social o significado da linguagem cotidiana depende do contexto em que ela se manifesta. Esse conceito de indicialidade está diretamente relacionado às concepções de Wittgeinstein sobre a linguagem real da vida, ou linguagem em uso, cotidiana, também conhecida como jogos de linguagem.

Já o conceito de **reflexividade** está relacionado aos "efeitos" das práticas de um grupo; em outras palavras, é o processo de construção contínua de um grupo, ou comunidade, por meio de suas atividades práticas. Assim, ao mesmo tempo que essas práticas constituem os resultados da interação entre os membros, elas também imprimem influências sobre os componentes do grupo. Trata-se de um processo em que ocorre uma ação que produz uma reação sobre os seus criadores. Esse é um conceito que não deve aqui ser confundido com reflexão, pois a reflexividade, no entender de Garfinkel, designa as práticas que constituem um quadro social a partir do qual os atores exprimem os significados de seus atos e pensamentos (COULON apud BISPO; GODOY, 2012).

A ideia de *accountability* (relatabilidade), no contexto da etnometodologia, está atrelada a duas condições essenciais: ser reflexiva e racional. Cabe recordar que a etnometodologia estuda as atividades cotidianas das pessoas, que são inteligíveis e passíveis de serem descritas. De outra maneira, é como o grupo estudado descreve as atividades práticas a partir das referências de sentido e significado que ele próprio possui. Assim, a *accountability* pode ser considerada uma "justificativa" do grupo para determinada atividade e conduta (BISPO; GODOY, 2012).

O quinto conceito-chave é a concepção de **membro**. Garfinkel propõe que o membro é aquele que compartilha da linguagem de um grupo. Nas palavras de Coulon (2005, p. 51-52), "um membro não é apenas uma pessoa que respira e que pensa. É uma pessoa dotada de um conjunto de procedimentos, de métodos, de atividades, de *savoir-fare*, que a faz capaz de inventar dispositivos de adaptação para dar sentido ao mundo que a rodeia". A partir das considerações de Coulon (2005), é possível entender que o membro na concepção de Garfinkel induz a uma condição de "ser" do e no grupo e não apenas de "estar".

O quadro 19.1 resume os conceitos-chave da etnometodologia garfinkeliana.

Quadro 19.1 Conceitos-chave da etnometodologia de Garfinkel

CONCEITO	CONTEÚDO
Prática/ Realização	Indica a experiência e a realização da prática dos membros de um grupo em seu contexto cotidiano, ou seja, é preciso compartilhar desse cotidiano e do contexto para que seja possível a compreensão das práticas do grupo.
Indicialidade	Refere-se a todas as circunstâncias que uma palavra carrega em uma situação. Tal termo é adotado da Linguística e denota que, ao mesmo tempo que uma palavra tem um significado, de algum modo "genérico" esta mesma palavra possui significação distinta em situações particulares. Assim, a sua compreensão, em alguns casos, necessita que as pessoas busquem informações adicionais que vão além do simples entendimento genérico da palavra. Trata-se da linguagem em uso.
Reflexividade	Está relacionada aos "efeitos" das práticas de um grupo, trata-se de um processo em que ocorre uma ação e, ao mesmo tempo, produz uma reação sobre os seus criadores.
Relatabilidade	É como o grupo estudado descreve as atividades práticas a partir das referências de sentido e significado que o próprio grupo possui; pode ser considerada uma "justificativa" do grupo para determinada atividade e conduta.
Noção de membro	O membro é aquele que compartilha da linguagem de um grupo, induz a uma condição de "ser" do e no grupo e não apenas de "estar" nele.

Fonte: Elaborado por Bispo (2014) com base em Coulon (2005), Garfinkel (2006) e Heritage (1987).

19.4 Características

Para Rodriguez Bornaetxea (2012), a etnometodologia é uma metodologia que visa especificar os procedimentos reais através dos quais se desenvolve e constrói a ordem social: o que se realiza, em que condições e com que recursos. Isso constitui uma prática interpretativa: um conjunto de procedimentos, condições e recursos por meio dos quais a realidade é apreendida, organizada e levada à vida cotidiana.

Rodriguez Gomez et al. (1999) afirmam que a etnometodologia procura estudar os fenômenos incorporados aos discursos e atividades das pessoas. A característica distintiva desse método encontra-se em seu interesse em focar o estudo de métodos ou estratégias utilizadas por pessoas para construir, dar sentido e significado às suas práticas sociais cotidianas. A etnometodologia não apenas constata as regularidades, também as explica.

A etnometodologia baseia-se no pressuposto de que todas as pessoas têm um sentido prático com o qual adequam as normas segundo uma racionalidade prática que utilizam na vida diária. Em termos mais simples, é uma perspectiva sociológica que leva em conta os métodos que as pessoas usam na vida diária para ir ao trabalho, tomar decisões, conversar com os outros etc. Preocupa-se principalmente com o estudo do desenvolvimento das realidades humanas; os acontecimentos do dia a dia e a influência do conhecimento comum nas Ciências Humanas. Assim, sua principal premissa é a de que, nas Ciências

Sociais, tudo é interpretação e que nada se explica por si só, sendo necessário procurar um sentido para todos os elementos que enfrenta o pesquisador.

Em geral, os etnometodólogos não estão interessados no que pensam as pessoas, senão no que fazem. Acreditam que a descrição é explicativa. Portanto, em vez de produzir explicações causais dedutivas, tem como objetivo produzir descrições. Enfatizam a análise de como as pessoas dão sentido a suas atividades diárias, de maneira que o comportamento siga formas socialmente aceitas.

Para Bloor e Wood (2006), os etnometodólogos estudam a forma como as pessoas enfrentam a vida diária (no trabalho, em casa, no lazer etc.). Argumentam que, a fim de organizar a ação, as pessoas precisam tomar decisões quanto ao que para elas é "inquestionavelmente verdadeiro". Exemplo popular: ao se preparar café é inquestionavelmente verdade que, se não for colocado açúcar, seu sabor ficará amargo. Decisões desse tipo permeiam todas as atividades cotidianas. Assim, uma característica fundamental da etnometodologia é a análise das ações práticas das pessoas em contextos determinados.

19.5 Estratégias e técnicas de investigação

Lynch (2001) e Sharrock (2003) apud Oliveira e Montenegro (2012) colocam que os procedimentos utilizados pelos etnometodólogos não são exclusivos ou mesmo novos, e fazem parte do patrimônio da Sociologia qualitativa moderna. Destacam que muitos dos instrumentos de pesquisa utilizados são emprestados da etnografia, embora num estudo de caráter etnometodológico devam ser aplicados com matizes próprios, que levem em conta seus elementos fundadores.

Um enfoque interessante, inspirado na etnometodologia e proposto por Hugh Mehan, é o da **etnografia constitutiva**: "os estudos da etnografia constitutiva funcionam a partir da hipótese interacionista segundo a qual as estruturas sociais são construções sociais" (COULON, 1995, p. 86). Essa orientação teórica está pautada em quatro grandes princípios: (1) a disponibilidade dos dados consultáveis (documentos em áudio e vídeo etc.); (2) a exaustividade do tratamento dos dados; (3) a convergência entre os pesquisadores e os participantes sobre a visão dos acontecimentos (utilizando técnicas como a entrevista recorrente, por exemplo); (4) a análise interacional, que evita ao mesmo tempo redução psicológica e a reificação sociológica. Nessa concepção, é possível reconhecer um dos princípios fundamentais da etnometodologia: os fatos sociais são construções práticas. Também convém ressaltar que, como a organização dos acontecimentos é socialmente construída, há de se procurar essa estruturação nas expressões e nos gestos dos participantes.

Para Coulon (1995), os etnometodólogos também fazem uso de métodos empregados por outras sociologias qualitativas, em que os instrumentos para coleta de material empírico são: observação direta, observação participante, diálogos, gravações em vídeo, projeção do material gravado para os próprios autores, gravações dos comentários feitos

ETNOMETODOLOGIA   357

no decorrer dessas projeções, entre outros. Observa-se, nos estudos etnometodológicos, um foco na descrição, uma vez que "como a etnometodologia fixa para si o objetivo de mostrar os meios utilizados pelos membros para organizar a sua vida social comum, a primeira tarefa de uma estratégia de pesquisa etnometodológica é descrever o que os membros fazem" (COULON, 1995, p. 89). Zimmerman (1978) enfatiza que "o etnógrafo deve encontrar os meios para estar onde tem que estar, ver e ouvir o que pode, desenvolver a confiança entre ele e os sujeitos a estudar, e fazer muitas perguntas" (apud COULON, 1995, p. 90); por isso esse autor faz uso do "*tracking*", que significa, nos estudos etnometodológicos, seguir a pista de alguém, ficar na espreita (OLIVEIRA; MONTENEGRO, 2012).

É possível perceber que a concepção etnometodológica é fundamentalmente construtivista, e sendo construtivista, a etnometodologia oferece outro caminho para o problema da objetividade dos problemas da realidade prática, já que, segundo seu alinhamento ontológico-epistemológico, metodologias e métodos desempenham um papel constitutivo na produção de todo e qualquer fenômeno social a ser analisado, sugerindo com isso não uma descrença na metodologia e no método, mas sim na lógica de *tabula rasa* e de pureza analítica que algumas metodologias e métodos na pesquisa social pressupõem ter, segundo os quais um efetivo e completo distanciamento dos elementos subjetivos dos pesquisadores seria possível (LYNCH, 2001; SHARROCK, 2003 apud OLIVEIRA; MONTENEGRO, 2012).

19.6 Técnicas de pesquisa

Para Rawls (apud BISPO, 2014), o etnometodólogo não deve formular perguntas e problemas antes de ingressar no campo de investigação. O pesquisador deve estar atento aos "métodos" que os participantes utilizam para fazer algo inteligível, não havendo espaço para concepções *a priori*. A ideia é utilizar algo próximo ao conceito de "suspensão" adotado na fenomenologia para que seja possível a compreensão de "como" são as práticas cotidianas e qual é o significado e sentido delas para os membros do grupo em investigação. No contexto da etnometodologia, Garfinkel (2006) denomina esse processo **indiferença etnometodológica**. A principal preocupação do pesquisador ao ir a campo deve ser a do exercício da observação e compreensão de como os membros de um grupo agem a partir do seu ponto de vista, apoiando-se nas referências sociais que possuem.

Ten Have (2002) considera que o problema principal da etnometodologia tem duas caras: por um lado, o problema de minimizar o uso não examinado do senso comum; e por outro, maximizar a possibilidade de ser examinado. Nesse sentido, sugere uma tipologia das soluções tentadas pelos especialistas no tema.

A **primeira** estratégia, muito utilizada por Garfinkel, consiste no estudo minucioso de atividades que fazem sentido para uma determinada pessoa (*self making*) em situações em que são particularmente importantes. Tais situações são aquelas que apresentam profundas discrepâncias entre as expectativas e/ou competências e o comportamento e/ou tarefas interpretativas que precisam de esforços extraordinários da compreensão dos

CAPÍTULO 19

membros. Esse tipo de situação pode ocorrer naturalmente – como no caso de um transexual estudado por Garfinkel (1967) – ou podem ser criadas propositalmente – como as experiências de "ruptura".

Para evitar os problemas práticos e éticos gerados pela estratégia mencionada, desenvolve-se uma **segunda**. Nessa estratégia o pesquisador estuda sua própria atividade de compreensão, colocando-se em um tipo de situação extraordinária. Pode ser uma situação na qual falham os procedimentos de compreensão da rotina ou em que a pessoa deve enfrentar uma tarefa difícil e desconhecida, ou, ainda, uma na qual a pessoa é instruída para ver o mundo do ponto de vista de outra pessoa.

A **terceira** estratégia é a que mais se assemelha ao trabalho tradicional. Consiste em observar detalhadamente as atividades em seu ambiente natural, conversar (gravar) com pessoas experientes (*seasoned practitioners*) visando analisar as competências necessárias para executar essas atividades.

A **quarta** estratégia utiliza a análise conversacional. Implica o estudo das práticas rotineiras, gravando e transcrevendo a conversação e tentando captar o que está sendo dito sobre um determinado assunto e de que forma.

Em um trabalho posterior, Ten Have (2004) destaca que um trabalho etnometodológico pode ser realizado a partir de quatro estratégias, excluindo a primeira mencionada anteriormente:

a) **experimentos de desarrumação:** estão relacionados à criação artificial de situações em que os membros têm de realizar um trabalho de criação de sentido extra em razão de reparar expectativas faltantes ou contraditórias no seu repertório (essa estratégia era utilizada por Garfinkel para ensinar seus alunos);

b) **estudos feitos pelos pesquisadores de suas próprias práticas e sua criação de sentido:** práticas em que os pesquisadores se colocam em uma situação extraordinária, como tentar realizar uma tarefa muito difícil, algo fora do seu âmbito de atuação ou conhecimento;

c) **utilização de métodos de campo para estudar situações naturais:** a criação de sentido é também compartilhada com os participantes locais;

d) **gravação e transcrição das atividades ordinárias:** para estudar a constituição dos métodos utilizados pelos participantes na construção das suas práticas.

Para dar conta das estratégias acima apontadas, algumas técnicas de coleta de dados estão mais diretamente associadas às características de um estudo etnometodológico: observação direta, observação participante, diálogos (conversas informais), entrevistas, gravações em vídeo, projeção do material gravado para os próprios atores (participantes), gravações em áudio, notas de campo, além de debates com os participantes sobre os materiais produzidos (COULON, 2005; GARFINKEL, 2006; OLIVEIRA et al., 2010; RAWLS, 2008; HAVE, 2004).

Dentre o repertório acima apresentado, assumem importância fundamental a observação participante, as notas de campo e as conversas informais. A observação participante destaca-se nos estudos etnometodológicos por possibilitar ao pesquisador a apropriação da realidade vivida de um determinado grupo, a partir da descrição e da interpretação de suas práticas (HAVE, 2004).

Rawls (2008) corrobora a importância do trabalho de campo e aponta que as anotações ali realizadas podem revelar características ordenadas (práticas), quando o pesquisador é treinado para observá-las, e as notas de campo possibilitam a preservação dessas características. Entretanto, há algo essencialmente importante em relação à observação na etnometodologia. O pesquisador deve sempre ter em mente que não se pode observar o fenômeno com uma postura carregada de pressupostos *a priori*, uma vez que os *experts* do fenômeno pesquisado são os participantes, e o pesquisador tem por objetivo se apropriar das práticas ali existentes. Para Francis e Hester (2004, p. 26), as "observações não são o fim da investigação, elas são o início para o que é chamado de 'análise constitutiva'". A análise constitutiva se refere a como são ordenadas as características do fenômeno pesquisado, ou seja, é a análise de como são construídas as práticas.

Francis e Hester (2004) e Have (2004) destacam ainda o papel das conversas informais na obtenção de informações, uma vez que elas possibilitam ao pesquisador interagir com as pessoas de maneira mais natural. Além disso, ao mesmo tempo que o pesquisador está conversando com as pessoas, pode acompanhar o trabalho que elas estão desenvolvendo.

O caráter formal de uma entrevista é, então, abandonado e procura-se colocar as pessoas em uma condição mais natural, que propicie a narração dos temas que vão emergindo.

Como forma de facilitar esse processo, Garfinkel (2006) advoga que as pesquisas sejam feitas dentro do que ele chama de "requisito único de adequação" – *unique adequacy* – conceito que sugere que o pesquisador seja competente no domínio das atividades que estejam sob investigação. Heritage (1987) aponta que, ao contemplar esse requisito, o pesquisador é capaz de manter-se atento aos pormenores das atividades pesquisadas e ampliar a condição de que elas sejam descritas com a maior precisão e detalhamento possíveis.

Have (2002) apresenta duas técnicas que compõem a característica principal de um estudo etnometodológico: a observação "independente" (em contraposição à observação participante) e os "documentos de campo".

A importância da observação independente na etnometodologia radica na possibilidade do pesquisador de se apropriar da realidade vivida por um determinado grupo, tornando-o apto a descrever e interpretar as práticas presentes sem intervenção dos seus interesses pessoais.

Ao utilizar a observação na etnometodologia, o pesquisador deve ter em mente que não se pode observar o fenômeno com uma postura carregada de pressupostos *a priori* – indiferença etnometodológica –, uma vez que os "especialistas" no assunto são os participantes.

CAPÍTULO 19

Tal como já foi colocado, o investigador tem por objetivo se apropriar das práticas existentes. As reflexões científicas devem ser adotadas após a observação em campo (RAWLS, 2008).

O autor mencionado aponta outra técnica importante no trabalho de campo e destaca que as anotações realizadas podem revelar características ordenadas (práticas) quando o pesquisador é treinado para observá-las; assim, as notas de campo possibilitam a preservação dessas características (RAWLS apud BISPO, 2014).

Autores como Coulon (2005), Francis e Hester (2004) e Have (2004) destacam que, além da observação participante e das anotações de campo, as conversas informais contribuem para a obtenção de informações, uma vez que possibilitam ao pesquisador interagir com as pessoas de uma maneira mais natural. Em muitos casos, ao mesmo tempo que está conversando com as pessoas, o pesquisador pode acompanhar o trabalho que elas estão desenvolvendo. Nesse caso, o caráter mais formal de uma entrevista é abandonado e as pessoas são colocadas em uma condição mais natural na narração dos temas que vão surgindo (BISPO, 2014).

19.7 Críticas e desafios

Para Clifford (1998), os princípios e as estratégias metodológicas da etnometodologia têm gerado críticas importantes:

1. Considera a ação como significado, não como práxis.
2. Desconhece a centralidade do poder na vida social.
3. Minimiza o fato de que as normas sociais são interpretadas de maneira diferente de acordo com os interesses dos membros.

A **indiferença metodológica** é uma das estratégias mais criticadas, sendo que é uma ferramenta etnometodológica fundamental para compreender uma determinada situação.

Para Lynch (1999) e outros autores, na indiferença etnometodológica não é possível aceitar que algum conjunto padronizado de regras estabelecidas pelas ciências sociais, comportamentais ou naturais opere por trás os métodos utilizados pelos membros. Fica claro que, na etnometodologia, não se consideram alguns aspectos importantes (modelos e codificação) dos métodos analíticos utilizados em estudos clássicos das ciências sociais. Isso está em nítido contraste, por exemplo, com a pesquisa educacional, em que modelos de comportamento e teorias de aprendizagem são considerados componentes necessários da investigação.

De acordo com Giddens (1978), os processos de construção social estão enraizados na situação e estruturam-se pelo conhecimento das regras e táticas usadas na vida real. Por exemplo, a característica coercitiva do poder é de origem estrutural.

O problema principal que enfrenta a etnometodologia é que, não obstante seja o grupo que cria as regras de vida e não o contrário, são os atores que acreditam que são essas regras que determinam a vida do grupo. A própria Sociologia pressupõe a realidade social como algo constituído. Assim, se a etnometodologia quer estudar os processos de constituição da realidade e da ordem social, deve incluir, pelo menos como elemento implícito, a referência àquele que é seu próprio trabalho de descrição e interação. Sem fazer isso, o trabalho passa a ser um simples estudo formal de interações e enfrenta-se como um problema de regressão infinita: cada tentativa de explicação de uma ação converte-se em uma nova tentativa que também deve ser explicitada (BORNAETXEA, 2012).

Dani Alvarez (2014) apresenta outra crítica importante à etnometodologia, a de que ela não consegue questionar a ordem e os conflitos sociais dos sistemas existentes. A decodificação da informação dos indivíduos não leva à explicação dos processos sociais. Junto com o método participativo compartilha as críticas aos métodos estatísticos e burocráticos e à pretensão de interpretar realidades desconhecidas, através de uma linguagem sofisticada, muitas vezes, longe de compreender a problemática dos grupos investigados.

Em suma, cabe destacar que a importância da posição dos etnometodólogos depende especialmente de uma questão empírica que parece não ter sido tratada seriamente, ou talvez nem sempre tem sido reconhecida. Até que medida os atores sociais estão "programados" por suas culturas, aceitando que esses programas estão acessíveis ao pesquisador (GOLDTHORPE, 1973)?

Para P. Atkinson (1988), um dos mais importantes críticos atuais da etnometodologia, existe uma variedade importante – às vezes ambígua – nas bases epistemológicas da etnometodologia. Sempre é possível explicar observações empíricas sem aceitar integralmente as justificativas epistemológicas ligadas a essas observações, apesar da exclusividade pretendida pelos etnometodólogos. Não há dúvida de que, além de estudos estritamente etnometodológicos e da análise conversacional, muitas investigações empíricas têm utilizado seus princípios e características. A influência etnometodológica tem-se manifestado nas sociologias da medicina, educação, direito, trabalho, organizações e assim por diante.

De acordo com o autor, a etnometodologia deve agora enfrentar as várias vertentes epistemológicas que coexistem dentro dela, em vez de reivindicar um programa mais homogêneo e coerente em relação àquele existente. As críticas mencionadas não procuram desqualificar essa corrente. Pelo contrário, baseiam-se no reconhecimento da contribuição da etnometodologia para a Sociologia. As bases estabelecidas por Harold Garfinkel e Harvey Sacks resultaram em uma importante reavaliação do objeto e de procedimentos da Sociologia clássica. Eles e seus colegas, colaboradores e estudantes desenvolveram um programa de trabalho que exige cada vez mais a atenção séria de todos os cientistas sociais.

20

RELATÓRIO DE PESQUISA

20.1 Introdução

Uma vez concluída a pesquisa, é necessário retomar por escrito o projeto em todas suas etapas e dimensões. Em nossa opinião é impossível entender qualquer trabalho de pesquisa cujo final não coincida com a apresentação de um relatório, mesmo que não publicado. O relatório é a última etapa do processo da pesquisa, marcando, portanto, a sua conclusão. Somente será possível dar a conhecer a alguém alheio à pesquisa os procedimentos técnicos utilizados, os métodos empregados, os resultados obtidos e as conclusões a que se chegou em um trabalho desse tipo, se tudo isso for apresentado em forma de relatório. É, portanto, de extrema utilidade e necessidade um documento dessa espécie, pois, além de prestar conta das tarefas empreendidas por uma ou mais pessoas, serve para o aprofundamento dos campos de conhecimento do homem, e marca, no tempo e no espaço, um invento ou descoberta, permitindo sua divulgação junto a outros cientistas, governantes, técnicos e estudiosos de áreas afins.

Para pesquisadores experientes, essa fase final normalmente não causa muitos problemas, mas para pesquisadores novatos trata-se de um grande desafio com muitas interrogações. A falta de exercício, aliada à pouca ou nenhuma importância dada à forma de comunicação, faz que para muitas e boas pesquisas se obtenham maus relatórios. A ausência de elementos importantes em um relatório ou a sua má disposição, contrariando o bom senso, a estética e normas preestabelecidas, comprometem, em sua extensão e qualidade, aquilo que se quer comunicar. Portanto, é de importância fundamental elaborar relatórios ou comunicados científicos que possibilitem ao público acompanhar os conteúdos, sem confundir a diferença fundamental que existe entre um texto literário e um científico.

Sem dúvida, cada relatório pode refletir a individualidade de cada pesquisador; contudo, não deve vir em prejuízo da comparabilidade de relatórios e da observância de normas técnicas úteis, não em si, mas pelo que podem significar em mais e melhores informações.

Existe ainda outro aspecto que merece atenção nessa discussão preliminar. É o falso prestígio da linguagem hermética. Erroneamente muitos pensam, e em particular o pesquisador novato, que o emprego de uma linguagem mais difícil e carregada do jargão próprio da área de conhecimento dará mais peso científico e sabor de verdade irrefutável à pesquisa e ao texto dela resultante. Sem sombra de dúvida, deve-se reconhecer que a propriedade na linguagem e o manuseio correto do vocabulário de uma ciência permitem maior rigor e precisão ao que se deseja comunicar. Isso, todavia, deve vir como consequência natural da familiaridade de alguém com o seu campo de trabalho e jamais como qualificação preliminar de um relatório de investigação. O relatório útil e inteligível quase sempre está distanciado daquele pretensioso, em que a simplicidade e a comunicabilidade foram sacrificadas pela vaidade de quem o escreveu.

Mesmo sem defender que todo relatório de pesquisa tenha, de saída, condições para ser divulgado junto a um grande público, a publicação de um relatório exige do seu autor, ou autores, sacrifícios e esforços no sentido de fazê-lo alcançável pelo maior número possível de leitores. Ainda sobre esse ponto não é demais lembrar que, nas Ciências Sociais, além dos que nela se iniciam, têm interesse outras pessoas não especialistas nas mesmas. É o caso de políticos, administradores e outros técnicos que, decidindo ou agindo no campo do social, devem ter fácil acesso ao que nele é descoberto, verificado, compreendido e explicado.

Complementando, ao texto redigido não deve faltar esse atributo: acessibilidade. Seria interessante, também, que não se relatassem apenas as pesquisas exitosas. Por causa de falhas ou sentimentos bem humanos, aquelas pesquisas cujos resultados foram desconcertantes ou adversos, e em que as hipóteses foram rejeitadas, ficam sem divulgação alguma. Essa é, de certa forma, um desvio à seriedade científica.

Considerando que existem diversos tipos de pesquisa, os relatórios apresentam formatos diferentes. Uma pesquisa aplicada, encarregada e financiada por uma instituição governamental, uma tese de doutorado ou uma pesquisa científica de larga escala prevista para ser divulgada entre um grande público exigem modelos diferentes de relatórios, sem esquecer a conhecida diferença entre pesquisa quantitativa e qualitativa, que também se reflete na forma como escrever um relatório final. Não obstante, cada relatório científico, qualquer que seja o tipo, tem de atender a certos requisitos e normas a serem observadas. Uma descrição resumida dessas normas, sugestões e observações pertinentes consiste no assunto das páginas que vêm a seguir.

20.2 Redação do texto

Sobretudo para iniciantes, mas às vezes também para experimentados pesquisadores, o trabalho de redação é penoso e obstaculizado por falta de experiência, desorientação e bloqueios de escrever. De saída, há uma recomendação válida, útil e necessária: é mister escrever. Deve-se pôr no papel ou no computador tudo aquilo que as normas atinentes à matéria exigem e que também exige o bom senso. O trabalho de redação só pode ter andamento se for iniciado e tocado adiante. Não espere o pesquisador, a fórmula mágica, a inspiração que o fará discorrer satisfatória e ininterruptamente sobre o seu trabalho realizado. Uma e outra não existem ou, se existentes, pelo menos a última depende muito mais do esforço e da força de vontade que de poderes que possuam em si e por si mesma. Em realidade, certas condições são mais favoráveis ao trabalho redacional: o silêncio, a disposição para o trabalho, condições para organização das ideias etc. Todavia, ninguém deve contar com algo mais do que isso para dar início à redação de um relatório de pesquisa. E mais: deve dispor-se a redigir e a voltar a redigir até encontrar a melhor forma de dizer, de comunicar, de fazer-se entender. Litton (1975, p. 98-99) apresenta dez recomendações para que se obtenha "uma redação amena".

Certas falhas de redação são repetidas com tanta frequência nos primeiros trabalhos de pesquisa dos novatos, que se elaboraram para eles alguns conselhos. O investigador que lhes der a devida atenção verificará que seu esforço produzirá um texto mais agradável.

As dez recomendações são as seguintes:

1. Variar a extensão das frases. Dar preferência às orações curtas e simples.
2. Eliminar toda palavra supérflua.
3. Usar um tom impessoal na redação. Cultivar um estilo formal, sem se mostrar pedante ou afetado.
4. Empregar corretamente o idioma.
5. Familiarizar-se com os sinais de pontuação e a função que desempenham.
6. Dar a devida importância a cada palavra. Conhecer o significado das palavras, antes de usá-las. Evitar os falsos sinônimos, o nome vulgar ou familiar das coisas. Nunca empregar a gíria.
7. Resistir a toda tentação de empregar terminologia com significado subjetivo.
8. Abster-se do uso de aumentativos, superlativos e diminutivos.
9. Usar de preferência expressões e termos castiços e não vocábulos vulgares ou malformados.
10. Ler bons autores. Aproveitar o melhor dessa leitura para desenvolver seu próprio estilo, que deve ser o reflexo da personalidade culta de um universitário e de um profissional.

CAPÍTULO 20

O texto de um relatório será necessariamente dividido em partes. Antes de iniciar um relatório, deve-se proceder à elaboração de esquemas referentes ao mesmo. Além de um esquema geral, em que se apresentam as partes que haverão de integrá-lo, pode-se partir para a esquematização de capítulos ou itens que serão abordados. Como consequência dessa esquematização detalhada segue-se o surgimento de títulos e subtítulos que ajudarão a conduzir a redação inicial, a concatenação futura das partes e, se mantidos na redação final, permitirão uma leitura mais fácil do todo e identificação de seus elementos integrantes.

Quanto mais minucioso um esquema, mais fácil se torna manusear e utilizar o relatório e preencher, assim, os seus objetivos. Uma esquematização prévia ajuda a definir, compor e elencar o que deve ser dito. O detalhe na esquematização serve para evitar esquecimentos, ordenar as partes do relatório e os respectivos conteúdos, além de despertar para a necessidade da coleta suplementar de informações de maior ou menor peso e significação.

Ao mesmo tempo que se vai dando nascimento ao relatório, convém atentar para uma série de recomendações que, se observadas, darão mais qualidades ao texto escrito.

A primeira dessas recomendações se refere ao estilo. Quase não se pode afirmar a existência de um estilo próprio para os relatórios de pesquisa. Podemos dizer, isso sim, é que eles devem ter em comum com os demais textos científicos uma série de características que, se não servem para firmar uma marca estilística, ao menos podem dotá-los de maior funcionalidade e objetividade.

Tais qualidades são: **exatidão** – o texto de um relatório deve se ater às palavras justas para medir, comentar, expor os fatos, as análises e as conclusões. Se em um escrito qualquer se deve evitar que os adjetivos ganhem terreno na matéria, isso se aplica ainda mais em um texto no qual se persegue a objetividade científica. Como se sabe, mais que os substantivos, os adjetivos qualificativos são enganosos e sujeitos a interpretações e valorações díspares; **sobriedade** – existem diversas maneiras de dizer uma mesma coisa e uma delas segue o caminho mais curto e direto entre o que se pretende expor e a exposição propriamente dita. Esse caminho, parco em palavras, evita por todos os meios a prolixidade. Para chegar a essa maneira de dizer e para dominar essa qualidade é necessário escrever e cortar o que se escreveu a mais; substituir a oração pela expressão, esta pela simples palavra e reescrever sempre que necessário, ou seja, quando o trecho ou o texto não satisfazem essa exigência. Não se deve aqui temer tornar-se um escritor aborrecido. Aborrecido, no caso, é o texto no qual o leitor, cansado, busca saltar palavras e linhas em busca da(s) frase(s) que, em última análise, contém(êm) tudo, ou seja, aquilo que, unicamente, deveria ter sido dito e escrito; **clareza** – de certa forma esta se encontra relacionada com as duas anteriores. Se um texto vem a ser claro é porque, de alguma maneira, ele vem atendendo à objetividade. Deve-se, contudo, atentar para o seguinte: nem sempre a objetividade que satisfaz e aclara ao especialista permite ao texto possuir a

RELATÓRIO DE PESQUISA   367

clareza desejada por outras pessoas. Ao elaborar o relatório, nunca se deve perder de vista sua possível clientela, seus leitores potenciais.

Com isso presente, verificar-se-á sempre que o que é claro para uns é obscuro e de difícil compreensão para outros. Enquanto relacionada com um texto sóbrio, a clareza exige que a sobriedade não seja levada ao extremo de sacrificar o que se poderia dizer de esclarecedor, complementar. Resumindo, a clareza deve existir de tal forma que a sobriedade não sacrifique o acessório.

Ainda em relação à clareza, deve-se mencionar aqui as notas de rodapé. Nesse caso, considere-se a nota de rodapé como um complemento que contém algo de importância, mas que, não necessariamente, deveria integrar o corpo do texto.

Ainda tratando do estilo nos textos de relatórios de pesquisa, podemos dizer que devem ser sempre, ademais de informativos e técnicos, expositivos. Deve-se esperar deles nada mais nem nada menos que a exposição clara, sóbria e objetiva do que em uma pesquisa se pretendeu fazer, do que se fez realmente, por que se fez ou não, como, quando, onde e, naturalmente, os resultados que foram obtidos. Há momentos, todavia, no relatório, em que certas características da próxima exposição, ou a maneira específica do compor, adquirem certas matrizes. É aí quando o relatório, ou parte dele, adquire, conforme o caso, a forma narrativa, descritiva, explicativa ou argumentativa. Em certas ocasiões, o relator é levado apenas a narrar. Isso acontece frequentemente quando se faz necessário dar conta de episódios da própria pesquisa ou ligados ao tema tratado. Apela-se para o tom narrativo quando se impõe contar o que aconteceu ao longo de um tempo mais ou menos longo.

Nem sempre a descrição é totalmente satisfatória em um relatório. Geralmente se faz pesquisa para saber os "porquês". A apresentação dos mesmos vem, na maioria das vezes, sob a forma de explicações. É de se esperar que o narrativo e o descritivo tratem o mesmo objeto com menos profundidade que o explicativo.

Quando o relatório, ou parte dele, aborda um tema ou subtemas controversos que já foram objeto de descrições, explicações e afirmações que se contradizem, é de se esperar que o seu conteúdo contribua para aclarar a discussão. Tal aclaramento pode vir sob a forma de fatos novos ou de reforços a fatos e argumentos já trabalhados anteriormente. Nessas ocasiões, é necessário contrastar os argumentos alheios com os próprios e sacar daí as conclusões que a objetividade ensejar e permitir. O texto do relatório reproduz um diálogo em que as posições diferentes ou convergentes são expostas e aclaradas.

Outra forma de expor através de um relatório é analisar as partes mais amplas e complexas do problema estudado e/ou das soluções encontradas para ele. Desdobrando o todo, torna-se mais inteligível para o leitor o que se pretende expor e provar. Mais uma vez, cumpre aqui lembrar que a clareza e a objetividade valem mais que a linguagem obscura.

Dependendo de suas finalidades, um relatório de pesquisa pode estar dirigido a uma ou mais audiências. É sempre conveniente tê-las em conta, pois isso é de fundamental importância para o linguajar a ser adotado e a suposição – fundada ou não – de conhecimentos prévios pelo leitor ou clientela.

A título de recomendação geral poder-se-ia falar de dois posicionamentos: um quando se conhece a clientela específica do relatório e outro quando essa clientela é desconhecida, ou melhor, é variada. No primeiro caso, torna-se fácil eleger a maneira como conduzir o relatório: sabe-se o vocabulário a empregar – mais ou menos técnico – e se conhece até que patamar chegam os conhecimentos prévios dos leitores sobre o assunto. No segundo caso, tudo são suposições. Cuidados maiores se fazem necessários, a linguagem empregada tem de satisfazer a um possível público leigo e detalhes e explicações em maior quantidade devem aparecer para que a suposição de que o leitor "já sabe" isso ou aquilo não prejudique o entendimento maior, que é o dos resultados da pesquisa levada a efeito. Mais uma vez, aqui se faz necessário advertir contra o hermetismo, o tecnicismo despropositado e o falso brilho do texto difícil.

Ainda quanto ao texto, não se deve perder oportunidade para fazer comentários. Tudo ou quase tudo em uma pesquisa enseja ou requer um comentário. Comenta-se o que foi feito, como se fez e por que se fez. Comenta-se também os êxitos e os fracassos, além dos resultados, em termos de conhecimentos adquiridos.

Ao mesmo tempo que se recomenda a feitura e a existência de comentários, adverte-se para que o relatório contenha o essencial e não se permitam divagações. Não se deve esquecer que, hoje em dia, a massa de literatura escrita, nos diferentes campos de saber, exige uma economia e uma escolha cada vez maiores do que ser lido. Caso esse ou aquele comentário possa aparecer útil, mas não necessário, basta registrá-lo sob a forma de nota, de rodapé ou não, conforme o critério adotado para o perfil do relatório.

A essencialidade a que nos reportamos acima exige do autor de um relatório que o texto se limite ao resultado da pesquisa com pequenas, mas importantes, extensões de um lado, ou como se chegou a ela e aos seus resultados; do outro, o alcance e a importância que esses mesmos resultados entranham. Convém não esquecer, todavia, que, ao reportar, por meio de relatório, qualquer trabalho de pesquisa empreendido, deve o pesquisador usar, imbuído de espírito científico, de toda humildade e honestidade para, ao lado de seus sucessos e acertos, referir-se também a fracassos e erros.

Por último, uma observação de caráter mais genérico. Em que pesem as recomendações acima, nada impede que o autor de um relatório seja inventivo e original. Essas são qualidades que podem muito bem coexistir com outras, já mencionadas e comentadas anteriormente, desde que a presença não venha a prejudicar o objetivo e a qualidade principais de um relatório: a comunicabilidade.

Para o final, uma observação animadora: ao relatar uma pesquisa, não se deve economizar rascunho. Há que escrever e escrever. Nem todos os rascunhos terão oportunidade de ser aproveitados. Isso significa um trabalho suplementar: eleição ou expurgo de textos provisórios; cortes, emendas e complementações; separação de frases, parágrafos ou páginas que esperarão para ser ou não aproveitadas no futuro.

Em um maior número deles, entretanto, pode oferecer a certeza, ou a tranquilidade, de que se está no caminho correto para fazer que a pesquisa seja lida e de que se segue o processo do aprendizado de cada vez melhores relatórios.

A revisão tem por objetivos: examinar criticamente o trabalho como se fosse de outro autor; diminuir ou aumentar o texto desde que isso tenha algo a ver diretamente com a observância das seguintes qualidades: concisão, precisão, clareza, propriedade, eficácia, simplicidade. Nenhum relatório vale pelo seu tamanho, daí encurtá-lo ou ampliá-lo visa sempre beneficiar o conteúdo objeto do julgamento e de atribuição de valor do que foi pesquisado e relatado; chegar às informações diretas ou indiretas; verificar notas, dados bibliográficos, numerações, títulos, subtítulos, legendas etc. Korolkovas (1970, p. 198), citando Trelease e Yule, fala de

> dez processos de revisão destinados a aperfeiçoar a coerência, melhorar a estrutura das sentenças, simplificar a pontuação, aumentar a clareza das sentenças e dos parágrafos, evitar repetição de palavras, reduzir o emprego de conjunções, interjeições e pronomes relativos, aprimorar a fluência, corrigir a pontuação, uniformizar o uso de maiúsculas, grifo e subtítulos, verificar a exatidão das declarações.

Por princípio, a estrutura do modelo do relatório reflete as etapas de pesquisa expostas anteriormente: formulação e discussão do problema, descrição das metodologias e técnicas empregadas, apresentação e comentários sobre os resultados obtidos e conclusões. Para o tipo da pesquisa quantitativo-nomológico, Schrader (1974, p. 257) elencou:

> o relatório inicia com a formulação do problema, expõe dados da literatura existente sobre o tema, explicita a posição teórico-científica. Apresenta uma lista completa das hipóteses, descreve problemas da técnica de mensuração, fundamenta a escolha de um ou vários métodos, explica o procedimento de mensuração, a amostra e as técnicas de análise, compara os dados com as hipóteses e formula, a partir das hipóteses explicativas confirmadas, refutadas ou reformuladas, um ou mais enunciados teóricos com os quais se responde à pergunta inicial de investigação.

Em caso de uma pesquisa qualitativa, os componentes podem variar e a flexibilidade é maior, não obstante certos elementos básicos devem aparecer da mesma forma.

20.2.1 O problema

Nada mais natural para quem vai ler um relatório de pesquisa do que ser conduzido a entender o desenrolar do processo que originou o problema objeto da pesquisa. Toda pesquisa tem sua história. E mais: responde a como, por quê, quando e onde tem lugar um determinado problema ou conjunto de problemas. E aqui, uma advertência: utiliza-se o termo *problema* no sentido genérico com que é empregado nas pesquisas em Ciências Sociais. Nesse caso, problema é uma questão a merecer resposta ou respostas; é algo a ser resolvido pelo conhecimento e pelo estabelecimento da verdade. Dessa forma, qualquer tema para investigação pode ser encarado como um problema a ser equacionado mediante o emprego dos métodos e técnicas próprios para, a partir dos dados obtidos e analisados, receber uma resposta. O problema é uma interrogação, um enigma que nos oferece a realidade; a pesquisa é o meio de enfrentá-lo, resolvê-lo, decifrá-lo.

Tal é o caso da abordagem que se faz de como surgiu o problema, ou melhor, como se despertou para ele enquanto questão a ser pesquisada. Em certos casos se faz necessário esclarecer a gênese do problema propriamente dito. Há necessidade, então, de historiar o problema enquanto tal, suas origens, desenvolvimento e estágio atual.

Outro tópico ligado às dimensões do problema investigado que merece menção é a importância que lhe foi atribuída por outros investigadores anteriormente. Em geral, um problema é mais ou menos pesquisado ou é pesquisado desde um ou vários ângulos disciplinares ou metodológicos. Em certos casos, o assunto é virgem ou quase isso. Nessas ocasiões basta um registro de que nada ou pouco foi feito em torno do tema. Noutras ocasiões, quando o assunto foi estudado anteriormente, cabe um balanço quantitativo e qualitativo do que já foi realizado mediante uma revisão bibliográfica.

20.2.2 A revisão bibliográfica

Como dito, nenhuma pesquisa começa no ponto "zero", mas parte dos conhecimentos já existentes. Portanto, a revisão bibliográfica é peça de apoio ao trabalho de campo desenvolvido. Ela reflete o estado da arte dos conhecimentos teóricos e empíricos sobre um fenômeno. Em um relatório, as referências bibliográficas podem entrar simultaneamente por vários caminhos. O mais usado é o da revisão da bibliografia depois da exposição do problema. Quando um assunto, tomado como tema para pesquisa, já mereceu o estudo por outros investigadores, cabe dar um balanço antes de se empreender de fato a pesquisa que se tem em mente. Esse é bem o momento de verificar o que foi feito, por que e em que dimensões ou profundidade foi abordado o problema que se pretende estudar. Uma revisão bibliográfica bem-feita não é necessariamente exaustiva, isto é, não se faz necessário ir a todos e a cada um dos textos que tratam do problema. Índices e bibliografias comentadas e confiáveis e as próprias revisões bibliográficas feitas, com isenção, por terceiros, são um sucedâneo parcial do trabalho de revisão. Claro está que estes são apenas artifícios de que se pode valer o pesquisador. Nunca, porém, ele deverá deixar de ir diretamente às fontes, isto é, a textos em que especificamente se trata do problema proposto. Isso dará mais peso e segurança a essa etapa do trabalho investigatório.

Da revisão bibliográfica realizada cabe prestar conta do relatório da pesquisa. Isso servirá como um demonstrativo amplo e panorâmico do estágio em que se encontra o tema a ser pesquisado em termos de investigação. Como, em certas ocasiões, o assunto tratado

RELATÓRIO DE PESQUISA 371

mereceu a atenção de muitos, as referências bibliográficas devem-se concentrar naquilo que de mais significativo houver, bem como na contribuição dada por outros pesquisadores consagrados como autoridades no assunto ou no campo de conhecimentos mais geral onde está inserido.

Ao longo do relato de uma pesquisa, muitas vezes o pesquisador é levado a apelar para a literatura existente, corrente ou não. Chega-se aí ao momento em que se manipulam as citações com diferentes objetivos. Em certos casos, elas servem para apoiar afirmativas deduzidas dos resultados da investigação. Aí, longe de duvidar ou não, atribui-se valor ao que se está disposto a afirmar, procura-se corroborar, seja o que for dito, seja o que já disseram outros. Noutras ocasiões se faz referência a certas fontes ou a determinadas citações em particular com o fito de refutá-las. Claro que não se busca aí – e isso seria totalmente anticientífico – desdizer por desdizer. Não. Apoiado nas evidências do estudo que foi empreendido, o pesquisador toma a liberdade e a coragem de restabelecer o que para ele é a verdade científica ou a verdade que, nas condições da pesquisa, se revelou a seus olhos. Em certas ocasiões, no bojo de um relatório de pesquisa, vale a pena encetar ou retomar discussões sobre um ponto controvertido. Esse é o momento em que se pode, e até mesmo se deve, apelar para citações que se contradizem. Alguns casos elas se contradizem entre si e, em parte, com o dito ou o que se vai dizer no relatório. Cabe aí tomar essas citações e discuti-las sob a visão de diferentes ângulos. Discuti-las, contrastá-las e fazer comparações resultam, não raras vezes, em algo esclarecedor ou, no mínimo, sugestivo, tendo em vista ulteriores estudos.

Em todo caso, porém, a manipulação de uma vasta bibliografia e o acúmulo de ampla referência bibliográfica podem ser desastrosos para quem redige o relatório. Existe, por isso, uma série de cuidados que se devem tomar quando se tem à mão muitas valiosas citações.

Não são poucos os casos em que o emprego de citações, longe de atribuir valor ao relatório e ao seu autor, fez parecer, com procedência ou não, que este buscava nelas aparentar e provar erudição. As citações, em qualquer ocasião, mormente em um relatório de pesquisa científica, não devem passar de um meio. Jamais devem ser erigidas à categoria de fim em si mesmas. Portanto, há de se prevenir mais na quantidade que na qualidade das citações para não parecer pura e simplesmente erudição. Como regra, pode-se apontar que seja citado apenas o essencial. Não se deve fazer o texto de um relatório de pesquisa prolixo em referências bibliográficas. Ao citar, o cuidado maior é fazer da citação um ponto de apoio e, como já foi dito acima, apoio a informações, a afirmativas, a desmentidos e a discussões. Jamais o que é citado merece ser o principal em um relatório de pesquisa. Se acontecer o contrário, existe alguma falha no relatório ou na pesquisa que, até mesmo, não deveria ter sido empreendida.

Quando isso acontece, a citação deixou de ser o que deve ser: acessório, ainda que importante. No tocante à referência bibliográfica propriamente dita, há certos requisitos não menos importantes.

CAPÍTULO 20

Quanto ao conteúdo, convém não se apoiar, em longos trechos do relatório, em um ou em alguns poucos autores, a menos que isso se revele absolutamente necessário. O apelo a um ou a poucos autores, quando vários trataram com propriedade o tema, pode deixar entrever pobreza no tratamento bibliográfico dado ao tema, quando não revela, pura e simplesmente, que se adotou *a priori* um ponto de vista pobremente sustentado na literatura disponível. É conveniente, também, saber a importância, a autoridade e a fidedignidade dos autores citados. Com isso e mais uma boa escolha crescerão o valor e a oportunidade das referências para as quais se apelar.

A não ser que fatores específicos determinem o contrário, deve-se utilizar edições mais recentes para delas extrair citações. Isso facilita o acesso do leitor à fonte até mesmo no que diz respeito à paginação.

Por último, o apoio em fontes originais, ou pouco exploradas, pode sujeitar maior interesse do leitor. Recorrer a material muito conhecido e utilizado somente se justifica quando absolutamente indispensável ou, ainda, se o tratamento que lhe é dado revela novas facetas ou descobertas até então inexploradas.

20.2.3 Os procedimentos metodológicos

O leitor de um relatório desde o início deve poder estabelecer o enfoque do problema formulado para tratá-lo cientificamente, como foi definido em atividades concretas no percurso do projeto. Essa explicação, necessariamente, implica a escolha por certa metodologia e por determinadas técnicas. Esse procedimento antecipa respostas a várias indagações do leitor, ao mesmo tempo que firma a posição – e o porquê dessa posição – adotada pelo investigador no trato com a matéria. Uma vez que um tema de pesquisa permite ser abordado por diferentes artifícios técnicos e metodológicos, faz-se necessário indicar claramente a opção feita e explicar as suas razões, sobretudo referentes ao desenho da pesquisa, aos instrumentos da coleta de dados, ao tipo de amostra e, em determinados casos, aos modelos da análise estatística. Isso, de certa forma, conduz às dificuldades encontradas e às delimitações que foram impostas ou que o pesquisador se impôs. Em algumas ocasiões, tais dificuldades e limitações estão presas ao próprio problema investigado; em outras são fruto de variáveis alheias, até certo ponto, ao próprio processo de investigação.

20.2.4 Os resultados

Uma pesquisa cumpre seu objetivo quando seus resultados dão uma resposta satisfatória ao problema inicial. Isso não significa que sempre todas as perguntas levantadas têm de receber uma resposta. Muitas vezes partes do problema ficam em aberto, o que indica a necessidade de pesquisas futuras.

Em geral, o relatório da pesquisa deve incluir comentários sobre dados coletados, fatos e circunstâncias que o trabalho trouxe à tona, descobriu. Quando o volume de dados é considerável, principalmente aqueles quantificados, torna-se indispensável organizar e agrupar dados e informações em quadros, gráficos e tabelas de uma maneira que seja possível dispor dos mesmos e apresentá-los de modo mais funcional, claro e imediato, sendo que a natureza da informação a ser incluída no relatório determinará sua forma de apresentação. De acordo com sua relevância, tabelas, gráficos e quadros merecem a inserção no texto ou figurar após o texto, sob forma de anexos. É o caso daquelas informações que interessam a um menor número de leitores, geralmente os mais especializados no tema e que requerem detalhes e quantidade de dados que escapam ao interesse do leitor comum.

Com relação à posição desses elementos ao longo dos relatórios, é possível alterná-los, para evitar a monotonia e a sua colocação em relação ao texto. Eles podem:

a) ser, ao mesmo tempo, precedidos e seguidos pelo texto que a eles se refere;
b) ser comentados antes de sua apresentação;
c) merecer um comentário após sua figuração.

Em certos casos, o comentário constante do texto pode, a um só tempo, abranger dois ou mais gráficos, quadros ou tabelas e até mesmo uma combinação dos três.

É claro que a natureza da informação a ser incluída no relatório determinará, em princípio, sua forma de apresentação. Em geral, a divisão pode ser feita assim sumariamente: dados numéricos em tabelas; dados qualitativos em quadros; e dados numéricos e qualitativos dispostos em gráficos, toda vez que essa forma de apresentação se afigurar mais elucidativa e, até mesmo, esteticamente recomendável.

Com respeito ao seu emprego, os quadros, gráficos e tabelas merecem mais alguns comentários ou advertências.

No que diz respeito ao tamanho, especialmente de tabelas e quadros, é conveniente que não ultrapassem uma página. É preferível ter uma tabela ou gráfico, subdividida(o) em duas ou três de mais fácil apresentação e leitura, e agrupar todos os dados em um só elemento de fácil manuseio e acompanhamento.

Quanto aos gráficos, e ainda no referente ao tamanho, o melhor é concebê-los de forma que no manuscrito ou na publicação do relatório o seu manuseio, sua disposição e até mesmo sua impressão não gerem complicações adicionais. Deve-se ter sempre presente que a inclusão de um gráfico visa melhorar um relatório e facilitar sua compreensão e acesso às informações.

Da mesma forma que se recomenda clareza na redação do texto, isso também se aplica aos gráficos, tabelas e quadros. O ideal, em termos de clareza, é que qualquer um desses elementos deve, ao menos no contexto do relatório, explicar-se por si mesmo e deixar evidenciado o que se pretende, com ele, mostrar ou demonstrar.

Uma das formas de atingir a clareza e apresentar corretamente gráficos, quadros e tabelas, especialmente estas últimas, é observar as normas que organismos nacionais, convenções internacionais ou o simples uso consagraram.

A pressa, a falta de tempo e a pouca inclinação por trabalhos redacionais levam, muitas vezes, os autores de relatórios a reduzir seu trabalho quase à simples apresentação de quadros e tabelas. Ainda que estes falem por si, não se pode dispensar o comentário que esclarece, evidencia, correlaciona ou suscita debates ou sugere. É verdade que, para certa clientela, principalmente a que pode fazer um uso múltiplo e variado das informações obtidas, pode ser dispensado o texto do relatório, especialmente se a função do que se apresenta é servir como dado primário para estudos ou ações posteriores, cujo alcance o autor do relatório desconhece e com os quais não está obrigado profissionalmente.

De qualquer forma, mesmo nesses casos, um mínimo de texto é requerido, pelo menos aquele referente aos dados técnicos da pesquisa realizada.

Tornando aos relatórios convencionais, em que texto, tabelas, gráficos e quadros se mesclam, a recomendação geral que se pode formular diz respeito ao equilíbrio, isto é, não se deve abusar de nenhum daqueles três últimos elementos, em detrimento da quantidade e da qualidade do texto.

Como nem sempre os dados constantes de uma tabela, gráfico ou quadro foram obtidos pela própria pesquisa, é obrigatório mencionar, em geral logo abaixo do elemento apresentado, a fonte ou fontes a que se recorreu, para a obtenção dos dados figurados. Quando, porém, o quadro, gráfico ou tabela não é algo produzido pelo autor do relatório, mas sim uma citação a mais, esta deve ser tratada como tal, não se dispensando, é claro, a referência bibliográfica pertinente.

Considerando que as normas para formatar tabelas, gráficos e quadros variam de país a país, de editora a editora, de revista a revista, não é viável dar recomendações gerais. A única recomendação é a de seguir rigorosamente as normas e padrões estabelecidos pela instituição oficial. No Brasil, trata-se da Associação Brasileira de Normas Técnicas (ABNT).

20.2.5 A redação do sumário

Possivelmente o sumário é, apesar de suas dimensões – e talvez, em parte, por causa delas – o trecho do relatório que entranha mais dificuldade em termos redacionais.

O que se pretende ao ler ou escrever o resumo de um relatório de pesquisa é conhecer ou dar a conhecer a informação sobre o principal e o relevante realizados ou obtidos com a mesma. Isso não é tarefa fácil. Implica julgar e, em poucas palavras, retratar a pesquisa, especialmente os seus resultados, com sua real importância para tornar possível a outros avaliá-la e verificar se possui ou não interesse, no momento ou futuramente.

O sumário deve dar uma ideia, o mais correta e fiel possível, do trabalho realizado. Isso pode ser feito em poucas páginas ou em poucas linhas. Existe para "vender", a leitura do relatório a que se refere, considerando a falta de tempo para ler tudo o que se publica no nosso campo de estudo.

Dada a grande quantidade de matéria impressa que deve manipular todo e qualquer especialista, é lógico e natural que se submeta a um crivo prévio o que se apresenta para leitura. Informar completa e honestamente, em um sumário, o que foi e o que obteve uma pesquisa é, quando menos, mostra de respeito pela comunidade científica e, ainda, demonstração de zelo pelo próprio trabalho que não fica desprovido de importante elemento de divulgação e avaliação.

Outra função do sumário é subsidiar o preparo de *abstracts*, hoje em dia tão comuns nos mais diversos campos da ciência e da tecnologia.

A apresentação do sumário de uma pesquisa pode ser feita apenas na língua em que se redigiu o relatório ou em mais uma ou duas outras línguas representativas. Em geral, quando traduzidos, os sumários são apresentados em inglês e francês ou espanhol. Em casos especiais, quando a clientela a atingir é mais diversificada em termos de idiomas, preparam-se traduções do sumário em outras línguas. Isso acontece em conclaves científicos internacionais, onde o relatório da pesquisa é objeto de comunicação em plenário ou em comissões.

20.2.6 Discussão, conclusões, recomendações

O relatório de uma pesquisa não está resolvido com um texto curto ou longo, que conte com mais ou menos ilustrações, referências bibliográficas etc. A essência de um relatório está nas conclusões que a pesquisa e o próprio relatório permitem levantar. Um relatório que não apresenta conclusões pode-se dizer que não foi terminado. A discussão dos resultados e as conclusões devem figurar no final do relatório.

Uma conclusão propriamente dita é mais do que uma repetição resumida da pesquisa (sumário), é essencialmente uma interpretação e avaliação da relevância teórica e prática dos resultados obtidos, incluso possíveis limitações, e propostas para futuras pesquisas. Quais são os novos conhecimentos que a pesquisa transmite? Em que medida são confiáveis? Que utilidade a pesquisa tem e para quem? Dar respostas a estas e outras interrogações é a função das conclusões.

Dessa forma, três qualidades devem ser tomadas em conta, sempre que forem redigidas conclusões: elas devem ser claras, objetivas e concisas. Uma conclusão pode ser contestada no seu conteúdo, mas não deve dar lugar à ambiguidade, sugerir o que não foi descoberto nem evidenciado, ser de difícil entendimento e alongar-se demasiado.

Em determinados casos, especialmente em pesquisas aplicadas, é importante que o autor, além das conclusões, apresente recomendações, opções ou sugestões úteis para futuras práticas, medidas e ações. Estas podem ser inseridas diretamente no capítulo das conclusões ou, o que é recomendável, apresentadas em um capítulo separado.

20.2.7 Anexos

Nem sempre é possível, nem aconselhável, incluir no corpo do relatório tudo o que foi obtido, em termos de dados, ao longo da pesquisa nas suas fases de coleta, análise e interpretação. Isso acontece por diferentes razões: a matéria de que se dispõe pode interessar apenas a um grupo restrito de pessoas; o corpo do relatório não se deve estender demasiado para facilitar a leitura. Uma documentação é necessária, mas não faz parte do processo da pesquisa.

A decisão a esse respeito cabe ao seu autor, que saberá de antemão, ou ao longo do preparo do texto, o que pode ou merece figurar no corpo do relatório e aquilo que, aí não aparecendo, deve, para esclarecer, informar, elucidar, ser acrescentado ao mesmo. Os anexos devem justificar sua presença e sua existência, "não deve ser apenas uma série de agregados que o autor não pode incorporar ao texto" (LITTON, 1975, p. 152). Dessa forma, compreende-se que, dos anexos, podem fazer parte quadros, tabelas, gráficos, outras ilustrações, matrizes de dados, fórmulas matemáticas, modelo de questionário utilizado, roteiro de entrevista que se empregou etc.

De qualquer forma, os anexos devem ser vistos mais como acessórios, isto é, como elementos cuja eliminação não seria vista como prejudicial à compreensão da pesquisa e de seus resultados. Cada elemento que compõe, em um relatório, a categoria dos anexos deve ser apresentado de forma a se distinguir dos demais. Assim, cada anexo costuma receber um número, geralmente em algarismos romanos, que serve para identificá-lo, tornando fácil localizá-lo, a partir de qualquer referência feita ao mesmo no texto. Além do respectivo número, cada anexo pode receber um título que o define e explicita o seu conteúdo.

Quanto à sua posição na estrutura do relatório, a parte destinada aos anexos deve vir depois do texto e antes da bibliografia.

20.2.8 Referências bibliográficas

A base de toda pesquisa é aquilo que o pesquisador leu em toda e qualquer espécie de publicação, notadamente as de caráter científico. Essas referências devem fazer parte do relatório final.

A documentação das referências bibliográficas entra no final do estudo. Elas enumeram *todas* as fontes mencionadas no texto do relatório. No Brasil, como já mencionado anteriormente, a ABNT determina as formas de organização e apresentação das fontes bibliográficas. Sem embargo, sempre devem conter, de uma forma ou a outra, os seguintes detalhes que permitam ao leitor identificar as fontes:

- nome(s) do(s) autor(es);
- ano de publicação;
- título completo do livro ou artigo;
- em caso de revistas: título da revista, ano, número, páginas;
- em caso de livros: editora, local, edição;
- em caso de fontes da internet adicionalmente: disponibilidade e data do acesso.

Alguns anos atrás, existia a prática de incluir em nota de rodapé os dados bibliográficos utilizados. Hoje em dia isso é considerado, porém ainda é praticado nas Ciências Humanas.

Anexo: apresentação esquemática das etapas e erros cometidos nas diversas etapas da pesquisa social

Passos a seguir na programação de uma pesquisa (DALEN; MEYER, 1971)

A – procedimentos para avaliar o problema

1. Escolher um problema que chame a atenção e precise de resposta.
2. Recompilar informações relacionadas ao problema.
3. Analisar a relevância das informações.
4. Estudar possíveis relações entre as informações que possam contribuir e esclarecer o problema.
5. Propor diversas explicações (hipóteses) para as causas do problema.
6. Estabelecer a relevância das explicações, utilizando a observação e a análise.
7. Procurar relações entre as explicações que procuram contribuir para solucionar o problema.
8. Procurar relações entre os dados e as explicações.
9. Analisar criticamente pressupostos que orientam a análise do problema.

B – avaliação do problema

I – Considerações pessoais

1. O problema coincide com as minhas expectativas e as expectativas dos outros?
2. Estou realmente interessado no problema e livre de preconceitos muito rígidos?
3. Tenho, ou posso adquirir, conhecimento, destreza e capacidade para estudar o problema?
4. Tenho possibilidades de contar com os sujeitos, laboratórios e equipamentos necessários para realizar a pesquisa?
5. Tenho tempo e dinheiro suficientes para concluir a pesquisa?
6. Posso obter dados adequados?
7. Está o problema de acordo com as exigências da instituição ou revista à qual submeter o relatório?
8. Posso obter apoio administrativo e técnico durante a realização da pesquisa?

II – Considerações sociais

1. Contribui o problema ao avanço do conhecimento na área da pesquisa?
2. Quais são as contribuições práticas da pesquisa para educadores, pais, trabalhadores etc.?
3. Quais são as possibilidades de aplicação dos resultados, em termos de indivíduos, anos de aplicabilidade e áreas incluídas?
4. A pesquisa duplica o trabalho realizado por outros pesquisadores?
5. Se o tema já foi estudado, precisa ser trabalhado novamente?
6. Está delimitado o tema, permitindo um tratamento exaustivo e significativo dos dados disponíveis?
7. Os instrumentos e técnicas utilizadas na pesquisa garantem conclusões confiáveis?
8. Conduzirá a pesquisa a outros trabalhos relevantes?

Nove passos a seguir no planejamento de uma boa pesquisa (ISAAC, 1971, p. 4)

1. *Dificuldade básica*: o que levou o pesquisador a fazer a pesquisa desejada?
2. *Base teórica e racional*: pode o problema ser enquadrado em um marco referencial que proporciona um ponto de vista estruturado? Em outras palavras, pode o trabalho basear-se em conceitos lógicos, relações e expectativas das respostas que representam uma corrente de pensamento, atualizada, sobre o problema?
3. *Objetivos da pesquisa*: qual é a meta da pesquisa? Quais são os objetivos gerais? Estão de acordo com a definição do problema?
4. *Possíveis respostas*: uma vez concluído o trabalho, que perguntas podem ser respondidas adequadamente?
5. *Formulação de hipóteses e objetivos específicos*: formular claramente as hipóteses de pesquisa ou objetivos específicos. A dita formulação deve ser feita em termos de conduta observável, permitindo uma avaliação objetiva dos resultados.
6. *Plano e procedimentos*: estabelecer as características dos registros a serem selecionados, as condições para a coleta de dados, operacionalização das variáveis, as técnicas e instrumentos de coleta de dados e a análise de informações.
7. *Pressupostos*: classificar os pressupostos sobre a natureza do fenômeno a ser estudado, as condições que determinam certa conduta, os métodos e medições e as relações entre a pesquisa e outras pessoas ou intenções.
8. *Limitações*: determinar as limitações da pesquisa em termos de metodologia, amostragem, variáveis não controladas, instrumentos e outros aspectos que podem comprometer a validade interna e externa.
9. *Delimitação da pesquisa*: como foi feita a delimitação do escopo da pesquisa? Apenas foram selecionados alguns aspectos do problema, certas áreas de interesse, um número limitado de sujeitos e determinado nível de sofisticação para a análise?

Passos a seguir na avaliação das etapas e tipos de pesquisa (PFEIFFER; PÜTTMANN, 2011)

A – Problema (Sem considerar pesquisas orientadas a descobrir problemas)

- O problema e seus diversos componentes foram definidos claramente?
- A delimitação do problema está claramente exposta?
- Existe alguma colocação relacionada ao objetivo geral do estudo?
- A relevância geral do problema foi evidenciada de forma convincente?

B – Relação com outros trabalhos

- Foi revisada e resumida a literatura teórica e empírica relevante para o problema de tal maneira que o leitor compreenda o seu significado?
- A literatura foi organizada de acordo com a sua importância para o problema?

RELATÓRIO DE PESQUISA   379

- Teorias opostas foram contrastadas e discutidas de forma objetiva?
- Foi indicada a contribuição da pesquisa no aprofundamento do fenômeno estudado?

Erros comuns que se cometem nas diversas etapas de uma pesquisa social

Listagem baseada, com modificações, na relação que faz Borg (1971, p. 6 ss).

A – Erros comuns na formulação de uma pesquisa
1. Escolha do tema sem fazer uma análise crítica de sua importância, originalidade e validez (ver CASTRO, 1978).
2. Seleção de um problema muito vago e abrangente.
3. Hipóteses mal formuladas e difíceis de testar.
4. Ausência de um plano de pesquisa que oriente a coleta e análise dos dados.

B – Erros na revisão de literatura
1. Revisão de literatura muito rápida, deixando de fora trabalhos que podem melhorar o projeto de pesquisa.
2. Uso exagerado de fontes secundárias: referências que determinado autor faz de outros autores.
3. Leitura concentrada na análise dos dados, sem considerar a valiosa informação que pode aparecer na descrição da metodologia e técnicas de coleta de dados.
4. Revisão concentrada em uma área, sem procurar áreas conexas.
5. Revisão muito ampla ou muito restrita de literatura disponível.
6. Referências bibliográficas incorretas, dificultando a sua localização posterior.
7. Fichas muito extensas, não permitindo distinguir a informação importante daquela menos importante.

C – Erros na coleta de dados
1. Falhas no relacionamento com os sujeitos da pesquisa.
2. Mudanças no plano de pesquisa devido a conveniências administrativas.
3. Falta de avaliação das medidas disponíveis, antes de decidir aquelas que serão utilizadas na pesquisa.
4. Escolha de medidas pouco adequadas, produzindo erros de medição.
5. Escolha de medidas sem os conhecimentos suficientes que garantem a sua correta aplicação.

D – Erros na aplicação de testes padronizados
1. Não se determina a validez dos instrumentos, na situação em que serão utilizados.
2. Uso de inventários de personalidade ou outros instrumentos de autoavaliação, em situações que permitem respostas falsas.
3. Uso de testes sem o devido conhecimento e treinamento.
4. Falha no cálculo do tempo de duração de testes aplicando, desnecessariamente, instrumentos muito longos.
5. Inexistência de pré-teste para avaliar o instrumento a ser utilizado.

E – Erros no uso da estatística
1. Escolha de testes estatísticos inadequados para a análise.
2. Procura de técnicas estatísticas, após coletar a informação.
3. Uso de técnicas estatísticas inadequadas para os dados disponíveis.
4. Uso de estatística quando não se tem nem os dados suficientes, nem a informação adequada.
5. Considerar diferenças que não são significativas e esquecer aquelas significativas.
6. Uso incorreto das técnicas de correlação.
7. Transformação de variáveis intervalares em nominais, para simplificar a análise, perdendo informação que pode ser valiosa.

F – Erros no plano de pesquisa e na metodologia
1. Inexistência de um plano de pesquisa adequado ao problema em estudo.
2. Não se define a população da pesquisa.
3. Escolha de amostras muito pequenas que não permitem trabalhar subgrupos de interesse.
4. Mudanças no planejamento para facilitar a coleta de dados, mas que debilitam a pesquisa.
5. Instrumentos muito cansativos que prejudicam a colaboração dos entrevistados.
6. Tentativas de fazer em seis meses o trabalho de dois anos.
7. Falta de um plano de coleta detalhado que evite trabalhar em excesso e perder tempo.
8. Coleta de dados sem realizar um pré-teste ou uma avaliação dos instrumentos e procedimentos.

G – Erros na pesquisa histórica
1. Escolha de um tema que não dispõe de evidências suficientes.
2. Excesso de fontes secundárias, particularmente em estudos referentes a acontecimentos passados.
3. Problema de pesquisa mal formulada.
4. Inadequação na avaliação dos dados históricos.
5. Viés pessoal nos procedimentos de pesquisa.
6. Relatório que apenas registra fatos sem integrá-los a uma teoria.

H – Erros na pesquisa descritiva
1. Objetivos específicos pouco claros.
2. Coleta de dados inadequada aos objetivos, não obtendo a informação necessária para analisar o problema.
3. Amostragem por ocorrência.
4. Planos de pesquisa elaborados após a coleta de dados.
5. Instrumentos mal elaborados.

I – Erros nas enquetes
1. Amostras pouco adequadas ao problema de pesquisa.

2. Uso de questionários para problemas que precisam de outras técnicas (entrevistas, observações etc.).
3. Questionários mal elaborados, sem pré-testes.
4. Questionários com muitas perguntas inúteis.
5. Apresentação pouco adequada do instrumento de coleta.
6. Falta de análise da amostra de sujeitos que não responderam ao questionário, para determinar possíveis vieses.

J – Erros nas entrevistas
1. Plano de entrevista pouco adequado.
2. Falta de treinamento.
3. Falta de controle de possíveis vieses por parte do entrevistador.
4. Não se faz análise de confiabilidade dos dados.
5. Linguagem da entrevista pouco compreensível para o entrevistado.
6. Informações solicitadas pouco conhecidas pelo entrevistado.

K – Erros nos estudos observacionais
1. Observadores pouco treinados.
2. Pauta de observação muito complexa, exigindo muito do observador.
3. Falta de controle do observador.
4. Tentativas de avaliar comportamentos pouco comuns, prejudicando a confiabilidade dos dados.

L – Erros na análise de conteúdo
1. Escolha de conteúdos fáceis de analisar, mas inadequados aos objetivos de pesquisa.
2. Não se estabelece a confiabilidade das técnicas utilizadas.
3. Categorias pouco claras.

M – Erros na análise de relações entre variáveis
1. Amostras inadequadas para a comparação de variáveis.
2. Intentos de análise correlacional após coletar os dados, em vez de coletar os dados necessários para determinada pesquisa.
3. Insistência na análise de relações comprovadamente pouco úteis.
4. Seleção de variáveis sem revisar as teorias existentes.
5. Uso de técnicas de correlação simples quando o problema exige correlação parcial ou múltipla.

N – Erros na pesquisa experimental
1. Existência de diferenças entre o tratamento do grupo experimental e o do grupo de controle, produzindo resultados errados.
2. Utilização de poucos casos, produzindo erros amostrais.

3. Emparelhamento (*matching*) dos registros em base e variáveis não suficientemente correlacionadas com a variável dependente.
4. Tentativas de emparelhamento em três ou quatro variáveis, perdendo muitos sujeitos.

O – erros no processamento de dados
1. Inexistência de uma pauta para codificar e registrar os dados.
2. Não se registram detalhes e variações nos procedimentos de codificação, surgindo dificuldades quando o pesquisador tenta descrever a metodologia da pesquisa.
3. Não se revisa a codificação para detectar erros.
4. Mudanças nos procedimentos de qualificação dos dados.

P – erros na preparação do relatório
1. Esperar até que a pesquisa termine para preparar o relatório.
2. Organização da revisão da literatura cronologicamente, em vez de prepará-la por temas.
3. Não se incluem os resultados da revisão da literatura.
4. Uso de muitas citações que não correspondem ao tema tratado.
5. Descrição inadequada da amostra e procedimentos metodológicos.
6. Análise de resultados pouco significativos, esquecendo aspectos importantes da pesquisa.

BIBLIOGRAFIA

ABELA, J. *Las técnicas de análisis de contenido: una revisión actualizada*. Granada: Fundación Centro Estudios Andaluces/ Departamento Sociología Universidad de Granada, 2002.

_____; CORBACHO, A. M. P. Procesos de investigación interactivos sobre sentimientos de identidad en Andalucía mediante teoría fundamentada. *Forum: Qualitative Social Research*, v. 10, n. 2, Art. 18, maio 2009.

ABRIL, G. Análisis semiótico del discurso. In: DELGADO, J. M.; GUTIÉRREZ, J. (Coord.). *Métodos y técnicas cualitativas de investigación en Ciencias Sociales*. Madrid: Síntesis, 1995. Cap. 16.

ACKOFF, R. *Planejamento de pesquisa social*. São Paulo: EPU, 1967.

AGUILAR L. La hermenêutica filosófica de Gadamer. *Sinéctica*, 24 febr.-jul. 2004.

ALBERT, H. Theorie und Prognose in den Sozialwissenschaften. In: TOPITSCH, E. (Ed.). *Logik der Sozialwissenschaften*. Köln/Berlin: Kiepenheuer & Witsch, 1965. p. 126-143.

ALLOATTI, M. N. A estratégia de estudos de caso e a prática da generalização: uma discussão sobre pesquisa e fazer ciência. *Em Tese: Revista Eletrônica dos Pós-Graduados em Sociologia Política da UFSC*, v. 8, n. 1, p. 78-90, jan.-jul. 2011. Disponível em: <https://periodicos.ufsc.br/index.php/emtese/article/view/1806-5023.2011v8n1p78/20269>. Acesso em: 5 jul. 2017.

ALVAREZ, D. *Qué es la etnometodologia*. 2014. Disponível em: <https://antropologiaparatodos.wordpress.com/2014/08/02/que-es-la-etnometodologia/>. Acesso em: 5 abr. 2016.

ALVAREZ. L. M. Métodos Filosóficos. *Bloque I. Filosofía y Reflexión Crítica*. 2011. Disponível em: http://lorefilosofia.aprenderapensar.net/>. Acesso em: 16 set. 2016.

ALVES, I. A.; ALVES, T. A. O perigo da história única: diálogos com Chimamanda Adichie. In: CICLO DE EVENTOS LINGUÍSTICOS, LITERÁRIOS E CULTURAIS, 1., 2011, Jequié. *Anais...* Jequié: Universidade Estadual do Sudoeste da Bahia, 2011.

BIBLIOGRAFIA

ALVES, M. T. G.; SOARES, J. F. Medidas de nível socioeconômico em pesquisas sociais: uma aplicação aos dados de uma pesquisa educacional. *Opinião Pública,* Campinas, 15, p. 1-30, 2009.

ALVES, P.; RABELO, M. C.; SOUZA, I. M. Hermenêutica-fenomenológica e compreensão nas ciências sociais. *Revista Sociedade e Estado*, v. 29, n. 1, jan.-abr. 2014.

ALVES-MAZZOTTI, A. J. Uso e abuso dos estudos de caso. *Cadernos de Pesquisa*, v. 36, n. 129, p. 637-651, 2006.

AMARAL, O. E.; RIBEIRO, P. F. Por que Dilma de novo? Uma análise exploratória do estudo eleitoral brasileiro de 2014. *Revista de Sociologia e Política*, v. 23, n. 56, p. 107-123, 2015. Disponível em: <http://www.scielo.br/scielo.php?script=sci_arttext&pid=S0104-44782015000400107&lng=pt&tlng=pt >. Acesso em: 5 set. 2017.

AMERICAN PSYCHOLOGICAL ASSOCIATION. *Standards for educational and psychological tests and manuals*. Washington, D. C.: APA, 1966.

ANDER-EGG, Ezequiel. *Introducción a las técnicas de investigación social*. Buenos Aires: Humanitas, 1972.

ANDRADE, J. M.; LAROS, J. A. Fatores associados ao desempenho escolar: estudo multinível com dados do Saeb/2001. *Psicologia: Teoria e Pesquisa*, v. 23, n. 1, p. 33-42, 2007.

ANDRADE, M. I.; VASCONCELOS, T. A importância do lúdico na superação das dificuldades de aprendizagem: um olhar psicopedagógico. *Rebes*, Pombal, v. 2, n. 1, p. 1-7, jan.-dez. 2012.

ARELLANO, N. *El método de investigación acción crítica reflexiva*. [s.d.]. Disponível em: <http://www.geocities.com/aula/inv-accion.htm>. Acesso em: 15 mar. 2016.

ARKIN, Herbert; COLTON, Raymond. *An outline of statistical methods*. New York: Barnes and Noble, 1960.

ASOCIACIÓN PRO DERECHOS HUMANOS (APDH). *La violencia familia. Actitudes y representaciones sociales*. Madrid: Ed. Fundamentos, 1999. v. 233. (Col. Ciencia).

ATKINSON, P. Ethnomethodology: a critical review. *Annual Reviews Sociology,* 14, p. 441-65, 1988.

AZEVEDO, C. E. F. et al. A estratégia de triangulação: objetivos, possibilidades, limitações e proximidades com o pragmatismo. In: ENCONTRO DE ENSINO E PESQUISA DE ADMINISTRAÇÃO E CONTABILIDADE, 4., Brasília, 2013. *Anais...* Brasília: Anpad, 2013. Disponível em: <http://www.anpad.org.br/diversos/trabalhos/EnEPQ/enepq_2013/2013_EnEPQ5.pdf>. Acesso em: jul. 2017.

BABBIE, E. R. *Survey research methods*. Belmont, CA: Wadsworth, 1990.

BADER, G. E.; ROSSI, C. A. *Focus groups: a step-by-step guide*. San Diego, CA.: The Bader Group, 1998.

BALDWIN, A. L. Personality structure analysis: a statistical method for investigating the single personality. *Journal of Abnormal Social Psychology*, 37, 1942.

BARBIER, R. *A pesquisa-ação*. Rio de Janeiro: Zahar Editores, 1985.

BARBOUR, R. S.; KITZINGER, J. (Eds). *Developing focus group research: politics, theory and practice*. London: Sage, 1999.

BARDIN, L. *Análise de conteúdo*. Lisboa: Edições 70, 1979/1996.

BARNABLE, A. et al. Having a sibling with schizophrenia: a phenomenological study. *Res Theory Nurs Pract*. v. 20, n. 3, p. 247-64, outono 2006. Disponível em: <https://www.ncbi.nlm.nih.gov/pubmed/?term=Barnable+et+al.+(2006)R>. Acesso em: 14 set. 2016.

BAUMRIND, D. Current patterns of parental authority. *Developmental Psychology, Monographs*, 4 (1, Pt. 2), p. 1-103, 1971.

BECHTOLD III, W. *Discourse Analysis: Its History, Tenets, and Application in Evangelical Biblical Scholarship*. Disponível em: <http://lawprophetsandwritings.com>. Acesso em: 2 set. 2016.

BENVENISTE, E. *Problemas de linguística General II*. México: Siglo XXI, 1977.

BERELSON, B. *Content analysis in communication research*. Glencoe: The Free Press, 1954.

_____. An adaptation of the "General Inquirer" for the systematic analysis of political documents. *Behavioral Science*, 9, p. 382-388, 1964.

_____; SALTER, P. J. Majority and minority Americans: an analysis of magazine fiction. *Public Opinion Quarterly*, 18, 1946.

BERMEJO, J. *Arteologia*. 2000. Disponível em: <http://usuarios.iponet.es/casinada/>. Acesso em: 3 ago. 2006

BERTHELOT, J.-M. Dualisme et pluralisme en sociologie. *Bulletin de Méthodologie Sociologique*, n. 31, 1991.

BEZERRA, N. S. *A relação entre a metodologia do professor e os princípios da educação ambiental na Escola de Referência Barão de Exu, PE*. Projeto de investigação. Crato: FNSL, 2011.

BHATTACHERJEE, A. Social Science Research: Principles, Methods, and Practices. *Textbooks Collection. Book 3*. Florida: University of South Florida, 2012. Disponível em: <http://scholarcommons.usf.edu/oa_textbooks/3>. Acesso em: 6 fev. 2017.

BISPO, M. de S. El proceso de organización en las agencias de viajes: influencias estéticas, etnometodológicas y prácticas. *Revista Brasileira de Pesquisa em Turismo*, São Paulo, v. 8, n. 1, p. 161-182, jan./mar. 2014.

_____; GODOY, A. S. A etnometodologia enquanto caminho teórico-metodológico para a investigação da aprendizagem nas organizações. *Revista de Administração Contemporânea*, v. 16, n. 5, p. 684-704, 2012.

BLACHOWICZ, J. How science textbooks treat scientific method: A philosopher's perspective. *British Journal of Philosophy of Science*, n. 60, p. 303–344, 2009.

BLALOCK, H.; BLALOCK, A. (Orgs.). *Methodology in social research*. New York: McGraw-Hill, 1978.

BLOOR, M.; WOOD, F. *Keywords in Qualitative Methods: A Vocabulary of Research Concepts*. London: Sage, 2006.

BOCHENSKI, J. M. Die zeitgenössischen Denkmetoden. Francke: München, 1993.

BOGARDUS, E. S. Measuring Social Distances. *Journal of Applied Sociology*, 9, p. 299-308. Disponível em: https://brocku.ca/MeadProject/Bogardus/Bogardus_1925>. Acesso em: jul. 2017.

BONILLA-CASTRO, E.; SEHK, P. *Mas allá del dilema de los métodos: La investigación em Ciencias Sociales*. Bogotá: Editorial Norma, 2005.

BORG, W. Educational research: an introduction. In: ISAAC, S. *Handbook in research and evaluation*. San Diego: Robert Knapp, 1971.

_____. Investigación educacional: una introducción. In: HAYMAN, J. C. *Investigación y educación*. Buenos Aires: Paidós, 1974.

BOSI, M. L. Desafios atuais para a pesquisa qualitativa: considerações no cenário da saúde coletiva brasileira, *Fórum Sociológico*, 24, 2014.

BOUDON, R. Etnometodologia. In: _____ et al. *Dicionário de Sociologia*. Tradução de António J. Pinto Ribeiro. Lisboa: Publicações Dom Quixote, 1990.

BRANDÃO, H. H. *Introdução à análise do discurso*. 2. ed. rev. Campinas, SP: Editora da Unicamp, 2006.

BRAVO, R. *Técnicas de investigación social*. Madrid: Paraninfo, 1976.

BROWN, G.; YULE, G. *Discourse analysis*. Cambridge Textbooks in Linguistics. Cambridge: Cambridge University Press, 1983.

BRUYNE, P. de et al. *Dinâmica da Pesquisa em Ciências Sociais*. Rio de Janeiro: Francisco Alves, 1991.

BULEGE, W. Metodologia de la investigación: enfoque mixto de la investigación. 2013. Disponível em: http://www.openscience.pe/>. Acesso em: 24 out. 2016.

BUNGE, M. *Epistemologia*. São Paulo: Edusp, 1980.

BURGOS. R. *Análisis de discurso y educación*. México: Centro de Investigación y de Estudios Avanzados del Instituto Politécnico Nacional, sept. 1991.

BURNARD, P. et al. Analysing and presenting qualitative data. *British Dental Journal*, 204, p. 429-432, 2008.

BURNS, N.; GROVE, S. K. *The Practice of Nursing Research*: Conduct, Critique & Utilization. St Louis: Elsevier Saunders, 2005.

CÁCERES, P. Análisis cualitativo de contenido: Una alternativa metodológica alcanzable. *Psicoperspectivas*, v. II, p. 53-82, 2003.

CAMPBELL, A. *Traditional Research Report Guidelines*. 2000. Disponível em: <http://casino.cchs.usyd.edu.au/arow/m03/traditional.htm>. Acesso em: 22 jun. 2016.

CAMPBELL, D. T.; FISKE, D. W. Convergent and discriminant validation by multitrait-multimethod matrix. *Psychological Bulletin*, 56, p. 81-105, 1959.

_____ ; STANLEY, J. *Delineamentos experimentais e quase experimentais de pesquisa*. São Paulo: Edusp, 1979.

CATANZARO, M. Using qualitative analytical techniques. In: WOODS, P.; CATANZARO, M. (Eds). *Nursing Research; Theory and Practice*. New York: C.V. Mosby Company, 1988.

CARDENAS, J. *Cómo formular una pregunta de investigación*. 8 abr. 2013. Disponível em: <http://networkianos.com/formular-una-pregunta-de-investigacion/>. Acesso em: 31 ago. 2017.

CAREGNATO, C.; MUTTI, R. Pesquisa qualitativa: análise de discurso *versus* análise de conteúdo. *Texto Contexto Enfermagem*, Florianópolis, v. 15, n. 4, p. 679-84, out.-dez. 2006.

CARR, E. H. *Que é história?*. Rio de Janeiro: Paz e Terra, 1974.

CARVALHO, M.; VALLE, E. A pesquisa fenomenológica e a enfermagem. *Acta Scientiarum*, Maringá, v. 24, n. 3, p. 843-847, 2002.

CASTRO, C. de M. *A prática de pesquisa*. Rio de Janeiro: McGraw-Hill, 1978.

CASTRO, F. G. et al. A Methodology for conducting integrative mixed methods research and data analyses. *Journal of Mixed Methods Research*, v. 4, n. 4, p. 342–360, 2010.

CERVO, A. L.; BERVIAN, P. A. *Metodologia científica*. 2. ed. São Paulo: McGraw- Hill do Brasil, 1978.

CHAKHNAZÁROV, G.; KRÁSSINE, L. *Fundamentos do marxismo leninismo*. Moscou: Progresso, 1985.

CHARMAZ, K. The grounded theory method: an explication and interpretation. In: EMERSON, R. M. (Ed.). *Contemporary field research: a book of readings*. Boston: Little Brown, 1983.

_____ . *Constructing grounded theory*: a practical guide through qualitative analysis. London: Sage, 2006.

_____ . *A construção da teoria fundamentada*: guia prático para análise qualitativa. Porto Alegre: Artmed, 2009.

_____ . Constructionism and the grounded theory method. In: HOLSTEIN, J.; GIBRIUM, J. (Eds.). *Handbook of constructionist research*. New York: The Guilfod Press, 2008. Disponível em: <http://www.sxf.uevora.pt/wp-content/uploads/2013/03/Charmaz_2008-a.pdf>. Acesso em: 16 ago. 2016.

CHAUVEL, M. A. Insatisfação e queixa à empresa: investigando os relatos dos consumidores. In: Encontro Anual da ANPAD, 24., Florianópolis, 2000. *Anais...* Florianópolis: Anpad, 2000.

CHEPTULIN, A. *A dialética materialista*. São Paulo: Alfa-Ômega, 1982.

CHEVRIER J. La spécification de la problématique. In: GAUTHIER, B. (Dir.). *Recherche sociale*, 2. ed. Sillery: Presses de l'Université du Québec, 1992.

CHO, J.; TRENT, A. Validity in qualitative research revisited. *Qualitative Research Journal*, v. 6, n. 3, p. 319-340, 2006.

CICOUREL, A. V. *Method and measurement in sociology*. New York: The Free Press of Glencoe, 1964.

CLIFFORD, R. A. Analisis semántico basado en imágenes: un enfoque etnometodológico. In: CÁCERES, Luis Galindo. *Técnicas de investigación en sociedad, cultura y comunicación*. México: Addison Wesley Longman, 1998.

COBBY, F. *L'analyse du discours*. 2009. Disponível em: <http://www.analyse-du-discours.com>. Acesso em: 4 nov. 2016.

COELHO, E. P. Introdução a um pensamento cruel: estruturas, estruturalidade e estruturalismos. In: FOUCAULT et al. *Estruturalismo*: antologia de textos teóricos. São Paulo: Martins Fontes, [s.d.].

COELHO JÚNIOR, F. A.; BORGES-ANDRADE, J. E. Efeitos de variáveis individuais e contextuais sobre desempenho individual no trabalho. *Estudos de Psicologia*, 16, 2, p. 111-120, 2011.

COHEN, L.; MANION, L. *Métodos cualitativos y cuantitativos en investigación educativa*. Madrid: Morata, 1990.

COLEMAN, J. S. et al. *Equality of educational opportunity*. Washington, D.C.: US Government Printing Office, 1966.

COMENTÁRIO da legislação federal referente à educação de adultos no Brasil. Rio de Janeiro: MEC/ Mobral, 1979.

COMISION ECONÓMICA PARA AMÉRICA LATINA – CEPAL. *Panorama social de América Latina 2008*. Santiago de Chile: Naciones Unidas, 2009.

COMTE, A. *Cours de philosophie positive*. Librairie Larousse: Paris, 1936 [1830-42].

_____ . *Discurso preliminar sobre o conjunto do positivismo*. Rio de Janeiro: Abril, 1978. (Os Pensadores.)

COSTA, A. A. *Direito e método: diálogos entre a hermenêutica filosófica e a hermenêutica jurídica*. Tese (Doutorado em Direito) – Universidade de Brasília, 2008. Disponível em: <http://www.argos.org.br/livros/hermeneutica-juridica>. Acesso em: 9 out. 2016.

BIBLIOGRAFIA

COSTA, G. G. *Curso de estatística inferencial e probabilidades*. Teoria e prática. São Paulo: Atlas, 2012.

COSTA, M. *O social bookmarking como instrumento de apoio à elaboração de guias de literatura na Internet*. Dissertação (Mestrado) – Programa em Ciência da Informação, Universidade de Brasília, Brasília, 2011.

COULON, A. *Etnometodologia*. Petrópolis: Vozes, 1995.

CRESWELL, J. W. *Qualitative inquiry and research design*: choosing among five approaches. 2. ed. Thousand Oaks, CA.: Sage, 2007.

_____ . *Educational research: planning, conducting, and evaluating quantitative and qualitative research*. 4. ed. Boston: Pearson Education, 2008/2012.

_____ ; CLARK, V. L. P. *Pesquisa de métodos mistos*. 2. ed. Porto Alegre: Penso, 2013.

CROTTY, M. *The foundations of social research meaning and perspective in the research process*. Thousand Oaks, CA.: Sage Publications, 1998.

CUNHA DA, L. M. A. *Modelos Rasch e Escalas de Likert e Thurstone na medição de atitudes*. Dissertação (Mestrado em Estatística) – Universidade de Lisboa, Lisboa, 2007. Disponível em: <http://repositorio.ul.pt/bitstream/10451/1229/1/18914_ULFC072532_TM.pdf>. Acesso em: 25 out. 2016.

CURY, C. R. J. *Educação e contradição*. São Paulo: Cortez, 1985.

DAHLBERG, I. Teoria do conceito. *Ciência da Informação*, v. 7, n. 2, p. 101-107, 1978.

DARTIGUES, A. *O que é fenomenologia?*. São Paulo: Moraes, 1992.

DAVIS, J. A. *Levantamento de dados em sociologia*. Rio de Janeiro: Zahar, 1976.

DEMO, P. *Introdução à metodologia da ciência*. São Paulo: Atlas, 1985.

DENZIN, N. K. *The research act: A theoretical introduction to sociological methods*. 2. ed. New York: McGraw-Hill. 1978.

_____ ; LINCOLN, Y.S. *Handbook of Qualitative Research*. Thousand Oaks, CA.: Sage, 1994.

DICK, B. *Convergent interviewing*, version 3. Brisbane: Interchange, 1990.

_____ . *Approaching an action research thesis: an overview*. 1997a. Disponível em: <http://www.scu.edu.au/school/gcm/ar/arp/phd.html>. Acesso em: 4 out. 2000.

_____ . *Rigour and relevance in action research*. 1997b. Disponível em: <http://www.scu.edu.au/school/gcm/ar/arp/rigour.html>. Acesso em: 4 out. 2000.

_____ . *Stakeholder analysis*. 1997c. Disponível em: <http://www.scu.edu.au/schools/gcm/ar/arp/stake.html>. Acesso em: 4 out. 2000.

_____ . *The Snyder evaluation process*. 1997d. Disponível em: <http://www.scu.edu.au/schools/gcm/ar/arp/snyder.html>. Acesso em: 4 out. 2000.

_____ . *Action research and evaluation*. 1998. Disponível em: <http:// www.ariassociates.haverford.edu./inprint/conference/BDick.html>. Acesso em: 4 out. 2000.

_____ . *Qualitative action research: improving the rigour and economy*. 1999a. Disponível em: <http://www. scu.edu.au/schools/gcm/ar/arp/rigour2.html>. Acesso em: 4 out. 2000.

_____ . Sources of rigour in action research: addressing the issues of trustworthiness and credibility. In: ISSUES OF RIGOUR IN QUALITATIVE RESEARCH, Association for Qualitative Research, Melbourne, Victoria, 6-10 July 1999b.

_____ . *Data-driven action research.* 2000. Disponível em: <http://www.scu.edu.au/schools/gcm/ar/arp/datadriv.html>. Acesso em: 4 nov. 2015.

_____ . *Grounded theory: a thumbnail sketch.* 2005. Disponível em: <http://www.scu.edu.au/schools/gcm/ar/arp/grounded.html>. Acesso em: 4 nov. 2015.

_____ ; JARRY, R. *Teoria fundamentada*: Uma breve introdução. São Paulo: CRV, 2015.

DIEGUEZ, A. La ciencia desde una perspectiva postmoderna: entre la legitimidad política y la validez epistemológica. In: JORNADAS DE FILOSOFÍA: FILOSOFÍA Y POLÍTICA, 2., Coín, Málaga, 2004. *Actas...* Coín, Málaga: Procure, 2006. p. 177-205.

DOMINGUES, I. *Epistemologia das Ciências Humanas.* Positivismo e Hermenêutica. São Paulo: Loyola, 2004. Tomo I.

DOUVEN, I. Abduction. In: ZALTA, Edward N. (Ed.). *The Stanford Encyclopedia of Philosophy.* 2011. Disponível em: <http://plato.stanford.edu/archives/spr2011/entries/abduction/>. Acesso em: jul. 2017.

DOWNES, D.; ROCK, P. *Understanding deviance*: a guide to the sociology of crime and rule breaking. Oxford: Oxford University Press, 1982.

DUARTE, J. Entrevista em profundidade. In: _____ ; BARROS, A. (Orgs.). *Métodos e técnicas de pesquisa em comunicação.* 2. ed. São Paulo: Atlas, 2008.

D'UNRUG, Marie C. *Analyse de contenu et act de parole.* Paris: Éd. Universitaires, 1974.

DURKHEIM, É. *Le suicide.* Paris: Éditions F. Alcan, 1897.

ELLIOTT, J. What is action research in schools? *Journal of Curriculum Studies,* v. 10, n. 4, p. 355-357, 1978. Disponível em: <http://www.tandfonline.com/doi/abs/10.1080/0022027780100407>. Acesso em: 23 de maio de 2016.

ELO, S.; KYNGAS, H. The qualitative content analysis. *Journal of Advanced Nursing,* 62, 1, p. 107-15, Apr. 2008.

_____ et al. Qualitative content analysis: a focus on trustworthiness. *Sage Open,* February 2014.

ESPIRITO-SANTO, H.; DANIEL, F. Calcular e apresentar tamanhos do efeito em trabalhos científicos (1): as limitações do $p < 0,05$ na análise de diferenças de médias de dois grupos. *Revista Portuguesa de Investigação Comportamental e Social,* v. 1, n. 1, p. 3-16, 2015.

EVANS M. J.; HALLETT C. E. Living with dying: a hermeneutic phenomenological study of the work of hospice nurses. *J Clin Nurs,* v. 16, n. 4, p. 742-51, abr. 2007. Disponível em: <https://www.ncbi.nlm.nih.gov/pubmed/17402956>. Acesso em: 14 set. 2016.

FARIAS, J. *Os princípios básicos da educação ambiental na Lei PNEA 9.795/99 e o ensino técnico profissionalizante de nível médio no Sul rio-grandense Campus Pelotas: aproximações e distanciamentos.* Dissertação (Mestrado em Política Social) –Universidade Católica de Pelotas, 2010.

FARRA, R. dal; LOPES, P. Métodos mistos de pesquisa em educação: pressupostos teóricos. *Nuances: estudos sobre Educação,* Presidente Prudente–SP, v. 24, n. 3, p. 67-80, set./dez. 2013.

FELBINGER, S. *Messtheoretische Grundlagen.* München: LMU München/Institut für Statistik, 2010.

FERREIRA, A. B. H. *Novo dicionário Aurélio.* 2. ed. Rio de Janeiro: Nova Fronteira, 1986.

BIBLIOGRAFIA

FERREIRA, R. *A pesquisa científica nas ciências sociais*: caracterização e procedimentos. Recife: UFPE, 1998.

FIELDEN, J. M. Grief as a transformative experience: weaving through different lifeworlds after a loved one has completed suicide. *Int J Ment Health Nurs*, v. 12, n. 1, p. 74-85, marc. 2003. Disponível em: <https://www.ncbi.nlm.nih.gov/pubmed/14685962>. Acesso em: 14 set. 2016.

FIELDING, N. Ethnography. In: GILBERT, N. (Org.). *Researching social life*. London: Sage, 1993.

FONSECA, P. N. da et al. Escala de atitudes frente à escola: validade fatorial e consistência interna. *Revista Semestral da Associação Brasileira de Psicologia Escolar e Educacional (Abrapee)*, 11, 2, p. 285-297, 2007.

FOUCAULT, M. *El orden del discurso*. 3. ed. México: Representaciones Editoriales, S. A., 1983. (Cuadernos Marginales n. 36).

FRAGOSO, S.; RECUERO, R.; AMARAL, A. *Métodos de pesquisa para Internet*. Porto Alegre: Sulina, 2011.

FRANCIS, D.; HESTER, S. *An Invitation to Ethnomethodology: language, society and interaction*. London: Sage, 2004.

FREEDMAN, D. A. The ecological fallacy. *Working Paper*, 2002. Disponível em: <http://www.stat.berkeley.edu/~census/ecofall.txt>. Acesso em: 2 jul. 2016.

FREIRE, P. *Pedagogia do oprimido*. Rio de Janeiro: Paz e Terra, 1983.

FREITAS, A. *A implementação do e-learning nas escolas de gestão: um modelo integrado para o processo de alinhamento ambiental*. Tese (Doutorado) – Departamento de Administração, Programa de Pós-Graduação em Administração de Empresas, PUC-RJ, Rio de Janeiro, 2009.

GADAMER, H. G. *El giro hermenéutico*. Tradução: Arturo Parada. Madrid: Editorial Cátedra, 1995. (Colección Teorema).

GALINDO, J. *Sabor a ti. Metodología cualitativa en investigación social*. México: Universidad Veracruzana, 1998.

GARDNER, H. *Studies in Ethnomethodology*. Cambridge: Polity Press, 1984 [1967].

_____ . Ethnomethodology's Program. *Social Psychology Quarterly*, v. 59, n. 1, p. 5-21, Mar. 1996.

_____ . *Inteligência*: um conceito reformulado. Rio de Janeiro: Objetiva, 2000.

_____ . *Estudios en Etnometodología*. Barcelona: Anthropos, 2006.

GARFINKEL, H. *Studies in ethnomethodology*. New Jersey: Prentice Hall, 1967.

_____ . Estudios en etnometodologia. Tradução: Hugo Antonio Pérez Hernáiz. Rubí (Barcelona): Anthropos Editorial; México: UNAM, 2006. Disponível em: <https://sociologiaycultura.files.wordpress.com/2014/02/garfinkel-estudios-de-etnometodologia.pdf>. Acesso em: 17 set. 2016.

GATTI, B. Grupo focal: fundamentos, perspectivas e procedimentos. In: TAVARES, Manuel; RICHARDSON, Roberto Jarry (Orgs.). *Metodologias qualitativas*: teoria e prática. São Paulo: CRV, 2015.

GAUTHIER, B. (Org.). *Recherche sociale*: De la problématique à la collecte des données. Québec: Presses de l'Université du Québec, 1984.

GIBBS, G. *Analysing qualitative data*. London: Sage, 2012.

GIDDENS, A. *Novas regras do método sociológico:* uma crítica positiva das sociologias compreensivas. Rio de Janeiro: Zahar, 1978.

GIL, A. C. *Métodos e técnicas de pesquisa social*. São Paulo: Atlas, 2006.

GIMÉNEZ, G. *Poder, Estado y discurso*. México: UNAM, 1983.

GLASER, B. *Theoretical sensitivity: advances in the methodology of grounded theory*. Mill Valley, CA.: Sociology Press, 1978.

_____ . *Basics of grounded theory analysis: emergence vs forcing*. Mill Valley, CA.: Sociology Press, 1992.

_____ . A look at grounded theory: 1984-1994. In: _____ . (Ed.). *Grounded theory 1984-1994*. Mill Valley, CA.: Sociology Press, 1995. v. 1.

_____ . (Ed.). *Grounded theory 1984-1994*. Mill Valley, CA.: Sociology Press, 1995. v. 1.

_____ . (Ed.). _____ . Mill Valley, CA.: Sociology Press, 1995. v. 2.

_____ . *Doing grounded theory: issues and discussions*. Mill Valley, CA.: Sociology Press, 1998.

_____ ; STRAUSS, A. *The discovery of grounded theory: strategies for qualitative research*. Chicago: Aldine, 1967.

GLUCKSMANN, C. *Gramsci e o Estado*. Rio de Janeiro: Paz e Terra, 1980.

GOBIERNO DEL ESTADO DE DURANGO. Secretaría de Educación. *Modernismo y Postmodernismo*. Durango: Instituto de Estudios Superiores de Educación Normal, 2006. Disponível em: <http://html.rincondelvago.com>. Acesso em: 10 ago. 2016.

GOERGEN, P. Pesquisa em educação: sua função crítica. *Educação e Sociedade*, 9 maio 1981.

GOLDTHORPE, J. H. Review: a revolution in sociology?. *Sociology*, v. 7, n. 3, p. 449-462, Sept. 1973.

GÓMEZ, G.; FLORES, J.; JIMÉNEZ, J. *Metodología de la investigación cualitativa*. La Habana: Editorial Félix Varela, 2004.

GONZÁLEZ-DOMÍNGUEZ, Carlos; MARTELL-GÁMEZ, Lenin. El análisis del discurso desde la perspectiva foucauldiana: método y generación del conocimiento. *RA XIMHAI*, v. 9, n. 1, p. 153-172, ene.-abr. 2013.

GOODE, William; HATT, Paul K. *Métodos em pesquisa social*. São Paulo: Nacional, 1973.

GOODWIN, J. *Biographical Research*. London: Sage, 2012.

GRABAUSKA, C.; BASTOS, F. Investigação-ação educacional: possibilidades críticas e emancipatórias na prática educativa. In: RICHARDSON, R. (Ed.). *Pesquisa-Ação*. João Pessoa: Editora UFPB, 2003.

GRAMSCI, A. Il materialismo storico e la filosofia di Benedetto Croce. In: BUCI-GRAWITS, M. *Methodes des sciences sociales*. Paris: Dalloz, 1979.

GRAWITS, M. *Methodes des sciences sociales*. Paris: Dalloz, 1979.

GREENE, J. C., CARACELLI, V. J.; GRAHAM, W. F. Toward a conceptual framework for mixed method evaluation designs. *Educational Evaluation and Policy Analysis*, 11, 3, p. 255-274, 1989.

GREIMAS, A. J. *Sobre o sentido*. Petrópolis: Vozes, 1975.

GRINELL, R. *Social Work Research and Evaluation*, Itasca, ILL.: Peacock, 1993.

GUBA, E.; LINCOLN, Y. *Fourth Generation Evaluation*. Newbury Park: Sage, 1989.

BIBLIOGRAFIA

GUIMARÃES, K. T. O perfil dos alunos do curso de Pedagogia da Unesp de Bauru (2007-2010). Trabalho de conclusão de curso (Licenciatura em Pedagogia) – Faculdade de Ciências, Universidade Estadual Paulista, Bauru, 2010. Disponível em: <http://hdl.handle.net/11449/119377>. Acesso em: 12 mar. 2016.

GÜNTHER, H. Pesquisa qualitativa *versus* pesquisa quantitativa: esta é a questão?. *Psicologia: Teoria e Pesquisa*, v. 22, n. 2, p. 201-210, 2006.

GUTIÉRREZ, C. G. *Hermenéutica de la Educación Corporal*. Medellin: Fonámubolos Editores, 2011.

GUTIÉRREZ, L. G.; SEFCHOVICH, S. Discurso y sociedad. In: DE LA GARZA et al. *Hacia una metodología de la reconstrucción*. Fundamentos críticos y alternativa a la metodología y técnicas de investigación social. México: UNAM-Porrúa, 1988.

HABERMAS, J. *O discurso filosófico da modernidade*. São Paulo: Martins Fontes, 2002.

HAIDAR, J. *Discurso sindical y procesos de fetichización*. México: Instituto Nacional de Antropología e Historia, 1990.

_____ . Análisis del Discurso. In: GALINDO, Jesús (Coord.). *Técnicas de investigación en sociedad, cultura y comunicación*. México: CONACULTA-Addison Wesley Logman, 1998. p.117-164.

_____ ; RODRIGUEZ, L. Funcionamientos del poder y de la ideología en las practicas discursivas. *Dimensión Antropológica*, ano 3, v. 7, maio-ago. 1996. Disponível em: <http://www.dimensionantropologica.inah.gob.mx/?p=1456>. Acesso em: 24 abr. 2016.

HAMANN, J. G. Metacrítica sobre o purismo da razão. In: GIL, F. (Org.). *Recepção da Crítica da Razão Pura: antologia de escritos sobre Kant (1786-1844)*. Lisboa: Fundação Calouste Gulbenkian, 1992.

HAMMERSLEY, M. *What's wrong with ethnography*. London: Routledge, 1992.

_____ ; ATKINSON, P. *Ethnography*: principles in practice. London: Tavistock, 1983.

_____ ; _____ . _____ . 3. ed. New York: Routledge, 2007.

HAND, D. J. Statistics and the theory of measurement. *Journal of the Royal Statistical Society*, Series A, v. 159, n. 3, p. 445-492, 1996.

_____ . Size matters: How measurement defines our world. *Significance*, v. 2, n. 2, p. 81-83, 2005.

HARRIS, Z. *Discourse analysis language*, v. 28, n. 1, jan.-mar. 1952, Linguistic Society of America Stable. Disponível em: <http://www.jstor.org/stable/409987>. Acesso em: 4 jun. 2016.

HARVEY, L. *Critical social research*. London: Unwin Hyman, 1990.

HAVE, P Ten. The notion of member is the heart of the matter: on the role of membership knowledge in ethnomethodological inquiry. *Forum: Qualitative Social Research*, v. 3, n. 3, art. 21, Sept. 2002.

_____ . *Understanding Qualitative Research and Ethnomethodology*. London: Sage, 2004.

HAYMAN, J. C. *Investigación y educación*. Buenos Aires: Paidós, 1974.

HEGENBERG, L. *Etapas da investigação científica*. São Paulo: EPU-EDUSP, 1976.

HEIDEGGER. M. *Ser e tempo*. 14. ed. Tradução: Marcia Sá Cavalcante Schuback. Petrópolis: Vozes, 2005.

HELLER, F.; BROWN, A. Group Feedback Analysis applied to longitudinal monitoring of the decision making process. *Human Relations*, 48, 7, p. 815-836, 1995.

HELMSTADTER, G. C. *Research concepts in human behavior.* New York: Appleton Century Crofts, 1970.

HEMPEL, C. & OPPENHEIM, P. Studies in the logic of explanation Philosophy of Science 15, n. 2, 1948. p. 135-175. Disponível em: <http://links.jstor.org/sici?sici=-0031-8248%28194804%2915%3A2%3C135%3ASITLOE%3E2.0.CO%3B2-E>. Acesso em: 12 abr. 2016.

HEPBURN, B.; ANDERSEN, H. Scientific method. In: *Stanford Encyclopedia of Philosophy*, Stanford, CA, 2015. Disponível em: <https://plato.stanford.edu/entries/scientific-method/>. Acesso em: 22 jun. 2016.

HERITAGE, J. C. Ethnomethodology. In: GIDDENS, A.; TURNER. J. (Eds.). *Social theory today* Cambridge: Polity Press, 1987. p. 224-72.

HERMAN, E.; BENTLEY, M. *Rapid assessment procedures (RAP) to improve the household management of diarrhea.* Boston: International Nutrition Foundation for Developing Countries (INFDC), 1993.

HERNÁNDEZ, N.; SÁNCHEZ, M. Divergencias y convergencias en la teoria fundamentada (metodo comparativo continuo). *Revista Ciencias de la Educación*, Valencia, v. 1, n. 32, p. 123-135, jul.–dic. 2008.

HOCKETT, H. C. *The critical method in historical research and writing.* New York: Macmillan, 1955.

HOLSTI, O. An adaptation of the "General Inquires" for the systematic analysis of political documents. *Behavioral Science*, 9, p. 382-388, 1964.

_____ . *Content analysis for the social sciences and humanities.* Boston: Addison Wesley, 1969.

HREN, M. Are You a Scientist or a Researcher?. *Research Insights.* 2015. Disponível em: <http:\\www.scinote.net/>. Acesso em: 23 out. 2016.

HSIEH, H.; SHANNON, S. Three Approaches to Qualitative Content Analysis. *Qualitative Health Research*, v. 15, n. 9, p. 1.277-1.288, Nov. 2005.

HUBERTY, C. J. Historical Origins of statistical testing practices: the treatment of Fisher versus Neyman-Pearson Views in Textbook. *The Journal of Exerimental Education*, 61, 4, p. 317-333, 1993.

HUGHES, I. *Action research report guidelines.* 2000a. Disponível em: <http://casino.cchs.usyd.edu.au/arow/ar/report/guide.htm>. Acesso em: 6 out. 2001.

_____ . How to keep a research diary. *Action Research E-Reports, 5.* 2000b. Disponível em: <http://casino.cchs.usyd.edu.au/arow/ar/report/005.htm>. Acesso em: out. 2001.

HUSSERL, E. *Meditações cartesianas: introdução à fenomenologia.* Tradução de Maria Gorete Lopes e Souza. Porto: Rés, 2001.

IANIS, I. L. et al. *The language of politics.* New York: George Stewart, 1949.

INEP. Censo da educação superior 2012 – Resumo técnico. Brasília: Instituto Nacional de Estudos e Pesquisas Educacionais Anísio Teixeira, 2014.

IÑIGUEZ RUEDA, L. (Ed.). *Análisis del discurso.* Manual para ciencias sociales. Barcelona: UOC, 2003.

INKELES, A. *Becoming modern.* Harvard: Harvard University Press, 1974.

INSTITUTO BRASILEIRO DE GEOGRAFIA E ESTATÍSTICA – IBGE. *Pesquisa Nacional por Amostra de Domicílios Contínua. Notas Metodológicas*. Rio de Janeiro: IBGE, 2014. Disponível em: <ftp://ftp.ibge.gov.br/Trabalho_e_Rendimento/Pesquisa_Nacional_por_Amostra_de_Domicilios_continua/Notas_metodologicas/notas_metodologicas.pdf>. Acesso em: 23 abr. 2016.

ISAAC, S. *Handbook in research and evaluation*. San Diego: Robert Knapp, 1971.

JACOB, J. *Discurso na Associação Brasileira de Dislexia*. 2012. Disponível em: <http://dislexia.netpoint.com.br>. Acesso em: 10 set. 2016.

JAHODA, M.; LAZARSFELD, P. F.; ZEISEL, H. *Die Arbeitslosen von Marienthal*. Suhrkamp: Frankfurt, 1975.

JAKOBSON, R. *Selected writings*. Mouton: Paris, 1971.

JICK, T .D. Mixing Qualitative and Quantitative Methods: Triangulation in Action. *Administrative Science Quarterly*, 24, p. 602-611, 1979.

JIMÉNEZ, I. *La entrevista en la investigación cualitativa: Nuevas tendencias y retos*. Costa Rica: Centro de Investigación y Docencia en Educación/Universidad Nacional, 2012.

JOHNSON, R.; ONWUEGBUZIE, A. J. Mixed Methods Research: A Research Paradigm Whose Time Has Come. *American Educational Researcher*, v. 33, n. 7, p. 14-26, Oct. 2004.

JONES, S. The analysis of depth interviews. In: WALKER, R. (Org.). *Applied qualitative research*. Aldershot (Hants.): Gower, 1985.

JORGENSEN, D. L. *Participant observation*: a methodology for human studies. London: Sage, 1989.

KANSER, M. Dostoyevsky's matricidal impulses. *Psychoanalitical Review*, 35, p. 115-125, 1948.

KAPLAN, A. Content analysis and the theory of signs. *Philosophical Science*, 10, p. 230-247, 1943.

KARAM, T. Uma introdução ao estudo e análise de discurso. In: TAVARES, M.; RICHARDSON, R. J. (Orgs.). *Metodologias qualitativas*: teoria e prática. São Paulo: CRV, 2015.

KEMMIS, S.; MCTAGGART, R. (Eds.). *The action research planner*, 3. ed. Victoria: Deakin University, 1988.

KEPPEL, G. Design and analysis: A researcher's handbook. New Jersey: Prentice Hall, 1991.

KERBRAT-ORECCHIONI, C. L'analyse du discours em interaction: quelques príncipes méthodologiques. *Limbaje si comunicare*, 2007, IX, p. 13-32 Disponível em: <https://halshs.archives-ouvertes.fr/halshs-00389971>. Acesso em: 23 ago. 2016.

KERLINGER, F. *Foundations of behavioral research*. New York: Holt, Rinehart and Winston, 1973.

_____ . _____ . New York: CBS Publishing, 1986.

_____ . _____ . New York: Holt, Rinehart and Winston, 1986.

KONING, R. *The scientific method plant physiology website*. 1994. Disponível em: <http://koning.ecsu.ctstativ.edu>. 1994.

KOROLKOVAS, A. Revisão de trabalho científico. In: MORAES, I. N.; CORREA NETO, A. (Orgs.). *Metodização da pesquisa científica*. São Paulo: Edugraf/ Edusp, 1970.

KORSHUNOVA, V.; KIRILENKO, G. *Que é filosofia*. Moscou: Progresso, 1985.

KRAMSCH, C. *Interacttion et discours dans la classe de langue*. Paris: Hatier, 1984.

KRAPIVINE, V. *Materialismo dialético*. Moscou: Progresso, 1985.

KUHN, T. A estrutura das revoluções científicas. Tradução de Beatriz Vianna Doeira e Nelson Boeira. 9. ed. São Paulo: Perspectiva, 2006.

KUMAR, R. *Research methodology: a step-by-step guide for beginners*. Thousand Oaks, CA.: Sage, 2011.

KVALE, S. *InterViews: an introduction to qualitative research interviewing*. Thousand Oaks, CA.: Sage, 1996.

LAKATOS, E. M.; MARCONI, M. *Metodologia científica*. São Paulo: Atlas, 1982.

_____; _____. _____. 4. ed. São Paulo: Atlas, 2001.

LAKOFF, G.; JOHNSON, M. *Metáforas de la vida cotidiana*. 5. ed. Madrid: Cátedra, 1980.

LARSON, O. N. et al. Goals and goal achievement methods in television content: model for anomie?. *Social Inquiry*, 33, 1963.

LASWELL, H. *Propaganda technique in the world was*. New York: Knoft, 1927.

_____; LERNER, D.; POOL, I. de S. *The comparative study of symbols*. Stanford: Stanford University, 1952.

LAWSHE, C. H. A quantitative approach to content validity. *Personnel Psychology*, 28, p. 563-575, 1975.

LAZARSFELD, P. F.; MENZEL, H. On the relation between individual and collective properties, In: ETZIONI, A. (Ed.). *Complex Organizations: A Sociological Reader*. New York: Holt, Rinehart and Winston, 1972. p. 422-40.

_____; ROSENBERG, M. *The language of social research*: a reader in the methodology of social research. Glencoe: Free Press, 1955.

LECOMPTE, M. D.; SCHENSUL, J .J. Designing and Conducting Ethnographic Research. In: SCHENSUL, J. J.; LECOMPTE, M. D. (Eds.). *Ethnographer's Toolkit*. Walnut Creek, CA.: Altamira Press, 1999. v. 1.

LEEDY, P.; ORMROD, J. *Practical research*: planning and design. 7. ed. Upper Saddle River, NJ: Merrill Prentice Hall; Thousand Oaks: SAGE Publications, 2001.

LÉVI-STRAUSS, C. *O conceito de estrutura em etnologia*. São Paulo: Abril Cultural, 1980. (Os Pensadores).

LIKERT, R. A technique for the measurement of attitudes. *Archives of Psychology*, 150, p. 1-55, 1932.

LIMA, Maria de Fatima Monte. *Educação e segurança*. Dissertação (Mestrado) – Universidade Federal de São Carlos, São Carlos, 1980. p. 95.

LIPPE VON DER, P. *Wie groß muss meine Stichprobe sein, damit sie repräsentativ ist? Wie viele Einheiten müssen befragt werden? Was heißt „Repräsentativität"?* 2011. Disponível em: <http://www.von-der-lippe.org/dokumente/Wieviele.pdf>. Acesso em: 24 nov. 2016.

LITTON, G. *A pesquisa bibliográfica em nível universitário*. São Paulo: McGraw-Hill, 1975.

LOPES, M. A Metodologia da Grounded Theory. Um contributo para a conceitualização na Enfermagem. *Revista Investigação em Enfermagem*, n. 8, p. 63-74, ago. 2003.

LOZANO, J.; PEÑA-MARÍN, C.; GONZALO, A. *El análisis del discurso*: hacia una semiótica de la interacción textual. Madrid: Ed.Cátedra, 1997.

LUCIAN, R. Repensando o uso da Escala Likert: tradição ou escolha técnica? *Revista Brasileira de Pesquisas de Marketing, Opinião e Mídia*, 18, p. 13-32, 2016.

BIBLIOGRAFIA

LYNCH, M. *Scientific practice and ordinary action: Ethnomethodology and social studies of science.* New York: Cambridge University Press, 1993.

_____ . Silence in Context: Ethnomethodology and Social Theory. *Human Studies* v. 22, n. 2/4, p. 211-233, Oct. 1999.

LYOTARD, J. F. *A fenomenologia.* Tradução de Mary Amazonas Leite de Barros. São Paulo: Difusão Europeia do Livro, 1967.

MACIEL, A. M. B. *As ações de cuidado de profissionais de saúde implicados no programa de humanização do parto.* Dissertação (Mestrado) – Psicologia Clínica, Unicap, pernambuco, 2012.

MAISONNEUVE, J.; MARGOT-DUCLOT, J. Les tecniques d'entretienne. *Bulletin de Psychologie,* 17, 11-4, p. 228, fév./mars 1964.

MARINHO, J. Uma abordagem modular e interacionista da organização do discurso. *Revista da Anpoll* 16. São Paulo, jan.-jun. 2004.

MARSHALL, C.; ROSSMAN, G. B. *Designing Qualitative Research.* London; Sage Publications, 1995.

MARTINS, G. de A. Sobre confiabilidade e validade. *Revista Brasileira de Gestão e Negócios,* v. 8, n. 20, p. 1-12, 2006.

MARX, K. *O capital.* São Paulo: Nova Cultural, 1985. v. 1. (Os Economistas). (Original publicado em 1887.)

MATRAS, J. *Manual de pesquisa social nas zonas urbanas.* São Paulo: Unesco/ Pioneira, 1978.

MATTA, A. A Governança Global é uma realidade possível para a atual arquitetura institucional dos recursos hídricos no processo de cooperação na bacia amazônica? Dissertação (Mestrado) –Programa de Pós-graduação em Desenvolvimento, Sociedade e Cooperação Internacional, Centro de Estudos Avançados Multidisciplinares, Universidade de Brasília, 2013.

MAXWELL, J. A. *Qualitative research design: An interactive approach.* 2. ed. Thousand Oaks, CA.: Sage Publications, 2005.

MAYRING, P. Qualitative Content Analysis. *Forum: Qualitative Social Research,* jun. 2000. Disponível em: <http://qualitative-research.net/fqs/fqs-e/2-00inhalt-e.htm>. Acesso em: 18 maio 2016.

_____ . Design. In: MEY, G.; MRUCK, K. *(HRSG.), Handbuch Qualitative Forschung in der Psychologie.* Wiesbaden: VS Verlag für Sozialwissenschaften, 2010. p. 225- 237.

MAYS, N.; POPE, C. Rigour and qualitative research. *British Medical Journal,* 311, 1995.

MC KIBBON K.; GADD C. S. A quantitative analysis of qualitative studies in clinical journals for the 2000 publishing year. *BMC Med Inform Decis Mak,* v. 4, n. 11, 22 jul. 2004. Disponível em: <https://www.ncbi.nlm.nih.gov/pubmed/15271221>. Acesso em: 14 set. 2016.

MEDINA, M. E.; MUÑOZ, A.; PEÑA, J. *El análisis del discurso como perspectiva metodológica para investigadores de salud.* Enfermería Universitaria, v. 10, n. 2, abr. 2013. Disponível em: <http://www.scielo.org.mx/scielo.php?pid=S1665-70632013000200004&script=sci_arttext>. Acesso em: 4 jul. 2016.

MERTENS, D. *Research and evaluation in Education and Psychology*: Integrating diversity with quantitative, qualitative, and mixed methods. Thousand Oaks, CA.: Sage, 2005.

_____ . Mixed methods and the politics of human research: The transformative-emancipatory perspective. In: TASHAKKORI, A.; TEDDLIE, C. (Eds.). *Handbook of mixed methods in social and behavioral research.* Thousand Oaks, CA.: Sage, 2003. p. 135-64.

MERTON, R. K. *Social theory and social structure.* New York: Free Press, 1968.

MILLS, J.; BONNER, A.; FRANCIS, K. The Development of Constructivist Grounded Theory. *International Journal of Qualitative Methods*, 5, 1, Mar. 2006.

MINAYO, M. C. (Org.). *Pesquisa social: teoria, método e criatividade*. 29. ed. Petrópolis, RJ: Vozes, 2010.

MINCER, J. Schooling, experience and earnings. New York: Columbia University, 1974.

MINICHIELLO, V. et al. *In-depth interviewing: researching people*. Melbourne, Vic.: Longman Cheshire, 1990.

MORRIS, C. *Fundamentos de la teoría de los signos*. Barcelona: Paidós Comunicación, 1985.

MOUSTAKAS, C. *Phenomenological research methods*. Thousand Oaks, CA.: Sage Publications. 1994.

MURRAY, M. A. C. *La teoria fundamentada*. 2012. Disponível em <http://www.monografias.com>. Acesso em: 11 jun. 2016.

NEWMAN, I.; BENZ, C. R. Qualitative-quantitative research methodology: exploring the interactive continuum. Carbondale: Southern Illinois University Press, 1998.

NOSELLA, M. C. *As belas mentiras*. São Paulo: Cortez/Moraes, 1978.

O'BRIEN, R. An overview of the methodological approach of action research. 1988. Disponível em: <http://www.web.ca/~robrien/papers/arfinal.html>. Acesso em: 4 ago. 2000.

_____ . Uma análise da abordagem metodológica da pesquisa-ação. In: RICHARDSON, Roberto Jarry (Org.). *Pesquisa-Ação*. João Pessoa: PPGE/ Editora UFPB, 2003.

OLIVEIRA, A. C. *Dislexia*. Disponível em: <http://www.pedagogia.com.br/>. Acesso em: 10 ago. 2016.

OLIVEIRA, A. de; MONTENEGRO, L. M. Etnometodologia: desvelando a alquimia da vivência cotidiana. *Cad. EBAPE.BR*, v. 10, n. 1, p. 129-145, 2012.

OLIVEIRA COSTA, G. G. de. *Curso de estatística inferencial e probabilidades* – Teoria e prática. São Paulo: Atlas, 2012.

OLIVEIRA, S. R.; PICCININI, V. C. Validade e reflexividade na pesquisa qualitativa. *Cadernos EBAPE.BR*, v. 7, n. 1, art. 6, p. 88-98, 2009.

OLLAIK, L.; ZILLER, H. Concepções de validade em pesquisas qualitativas. *Educação e Pesquisa*, São Paulo, v. 38, n. 1, p. 229-241, 2012.

ONWUEGBUZIE, A. J.; JOHNSON, R. B. The validity issue in mixed research. *Research in the Schools*, v. 13, n. 1, p. 48-63, 2006.

_____ .; BUSTAMANTE, R. M.; NELSON, J. A. Mixed research as a tool for developing quantitative instruments. *Journal of Mixed Methods Research*, v. 4, n. 1, 2010, p. 56-78.

ORLANDI, E. P. A análise do discurso: algumas observações. *DELTA* – Revista de Documentação de Estudos em Linguística Teórica e Aplicada, v. 2, n. 1. São Paulo: EDUC, 1986. Disponível em: <http://www.labev.uerj.br/textos/1%20-%20An%C3%A1lise%20do%20Discurso%20algumas%20observa%C3%A7%C3%B5es%20-%20Orlandi.pdf>. Acesso em: 14 mar. 2016.

_____ . Michel Pecheux e a análise de discurso. *Estudos da Linguagem*. Vitória da Conquista, n. 1, p. 9-13, jun. 2005. Disponível em: <http://www.estudosdalinguagem.org/index.php/estudosdalinguagem/article/viewFile/4/3>. Acesso em: 16 jul. 2016.

BIBLIOGRAFIA

_____ . *A análise de discurso em suas diferentes tradições intelectuais*: o Brasil. Disponível em: <http://www.ufrgs.br/analisedodiscurso/anaisdosead/1SEAD/Conferencias/EniOrlandi.pdf>. Acesso em: 16 abr. 2016.

OSGOOD, C. E.; SUCI, G. J.; TANNENBAUM, P. H. *The measurement of meaning.* Urbana and Chicago: University of Illinois Press, 1957.

PÁDUA, E. *Metodologia da pesquisa: abordagem teórico-prática.* 2. ed. Campinas: Papiros, 1997.

PAIVA, V. P. Estado e educação popular recolocando o problema. In: BRANDÃO, Carlos R. *A questão política da educação popular.* 7. ed. São Paulo: Brasiliense, 1987.

PAIVA JUNIOR, F. G. de; LEÃO, A. L. M. de S.; MELLO, S. G. B. de. Validade e confiabilidade na pesquisa qualitativa em administração. *Revista de Ciências da Administração,* v. 13, n. 31, p. 190-209, 2011.

PALYS, T. Purposive sampling. In: GIVEN, L. M. (Ed.). *The Sage encyclopedia of qualitative research method.* Thousand Oaks, CA.: Sage, 2008. p. 697-698. v. 2.

PANDIT, N. The creation of theory: a recent application of the grounded theory method. *Qualitative Report,* 2, 4, 1996. Disponível em: <http://www.nova.edu/ssss/QR/QR2-4/pandit.html>. Acesso em: 7 abr. 2016.

PASQUALI, L. Psicometria. *Revista da Escola de Enfermagem da USP,* 43, p. 992-999, 2009. Disponível em: <http://www.revistas.usp.br/reeusp/article/view/40416>. Acesso em: jul. 2017.

_____ . *Psicometria. Teoria dos testes na psicologia e na educação.* Petrópolis: Vozes, 2011.

PEASE, C. M.; BULL, J. M. *A template for scientific inquiry,* 1996. Disponível em: <https://utw10426.utweb.utexas.edu/Topics/Scientific.method/Text.html>. Acesso em: jul. 2017.

PECHEUX, M. *Análisis automático del discurso.* Madrid: Gredos, 1969.

_____ . *La verite de la palice.* Paris: Maspero, 1975.

_____ .; FUCHS, C. Léxis et metaléxis. In: CULIOLI, A. (Org.). La formalisation en linguistique. *Cahiers pour l'analyse, Editions du Seuil,* n. 9, jui. 1968.

PEIRCE, C. S. *Collected Papers of Charles Sanders Peirce.* Edited by C. Hartshorne, P. Weiss, and A. Burks, 1931–1958. Cambridge, MA.: Harvard University Press, 1994.

PERSELL, C. Doing social research. In: _____ . *Understanding Society: An Introduction to Sociology.* 3. ed. New York, NY: Harper Row Publishers, 1990.

PETERSON, C. *A Primer in Positive Psychology.* New York: Oxford University Press, 2006.

PETERSON, Ruth C. *Scale of attitudes toward war.* Chicago: University of Chicago Press, 1931.

PFEIFFER, A. M. de S.; MAFFEZZOLLI, E. C. F. Estrutura de preferências dos consumidores de baixa renda. *Pretexto,* 12, 3, p. 9-28, 2011.

PFEIFFER, D. K. Como testar a intersubjetividade de avaliações em respostas livres. *Cadernos de Educação,* João Pessoa: UFPB, n. 1, p. 34-38, 1981.

_____ . Globalização econômica e política educacional na América Latina. *Temas em Educação,* João Pessoa: UFPB, n. 5, p. 18-26, 1996.

_____ ; PÜTTMANN, C. *Methoden empirischer Forschung in der Erziehungs-wissenschaft.* Schneider Verlag: Hohengehren, 2011.

BIBLIOGRAFIA 399

_____ ; RIEK, K. Análise de dados verbais, In: TAVARES. M.; RICHARDSON, R. JARRY (Eds). *Metodologias qualitativas: teoria e prática*. Curitiba: CRV, 2015. p. 287-308.

PHILLIPS, Bernard S. *Pesquisa social*. Rio de Janeiro: Agir, 1974.

PHILLIPS, D. N.; BURBULES, N. *Postpositivism and Educational Research*. Landham, MD.: Rowman; Littlefield, 2000.

PIAGET, J. *O estruturalismo*. São Paulo: Difusão Europeia Livros, 1970.

PILATI, R.; LAROS, J. A. Modelos de equações estruturais em psicologia: conceitos e aplicações. *Psicologia: Teoria e Pesquisa*, 23, 2, p. 205-216, 2007.

PINTO, Á. V. *Ciência e existência*. São Paulo: Paz e Terra, 1985.

PINTO, C. A teoria fundamentada como método de pesquisa. In: SEMINÁRIO INTERNACIONAL EM LETRAS, 12., Santa Maria, 2012. *Anais...* Santa Maria: Unifra, 2012.

PIZZOL, S. Uma aplicação da técnica de grupos focais na tipificação de sistemas de produção agropecuária. *Informações Econômicas*, São Paulo, v. 3, n. 12, 2003. In: BERNARDETE, A. Gatti. *Grupo focal na pesquisa em ciências sociais e humanas*. Brasília: Líber Livro Editora, 2012.

POHLMANN, M.; BÄR, S.; VALARINI, E. The analysis of collective mindsets: Introducing a New Method of Institutional Analysis in Comparative Research. *Rev. Sociol. Polit.*, v. 22, n. 52, p. 7-25, dez. 2014.

POLKINGHORNE, D. Phenomenological research methods. In: VALLE, R. S.; HALLING, S. (Eds.). *Existential-phenomenological perspectives in psychology: Exploring the breadth of human experience*. New York: Plenum Press, 1989. p. 41-60.

POLLTIZER, G. *Princípios fundamentais da filosofia*. São Paulo: Hemus, [s.d.].

POPE, C., MAYS, N. (Orgs.). *Pesquisa qualitativa na atenção à saúde*. 3. ed. Porto Alegre: Artmed, 2009.

POPPER, K. *A lógica da investigação científica*. São Paulo: Abril Cultural, 1980. (Os Pensadores).

POUILLON, J. Uma tentativa de definição. In: COELHO, Eduardo. *O estruturalismo*. São Paulo: Martins Fontes, [s.d.].

PRETI, O. (Org.). *Educação a distância: sobre discursos e práticas*. Brasília: Líber Livro Editora, 2005.

PRIM, R.; TILMANN, H. *Grundlagen einer kritisch-rationalen Sozialwissenschaft*. Wiebelsheim: UTB, 2000.

PSATHAS, G. Alfred Schutz's influence on American sociologists and sociology. *Human Studies*, 27, 1, p. 1-35, 2004.

PUENTE-PALACIOS, K. E.; LAROS, J. A. *Análise multinível*: contribuições para estudos sobre efeito do contexto social no comportamento individual. *Estud. psicol.*, Campinas, v. 26, n. 3, p. 349-361, jul.-set. 2009. Disponível em: <http://www.scielo.br/scielo.php?script=sci_arttext&pid=S0103-166X2009000300008&lng=en&nrm=iso>. Acesso em: 6 ago. 2016.

RAWLS, A. W. Harold Garfinkel, Ethnomethodology and Workplace Studies. *Organization Studies*, 29, 5, p. 701-732, 2008.

REBOUL, O. *Introdução à retórica*. São Paulo: Martins Fontes, 2004.

RIBEIRO, J. *O que é Positivismo*. São Paulo: Brasiliense, 1986. (Coleção Primeiros Passos).

ROBIN. R. *Histoire et linguistique*. Paris: Armand Colin, 1973.

RODRIGUES, José H. *História e historiografia*. Petrópolis: Vozes, 1970.

_____ . *A pesquisa histórica no Brasil*. São Paulo: Nacional/MEC, 1978.

_____ . *Teoria da história do Brasil*. São Paulo: Nacional, 1978.

RODRÍGUEZ, M. del C. Análisis del discurso: ¿problemas sin resolver? *Contextos*, XIX-XX/37-40, p. 123-141, 2001-2002. Disponível em: <http://buleria.unileon.es/xmlui/handle/10612/689>. Acesso em: 24 abr. 2016.

RODRIGUEZ BORNAETXEA, F. *La Etnometodología*. Universidad del País Vasco / Euskal Herriko Unibertsitatea, Bilbao, 2012.

RODRIGUEZ GOMEZ et al. *Metodología de la investigación cualitativa*. 2. ed. Málaga: Ediciones Aljibe, 1999.

ROSENFELD, E. The American social scientist in Israel; a case study in role conflict. *American Journal of Orthopsychiatry*, 28, p. 563-571, 1958.

ROSSMAN, G. B.; RALLIS, S. F. Learning in the field: An introduction to qualitative research. Thousand Oaks, CA.: Sage, 1998.

_____ ; WILSON, L. Numbers and words: Combining qualitative and quantitative methods in a single large scale evaluation. *Evaluation Review*, 9, 5, p. 627-643, 1985.

RUBIO, M. El análisis del discurso: de cómo utilizar desde la antropología social la propuesta analítica de Jesús Ibáñez Avá. *Revista de Antropología,* Universidad Nacional de Misiones, Misiones, Argentina, n. 7, p. 1-25, 2005. Disponível em: <http://www.redalyc.org/articulo.oa?id=169021460009>. Acesso em: 23 jul. 2016.

RUIZ, J. A. *Metodologia científica*. São Paulo: Atlas, 1980.

RUMMEL, J. F. *Procedimentos de pesquisa na educação*. Porto Alegre: Globo, 1977.

SABINO, C. *El proceso de investigación*. Caracas: Ed. Panapo, 1992.

SAMPIERI, R. H. et al. *Metodologia de pesquisa*. Porto Alegre: Penso Editora, 2013.

_____ ; MENDOZA, C. P. El matrimonio cuantitativo cualitativo: el paradigma mixto. In: CONGRESO DE INVESTIGACIÓN EN SEXOLOGÍA, 6., Villahermosa, Tabasco, México, 2008.

SANDBERG, J. How Do We Justify Knowledge Produced Within Interpretive Approaches?. *Organizational Research Methods*, 8, p. 41, 2005.

SANTOS, B. de S. Para além do pensamento abissal. In: TAVARES, M.; RICHARDSON, R. Jarry. *Metodologias qualitativas*. São Paulo: CRV, 2015.

SANTOS, D. F. Possibilidades da Hermenêutica na Administração. *Revista de Ciências da Administração*. v. 11, n. 23, p. 113-133, jan./abr. 2009.

SANTOS, M. *Características da entrevista semiestruturada*. 2008. Adaptado de: <http://www.imainternational.com/r_me_interview.php>. Acesso em: 13 jun. 2016.

SANTOS, P. História da Pesquisa Qualitativa, 2006. Disponível em: <http://designinterativo.blogspot.com.br>. Acesso em: 4 out. 2017.

SANTOS, M.I.M.P.; LUZ, E. *A grounded theory segundo Charmaz*: experiências de utilização do método, 2011. Disponível em: <http://www.infiressources.ca/fer/depotdocuments/A_Grounded_Theory_segundo_Charmaz-experiencias_de_utilizaco_do_metodo.pdf>. Acesso em: 20 maio 2016.

SANTOS, P. F. C. *Programa Brasil Alfabetizado: impacto para as políticas públicas de educação de jovens e adultos em municípios do sertão paraibano.* Dissertação (Mestrado) – Universidade Federal da Paraíba, João Pessoa, 2012.

SAUSSURE, F. Vida e obra. In: SAUSSURE, Jakobson, Hjemslev, Chomsky. São Paulo: Abril Cultural, 1978. (Os Pensadores).

SCHLICK, M.; CARNAP, R. *Vida e obra.* São Paulo: Abril Cultural, 1980 (Os Pensadores).

SCHRADER, A. *Introdução à pesquisa social empírica.* Porto Alegre: Globo, 1974.

SCHREIER, M. *Qualitative content analysis in practice.* Thousand Oaks, CA.: Sage, 2012.

SCHÜTZ, A. O estrangeiro – um ensaio em Psicologia Social. Tradução: Márcio Duarte e Michael Hanke. *Revista Espaço Acadêmico*, n. 113, out. 2010. Disponível em: <http://eduem.uem.br/ojs/index.php/EspacoAcademico/article/viewFile/11345/6153>. Acesso em: 14 ago. 2016.

SCHWANDT, T. A. *Dictionary of Qualitative Inquiry.* Thousand Oaks, Calif.: Sage Publications, 2001.

SEGATTO, A. I. A Antinomia da Verdade: Putnam, Rorty e Habermas. *Cognitio: Revista de Filosofia*, 10, 1, p. 119-137, 2009.

SELLTIZ, C. et al. *Métodos de pesquisa nas relações sociais.* São Paulo: Edusp, 1987.

SHADISH W. R.; COOK, T. D.; CAMPBELL, D. T. *Experimental and quasi-experimental designs for generalized causal inference.* Boston: Houghton Mifflin, 2002.

SIGAUD, L. *Os clandestinos e os direitos.* São Paulo: Duas Cidades, 1979.

SIGNIFICADOS. *Análisis del discurso.* Disponível em: <http://ayudamosconocer.com/significados/letra-a/analisis-del-discurso.php> Acesso em: 8 jul. 2016.

SILVA, C.; KALHIL, J. A aprendizagem de genética à luz da teoria fundamentada: um ensaio preliminar. *Ciênc. educ.*, Bauru, v. 23, n. 1, p. 125-140, jan.-mar. 2017. Disponível em: <http://dx.doi.org/10.1590/1516-731320170010008>. Acesso em: 7 ago. 2017.

SILVA, E.; MENEZES, E. Metodologia da pesquisa e elaboração de dissertação. 3. ed. rev. atual. Florianópolis: Laboratório de Ensino a Distância da UFSC, 2001.

SILVA, M. *Conceitos fundamentais de Hermenêutica Filosófica.* Coimbra: [s.n.], 2011.

SILVERMAN, D. *Qualitative methodology and sociology.* Aldershot (Hants.): Gower, 1985.

SMITH, J. *A diferença entre etnografia e etnometodologia.* [s.d.]. Trad. Rayssa Amorim. Disponível em: <http://www.ehow.com.br/diferenca-entre-etnografia-etnometodologia-info_317438/>. Acesso em: 7 set. 2016.

SOLIGO, V. Indicadores: conceito e complexidade do mensurar em estudos de fenômenos sociais. *Estudos em avaliação educacional*, 23, 52, p. 15-25, 2012.

SOUZA, R. *Compêndio de legislação tributária.* São Paulo: Resenha Tributária, 1975.

SOUZA FILHO, A. *Percepção do disléxico com relação a dificuldade de aprendizagem da leitura. Projeto de investigação.* Porto Seguro: FNSL, 2013.

SPANGLER, S. et al. Automated Hypothesis Generation Based on Mining Scientific Literature. *KDD '14.* New York, August 24-27 2014. Disponível em: <https://scholar.harvard.edu/files/alacoste/files/p1877-spangler.pdf>. Acesso em: 23 set. 2016.

STAKE, R. E. *The art of case study research.* London: Sage Publications, 1995.

STALIN, J. *Materialismo histórico e materialismo dialético.* São Paulo: Símbolo, 1983.

BIBLIOGRAFIA

STANLEY, L. *Feminist praxis*. London: Routledge, 1990.

STERN, P. On solid ground: Essential properties for growing grounded theory. In: BRYANT, A.; CHARMAZ, K. (Eds.). *The SAGE handbook of grounded theory*. London: Sage, 2007. p. 114-26.

STRAUSS, A. *Qualitative analysis for social scientists*. New York: Cambridge University Press, 1987.

————; CORBIN, J. *Basics of qualitative research*: grounded theory procedures and techniques. Newbury Park: Sage, 1990.

————; ————. Grounded theory methodology: an overview. In: DENZIN, N. K.; LINCOLN, Y. S. (Eds.). *Handbook of qualitative research*. Thousand Oaks, CA.: Sage. 1994. p. 273–285.

————; ———— (Eds.). *Grounded theory in practice*. Thousand Oaks, CA.: Sage, 1997.

————; ————. *Basics of qualitative research*: ground theory procedures and techniques. 2. ed. Thousand Oaks, CA.: Sage, 1998.

————; ————. *Pesquisa qualitativa: técnicas e procedimentos para o desenvolvimento de teoria fundamentada*. Tradução de Luciane de Oliveira da Rocha. Porto Alegre: Artmed, 2008.

SUDDABY, R. What grounded theory is not. *Academy of Management Journal*, v. 49, n. 4, p. 633-642, 2006.

SUSMAN, G.; EVERED, R. An assessment of the scientific merits of action research. *Administrative Science Quarterly*, 23, p. 582-603, Dec. 1978.

SUTTON, A.; RUIZ, M. Metodología de investigación en educación médica: La técnica de grupos focales. *Investigacion Educativa em Medicina*, México, 2, 1, p. 55-60, 2013.

TAGLIACARNE, G. *Técnica y práctica de las investigaciones de mercado*. Barcelona: Ariel, 1968.

TAN, H.; WILSON, A.; OLIVER, I. Ricoeur's theory of interpretation: an instrument for data interpretation in hermeneutic phenomenology. *International Journal of Qualitative Methods*, v. 8, n. 4, p. 1-15, 2009.

TARTUCE, T. J. A. *Métodos de pesquisa*. Fortaleza: Unice – Ensino Superior, 2006.

TASHAKKORI; TEDDLIE. C. A general typology of research designs featuring mixed method. *Research in the Schools*, 13, 1, p. 12-28, 2006. Disponível em: <http://www.msera.org>. Acesso em: 4 abr. 2016.

————; ————. Quality of inferences in mixed methods research: calling for an integrative framework. In: BERGMAN, M. (Ed.). *Advances in Mixed Methods Research: Theories and Applications*. California: Sage, 2008. p. 101-119.

————; ————. Putting the human back in "Human Research Methodology": the researcher in mixed. *Journal of Mixed Methods Research*, v. 4, n. 4, p.271-277, 2010.

TEDDLIE, C.; TASHAKKORI, A. *Foundations of mixed methods research*: Integrating quantitative and qualitative approaches in the social and behavioral sciences. Thousand Oaks, CA.: Sage, 2009.

THIOLLENT, M. *Crítica metodológica, investigação social e enquete operária*. São Paulo: Polis, 1980.

————. *Metodologia da pesquisa-ação*. São Paulo: Cortez, 1986.

THOMPSON, S. *Sampling*. 3. ed. New York: Wiley, 2012.

TIBERIUS, V. In defense of reflection. *Philosophical Issues: Epistemic Agency*, 23. 2013. Disponível em: <http://onlinelibrary.wiley.com>. Acesso em: 23 jul. 2016.

TODRES, L.; WHEELER, S. The complementarity of phenomenology, hermeneutics and existentialism as a philosophical perspective for nursing research. *Int J Nurs Stud*, v. 38, n. 1, p. 1, fev. 2001. Disponível em: <https://www.ncbi.nlm.nih.gov/pubmed/?term=Todres+%26+Wheeler+(2001)-8>. Acesso em: 14 set. 2016.

TOWNSEND, J. T.; ASHBY, F. G. Measurement scales and statistics: the misconception misconceived. *Psychological Bulletin*, 96, p. 394-401, 1984.

TRAVERS, R. *Introdución a la investigación educacional*. Buenos Aires: Paidós, 1971.

TREND, M. G. On the reconciliation of qualitative and quantitative analysis: a case study. In: COOK. T. D.; REICHARDT, C. S. (Eds.). Qualitative and quantitative methods in evaluation research. Beverly Hills: Sage, 1979. p. 68-86.

TREZ, T. de A. Caracterizando o método misto de pesquisa na educação: um *continuum* entre a abordagem qualitativa e quantitativa. *Atos de pesquisa em educação – PPGE/ME*, Universidade Federal de Alfenas, v. 7, n. 4, p. 1132-1157, dez. 2012.

TRIVIÑOS, A. *Introdução à pesquisa em ciências sociais:* a pesquisa qualitativa em educação. São Paulo: Atlas, 1987.

TRUJILLO, F. A. *Metodologia da ciência*. 2. ed. Rio de Janeiro: Kennedy, 1974.

TURATO, E. R. Métodos qualitativos e quantitativos na área da saúde: definições, diferenças e seus objetos de pesquisa. *Revista de Saúde Pública*, 39, 3, p. 507-514, 2005.

UHLMANN, V. *Action research and participation*. 1995. Disponível em: <http://www.scu.edu.au/schools/gcm/ar/arp/partic.html>. Acesso em: 8 jul. 2000.

UNITED STATES GOVERNMENT ACCOUNTABILITY OFFICE – GAO. *Content analysis: a methodology for structuring and analyzing written material*. Sept. 1996.

UNIVERSIDADE ESTADUAL PAULISTA – UNESP. *Inclusão*. Disponível em: <http://www.nec.prudente.unesp.br>. Acesso em: 10 set. 2016.

UNIVERSITY OF WASHINGTON. *Tips for writing questionnaire items*. Seattle, WA.: Office of Educational Assessment, 2006.

UPSHAW, H. Attitude measurement. In: BLALOCK, H.; BLALOCK, A. (Orgs.). *Methodology in social research*. New York: McGraw-Hill, 1968.

VALLE, E. *Câncer infantil: compreender e agir*. São Paulo: Psy, 1997.

VAN DALEN, D. B.; MEYER, W. J. Understanding educational research. In: ISAAC, S. *Handbook in research and evaluation*. San Diego: Robert Knapp, 1971.

VERA, J. J. *Etapas de la investigación*. 2014. Disponível em: <https://prezi.com/czoct7g5ssw_/etapas-de-la-investigacion>. Acesso em: jul. 2017.

VIDAL, J. *O que é a etnografia*, 2009. Disponível em: <http://www.grupoescolar.com/pesquisa/o-que-e-a-etnografia.html>. Acesso em: 23 set. 2016.

VLASOVA, T. (Org.). *Marxist leninist philosophy*. Moscou: Progresso, 1987.

WAINE, I. American and soviet themes and values. *Public Opinion Quarterly*, v. 20, n. 1, 1956.

WAINWRIGHT, D. Can sociological research be qualitative, critical and valid?. *The Qualitative Report* (On-line serial), v. 3, n. 3, 1977.

WARD-SCHOFIELD, J. Increasing the generalizability of qualitative research. In: HAMMERSLEY, M. (Org.). *Social research*: philosophy, politics; practice. London: Open University, Sage, 1993.

WEINBERG, S. *The Quantum Theory of Fields*. London: Cambridge University Press, 1995. v. 1.

WEISS, W.; BOLTON, P. *Training in Qualitative Research Methods for PVOs and NGOs: Resource for Participants Attending the PVO/NGO Training in Qualitative Methods*. Baltimore, MD.: Center for Refugee and Disaster Response Johns Hopkins University Bloomberg School of Public Health, Jan. 2000.

WELLER, V. A hermenêutica como método empírico de investigação. In: REUNIÃO ANUAL DA ANPED, 30., 2007, Caxambu. *Anais...* Caxambu: Anped, 2007. p. 1-16.

WERTHAMAN, C. Delinquency in schools: a test for the legitimacy of authority. *Berkeley Journal of Sociology*, 8, p. 39-60, 1963.

WHYTE, R. K. Black boy: a value analysis. *Journal of Abnormal Social Psychology*, 42, 1947.

_____ . *Value analysis*: the nature and use of the method. New York: Glen Gardiner/ Libertarian Press, 1951.

WILSON, T. P. Qualitative "order" quantitative method en in der sozialforschung. *Kölner Zeitschrift für Soziologie und Sozialpsychologie*, 34, p. 487-508, 1982.

WOLCOTT, H. *Transforming qualitative data*: descriptions, analysis and interpretation. London: Sage, 1994.

_____ . *Ethnography:* A Way of Seeing. New York: Rowman Altamira, 1999.

_____ . *Writing Up Qualitative Research*. 2. ed. New York: Barnes and Noble, 2001.

WRIGHT, D. B. *Understanding statistics*. London: Sage, 1997.

YAGI, N.; KLEINBERG, J. Boundary work: An interpretive ethnographic perspective on negotiating and leveraging crosscultural identity. Scholarship and Professional Work – Business, n. 107, 2011. Disponível em: <http://digitalcommons.butler.edu/cob_papers/107>. Acesso em: 15 ago. 2016.

YIN, R. K. *Case study research:* design and methods. London: Sage, 2013.

YOUNG, G. A.; SMITH, R. L. *Essentials of statistical inference*. Cambridge: CUP, 2005.

ZANIN, C. *A hermenêutica de Hans-Georg Gadamer*. In: Âmbito Jurídico, Rio Grande, XIII, n. 80, set. 2010. Disponível em: <http://www.ambitojuridico.com.br/site/?n_link=revista_artigos_leitura&artigo_id=8349&revista,caderno=15>. Acesso em: 31 ago. 2017.

ZIMMERMAN, D. Ethnomethodology. *American Sociology*, 13, p. 6-15, 1978.